21 世纪高等院校教材

# 无机及化学分析实验

主　编　王升富　周立群
副主编　陈怀侠　王　峥
　　　　黄建林　蔡火操

科学出版社
北京

## 内 容 简 介

本书共四章,包括无机及化学分析实验基础知识与基本操作、基础实验、综合实验和设计实验,编写实验项目 100 个。书后有参考文献和附录。基础实验包括分离提纯实验、基本物理量与物化参数的测定实验、元素与化合物性质实验、简单无机物的合成实验、定性分析实验、定量分析实验等。综合实验将两个分支学科的重要知识有机结合,既包括两个分支学科之间的多步复杂实验,又包括两个分支学科内部的多步复杂实验。设计实验让学生按照一定命题,自己查阅文献资料,设计实验方案,分析实验结果,得出最后结论。本书的特点是在重视基础实验的前提下,强调实验的多样性和新颖性。

本书可作为综合性大学、理、工、农、医、师范等院校化学及相关专业的基础化学实验课教材。

---

**图书在版编目(CIP)数据**

无机及化学分析实验/王升富,周立群主编.—北京:科学出版社,2009
21 世纪高等院校教材
ISBN 978-7-03-025046-9

Ⅰ.无… Ⅱ.①王…②周… Ⅲ.①无机化学-化学实验-高等学校-教材②化学分析-化学实验-高等学校-教材 Ⅳ.O6-3

中国版本图书馆 CIP 数据核字(2009)第 122514 号

责任编辑:丁 里 王国华／责任校对:陈玉凤
责任印制:赵 博／封面设计:耕者设计工作室

*科学出版社* 出版
北京东黄城根北街 16 号
邮政编码:100717
http://www.sciencep.com

北京天宇星印刷厂印刷
科学出版社发行 各地新华书店经销

\*

2009 年 8 月第 一 版　开本:787×1092 1/16
2024 年 7 月第十二次印刷　印张:22 1/2
字数:492 000

**定价:69.00 元**
(如有印装质量问题,我社负责调换)

# 前　言

《无机及化学分析实验》参照教育部化学类专业教学指导委员会制订的"化学专业教学基本内容"的要求，依据湖北大学历年来的化学实验教学实践，并参考了国内外化学实验教材编写而成。本书体系既体现基础性，使学生全面学习化学实验的基础知识、基础理论和基本技能；又体现综合性，反映当前化学学科从分化走向综合的大趋势，培养学生综合运用所学化学实验基础知识和基本操作技能进行化学实验的能力；还体现创新性，通过设计性实验，使学生在更宽松的环境中和更高的层次上主动学习，培养学生的创造性思维和较强的实践能力。

全书共四章，包括无机及化学分析实验基础知识与基本操作、基础实验、综合实验和设计实验，编写实验项目 100 个。书后有参考文献和附录。基础实验包括分离提纯实验、基本物理量与物化参数的测定实验、元素与化合物性质实验、简单无机物的合成实验、定性分析实验、定量分析实验（无机分析、有机分析、生物分析、环境分析、材料分析、食品分析、药物分析、工业分析）等。综合实验将两个分支学科的重要知识有机结合，既包括两个分支学科之间的多步复杂实验，进行完整的合成、表征、组成与结构分析和性质测试，又包括两个分支学科内部的多步复杂实验。设计实验让学生按照一定命题，自己查阅文献资料，设计实验方案，分析实验结果，得出最后结论。这给学生提供了更大的学习空间。在综合实验和设计实验中，吸收了最新的科研成果，使实验具有一定的研究性质，让学生尽早了解学科发展前沿，培养学生的创造性思维和独立开展化学实验的能力。每一类实验都可根据需要选用。每个实验后面都有思考题，供读者思考和参考。本书的特点是在重视基础实验的前提下，强调实验的多样性和新颖性。

本书由湖北大学王升富、周立群、陈怀侠、王峥、黄建林、蔡火操、王娟、冯传启、刘红英、王石泉、田丽红、叶勇、李玲等教师编写。另外，湖北大学化学化工学院无机化学研究室和分析化学研究室的部分教师参加了相关工作，最后由王升富和周立群整理定稿。

感谢湖北大学精品教材建设基金、湖北省教育厅重点教研项目基金、湖北省无机化学精品课程建设基金、湖北省分析化学精品课程建设基金和湖北省化学品牌专业建设基金的资助。同时，本书编写过程中参考了大量的教材和资料，在此向这些文献的作者表示衷心的感谢。湖北大学各级领导和科学出版社对本书的出版给予了大力支持，在此一并致谢。

由于编者的水平和时间有限，本书不妥之处在所难免，恳请读者不吝指正。

编　者  
2009 年 4 月

# 目　录

前言
第一章　无机及化学分析实验基础知识与基本操作 …………………………………… 1
　　第一节　无机及化学分析实验基础知识 …………………………………………… 1
　　第二节　无机及化学分析实验基本操作 …………………………………………… 26
第二章　基础实验 …………………………………………………………………………… 65
　　实验一　玻璃管的简单加工 ………………………………………………………… 65
　　实验二　量气法测定镁的摩尔质量 ………………………………………………… 69
　　实验三　化学反应速率、反应级数和活化能的测定 ……………………………… 73
　　实验四　pH 法测定乙酸电离度和电离平衡常数 ………………………………… 77
　　实验五　电导法测定 $BaSO_4$ 的溶度积常数 ……………………………………… 79
　　实验六　水中 $CO_2$ 平衡与 pH 的关系 …………………………………………… 81
　　实验七　磺基水杨酸合铁（Ⅲ）配合物的组成及稳定常数的测定 ………………… 83
　　实验八　碘酸铜的制备及碘酸铜溶度积常数的测定 ……………………………… 88
　　实验九　分光光度法测定$[Ti(H_2O)_6]^{3+}$的分裂能 ……………………………… 91
　　实验十　粗食盐的提纯 ……………………………………………………………… 93
　　实验十一　硝酸钾的制备和提纯 …………………………………………………… 96
　　实验十二　明矾 $KAl(SO_4)_2 \cdot 12H_2O$ 的制备 ………………………………… 98
　　实验十三　氯化钙法制备过氧化钙 ………………………………………………… 100
　　实验十四　铁黄的制备 ……………………………………………………………… 102
　　实验十五　铬黄的制备 ……………………………………………………………… 103
　　实验十六　硫酸亚铁铵的制备及纯度分析 ………………………………………… 105
　　实验十七　$cis$-二甘氨酸合铜（Ⅱ）水合物的制备 ………………………………… 108
　　实验十八　由工业锌焙砂提取七水合硫酸锌 ……………………………………… 109
　　实验十九　锌钡白的制备 …………………………………………………………… 110
　　实验二十　试剂的取用和试管操作 ………………………………………………… 113
　　实验二十一　氮、磷、氧、硫 ……………………………………………………… 115
　　实验二十二　氯、溴、碘 …………………………………………………………… 121
　　实验二十三　碱金属和碱土金属 …………………………………………………… 124
　　实验二十四　钛和钒 ………………………………………………………………… 130
　　实验二十五　铬和锰 ………………………………………………………………… 133

| 实验二十六 | 铜、银、锌、镉、汞 | 137 |
| --- | --- | --- |
| 实验二十七 | 锡、铅、锑、铋 | 141 |
| 实验二十八 | 铁、钴、镍 | 144 |
| 实验二十九 | 有机酸摩尔质量的测定 | 148 |
| 实验三十 | 铵盐中氮含量的测定 | 152 |
| 实验三十一 | 混合碱的分析 | 155 |
| 实验三十二 | 阿司匹林药片中乙酰水杨酸含量的测定 | 160 |
| 实验三十三 | 水的硬度测定 | 163 |
| 实验三十四 | 石灰石或白云石中钙、镁含量的测定 | 167 |
| 实验三十五 | 铝合金中铝含量的测定 | 170 |
| 实验三十六 | 铅、铋离子混合液中各组分含量的连续测定 | 173 |
| 实验三十七 | 复方氢氧化铝药片中铝和镁的测定 | 176 |
| 实验三十八 | 双氧水(或消毒液)中 $H_2O_2$ 含量的测定 | 180 |
| 实验三十九 | 石灰石或碳酸钙中钙含量的测定 | 183 |
| 实验四十 | 水中化学耗氧量的测定 | 187 |
| 实验四十一 | 铁矿中铁含量的测定(无汞定铁法) | 190 |
| 实验四十二 | 铜合金或铜盐中铜含量的测定 | 193 |
| 实验四十三 | 维生素 C 药片或果蔬中维生素 C 含量的测定 | 197 |
| 实验四十四 | 碘量法测定水中溶解氧 | 199 |
| 实验四十五 | 碘量法测定葡萄糖 | 203 |
| 实验四十六 | 沉淀滴定法测定氯的含量 | 205 |
| 实验四十七 | 可溶性钡盐中钡含量的测定 | 214 |
| 实验四十八 | 丁二酮肟重量法测定合金钢中的镍 | 218 |
| 实验四十九 | 邻二氮菲吸光光度法测定微量铁 | 221 |
| 实验五十 | 水中微量 Cr(Ⅵ)和 Mn(Ⅶ)的同时测定 | 224 |
| 实验五十一 | 水中氨态氮和亚硝酸态氮的测定 | 227 |
| 实验五十二 | 柱色谱分离荧光黄和碱性湖蓝 BB | 230 |
| 实验五十三 | 纸色谱法分离氨基酸 | 233 |
| 实验五十四 | 薄层色谱法鉴定镇痛药 APC 的组分 | 236 |

第三章 综合实验 240

| 实验五十五 | 硫酸铜的提纯及产品分析 | 240 |
| --- | --- | --- |
| 实验五十六 | 三乙二酸合铁(Ⅲ)酸钾的制备、含量分析及配离子电荷数的测定 | 243 |
| 实验五十七 | pH 法测定甘氨酸合镍配合物的逐级稳定常数 | 246 |

实验五十八　铬配合物的制备及配合物分光化学序的测定……………………………251
实验五十九　十二钨钴酸钾的制备及动力学测定…………………………………254
实验六十　配合物几何异构体的制备及异构化速率常数和活化能的测定…………257
实验六十一　光度法测定过氧化氢合钛(Ⅳ)配合物的组成和稳定常数……………261
实验六十二　电导法测定柠檬酸铜配合物的组成……………………………………265
实验六十三　$Ni(OH)_2$ 和 $NiO$ 纳米晶的制备 ………………………………………268
实验六十四　微波辐射制备磷酸钴纳米粒子…………………………………………270
实验六十五　水热法制备纳米氧化铁材料……………………………………………272
实验六十六　十二钨磷酸及十二钨硅酸的制备、萃取分离及光谱分析……………274
实验六十七　稀土发光配合物苯甲酸铽的制备及荧光分析…………………………276
实验六十八　纳米 $TiO_2$ 的制备及其表征 ……………………………………………278
实验六十九　从含碘废液中提取碘制取碘化钾………………………………………279
实验七十　水热法合成磷钼钒酸盐单晶……………………………………………282
实验七十一　纳米锂锰尖晶石材料的合成及表征……………………………………283
实验七十二　净水剂的研制与应用……………………………………………………285
实验七十三　洗衣粉中活性组分、含磷量与碱度的测定……………………………288
实验七十四　硅酸盐水泥中硅、铁、铝、钙、镁含量的测定………………………291
实验七十五　饲料中钙和磷含量的测定………………………………………………296
实验七十六　无氰镀锌液的成分分析…………………………………………………298
实验七十七　烟草中还原糖的提取及测定……………………………………………300
实验七十八　方便面酸价及过氧化值的测定…………………………………………302
实验七十九　钴和镍的离子交换分离及含量测定……………………………………305
实验八十　植物色素提取、分离及其光谱性质研究………………………………310
实验八十一　从番茄中提取番茄红素和 $\beta$-胡萝卜素 ………………………………312
实验八十二　铜、铁、钴、镍的纸上层析分离及含量测定…………………………314
实验八十三　萃取分离-光度法测定环境水样中微量铅……………………………316
实验八十四　共沉淀-萃取分光光度法测定水中微量钼……………………………319

# 第四章　设计实验……………………………………………………………………322

实验八十五　光度法测定[$Fe(SCN)$]$^{2+}$ 的稳定常数 ………………………………322
实验八十六　电导法测定乙酸的电离常数……………………………………………322
实验八十七　氯化铵的制备……………………………………………………………323
实验八十八　锌铝合金组成测定………………………………………………………324
实验八十九　由工业镁渣制备硝酸镁…………………………………………………325
实验九十　由工业锌渣制备氯化锌…………………………………………………325

实验九十一　由废干电池回收锌皮制备硫酸锌 ······················································ 326
实验九十二　由废干电池回收二氧化锰和氯化铵 ···················································· 327
实验九十三　从含铜废液中制备二水合氯化铜 ························································ 328
实验九十四　从废定影液中制取单质银或硝酸银 ···················································· 329
实验九十五　从废钒催化剂中提取高纯五氧化二钒 ················································· 330
实验九十六　酸碱滴定设计实验 ············································································ 332
实验九十七　络合滴定设计实验 ············································································ 334
实验九十八　氧化还原滴定设计实验 ····································································· 335
实验九十九　分光光度法设计实验 ········································································· 336
实验一〇〇　综合设计实验 ··················································································· 337

**参考文献** ················································································································ 340

**附录** ······················································································································ 342

附录 1　相对原子质量（2005 年）········································································· 342
附录 2　常用化合物的相对分子质量 ····································································· 343
附录 3　我国化学试剂纯度与试剂规格 ································································· 344
附录 4　常用酸碱溶液的浓度及配制 ····································································· 345
附录 5　常用指示剂 ······························································································ 345
附录 6　常用缓冲溶液 ·························································································· 347
附录 7　常用基准物及其干燥条件 ········································································ 347
附录 8　常用洗涤剂 ······························································································ 348
附录 9　部分弱电解质的电离常数 ········································································ 348
附录 10　部分难溶电解质的溶度积常数 ······························································· 349
附录 11　部分配离子的不稳定常数 ······································································· 350

# 第一章 无机及化学分析实验基础知识与基本操作

## 第一节 无机及化学分析实验基础知识

### 一、无机及化学分析实验规则

（一）学生实验守则

（1）进入实验室之前必须认真预习，明确实验的目的和要求，弄清实验的基本原理、方法和步骤以及有关的基本操作和注意事项，写好预习报告。没有预习或预习不合要求者，不得进实验室进行实验。

（2）遵守纪律，不迟到、早退，不在实验室大声喧哗，保持室内安静。未经教师许可，不得随意调换实验时间。

（3）实验前先清点所用仪器，发现破损、缺少立即向指导教师申请补领。在实验过程中损坏仪器，应及时报告，并填写仪器破损报告单，要求实验员补领或处理。

（4）实验时听从教师的指导，严格按操作规程正确操作，仔细观察，认真思考，及时记录实验现象，并将实验数据如实记录在专用的记录本上。

（5）爱护仪器，注意节约。公用仪器和试剂瓶等用毕立即放回原处，不得随意乱拿乱放。试剂瓶中试剂不足时，应报告指导教师，及时补充。

（6）实验时要保持桌面和实验室清洁、整齐。废液倒入废液桶，火柴梗、用后的试纸、滤纸和其他废物应投入废物篓内，严禁投进水槽中，以免腐蚀和堵塞水槽及下水道，造成环境污染。

（7）实验中严格遵守水、电、气、易燃易爆以及有毒药品等的安全使用规则，防止发生安全事故。

（8）实验完毕将玻璃仪器洗涤干净放回原处，清理台面和试剂架，按顺序将药品摆放整齐，保持洁净。经教师检查，得到允许，方可离开实验室。

（9）实验后需对实验进行认真的分析和总结，对原始数据进行处理，根据不同的实验要求，写出不同格式的实验报告，按时交给指导教师批改。

（10）值日生认真做好实验室的清洁工作，关好水、电、气、门、窗，倒掉废物、废液，经教师检查后再离开实验室。

（二）化学实验室安全规则

实验人员在进行化学实验过程中，经常要接触水、电、燃气及易燃、易爆、有毒和有腐蚀性的化学药品，为了保护实验人员的安全和健康，保障设备财产的完好，防止环境污染，必须特别重视实验室的安全。实验室的安全知识包括实验室安全守则、实验事故的预防和处理等方面。

1. 化学实验室安全守则

（1）首次进入化学实验室的学生必须认真阅读化学实验室安全守则，接受教师必要的安全教育，并在实验过程中严格遵守。

（2）必须了解实验室的环境，熟悉实验室安全用具（如灭火器、防火沙、急救箱）的放置位置和使用方法。

（3）实验开始前，检查仪器是否完好无损、实验装置是否正确。实验过程中，不得擅自离开岗位。

（4）实验室内禁止饮食、吸烟，切勿以实验用容器代替水杯、餐具使用，防止化学试剂入口，实验结束后要洗净双手。

（5）使用电器设备时应特别小心，切不可用湿润的手开启电闸和电器开关，凡是漏电的仪器不得使用，以免发生触电事故。

（6）加热时，要严格遵守操作规程。用完酒精灯、酒精喷灯、电炉等加热设备后，要立即关闭。特别注意电器设备的电源线不要离电炉太近。

（7）绝不允许任意混合各种化学药品，以免发生事故。

（8）进行危险性实验时，应使用防护眼镜、面罩、手套等防护用具。

（9）水、电、煤气、气体钢瓶等使用完毕后，应立即关闭。

（10）实验结束后，值日生和最后离开实验室的人员应仔细检查水、电、气、门、窗是否关好。

2. 实验事故的预防和处理

1）实验事故的预防

（1）操作和处理易挥发、易燃烧的溶剂（如乙醇、乙醚、苯、丙酮等）时，应远离火源。用后要把瓶塞塞严，置于阴凉处。

（2）如果实验产生有毒的、恶臭的、有刺激性的气体（如 $H_2S$、$Cl_2$、$CO$、$SO_2$、$NO$、$HCl$ 等），应该在通风橱内进行。

（3）使用具有强腐蚀性的浓酸、浓碱、溴、铬酸洗液等时，应避免接触皮肤和溅在衣服上，更要注意保护眼睛，必要时应戴防护眼镜。

（4）使用有毒试剂（如氰化物、砷化物、氟化物、汞化合物、铅盐、六价铬盐等）时，严防进入口内或接触伤口。剩余药品或废液不得倒入下水道或废液桶，应倒入回收瓶集中处理。

（5）取用剧毒化学试剂时，要戴橡皮手套，不可将剧毒试剂洒落在台面上。操作过程中经常冲洗双手。仪器用完后，立即洗净。

（6）加热浓缩液体时要十分小心，不能俯视正在加热的液体，以免溅出的液体把眼、脸灼伤。加热试管中的液体时，不能将试管口对着自己或别人。

（7）当需要借助于嗅觉鉴别少量气体时，不可用鼻子直接对准瓶口或试管口嗅闻气体，而应用手把少量气体轻轻地扇向鼻孔进行嗅闻。

(8) 不能研磨或撞击强氧化剂（如高氯酸、氯酸钾等）及其混合物（如氯酸钾与红磷、炭、硫等的混合物），否则易发生爆炸。

(9) 银氨溶液放久后会生成氮化银而引起爆炸，因此用剩的银氨溶液应及时处理。

(10) 活泼金属钾、钠等不要与水接触或暴露在空气中，应将它们保存在煤油中，用镊子取用。

(11) 氢气与空气的混合物遇火易发生爆炸，因此制备氢气的装置要远离明火。点燃氢气前，必须先检查氢气的纯度。进行产生大量氢气的实验时，应把废气通至室外，并注意室内的通风。

(12) 白磷有剧毒，并能灼伤皮肤，切勿与人体接触。白磷在空气中易自燃，应保存在水中。

(13) 金属汞易挥发，并通过呼吸道进入人体内，逐渐积累引起慢性中毒。所以做金属汞的实验应特别小心，不得将汞洒落在桌面或地上。一旦洒落，必须尽可能收集起来，并用硫黄粉盖在洒落的地方使汞转化为不易挥发的 $HgS$。

2) 实验事故的处理

(1) 割伤。若为轻伤，应及时挤出污血，用消毒棉棒把伤口清理干净，涂上紫药水或贴上创可贴。伤口内若有玻璃碎片或污物，需用消过毒的镊子取出，用蒸馏水洗净伤口，并用 3% $H_2O_2$ 消毒，涂上药水或抗菌药物消炎并包扎。若伤口较深，可用云南白药止血或扎止血带，并立即送医院救治。

(2) 烫伤。切勿用水冲洗，更不要把烫起的水泡挑破，可在烫伤处涂上烫伤膏或万花油，必要时送医院治疗。

(3) 酸烧伤。先用大量水冲洗，然后用饱和碳酸氢钠溶液或稀氨水冲洗，再用水冲洗。如果溶液溅入眼内也用此法，只是碳酸氢钠溶液的浓度改为 1%，或 2% 硼砂溶液洗眼，禁用稀氨水，最后用自来水冲洗。

(4) 碱烧伤。先用大量水冲洗，再用 2% HAc 溶液冲洗，最后用水冲洗。若碱液溅入眼内，立即用大量水冲洗，再用 3% $H_3BO_3$ 溶液洗眼，最后用水冲洗。

(5) 溴灼伤。先用乙醇或 10% $Na_2S_2O_3$ 溶液洗涤伤口，再用水冲洗，并涂敷甘油。

(6) 吸入刺激性气体。可吸入少量乙醇和乙醚的混合蒸气解毒，若不慎吸入煤气、硫化氢气体时，应立即到室外呼吸新鲜空气。

(7) 毒物误入口内。立即取一杯含 5~10 mL 稀 $CuSO_4$ 溶液的温水，内服后再用手指伸入咽喉部，促使呕吐，然后立即送医院治疗。

(8) 不慎触电。立即切断电源，必要时进行人工呼吸。伤势较重者，应立即送医院救治。

(9) 白磷灼伤。用 1% $AgNO_3$ 溶液、1% $CuSO_4$ 溶液洗后进行包扎。

3) 消防常识

实验过程中如果不慎着火，切不可惊慌失措，而应根据不同着火情况，采取不同的扑灭措施。化学实验室常用的灭火措施有：

(1) 首先关闭燃气开关，切断电源，迅速移走一切可燃物，防止火势蔓延。

(2) 由于物质燃烧需要空气和一定的温度，所以灭火的原则是降温或将燃烧物质与空气隔绝。

一般小火可用湿布、石棉网或沙覆盖燃烧物即可灭火。火势较大时要使用灭火器灭火。活泼金属(如 K、Na、Mg、Al 等)引起的着火,应用干燥的细沙覆盖灭火。有机溶剂着火,切勿用水灭火,而应用二氧化碳灭火器、沙子、干粉灭火器等灭火。电器设备着火,先切断电源,再用四氯化碳灭火器、干粉灭火器等灭火。衣服着火时,切勿慌张乱跑,引起火焰扩大,应立即在地面上打滚将火闷熄或迅速脱下衣服将火扑灭,必要时拨打火警电话。表 1-1 给出实验室常用的灭火器及其适用范围。

表 1-1　常用灭火器的种类及其适用范围

| 名　称 | 适用范围 |
| --- | --- |
| 泡沫灭火器 | 用于一般失火及油类着火。这种灭火器由 $NaHCO_3$ 与 $Al_2(SO_4)_3$ 溶液作用产生大量的 $Al(OH)_3$ 和 $CO_2$ 泡沫,泡沫把燃烧物包住,与空气隔绝而灭火。因泡沫能导电,故不能用于电器设备着火 |
| 二氧化碳灭火器 | 内装液态 $CO_2$,用于电器设备着火和小范围油类及忌水的化学品着火 |
| 干粉灭火器 | 内装 $NaHCO_3$ 等盐类物质与适量的润滑剂和防潮剂。用于油类、可燃气体、电器设备、精密仪器、图书、文件等不能用水扑灭的着火 |
| 四氯化碳灭火器 | 内装液态 $CCl_4$。用于电器设备和小范围的汽油、丙酮等着火 |
| 1211 灭火器 | 内装 $CF_2ClBr$ 液化气,灭火效果好。用于油类、有机溶剂、精密电器、高压电气设备着火 |

(三) 实验室的"三废"处理

根据绿色化学的基本原则,化学实验室应尽可能选择对环境友好的实验项目,但在化学实验中产生废气、废液和废渣的实验项目有时无法避免。"三废"不仅污染环境,造成公害,而且"三废"中的贵重成分和有用成分未能回收,造成经济损失。此外,学生在化学实验过程中通过对"三废"的处理接受绿色化学思想,树立环境保护观念是十分必要的。因此化学实验室"三废"的处理是一件很重要而又有意义的事情。

1. 实验室废气的处理

实验室中凡可能产生有毒废气的操作都应在通风条件下进行,如加热酸、碱溶液及产生少量有毒气体(如 $H_2S$、$NO_2$、$SO_2$ 等)的实验等应在通风橱中进行。通过排风设备把有毒废气排到室外,利用室外的大量空气稀释有毒废气。做产生大量有毒气体的实验时,应该安装气体吸收装置吸收有毒气体,然后进行处理。例如,卤化氢、二氧化硫等酸性气体可用氢氧化钠水溶液吸收后排放;碱性气体用酸溶液吸收后排放;CO 可点燃转化为 $CO_2$ 气体后排放。

2. 实验室废液的处理

实验室废液的处理是实验室"三废"处理的重点。实验室产生的废液种类繁多,组成变化大,应根据废液的性质分别处理。

废酸、废碱溶液应经过中和处理,使其 pH 为 6~8,并用大量水稀释后方可排放。

含重金属离子的废液,最有效和最经济的方法是加碱或加 $Na_2S$ 把重金属离子变成难溶的氢氧化物或硫化物而沉积下来,过滤后,残渣按废渣处理。

少量含氰废液可先加 NaOH 调至 pH>10,再加入少量高锰酸钾使 $CN^-$ 氧化分解。大量含氰废液可用氯碱法处理,即将废液调至 pH>10,再加入次氯酸钠,使氰化物分解成 $CO_2$ 和 $N_2$ 而除去。

废铬酸洗液可用高锰酸钾氧化法使其再生后使用。少量废铬酸洗液可加废碱液或石灰使其生成 $Cr(OH)_3$ 沉淀,再按废渣处理。

含汞盐的废液先调节 pH 为 8~10,然后加入过量的 $Na_2S$,使其生成 HgS 沉淀,再加 $FeSO_4$ 与过量 $S^{2-}$ 生成 FeS 沉淀,从而吸附 HgS 使其沉淀下来,离心分离,清液含汞量降至 $0.02\ mg \cdot L^{-1}$ 以下可排放。残渣按废渣处理。

含砷废液可加入硫酸亚铁,然后用氢氧化钠调节 pH 至 9,这时砷化合物就和氢氧化铁与难溶的亚砷酸钠或砷酸钠产生共沉淀,经过滤除去。

含六价铬的废液可加入 $FeSO_4$、$Na_2SO_3$,使其变成三价铬后,再加入 NaOH 或 $Na_2CO_3$ 等碱性试剂,调节 pH 为 6~8,使三价铬形成 $Cr(OH)_3$ 沉淀除去。

3. 实验室废渣的处理

实验室产生的有害固体废渣一般为废液处理后的残渣,数量虽然不多,但绝不能将其与普通垃圾混倒。固体废渣如果有回收价值,提取有用物质后,再进行废渣处理。对少量含高危险性物质(如放射性废弃物)的废渣,应将其通过物理或化学方法进行固化(如用水泥、玻璃等),再进行深地填埋。根据国家对固体废弃物填埋方法的规定,要求被填埋的废弃物应是惰性物质或经微生物分解成为无害的物质。填埋场地应远离水源,场地底土不透水、不能穿入地下水层,因此,填埋固体废渣的场地要精心选择,切不可随意填埋。

**二、化学实验的误差与数据处理**

(一)误差的分类与减免

人们在进行化学实验时总是希望获得准确的实验结果,但是,即使选择最准确的分析方法,使用最精密的仪器,由技术熟练的人员操作,对于同一样品进行多次重复分析,所得的结果也不会完全一致,也不可能得到绝对准确的结果,这说明测定中误差是客观存在的。因此,必须了解误差产生的原因及其表示方法,尽可能地将误差减小到最小,以提高分析结果的准确度。

分析结果与真实值之间的差值称为误差。分析结果大于真实值,误差为正;分析结果小于真实值,误差为负。根据误差产生的原因和性质,将误差分为系统误差和偶然误差两大类。

1. 系统误差

系统误差又称可测误差,是由于实验操作过程中某些经常发生的原因造成的,对分析结果的影响比较固定,具有单向性,即误差的大小、正负都有一定的规律性,在同一条件下,重复测定时,它会重复出现。若找出原因,即可设法将系统误差减小到可忽略的程度。

产生系统误差的主要原因有下列几个方面：

（1）仪器误差。这种误差是由于使用的仪器本身不够精密所造成的，如使用未经校正的容量瓶、移液管和砝码等。

（2）方法误差。这种误差是由于分析方法本身造成的。例如，在滴定分析中，化学反应进行不完全，化学计量点和指示剂的终点不相符合以及副反应等都会引起系统误差。

（3）试剂误差。这种误差是由于试剂不纯或蒸馏水不纯，含有被测物或干扰物而引起的。

（4）操作误差。这种误差是由于实验者对分析实验操作不熟练，个人对终点颜色的敏感性不同，判断偏深或偏浅，对仪器刻度标线读数不准确等引起的。

根据系统误差产生的原因不同，可以采取相应措施对系统误差进行校正。系统误差的校正方法如下：

1) 校正仪器

分析测定中，具有准确体积和质量的仪器，如滴定管、移液管、容量瓶和分析天平砝码都应该进行校正，以消除仪器不够精密所引起的仪器误差。

2) 空白试验

空白试验是指在不加试样的情况下，按试样分析规程在同样操作条件下进行的试验。空白试验所得结果的数值称为空白值，从实验的测得值中扣除空白值，可以校正由试剂和器皿引入的系统误差。

3) 对照试验

常用的对照试验有以下 3 种：

（1）用组成与待测试样相近的已知准确含量的标准样品，按所选方法测定，将对照试验的测定结果与标样的已知含量相比，其比例系数称为校正系数。

$$校正系数 = \frac{标准试样组分的标准含量}{标准试样测定的含量}$$

则试样中被测组分含量的计算式为

$$被测组分含量 = 测得含量 \times 校正系数$$

（2）用标准方法与所选用的方法测定同一试样，其测定结果符合公差要求，说明所选方法可靠。

（3）用加标回收率的方法检验，即取两等份试样，在一份中加入一定量待测组分的纯物质，用相同的方法进行测定，计算测定结果和加入纯物质的回收率，以检验分析方法的可靠性。

系统误差是重复地以固定形式出现的。增加平均测定次数，用数理统计的方法不能消除系统误差。

2. 偶然误差

偶然误差又称随机误差，是由某些难以控制、无法避免的偶然因素造成的。例如，测量时环境温度、湿度和气压的波动，仪器性能的微小变化等，都会使分析结果在一定范围内波动。偶然误差的形成取决于测定过程中一系列随机因素,其大小和方向都不是固定的,因此无法测量,无法校正。所以偶然误差又称不可测误差。

偶然误差的特点是可正可负,可大可小,但它完全遵循统计规律,当测定次数较多时,可以用正态分布曲线描述(图1-1)。

图1-1中的横坐标表示误差,$\sigma$为无限多次测量时的标准偏差,纵坐标为误差出现概率大小。从图1-1中可以看出如下规律:

(1) 绝对值相等的正误差和负误差出现的概率相等,呈对称性。如果测定次数足够多,取各次测定结果的平均值时,正、负误差可以相互抵消。在消除系统误差的前提下,该平均值接近真实值。

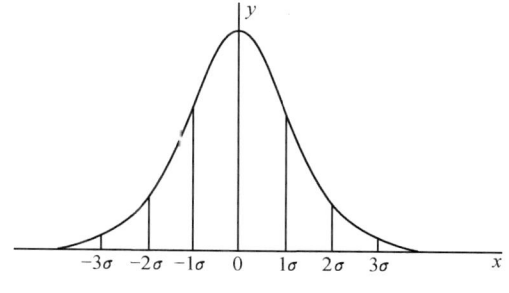

图1-1 误差的正态分布曲线

(2) 绝对值小的误差出现的概率大,绝对值大的误差出现的概率小,绝对值很大的误差出现的概率非常小。借助于数理统计方法可以计算出,误差在$\pm\sigma$之外出现的概率为31.7%,在$\pm 2\sigma$之外出现的概率为0.5%,在$\pm 3\sigma$之外出现的概率仅为0.3%。因此,在通常的分析工作中,一般只进行少数几次测定,出现大误差是不大可能的,一旦出现,有理由认为它不是由偶然误差引起的,应该将这个数据弃去。

根据上述规律,为了减少偶然误差,应该重复多做几次平行实验并取其平均值,这样可使正负偶然误差相互抵消。

除以上两种误差外,还有一种误差称为过失误差,是由于操作不正确、粗心大意而造成的。例如,操作过程中试样受到大量损失或污染,仪器出现异常未被发现,测定、读数、记录及计算错误,不严格按照操作规程进行操作,器皿不清洁,试剂加入过量或不足等,都会产生过失误差。只要操作者认真细致、严格按操作规程操作,养成良好的工作作风,这种过失是可以避免的,不允许把过失误差当做偶然误差。

(二) 准确度与精密度

1. 准确度与误差

准确度是指实验测定值与真实值之间相符合的程度。准确度的高低常用误差的大小来衡量,即误差越小,准确度越高;误差越大,准确度越低。

误差有两种表示方法:绝对误差和相对误差。

$$绝对误差(E) = 测定值(X) - 真实值(T)$$

$$相对误差(\text{RE 或 } E\%) = \frac{测定值(X) - 真实值(T)}{真实性(T)} \times 100\%$$

由于测定值可能大于真实值,也可能小于真实值,所以绝对误差和相对误差有正、负之分。

绝对误差的大小取决于所使用的器皿、仪器的精度及操作者的观察能力,但不能反映误差在整个测量结果中所占的比例。相对误差可以反映误差在测定结果中所占百分数,更具有实际意义。

例如,若测定值为 57.30,真实值为 57.34,则

$$\text{绝对误差}(E) = X - T = 57.30 - 57.34 = -0.04$$

$$\text{相对误差}(\text{RE}) = \frac{E}{T} \times 100\% = \frac{-0.04}{57.34} \times 100\% = -0.07\%$$

假设另一测定值为 80.35,真实值为 80.39,则

$$\text{绝对误差}(E) = X - T = 80.35 - 80.39 = -0.04$$

$$\text{相对误差}(\text{RE}) = \frac{X-T}{T} \times 100\% = \frac{-0.04}{80.39} \times 100\% = -0.05\%$$

上述两次测定的绝对误差相同,但它们的相对误差却相差较大。相对误差是指误差在真实值中所占的百分数。第二次比第一次测定的相对误差小,所以第二次测定的准确度比第一次高。

客观存在的真实值是难以准确知道的,实际工作中往往用"标准值"代替真实值,有时也常用标准方法多次重复测定的算术平均值($\bar{X}$)代替真实值。

对于多次重复测定的结果,其准确度可按下式计算:

$$\text{绝对误差}(E) = \bar{X} - T$$

$$\text{相对误差}(\text{RE}) = \frac{\bar{X} - T}{T} \times 100\%$$

2. 精密度与偏差

精密度是指在相同条件下几次重复测定结果彼此相符合的程度,精密度的大小用偏差表示,偏差越小,说明精密度越高。

精密度可用以下几种偏差表示。

1) 绝对偏差与相对偏差

绝对偏差($d$)是指单次测定值与平均值的偏差。相对偏差($d\%$)是指绝对偏差在平均值中所占百分数。

$$\text{绝对偏差}(d) = X - \bar{X}$$

$$\text{相对偏差}(d\%) = \frac{d}{\bar{X}} \times 100\%$$

绝对偏差和相对偏差都有正、负之分,单次测定的偏差之和等于 0。绝对偏差和相对偏差只能用来衡量单次测定结果对平均值的偏离程度。

2) 平均偏差和相对平均偏差

平均偏差($\bar{d}$)是指单次测定值与平均值的偏差(取绝对值)之和,除以测定次数。相对平均偏差($\bar{d}\%$)是指平均偏差在平均值中所占百分数。

$$\text{平均偏差 } \bar{d} = \frac{\sum |x_i - \bar{x}|}{n} \qquad (i = 1, 2, \cdots, n)$$

$$\text{相对平均偏差}(\bar{d}\%) = \frac{\bar{d}}{\bar{x}} \times 100\%$$

**【例 1-1】** 计算 55.51、55.50、55.46、55.49、55.51 一组 5 次测量值的平均值 $\bar{X}$、平均偏差 $\bar{d}$ 和相对平均偏差($\bar{d}\%$)。

**解**
$$平均值(\bar{x}) = \frac{\sum x_i}{n} = \frac{55.51+55.50+55.46+55.49+55.51}{5} = 55.49$$

$$平均偏差(\bar{d}) = \frac{\sum |d_i|}{n} = \frac{0.02+0.01+0.03+0.00+0.02}{5} = 0.016$$

$$相对平均偏差(\bar{d}\%) = \frac{\bar{d}}{\bar{x}} \times 100\% = \frac{0.016}{55.49} \times 100\% = 0.028\%$$

3) 标准偏差与相对标准偏差

标准偏差(S)是一种用统计概念表示测定精密度的方法。当重复测定次数 $n \to \infty$ 时，标准偏差用 $\sigma$ 表示，计算公式为

$$标准偏差(\sigma) = \sqrt{\frac{\sum(x_i - \mu)^2}{n}}$$

式中：$\mu$ 为无限多次测定的平均值，称为总体平均值。

当重复测定次数<20 时，标准偏差用 $S$ 表示。其计算公式为

$$标准偏差(S) = \sqrt{\frac{\sum(x_i - \bar{x})^2}{n-1}}$$

相对标准偏差(RSD)又称变异复数(CV)，是指标准偏差在平均值 $\bar{x}$ 中所占的百分数。

$$相对标准偏差(RSD) = \frac{S}{\bar{x}} \times 100\%$$

用标准偏差表示精密度比用算术平均偏差表示要好。因为单次测量值的偏差经平方后，较大的偏差就能显著地反映出来，更能准确地反映测定数据之间的离散性。

实验结果的准确度和精密度是两个不同的概念，它们之间有一定的关系。精密度是保证准确度的先决条件，只有精密度好，才能得到好的准确度。若精密度差，所测结果不可靠，就失去了衡量准确度的前提。提高精密度不一定能保证高的准确度，有时还须进行系统误差的校正，才能得到高的准确度。

（三）实验数据的记录与处理

**1. 实验数据的记录**

（1）学生应有专门编有页码的实验记录本，并养成在任何情况下都不撕页的习惯。不允许将数据记在单页纸上，或随意记在无法长期保存的其他地方。

（2）实验过程中的各种测量数据及有关现象应及时、准确、清楚地记录下来。记录实验数据时，要有严谨的科学态度和实事求是的精神，切忌带有主观因素，绝不允许随意拼凑或伪造数据。对实验中出现的异常现象，更应及时、如实记录。

（3）实验记录的每一个数据都是测量结果，所以，重复观测时，即使数据完全相同，也

要都记录下来。

（4）记录测量数据时，应注意有效数字的位数。

（5）实验数据的记录应采用一定的表格形式，以便清楚明白。

（6）在实验过程中，如果发现数据算错、测错或读错而需要更改时，可在该数据上画一横线，并在其上方写上正确的数字，切忌涂改数据。

2. 有效数字及其运算规则

1）有效数字的使用

有效数字是指实际上能测量到的数字，通常包括全部准确数字和一位不确定的可疑数字。除另有说明，一般可理解为在可疑数字的位数上有 $\pm 1$ 个单位的误差。有效数字保留的位数与测量仪器的精密度及测量方法有关，使用有效数字时应注意以下几点：

（1）记录测定数据和运算结果时，只保留一位可疑数字，既不允许增加位数，也不应减少位数。数字的位数与所用测量仪器和方法的精密度一致。例如，化学实验中称量质量和测量体积，获得如下数字，其意义是有所不同的。

1.0000 g，是五位有效数字，这不仅表明试样的质量为 1.0000 g，还表示称量误差在 $\pm 0.0001$ g 以内，是用分析天平称量的，如将其质量记录成 1.00 g，则表示该试样是用台秤称量的，其称量误差为 $\pm 0.01$ g。

10.00 mL，是四位有效数字，是用滴定管或吸量管量取的，刻度至 0.1 mL，估计至 $\pm 0.01$ mL。若写成 10.0 mL，是三位有效数字，一般是用 10 mL 小量筒取的，刻度至 1 mL，估计至 $\pm 0.1$ mL。10 mL 则是两位有效数字，是用大量筒取的，说明量取准确度至 $\pm 1$ mL 即可满足实验要求。

当用 25 mL 移液管移取溶液时，应记录为 25.00 mL。用 5 mL 吸量管时，应记录为 5.00 mL。当用 250 mL 容量瓶配制溶液时，所配的溶液体积应记作 250.0 mL。用 50 mL 容量瓶时，则应记为 50.00 mL，这是根据容量瓶质量的国家标准所允许容量误差决定的。

（2）数值的有效数字的位数与量的使用单位无关，与小数点的位置无关。其单位之间的换算的倍数通常以乘 10 的相当幂次来表示。例如，称得某物的质量为 1.2 g，两位有效数字。若以 mg 为单位，应记为 $1.2 \times 10^3$ mg，而不应记为 1200 mg。若以 kg 为单位，可记为 0.0012 kg 或 $1.2 \times 10^{-3}$ kg。

（3）数据中的"0"要作具体分析。"0"在数字前面不作有效数字，"0"在数字的中间或末端都是有效数字。例如，0.1033 与 0.010 33 有效数字同样是 4 位，而 0.103 30 则表示有 5 位有效数字。

（4）分析化学中常遇到的 pH、pK 等，其有效数字的位数仅取决于小数部分的位数，其整数部分只说明原数值的方次，起定位作用，不是有效数字。例如，pH=7.68，则 $[H^+] = 2.1 \times 10^{-8}$ mol·$L^{-1}$，只有两位有效数字。

（5）简单的计数、分数、倍数以及常用 $\pi$、e 等属于准确数或自然数，其有效数字可以认为是无限制的，在计算中需要几位就取几位，因为对数学上的纯数不考虑有效数字的概念。

2) 有效数字的修约及运算规则

在多数情况下，测量数据本身并非最后的实验结果，通常要经过若干实验步骤，读取若干次实验数据，然后经过一定的运算步骤才能获得最终的分析结果。在整个测定过程中，多次读得的数据的准确度不一定相同。因而按照一定的计算规则，合理地取舍各数据的有效数字的位数，既可以节省时间，又可以保证得到合理的结果。有关有效数字的修约和运算规则主要有以下几点：

(1) 采用"四舍六入五成双"法则对测量数据的有效数字进行修约。这个法则是当尾数≤4时舍去；尾数≥6时进位；当尾数=5时，若5前面一位是奇数则进位，若前一位是偶数则舍去。这样可部分抵消由5的舍入所引起的误差。若被修约的数字为5，而它后面还有其他数字时，则一律进位。例如，运用这一法则将下列数据修约为三位有效数字：

28.245 修约为 28.2（尾数=4）
28.2645 修约为 28.3（尾数≥6）
28.3500 修约为 28.4（尾数=5，前面为奇数）
28.2500 修约为 28.2（尾数=5，前面为偶数）
28.0500 修约为 28.0（尾数=5，0 视为偶数）
28.0501 修约为 28.1（尾数5后面并非全部为0）

若被舍弃的数字包括几位数字时，不得对该数进行连续修约，而应根据以上法则仅作一次修约处理，如 2.154 546，只取 3 位有效数字时，应为 2.15，而不得连续修约为 2.16（2.154 55→2.1546→2.155→2.16）。

(2) 在加减法运算中，应以参加运算的各数据中绝对误差最大（小数点后位数最少）的数据为标准确定有效数字的位数。例如，将 0.0121、0.005 61、1.04 三个数相加，根据上述法则，上述三个数的末位均是可疑数字，它们的绝对误差分别为 ±0.0001、±0.000 01、±0.01，其中 1.04 的绝对误差最大（小数点后位数最少），因此在运算中应以 1.04 为依据确定运算结果的有效数字位数。先将其他数字依舍弃法则取到小数点后两位，然后相加：$0.0121+0.005\ 61+1.04=0.01+0.01+1.04=1.06$。

(3) 在乘除运算中，保留有效数字的位数，应以相对误差最大（有效数字位数最少）的数为准。例如

$$0.0121 \times 25.64 \times 1.057\ 82 = ?$$

上述三个数字的相对误差分别为

$$0.0121\ 的相对误差(RE) = \frac{\pm 0.0001}{0.0121} \times 100\% = \pm 0.8\%$$

$$25.64\ 的相对误差(RE) = \frac{\pm 0.01}{25.64} \times 100\% = \pm 0.4\%$$

$$1.057\ 82\ 的相对误差(RE) = \frac{\pm 0.000\ 01}{1.057\ 82} = \pm 0.0009\%$$

即 0.0121 的相对误差最大，有效数字的位数最少，应以它为标准先进行修约，再计算：$0.0121 \times 25.6 \times 1.06 = 0.328$。

(4) 分析结果报出的有效数字位数。在报出分析结果时，分析结果数据≥10%，应保

留 4 位有效数字;数据为 1%～10% 时,保留 3 位有效数字;数据≤1% 时,保留 2 位有效数字。当计算分析结果精密度时,一般只保留一位有效数字,最多取两位。

其他有关实验数据的统计学处理(如置信度与置信区间、是否存在显著性差异的检验及可疑值的取舍判断等)可参考有关教材和书籍。

(四) 实验结果的表达与处理

实验数据经归纳、处理,才能合理表达,得出满意的结果。实验数据的表达与处理一般有三种:列表法、图解法和数学方程式法。

1. 列表法

列表法是把实验所得数据分类后,按一定格式一一对应列出表格,把相应计算结果填入表格中,使全部数据一目了然,便于运算处理,容易检查而减少差错。列表时要求如下:

(1) 每一表格都应有简明而完备的名称。
(2) 自变量与因变量应一一对应列表。
(3) 在表格的每一行或每一列的第一栏要详细写出数据的名称、单位,应尽量采用国际通用或为大多数读者熟知的代号,使表头整洁、醒目。
(4) 表格中记录数据应符合有效数字规则。
(5) 表格也可表达实验方法、现象与反应式。

2. 图解法

图解法是根据解析几何原理,用几何图形将实验数据表示出来。其优点是直观简明,易于比较,能显示出数据变化特点(如极大值、极小值、转折点、周期性等)。

作图的要求如下:

(1) 作图应使用坐标纸,坐标轴上比例尺的选择要适当,要与测量的精度相符,使作图的曲线充分利用图纸面积,分布合理。
(2) 选定比例尺后,画上横轴和纵轴,横轴读数从左至右,纵轴读数从下至上,在轴旁注明该轴所代表变量的名称和单位。
(3) 绘制曲线时,首先把测得数据在坐标上绘制代表点(测得各数据在图上的点),依据代表点描绘曲线(或直线),绘制的曲线尽可能接近大多数的代表点,使各代表点均匀分布在曲线两侧。同一坐标上可用不同颜色或符号表达几种组分的曲线。画曲线时,先用铅笔轻轻地绘出代表点的变化趋势曲线,然后用曲线尺逐段吻合手描线,作出光滑的曲线。曲线作好后应在图的下方写上清楚完备的图名。

3. 数学方程式法

一组实验数据用数学方程式表示出来,不但表达方式简单、记录方便,也便于求微分、积分或内插值。经验方程式是客观规律的一种近似描述,是理论探讨的线索和依据,许多经验方程式中的系数往往与某一物理量联系,因此为了求得某一物理量,将数据归纳总结成经验方程式,也是非常必要的。

经验方程式的求法有两种,即图解法和计算法。这里仅介绍常用的图解法。

在 $x\text{-}y$ 的直角坐标图纸上,用实验数据作图,若得一直线,则可用方程表示为

$$y = mx + b$$

而 $m$ 和 $b$ 可用下列两种方法求得:

(1) 截距斜率法。将直线延长交于纵轴,得截距 $b$,而直线与 $x$ 轴的夹角为 $\theta$,则 $m = \tan\theta$。

(2) 端值法。在直线两端选两点 $(x_1, y_1)$、$(x_2, y_2)$,将它代入上式得

$$\begin{cases} y_1 = mx_1 + b \\ y_2 = mx_2 + b \end{cases}$$

解此联立方程组,即得 $m$ 和 $b$。

**三、实验报告的撰写**

(一) 撰写实验报告的意义

实验报告是概括和总结实验过程的文献性资料。学生做完实验后撰写实验报告,是将感性认识上升到理性认识的过程,是培养学生严谨的科学态度和实事求是精神的重要措施。撰写实验报告能使学生在数据处理、作图、误差分析及问题讨论等方面得到训练和提高。因此,学生撰写实验报告的质量在一定程度上反映了学生的学习态度、实际能力和水平,同时也是衡量实验教学质量的重要依据。

(二) 实验报告的撰写要求

无机及化学分析实验内容包括元素化合物性质实验、有关化学常数的测定实验、化合物制备实验、标准溶液的配制与标定实验及定量测定有关组分含量的实验,不同的实验内容可采用不同的格式撰写实验报告,实验报告撰写在文字和格式方面都有严格的要求。总的要求是:简明扼要,条理清楚,语句通顺,字迹工整,图表清晰,格式规范,撰写实验报告时不允许草率应付或抄袭编造。

一份合格的实验报告应包括以下 9 个方面的内容:

(1) 实验名称,实验日期。

(2) 实验目的及要求。简明扼要地指出进行该实验的目的与要求。

(3) 实验原理。简述该实验的基本原理及相关化学反应式,作为进行此项实验的理论依据。

(4) 主要试剂与仪器或实验装置图。应列出实验所需的主要试剂与仪器的名称、规格及数量,制备实验要求画出实验装置图。

(5) 实验步骤。按操作时间先后顺序条理化地表达实验进行的过程,实验步骤按不同实验要求,用箭头、方框、表格等形式表达既可减少文字,又简单、明了、清晰。实验过程中需要特别注意和小心操作的地方要着重注明,切忌抄袭教材。

(6) 实验现象或原始数据表格。应及时、正确、客观地记录实验现象或原始数据。能用表格形式表达的最好用表格,一目了然,便于分析和比较。

(7) 数据处理。数据处理是对实验中记录的原始数据列表加以整理。表格应精心设计,使其易于显示数据的变化规律及参数之间的相互关系。项目栏要列出所测数据的名称、代号及量纲单位。数据处理方法应符合规定。

(8) 实验结果。实验结果是整个实验的成果和核心,是对实验现象、实验数据进行客观分析和处理之后得到的结论,并以表格或作图的方式来表达。图与表格要符合规范要求,并做必要的说明。

(9) 问题与讨论。讨论是对影响实验结果的主要因素、异常现象或数据的解释。问题是对实验思考题的解答或对实验方法及实验内容提出的改进意见和建议,便于学生与教师进行交流和探讨。

每次实验报告均应按时提交给教师批阅。

(三) 实验报告主要类型

实验报告主要类型有元素性质类、测定化学常数类、无机化合物制备类和滴定分析类等。虽然每种类型的侧重点不同,但是基本包括上面介绍的 9 个方面的内容。

## 四、实验室用水的规格、制备及检验方法

纯水是无机及化学分析实验中最常用的纯净溶剂和洗涤剂。不同的实验,对水的纯度要求也有所不同。因此,实验室用纯水的规格、制备及检验方法是化学实验者必备的基本知识之一。

(一) 规格及技术指标

根据国家标准 GB 6682—92 规定,实验室用水分为三个等级:一级水、二级水和三级水。实验室用水的级别及主要技术指标见表 1-2。

表 1-2 实验室用水的级别及主要技术指标

| 指标名称 | 一级 | 二级 | 三级 |
| --- | --- | --- | --- |
| pH 范围(25℃) | — | — | 5.0~7.5 |
| 电导率(25℃)/(mS·m$^{-1}$)≤ | 0.01 | 0.1 | 0.50 |
| 可氧化物质浓度(以氧计)/(mg·mL$^{-1}$)< | — | 0.08 | 0.40 |
| 蒸发残渣(105℃±2℃)/(mg·mL$^{-1}$)≤ | — | 0.10 | 2.0 |
| 吸光度(254 nm,1 cm 光程)≤ | 0.001 | 0.01 | — |
| 可溶性硅浓度(以 SiO$_2$ 计)/(mg·mL$^{-1}$)< | 0.01 | 0.02 | — |

(二) 制备方法

实验室用纯水常用以下三种方法制备:

1. 蒸馏法

蒸馏器通常使用玻璃、金属和石英等材料制成。蒸馏法设备成本低,操作简单,但能量消耗大,产率低,且只能除去水中非挥发性杂质,不能除去溶解在水中的气体。

2. 离子交换法

用离子交换法制备的纯水称为去离子水。目前,多采用阴、阳离子交换树脂的混合床装置制备去离子水。此方法的优点是制备水量大,成本低,除去离子的能力强;缺点是设备及操作较复杂,不能除去非电解质(如有机物)杂质,而且还有微量树脂溶在水中。

3. 电渗析法

在直流电场的作用下,利用阴、阳离子交换膜对原水中存在的阴、阳离子选择性渗透的性质而除去离子型杂质,这是在离子交换技术基础上发展起来的一种方法。与离子交换法相似,电渗析法也不能除掉非离子型杂质,但电渗析器的使用周期比离子交换柱长,再处理比离子交换柱简单。设备可以自动化,仅消耗电能,不消耗酸碱,不产生废液。适合于要求不高的化学实验工作。

一级水基本不含有溶解或胶态杂质及有机物。它可用二级水经过石英设备蒸馏或离子交换混合床处理后,再经 0.2 $\mu$m 微孔滤膜过滤的方法制得。一级水主要用于有严格要求的分析实验,如高效液相色谱分析用水。

二级水可含有微量无机、有机或胶态杂质。它可用离子交换或多次蒸馏等方法制取。二级水主要用于无机痕量分析实验,如原子吸收光谱分析、电化学分析实验等。

三级水是最普通使用的纯水,一是直接用于某些实验,二是用于制备二级水或一级水。三级水可用蒸馏法、离子交换法或电渗析法制取。三级水用于一般无机及分析化学实验。

实验室制备的纯水来之不易,也较难存放,要根据不同的情况选用适当级别的纯水。在保证实验要求的前提下,注意节约用水。

(三) 检验方法

纯水的质量可以通过检验来了解。检验的项目如下:

1. pH 的测定

用酸度计测定纯水的 pH 时,先用 pH 为 5.0～8.0 的标准缓冲溶液校正仪器,再将待测的纯水注入烧杯中,插入 pH 玻璃电极和饱和甘汞电极,测定其 pH。

2. 电导率的测定

化学实验室用纯水一般依其电导率为主要质量指标。测量电导率时应选用适于测定高纯水的电导率仪,其最小量程为 0.02 $\mu S \cdot cm^{-1}$。一、二级纯水电导率极低,通常只测定三级水,电导池常数为 0.1～1,用烧杯接取约 400 mL 水样,立即测定。如果电导率仪无温度补偿功能,则应在测定电导率的同时测定水温,再换算成 20℃时的电导率。

3. 吸光度的测定

将水样分别注入 1 cm 和 2 cm 比色皿中,于分光光度计上 254 nm 处,在 1 cm 比色皿

中以 $H_2O$ 为参比,测定 2 cm 比色皿中 $H_2O$ 的吸光度。

4. $SiO_2$ 的测定

一级、二级水中 $SiO_2$ 可按 GB 6682—92 方法中的规定测定,其方法比较繁琐。三级水通常测定水中的硅酸盐。方法是:取 30 mL 水样于一小烧杯中,加入 5 mL 4 mol·L$^{-1}$ $HNO_3$、5 mL 5%$(NH_4)_2MoO_4$ 溶液,室温下放置 5 min 后,加入 5 mL 10% $Na_2SO_3$ 溶液,观察是否出现蓝色。如出现蓝色,则不合格。

5. 可氧化物质含量试验

量取 1000 mL 二级水水样,注入烧杯中,加入 5.0 mL 20%硫酸溶液,混匀。

量取 200 mL 三级水水样,注入烧杯中,加入 1.0 mL 20%硫酸溶液,混匀。

在上述已经酸化的试液中,分别加入 1.00 mL 0.002 mol·L$^{-1}$ $KMnO_4$ 标准溶液,混匀,盖上表面皿,加热至沸并保持 5 min,溶液的粉红色不得完全消失。

## 五、化学试剂

化学试剂是具有不同纯度标准的精细化学品,其价格与纯度有关,纯度不同,价格有时相差很大。因此,做化学实验时应按实验要求选用不同规格的试剂,既不盲目追求高纯度以免造成浪费,又不随意降低试剂规格从而影响实验结果。下面简要介绍化学试剂的分类和规格以及化学试剂存放和取用常识。

(一)化学试剂的分类和规格

对于化学试剂质量,我国有国家标准(GB)、部颁标准(HG)及企业标准(QB),规定了各级化学试剂的纯度及杂质含量,并规定了标准分析方法。化学试剂按用途可分为一般试剂、标准试剂、特殊试剂、高纯度试剂等多种;按化学组成、结构和性质又可分为无机试剂、有机试剂。我国国家标准是根据试剂的纯度和杂质含量,将试剂分为五个等级,并规定了试剂包装的标签颜色及应用范围(表 1-3)。

表 1-3 化学试剂的级别及应用范围

| 级别 | 名称 | 英文符号 | 标签颜色 | 应用范围 |
| --- | --- | --- | --- | --- |
| 一级 | 优级纯(保证试剂) | G.R. | 绿 | 精密分析研究工作 |
| 二级 | 分析纯(分析试剂) | A.R. | 红 | 分析实验 |
| 三级 | 化学纯 | C.P. | 蓝 | 一般化学实验 |
| 四级 | 实验试剂 | L.R. | 棕 | 一般化学实验辅助试剂 |
| 生化试剂 | 生化试剂(生物染色剂) | B.R. | 咖啡或玫瑰红 | 生化实验及医用化学实验 |

(二)试剂的存放

固体试剂一般存放在易于取用的广口瓶内,液体试剂存放在细口的试剂瓶中。一些用量小而使用频繁的试剂,如指示剂、定性分析试剂等可盛装在滴瓶中。见光易分解的试剂(如 $AgNO_3$、$KMnO_4$ 等)应装在棕色瓶中。$H_2O_2$ 通常存放在不透明的塑料瓶中,放置于阴凉的暗处。试剂瓶的瓶盖一般都是磨口的,但盛强碱性试剂(如 NaOH、KOH)及 $Na_2SiO_3$ 溶液的瓶塞应换成橡皮塞,以免长期放置互相粘连。易腐蚀玻璃的试剂(如氟化物等)应保存在塑料瓶中。

对于易燃、易爆、强腐蚀性、强氧化剂及剧毒品的存放应特别加以注意,一般需要分类单独存放,如强氧化剂要与易燃、可燃物分开隔离存放。低沸点的易燃液体要求在阴凉通风的地方存放,并与其他可燃物和易产生火花的器物隔离放置,更要远离明火。汞易挥发,会在人体内积累,引起慢性中毒。因此,汞要存放在厚壁器皿中,并加水将汞覆盖,使其不能挥发。金属钾、钠通常应保存在煤油中,放在阴凉处。氰化钾、氰化钠、三氧化二砷等剧毒试剂应锁在专用的剧毒柜(或保险柜)中,建立双人签字领用制度。单价贵的特殊试剂、超纯试剂和稀有元素及其化合物大部分为小包装,应单独存放,加强管理,建立严格的领用制度。

(三) 化学试剂的取用

1) 固体试剂的取用

(1) 用干净的药匙取用。用过的药匙必须洗净、擦干后才能再次使用。

(2) 试剂取用后应立即盖紧瓶盖。

(3) 多取出的试剂不能倒回原瓶内。

(4) 要称取一定量固体试剂时,可将试剂放到纸上、表面皿、烧杯等干燥洁净的玻璃容器或称量瓶内进行称量,具有腐蚀性、强氧化性或易潮解的试剂不能在纸上称量,应放在称量瓶等玻璃容器内称量。

(5) 颗粒较大的固体应在研钵中研碎后再取用。

(6) 毒性较大的试剂的取用要在教师指导下进行。

2) 液体试剂的取用

(1) 从细口瓶中取用试剂时,用倾析法。取下瓶塞,反放在台面上,手握住试剂瓶上贴标签的一面,逐渐倾斜瓶子,使试剂沿洁净的瓶口流入试管、量筒或沿洁净的玻璃棒注入烧杯中。倒出所需量试剂后,将试剂瓶口在容器上靠一下,再使瓶口竖直,以避免液滴沿试剂瓶外壁流下。

(2) 从滴瓶中取用少量试剂时,先提起滴管,用手指捏紧滴管上部的橡皮头排去空气,再把滴管伸入试剂瓶中吸取试剂。滴管不要触及所接收的容器,以免沾污药品。装有药品的滴管不得横置或滴管口向上斜放,以免液体流入滴管的胶皮帽中。一个滴瓶上的滴管不能用来移取其他试剂瓶中的试剂,也不能用自己的滴管伸入试剂瓶中去吸取试剂,以免污染试剂。

取用试剂要注意节约,用多少取多少,多余的试剂不应倒回试剂瓶中。

取用易挥发的试剂(如浓 HCl、浓 $HNO_3$、浓 $NH_3$ 水等)应在通风橱中操作,防止污染室内空气。取用剧毒及强腐蚀性药品要注意安全,不要沾到手上,以免发生伤害事故。

(四) 试剂的配制

根据配制试剂纯度和浓度要求,选择不同级别的化学试剂并计算溶质的用量。配制饱和溶液时,所用溶质的量应稍多于计算量,加热使之溶解、冷却,待结晶析出后再用,这样可保证溶液饱和。

配制溶液如有较高的溶解热发生,则配制溶液的操作一定要在烧杯中进行。

溶液配制过程中,加热和搅拌可加速溶解,但搅拌不宜太剧烈,不能使搅拌棒触及烧杯壁。

配制易水解的盐溶液(如 $SnCl_2$、$SbCl_3$、$BiCl_3$ 等)时,必须把试剂先溶解在相应的酸溶液或碱溶液(如 $Na_2S$ 等)中以抑制其水解。对于易氧化的低价金属盐类[如 $FeSO_4$、$SnCl_2$、$Hg(NO_3)_2$ 等],不仅需要酸化溶液,而且应该在该溶液中放入一些相应的纯金属(如 Sn 粒、Fe 粉等),防止因低价金属离子的氧化而使试剂失效。

## 六、滤纸、滤膜和滤器

### (一)滤纸

无机及分析化学实验中常用的滤纸分为定量滤纸和定性滤纸两种。按过滤速度和分离性能的不同,滤纸又分为快速、中速和慢速三类。定量滤纸经过盐酸和氢氟酸处理,燃烧后每张滤纸的灰分小于 0.1 mg(小于或等于常量分析天平的感量),又称为"无灰"滤纸,在重量分析法中其灰化质量可以忽略不计。定量滤纸中其他杂质的含量也比定性滤纸低,其价格比定性滤纸高,适用于定量分析。定性滤纸灰分较多,供一般的定性分析和分离使用,不能用于定量分析。在实验工作中应根据需要合理地选用滤纸。各种定量滤纸在滤纸盒上用白带(快速)、蓝带(中速)和红带(慢速)作为分类标志。滤纸外形有圆形和方形两种,常用的圆形滤纸有 $\Phi$70 mm、$\Phi$90 mm 和 $\Phi$110 mm 等规格。方形滤纸都是定性滤纸,尺寸有 60 mm×60 mm、30 mm×30 mm 等规格。表 1-4 列出定量和定性分析滤纸的主要规格与性能。

表 1-4 国产滤纸的型号与性能

| | 分类与标志 | 型 号 | 灰分/(mg·张$^{-1}$) | 孔径/μm | 过滤物晶形 | 适应过滤的沉淀 |
|---|---|---|---|---|---|---|
| 定性 | 快速(白带) | 101 | <0.15 | >80 | 无机物沉淀的过滤分离及有机物重结晶的过滤 | |
| | 中速(蓝带) | 102 | <0.15 | >50 | | |
| | 慢速(红带) | 103 | <0.15 | >3 | | |
| 定量 | 快速(白带) | 201 | <0.10 | 80~120 | 胶状沉淀物 | $Fe(OH)_3$、$Al(OH)_3$、$H_2SiO_3$ |
| | 中速(蓝带) | 202 | <0.10 | 30~50 | 一般结晶形沉淀 | $SiO_2$、$MgNH_4PO_4$、$ZnCO_3$ |
| | 慢速(红带) | 203 | <0.10 | 1~3 | 较细结晶形沉淀 | $BaSO_4$、$CaC_2O_4$、$PbSO_4$ |

### (二)滤膜

滤膜是用醋酸纤维、硝酸纤维或聚乙烯、聚酰胺、聚丙烯、聚碳酸酯、聚四氟乙烯等高分子材料制作的。聚四氟乙烯滤膜耐热、耐碱、耐有机溶剂,性能最好,用滤膜代替滤纸过滤水样有如下优点:①孔径较小,且均匀;②孔隙率高,流速快,过滤容量大;③滤膜较薄,是惰性材料,过滤吸附少;④自身含杂质少,对滤液影响较小。

目前,国际上通常采用孔径为 0.45 μm 滤膜作为分离可过滤态与颗粒态(不可过滤态)的介质。能通过孔径为 0.45 μm 滤膜的定义为可过滤态,包括水样中的真溶液和部分胶体成分;被阻留在滤膜上的部分定义为颗粒态。常用滤膜的种类、型号、规格及生产厂家可查阅有关手册。

(三)烧结(多孔)滤器

烧结(多孔)滤器都焊有多孔滤板,滤板是通过加热烧结玻璃、石英、陶瓷、金属、塑料等材料的颗粒,使之粘接在一起的方法制成的。其中最常用的是玻璃滤器。

我国从 1990 年起对这类滤器开始执行新的国家标准(GB 11415—89)。这类滤器的分级和牌号列于表 1-5。其牌号规定以每板孔径的上限值(μm)前冠以字母"P"表示。而过去使用多年的玻璃滤器的分级、型号应注意与新型号进行对照。例如,在分析化学实验中常用 $P_{40}$(G3)过滤金属汞,$P_{16}$(G4)过滤 $KMnO_4$ 溶液。

表 1-5 过滤器的分级、牌号及一般用途

| 型 号 | 孔径分级/μm | | 一般用途 |
|---|---|---|---|
| $P_{1.6}$ | — | ≤1.6 | 滤除大肠杆菌及葡萄球菌 |
| $P_4$ | >1.6 | ≤4 | 滤除极细沉淀及较大杆菌 |
| $P_{10}$ | >4 | ≤10 | 滤除细颗粒沉淀 |
| $P_{16}$ | >10 | ≤16 | 滤除细沉淀 |
| $P_{40}$ | >16 | ≤40 | 滤除较细沉淀 |
| $P_{100}$ | >40 | ≤100 | 滤除较粗沉淀及处理水 |
| $P_{160}$ | >100 | ≤160 | 滤除精沉淀及收集气体 |
| $P_{250}$ | >160 | ≤250 | 滤除大颗粒沉淀 |

新的滤器使用前需要经酸洗、抽滤、水洗、抽滤、晾干或烘干等处理。为了防止残留物堵塞微孔,使用后的滤器也应及时清洗。清洗的原则是先用既能分解或溶解残留物又不至于腐蚀滤板的洗涤液进行浸泡、抽滤,再用水洗净。例如,过滤 $KMnO_4$ 溶液后,要用盐酸或乙二酸溶液浸泡、抽滤残留的 $MnO_2$;过滤 AgCl 后,要选用氨水或 $Na_2S_2O_3$ 溶液浸泡、抽洗;过滤 $BaSO_4$ 后,要用 160℃ 浓硫酸浸泡;过滤 Hg 后要用热浓硝酸浸泡。

玻璃滤器不宜过滤较浓的碱性溶液、热浓磷酸及氢氟酸溶液,也不宜过滤残渣堵孔又无法洗掉的溶液。加热干燥时,升温和冷却都要缓慢进行,用较高温度烘干后,应在烘箱中稍降温后再取出,以防造成裂损。

## 七、常用玻璃仪器及辅助仪器

(一)常用玻璃仪器及辅助仪器简介

基础化学实验中常用玻璃仪器及辅助仪器的规格、主要用途及注意事项见表 1-6。

表 1-6  常用玻璃仪器及辅助仪器

| 仪器名称 | 规格 | 主要用途 | 注意事项 |
|---|---|---|---|
| 试管  离心试管 | 玻璃质。分硬质、软质,有刻度、无刻度。无刻度试管以管口外径(mm)×长度(mm)表示。有刻度试管以容积(mL)表示 | ①少量试剂的反应容器;②收集少量气体;③少量沉淀的辨识和分离 | ①可直接用火加热,但不能骤冷;②离心试管只能用水浴加热;③所装液体不超过试管容积的1/2,加热时不超过1/3;④加热固体时管口略向下倾斜 |
| 烧杯 | 玻璃质或塑料。有一般型和高型、有刻度和无刻度。规格以容积(mL)表示 | ①反应物量较多时的反应容器;②配制溶液;③容量大的可用作水浴 | ①加热时垫石棉网,使其受热均匀,外壁擦干;②反应液体不得超过其容积的2/3 |
| 烧瓶 | 玻璃质。有平底、圆底、长颈、短颈及标准磨口之分。规格以容积(mL)表示 | 反应容器。反应物较多,且需要长时间加热时用 | 加热时底部垫石棉网,使其受热均匀,使用时勿使温度变化过于剧烈 |
| 量筒  量杯 | 玻璃质。以所能量度的最大容积(mL)表示 | 粗略量取一定体积的溶液 | ①不可在其中配制溶液;②不能加热或量热溶液;③不能用作反应容器 |
| 广口瓶  细口瓶  滴瓶 | 玻璃质或塑料。分无色、棕色,规格以容积(mL)表示 | ①滴瓶、细口瓶用于盛放液体试剂;②广口瓶用于盛放固体试剂;③棕色瓶于盛放见光易分解的试剂 | ①不能加热;②磨口塞或滴管要原配,不可互换;③盛放碱液时应使用橡皮塞;④不可使溶液吸入滴管橡皮头内,滴管不能倒置 |
| 表面皿 | 玻璃质。规格以口径(mm)大小表示 | ①盖在蒸发皿或烧杯上以免液体溅出或灰尘落入;②盛放待干燥的固体物质 | 不能用火直接加热 |

续表

| 仪器名称 | 规　格 | 主要用途 | 注意事项 |
| --- | --- | --- | --- |
| 蒸发皿 | 瓷质。有无柄、有柄之分，规格以容积(mL)表示 | 蒸发、浓缩液体 | 可耐高温，能直接用火加热，高温时不能骤冷 |
| 锥形瓶　碘量瓶 | 玻璃质，规格以容积(mL)表示 | 反应容器。振荡方便。用于加热处理试样及滴定分析中，碘量瓶用于碘量法中 | ①可加热至高温，底部垫石棉网；②碘量瓶磨口塞要原配，加热时要打开瓶塞 |
| 容量瓶 | 玻璃质。有无色、棕色之分，规格以刻度以下的容积(mL)表示 | 配制一定体积准确浓度的溶液 | ①磨口塞要原配，漏水的不能用；②不能加热 |
| 滴定管 | 分酸式、碱式、无色、棕色、常量、微量。规格以容积(mL)表示 | 容量分析滴定操作 | 碱性滴定管盛碱性溶液或还原性溶液；酸式滴定管盛放酸性溶液或氧化性溶液；见光易分解的溶液应用棕色滴定管 |
| 移液管　吸量管 | 规格以容积(mL)表示 | 准确量取各种不同量的溶液 | ①不能加热；②未标"吹"字，不可用外力使残留在末端尖嘴溶液流出 |

续表

| 仪器名称 | 规格 | 主要用途 | 注意事项 |
|---|---|---|---|
| 称量瓶 | 玻璃质。分扁型和高型两种，规格以外径（mm）×高（mm）表示 | ①扁型用于测定水分，烘干基准物；②高型用于称量样品、基准物 | ①不可盖紧磨口塞烘烤；②磨口塞要原配，不能互换 |
| 坩埚 | 用瓷、石英、铁、镍或铂制作。规格以容积(mL)表示 | ①灼烧固体；②样品高温加热 | ①依试样的性质选用不同材料的坩埚；②瓷坩埚加热后不能骤冷；③灼烧时放在泥三角上，直接用火加热 |
| 长颈漏斗 漏斗 | 玻璃质。分长颈漏斗、短颈漏斗。规格以口径(mm)大小表示 | ①短颈漏斗用于一般过滤；②长颈漏斗在定量分析中用于过滤沉淀 | 不能用火直接加热 |
| 吸滤瓶 布氏漏斗 | 吸滤瓶为玻璃质，布氏漏斗为瓷质。规格以吸滤瓶容积（mL）和漏斗口径(mm)大小表示 | 两者配套用于沉淀的减压过滤 | ①吸滤瓶不能加热；②滤纸必须与漏斗底部吻合，过滤前须先用滤液将滤纸润湿 |
| 分液漏斗和滴液漏斗（球形、梨形、筒形） | 玻璃质。分筒形、球形、梨形、长颈、短颈。规格以容积(mL)和漏斗的形状表示 | ①滴液漏斗用于往反应体系滴加液体；②分液漏斗用于萃取分离和富集分开两相液体 | ①磨口必须原配，漏水不能用；②活塞要涂凡士林；③不能用火直接加热 |
| 普通干燥器 真空干燥器 | 玻璃质。规格以口部外径(mm)大小表示 | ①内放干燥剂，保持样品或产物的干燥；②真空干燥器通过抽真空造成负压，干燥效果更好 | ①放入底部的干燥剂不要放得太满；②不可将红热物品放入，放入热物质后要不时开盖；③防止盖子滑动而摔碎 |

续表

| 仪器名称 | 规格 | 主要用途 | 注意事项 |
| --- | --- | --- | --- |
| 研钵 | 以铁、瓷、玻璃、玛瑙为材料。规格以钵口径（mm）大小表示 | 研磨固体物质 | ①不能作反应容器；②只能研磨，不能敲击（铁质除外）；③不能用火直接加热 |
| 点滴板 | 瓷质。点滴板的釉面有黑、白两种规格 | 用于定性分析，点滴实验。生成有色沉淀用白面，白色沉淀用黑面 | 不能加热 |
| 洗瓶 | 用玻璃或塑料制作。规格以容积（mL）大小表示 | 装蒸馏水洗涤仪器或沉淀物 | 玻璃洗瓶可放在石棉网上加热，塑料洗瓶不可加热 |
| 泥三角 | 用瓷管和铁丝制作，有大小之分 | 承放加热的坩埚和小蒸发皿 | ①灼烧的泥三角不要滴上冷水，以免瓷管破裂；②大小选择要合适，坩埚露出泥三角的部分不超过其高度的1/3 |
| 坩埚钳 | 用金属合金材料制作，表面镀镍、铬 | 夹持坩埚及坩埚盖 | ①不要与化学试剂接触，防止腐蚀；②放置时头部朝上，以免污染；③高温下使用前，钳尖要预热 |
| 石棉网 | 用铁丝网和石棉制作。规格以铁丝网边长（mm）表示，如 150 mm × 150 mm | 加热玻璃反应容器时垫在容器底部，使其受热均匀 | 不可与水接触，以免铁丝生锈，石棉脱落 |

续表

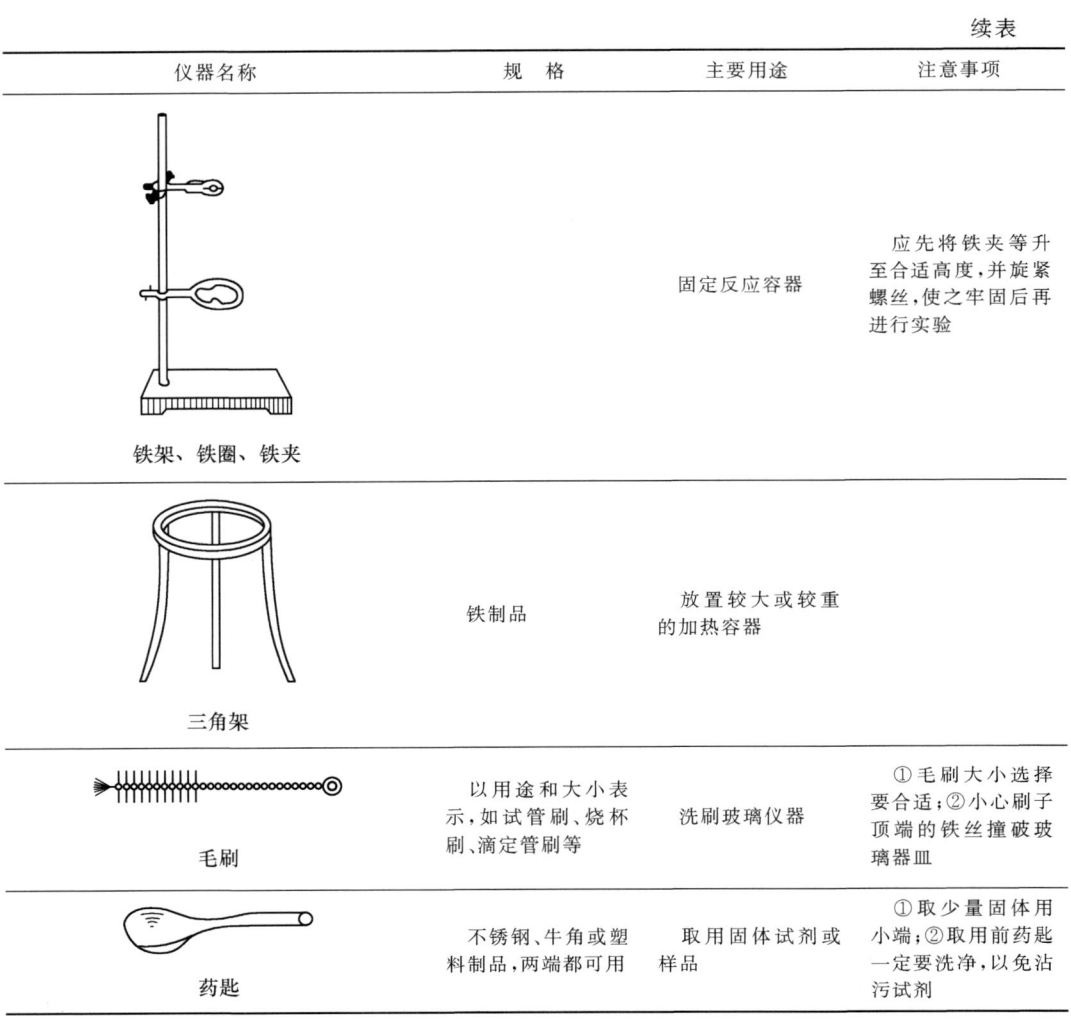

| 仪器名称 | 规格 | 主要用途 | 注意事项 |
| --- | --- | --- | --- |
| 铁架、铁圈、铁夹 |  | 固定反应容器 | 应先将铁夹等升至合适高度,并旋紧螺丝,使之牢固后再进行实验 |
| 三角架 | 铁制品 | 放置较大或较重的加热容器 |  |
| 毛刷 | 以用途和大小表示,如试管刷、烧杯刷、滴定管刷等 | 洗刷玻璃仪器 | ①毛刷大小选择要合适;②小心刷子顶端的铁丝撞破玻璃器皿 |
| 药匙 | 不锈钢、牛角或塑料制品,两端都可用 | 取用固体试剂或样品 | ①取少量固体用小端;②取用前药匙一定要洗净,以免沾污试剂 |

(二)玻璃仪器的洗涤和干燥

1. 玻璃仪器的洗涤

实验室经常使用的玻璃仪器必须干净,才能得到准确的实验结果。通常附着于仪器上的污物有可溶性物质,也有不溶性物质和尘土、油污以及有机物质等。洗涤玻璃仪器的方法很多,应根据实验要求、污物的性质、污染程度以及仪器的类型和形状选择合适的方法进行洗涤。洗涤干净的玻璃仪器倒置时器壁不应挂有水珠。常用洗涤方法如下:

(1)用水刷洗。用毛刷蘸水洗刷,可使可溶性物质溶去,也能洗掉仪器上的尘土和对器壁附着力不强的不溶性物质。洗涤时要根据待洗涤的玻璃仪器的形状选择大小合适的毛刷,并防止刷内的铁丝将玻璃仪器撞破。

(2)用合成洗涤剂或去污粉洗。用毛刷蘸取少量洗涤剂或去污粉,并用少量水润湿仪器,先反复刷洗,然后边刷边用水冲洗,直到倾去水后,器壁不挂水珠时,再用少量去离子水或蒸馏水多次荡洗。

（3）用铬酸洗液洗。铬酸洗液是用 25 g 重铬酸钾（工业品）混于 50 mL 水中，再缓慢加入 450 mL 工业浓硫酸配制而成，并储存于具玻塞的玻璃瓶中备用。配好的铬酸洗液呈暗褐色，具有很强的氧化性和腐蚀性，对有机物和油污的去除能力特别强。特别适用于定量分析实验中一些口小、管细的难以用其他方法洗涤的仪器，如移液管、吸量管、滴定管等的洗涤。洗涤时，将仪器内的水尽量倾出，加入少量洗涤液，倾斜并转动仪器，使仪器内壁完全被洗液润湿，转动几圈后，将铬酸洗液倒回原瓶内，用水清洗残留的洗液，再用去离子水或蒸馏水荡洗几次即可。若用温热的铬酸洗液浸泡一段时间，则洗涤效率更高。铬酸洗液腐蚀性极强，易灼烧皮肤及衣物，使用时应注意安全。铬酸洗液吸水性强，应该随时塞紧盛洗液的瓶盖，防止吸水降低去污能力。反复使用至铬酸洗液呈绿色时（重铬酸钾还原为硫酸铬的颜色），表明失去去污能力，不能再用。由于铬酸洗液成本较高，对环境不友好，凡能用其他方法洗净的仪器，最好不要选用铬酸洗液洗涤。

（4）用碱性高锰酸钾洗液洗。由 4 g 高锰酸钾溶于少量水中，加入 10% 氢氧化钠溶液 100 mL 配制而成。此洗液用于清洗油污和有机物。洗后容器沾污处有褐色二氧化锰析出，可用（1∶1）[①]工业盐酸或乙二酸洗液、硫酸亚铁、亚硫酸钠等还原剂去除。

（5）特殊物质的洗涤：①油脂、焦油、树脂沾污的仪器可用碱性乙醇洗液洗涤；②油污和有机物污物可用苯、丙酮、氯仿、乙醇等有机溶剂洗涤；③沉积的难溶银盐污物可用硫代硫酸钠、氨水、热浓硫酸处理；④沾附的硫黄用煮沸的石灰水处理；⑤沾有碘迹用碘化钾溶液浸泡，用温热的稀氢氧化钠或硫代硫酸钠溶液处理；⑥高锰酸钾污垢用乙二酸溶液处理；⑦残炭用磷酸钠和油酸钠配制的磷酸钠洗液洗涤；⑧被有机试剂染色的比色皿可用盐酸-乙醇（1∶2）液处理。

除以上清洗方法外，玻璃仪器还可选用超声波清洗器清洗。

凡是已经洗净的仪器，绝不能用抹布或纸擦干，因为抹布或纸上的纤维会附着在仪器上。

2. 玻璃仪器的干燥

不同实验对玻璃仪器的干燥程度有不同的要求，一般无机及定量分析实验用的试管、烧杯、锥形瓶等仪器洗净后即可使用，但有些无机及分析化学实验需在无水条件下进行，通常要求对玻璃仪器进行干燥后才能使用。常用的干燥方法如下：

（1）晾干。将洗净的仪器倒置在干净的表面皿上并放入实验柜内或直接放在仪器架上使其自然晾干。不急用、要求一般干燥的仪器可用此法干燥。

（2）烘干。将洗净的仪器内的水倒尽后，放入 105～120℃ 电烘箱内烘干，也可放在红外灯干燥箱内烘干。

（3）吹干。急于干燥的或不适合放入烘箱的玻璃仪器可用吹干的办法。通常是用少量乙醇或丙酮将玻璃仪器荡洗，荡洗剂回收，然后用电吹风吹。开始用冷风，当大部分溶剂挥发后用热风吹至仪器完全干燥，再用冷风吹去残余的蒸气，使其不再冷凝在容器内。

---

① 本书如未特殊指明，则均为体积比。

## 第二节　无机及化学分析实验基本操作

### 一、简单玻璃加工方法

化学实验中常需自己动手加工玻璃管以满足实验要求,因而实验者需要熟练掌握一些简单的玻璃加工方法和技术。

（一）玻璃管（棒）的清洗、干燥、切割和熔光

玻璃管内的灰尘用水冲洗干净即可,而玻璃管内的油污则需要用铬酸洗液浸泡后,再用水冲洗。洗净的玻璃管（棒）经过干燥后方可进行切割加工。

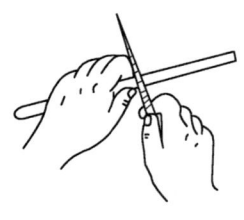

图 1-2　锉痕

将玻璃管（棒）平放在桌子的边缘,左手按住玻璃管（棒）欲截断处,右手用锉刀的棱（或薄片小砂轮）在要切割的部位用力向前或向后锉一下（要求向一个方向锉,不要来回锉）,锉出一道深而短的凹痕（图 1-2）。锉痕应与玻璃管垂直,以保证断后的玻璃管截面是平整的。折断玻璃管（棒）时,应戴上防护镜、帆布手套或在锉痕的两边包上布,凹痕向外,两手分别握住玻璃管（棒）的凹痕两边,两个大拇指按在凹痕后面,轻轻外推,同时用食指和拇指将玻璃管（棒）向两边拉,玻璃管（棒）即平整断裂（图 1-3）。

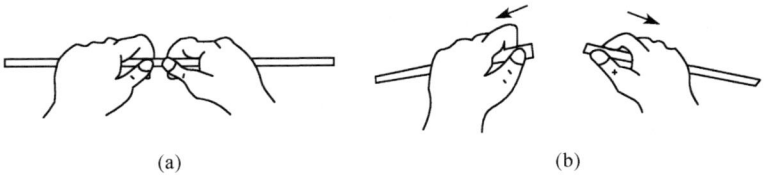

图 1-3　截断

玻璃管（棒）截断面的边缘很锋利,容易割破皮肤或橡皮管,因此需要进行熔光,即将刚割断的玻璃管（棒）的一头斜插入氧化焰中加热（约 45°）。不断来回转动玻璃管（棒）,直至管口红热并变成平滑为止（图 1-4）。取出玻璃管（棒）,放在石棉网上冷却（切不可直接放在实验台上,以免烧焦台面）。注意熔光时不可烧得太久,以免玻璃管（棒）边缘缩口。

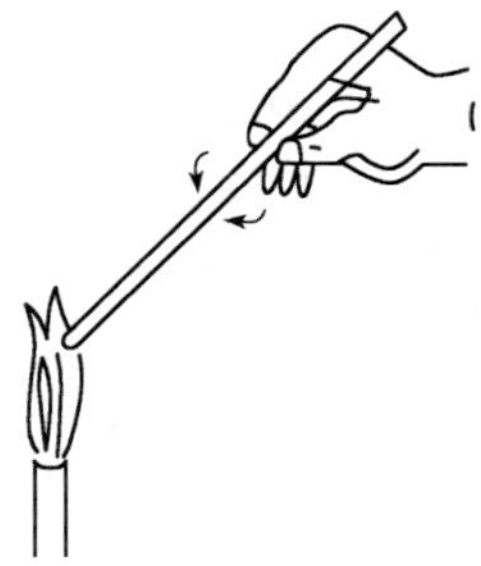

图 1-4　熔光

（二）玻璃管（棒）的弯曲

先将玻璃管用小火预热一下,然后双手持玻璃管,把要弯曲的部位斜插入氧化焰中,以增大玻璃管的受热面积,同时缓慢而均匀地转动玻璃管（图 1-5）,两手用力要均等,转动要同步,以免玻璃管在火焰中扭曲。待烧至发黄变软时,将它从火焰中取出,稍等一两秒钟,使各部分温度均匀,用"V"字形手法（两手在上方,玻璃管的弯曲部分在两手中间的正下方）,轻轻顺势把它弯成所需角度（图 1-6）。

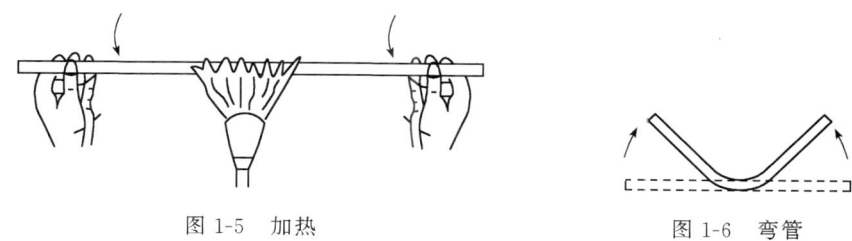

图 1-5　加热　　　　　　　图 1-6　弯管

弯曲 120°以上角度,可以一次弯成。弯曲较小角度时需分几次弯制:先弯成较大角度,然后在第一次受热部位的稍偏左或稍偏右处进行第二次加热和弯曲,如此第三次、第四次加热弯曲,直到弯成所需的角度为止。

加工后的玻璃管应及时进行退火处理,方法是趁热将加工好的玻璃管在弱火焰中加热或烘烤片刻,然后慢慢移出火焰,再放在石棉网上冷却至室温。未经退火处理的玻璃管质脆易碎。

合格的弯管必须弯角里外均匀平滑,角度准确,整个玻管处于同一平面。图 1-7 是弯管好坏的比较。

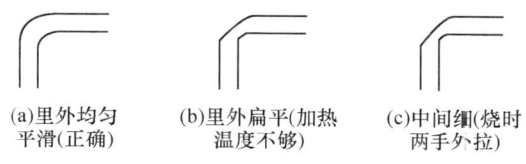

(a)里外均匀　　(b)里外扁平(加热　　(c)中间细(烧时
平滑(正确)　　温度不够)　　　　两手外拉)

图 1-7　弯管好坏的比较

（三）拉制毛细管、滴管、熔点管

拉制玻璃管时,加热玻璃管的方法与弯玻璃管时基本上一样,不过烧的时间更长,使玻璃管的软化程度更大。玻璃管应烧到红黄色时才可从火焰中取出,沿水平方向边拉边来回转动玻璃管(图 1-8),拉至所需的细度时,一手持玻璃管,使它垂直下垂片刻。冷却后,拉细部分即成毛细管。若从拉细部分中间截断,将细端在火焰中熔光,再把粗的一端烧熔,并垂直往石棉网上轻轻地揿压一下,冷却后安上橡皮头,即成滴管。

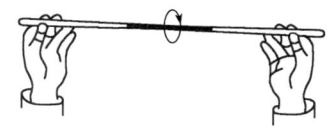

图 1-8　拉管方法

若要制备熔点管,则需将玻璃管拉成直径约为 1 mm 的毛细管,然后将拉细部分截成 8~10 cm 的小段,将其一端置于酒精灯小火边沿处,一边转动一边加热,待封口合拢后,立即移出火焰,应做到既封严,又不烧扭成块。冷却后,即得到熔点管。

（四）塞子打孔及其与玻璃导管的连接

若要在塞子上装置玻璃管、温度计等,需预先在塞子上打孔。用于钻孔的塞子一般为橡皮塞或软木塞。钻孔前,软木塞需先经压塞机(图 1-9)压紧,或用木板在桌子上碾压(图 1-10),以防钻孔时塞子开裂。常用的钻孔器是一组直径不同的金属管(图 1-11),它的一端有柄,另一端用来钻孔。另外还有一根带柄的铁条,称为捅条,钻孔时用来捅出嵌入钻孔器中的橡皮或软木。

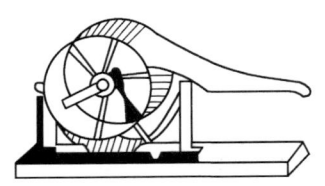
图 1-9 压塞机

图 1-10 将软木塞放在桌上碾压

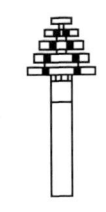
图 1-11 钻孔器

### 1. 塞子大小的选择

塞子的大小应与仪器的口径相适合,塞子塞进瓶口或仪器口的部分不能少于塞子本身高度的 1/2,也不能多于 2/3,如图 1-12 所示。

不正确　　　正确　　　不正确

图 1-12 塞子大小的选取

### 2. 钻孔器大小的选择

对于橡皮塞,钻孔器的口径应比欲插入塞子的玻璃管口径略粗一点,因为橡皮塞有弹性,孔道钻成后会收缩而使孔径变小。而软木塞则应选比欲插玻璃管口径略细一点的钻孔器,以保证导管与塞孔之间严密。

### 3. 钻孔方法

如图 1-13 所示,将塞子小头朝上平放在实验台上的一块垫板上(避免钻坏台面),左手用力按住塞子,不得移动,右手握住钻孔器的手柄,并在钻孔器前端涂点甘油或水。将钻孔器按在选定的位置上,沿一个方向,一面旋转一面用力向下钻动。钻孔器要垂直于塞子,不能左右摆动,更不能倾斜,以免把孔钻斜。钻至深度约达塞子高度一半时,反方向旋转并拔出钻孔器,用带柄捅条捅出嵌入钻孔器中的橡皮或软木。然后在塞子的大头一侧,对准原孔的方位,按同样的方法钻孔,直到两端的圆孔贯穿为止;也可以不调换塞子的方位,仍按原孔直接钻通到垫板上为止。拔出钻孔器,再

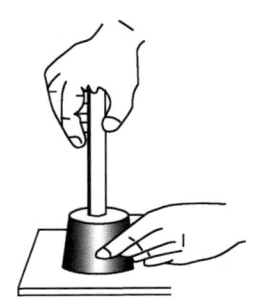

图 1-13 钻孔方法

捅出钻孔器内嵌入的橡皮或软木。孔钻好以后,检查孔道是否合适,如果选用的玻璃管可以毫不费力地插入塞孔里,说明塞孔太大,塞孔和玻璃管之间不够严密,塞子不能使用。若塞孔略小或不光滑,可用圆锉适当修整。

### 4. 玻璃导管与塞子的连接

将选定的玻璃导管插入并穿过已钻孔的塞子,一定要使所插入导管与塞孔严密套接。先用右手拿住导管靠近管口的部位,并用少量甘油或水将管口润湿[图 1-14(a)],然后左手拿住塞子,将导管口略插入塞子,再用柔力慢慢地将导管转动着逐渐旋转进入塞子[图 1-14(b)],并穿过塞孔至所需的长度为止。也可以用布包住导管,将导管旋入塞孔

[图 1-14(c)]。如果用力过猛或手持玻璃导管离塞子太远,都有可能将玻璃导管折断,刺伤手掌。

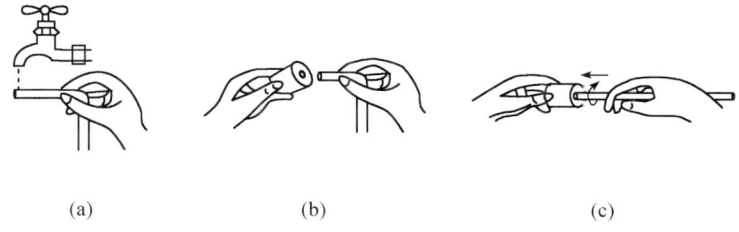

图 1-14 导管与塞子的连接

温度计插入塞孔的操作方法与上述一样,但开始插入时,要特别小心防止温度计的水银球破裂。

## 二、容量玻璃仪器的使用

滴定管、容量瓶、移液管、量筒、量杯是无机及化学分析实验中常用的液体体积度量仪器。滴定管、容量瓶、移液管的容量精度有 A、B 级之分,A 级器皿的容量允许误差低于 B 级器皿。滴定管、容量瓶、移液管的常用规格及容量允许误差列于表 1-7。

表 1-7 常用容量仪器的规格及容量允许误差

| 滴定管 | | | | | | | |
|---|---|---|---|---|---|---|---|
| 标称总容量/mL | | 2 | 5 | 10 | 25 | 50 | 100 |
| 分度值/mL | | 0.02 | 0.02 | 0.05 | 0.1 | 0.1 | 0.2 |
| 容量允许误差 /mL(±) | A | 0.010 | 0.010 | 0.025 | 0.05 | 0.05 | 0.10 |
| | B | 0.020 | 0.020 | 0.050 | 0.10 | 0.10 | 0.20 |
| 移液管 | | | | | | | |
| 标称容量/mL | | 2 | 5 | 10 | 20 | 25 | 50 | 100 |
| 容量允许误差 /mL(±) | A | 0.010 | 0.015 | | 0.030 | | 0.050 | 0.080 |
| | B | 0.020 | 0.030 | 0.040 | 0.060 | | 0.100 | 0.160 |
| 吸量管 | | | | | | | |
| 标称容量/mL | | 0.1 | | 0.5 | 1 | 2 | 5 | 10 |
| 分度值/mL | | 0.001 | 0.005 | 0.01 | 0.02 | 0.01 | 0.02 | 0.05 | 0.1 |
| 容量允许误差 /mL(±) | A | | | | 0.008 | 0.012 | 0.025 | 0.050 |
| | B | 0.003 | 0.003 | 0.010 | 0.010 | 0.015 | 0.025 | 0.050 | 0.100 |
| 容量瓶 | | | | | | | |
| 标称容量/mL | | 5 | 10 | 25 | 50 | 100 | 200 | 250 | 500 | 1000 |
| 容量允许误差 /mL(±) | A | | 0.02 | 0.03 | 0.05 | 0.10 | 0.15 | | 0.25 | 0.40 |
| | B | | 0.04 | 0.06 | 0.10 | 0.20 | 0.30 | | 0.50 | 0.80 |

(一)滴定管

滴定管是能滴放不固定量液体的玻璃量器,滴定分析中用于准确测量消耗的滴定剂体积。根据所装溶液种类将滴定管分为酸式滴定管和碱式滴定管。两种滴定管的管身均为细长、内径均匀并具有刻度线的玻璃管,下端均为尖嘴流液口,其差别在于溶液流出的控制方式不同。酸式滴定管通过转动连接管身和尖嘴流液口的玻璃活塞控制溶液流出的速度,碱式滴定管则通过挤压管身和尖嘴流液口之间的乳胶管中的玻璃珠控制溶液的流出。酸式滴定管用来装酸性、中性和氧化性溶液,不宜盛对玻璃活塞具有腐蚀作用的碱性溶液。碱式滴定管用于装碱性溶液,凡是能与橡皮发生反应的氧化性溶液,如 $KMnO_4$、$I_2$、$AgNO_3$ 等,不能装在碱式滴定管中。

1. 使用前的准备工作

检漏。酸式滴定管,先关闭活塞,然后装水至"0"刻度线附近,擦去管外部特别是尖嘴流液口外部的水后,将滴定管夹在滴定管架上,静置 2 min,检查管口及活塞两端是否有水渗出;将活塞转动 180°,静置 2 min 后,再检查是否有水渗出。若滴定管漏水,则应倒掉滴定管中的水,将滴定管平放于实验台面上,取出活塞,用滤纸将活塞及活塞槽内的水和凡士林(或硅油)擦干净,取少量凡士林均匀地涂在活塞表面[图 1-15(a)]。务必注意不要涂过多的凡士林,特别是活塞孔附近,以免引起堵塞。将活塞直插入活塞槽中[图 1-15(b)],按紧后,沿同一方向转动活塞几圈[图 1-15(c)]。涂好的活塞,油膜应均匀透明且转动灵活。如发现活塞上出现纹路或转动不灵活表示凡士林涂得不够;若有凡士林从活塞缝内挤出,或活塞孔被堵,表示凡士林涂得太多。遇到这些情况,都必须重新处理。涂好凡士林的滴定管需要重新检漏,如不漏水,在活塞末端套一个橡皮圈,以防活塞脱落打碎,洗净后即可使用。

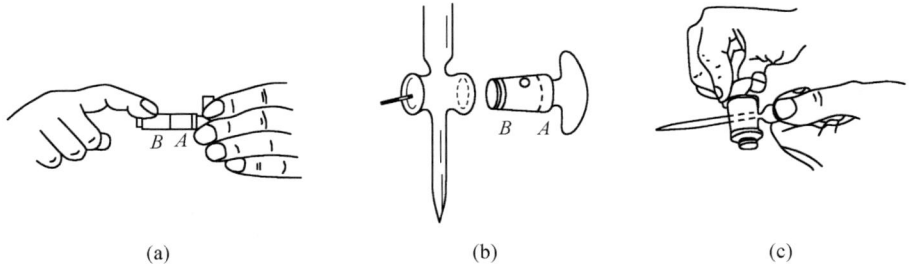

图 1-15　活塞涂凡士林的操作方法

碱式滴定管的检漏方法与酸式滴定管基本相同,如漏水,说明内置玻璃珠太小或乳胶管老化,需要更换。在不漏水的前提下,选择较小的玻璃珠。玻璃珠过大,放液时手指挤压玻璃珠很费力,不易操作。

2. 装入滴定剂

装入滴定剂前,应用蒸馏水润洗滴定管 3 次,每次约 10 mL。润洗时,两手平端滴定管,慢慢转动,使水遍及全管内壁,然后将水分别从滴定管下端和上口放出。为避免滴定剂被稀释,还应该用滴定剂润洗滴定管两三次,每次用量 5~10 mL。洗涤方法与用水润洗相同。

左手持滴定管上端无刻度部位,使管略微倾斜,右手握住试剂瓶细口,将滴定剂直接倒入滴定管至零刻度线附近。注意装入滴定剂时,不得借用任何别的器皿。滴定管第一次装入滴定剂时,管下端尖嘴流液口一般有气泡存在,滴定前必须排除。用右手拿住酸式滴定管,使其倾斜约30°,左手迅速打开活塞,使溶液快速冲出带走气泡;若气泡仍未排出,打开活塞后,可用力快速向下抖动滴定管,使溶液冲下带走气泡。碱式滴定管气泡的排除方法是把橡皮管向上弯曲,挤动玻璃珠,使溶液从尖嘴处喷出,带走气泡(图1-16)。补加滴定剂至零刻度线以上,调节液面在0.00 mL刻度处,备用。如液面不在0.00 mL处,则应记下初读数。

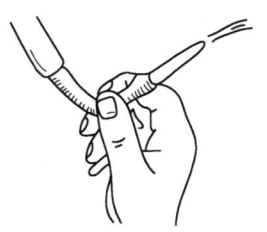

图1-16 气泡的排除

3. 滴定管的读数方法

装入溶液或放出溶液后,需等1～2 min,使附着在内壁上的溶液流下来以后才能读数。读数时,滴定管应呈垂直状态且管出口尖嘴处无水珠悬挂。

由于表面张力的作用,滴定管内的液面呈弯月形,无色和浅色溶液应读弯月面下缘实线的最低点,即读数时,视线应与弯月面下缘实线的最低点处于同一水平面上[图1-17(a)]。颜色较深溶液(如$KMnO_4$、$I_2$溶液等)的弯月面不够清晰,液面两侧最高点对应的体积较易读准,因此,读数时视线应与液面两侧最高点相切。

对于"蓝带"滴定管,无色和浅色溶液的读数应以两个弯月面相交的尖端部分为准[图1-17(b)],深色溶液仍读取液面两侧最高点。

常量滴定管读数必须读到小数点后第二位,而且要求准确到0.01 mL。

初学者可借助读数卡读数。读数卡可用黑纸或涂有墨的长方形(约3 cm×1.5 cm)的白纸制成。读数时,将读数卡放在滴定管背后,使黑色部分在弯月面下的1 mm处,此时即可看到弯月面的反射层呈为黑色,然后读与此黑色弯月面相切的刻度(图1-18)。

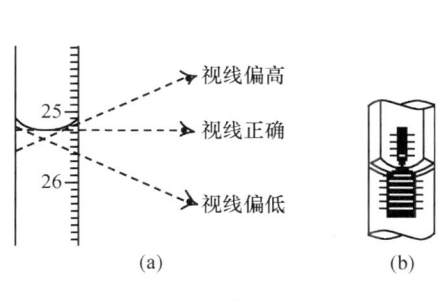

图1-17 刻度的读数

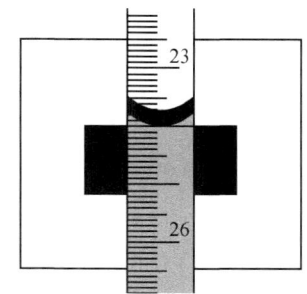

图1-18 读数卡读数

4. 滴定操作

滴定最好在锥形瓶中进行,必要时也可以在烧杯中进行。酸式滴定管的滴定操作如

图 1-19 所示。锥形瓶底距实验台面 2~3 cm,滴定管尖伸入瓶口约 1 cm。用左手控制滴定管的活塞,大拇指在前,食指和中指在后,手指略微弯曲,轻轻向内扣住活塞,转动活塞时,要注意勿使手心顶着活塞,以防活塞被顶出,造成漏水。右手握持锥形瓶,边滴边摇动,使瓶内溶液混合均匀,反应及时进行完全。摇动时应作同一方向的圆周运动。开始滴定时,溶液滴出的速度可以稍快些,约 10 mL·min$^{-1}$;临近终点时,滴定速度要减慢,应一滴或半滴地加入,滴一滴,摇几下,并以洗瓶吹入少量蒸馏水洗锥形瓶内壁,使附着的溶液全部流下,再半滴、半滴地加入,直到溶液颜色发生明显变化为止。半滴的滴法是将滴定管的活塞稍稍转动,使有半滴溶液悬于管口,将锥形瓶内壁与管口接触,使液滴流出,并以蒸馏水冲下。

在烧杯中进行滴定时,烧杯置于滴定管下方,滴定管尖伸入烧杯约 1 cm,与在锥形瓶中滴定一样,仍用左手转动滴定管的活塞或挤动玻璃珠以控制滴定速度,但不能摇动烧杯,而是用右手持玻璃棒搅拌溶液,如图 1-20 所示。

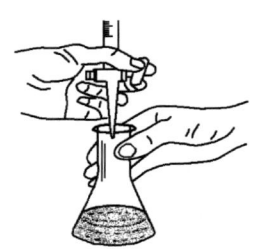

图 1-19 酸式滴定管滴定操作

图 1-20 在烧杯中滴定

使用碱式滴定管时,左手拇指在前,食指在后,捏住橡皮管中玻璃珠所在的部位(两手指既要将玻璃珠捏住,不让其滑动,又要捏在玻璃珠稍偏上的部位),捏挤橡皮管,使橡皮和玻璃珠之间形成一条缝隙,溶液即可流出。但注意不能捏挤玻璃珠下方的橡皮管,否则空气进入形成气泡,影响读数。

每次滴定最好从刻度 0.00 mL 或接近"0"稍下的位置开始,这样可固定在某一段体积范围内滴定,以减少因滴定管刻度不均匀造成的体积误差。

(二) 移液管和吸量管

移液管是用于准确量取一定体积溶液的量出式玻璃量器。20℃时,调整管内纯水液面使其弯月面最低点与管颈部标线上边缘相切,然后将管内纯水排出,所流出的水体积即为移液管中部膨大部分所标示的容量。

吸量管是带有分度线的量出式玻璃量器。吸量管量取体积的精度低于移液管,通常用于量取少量溶液。

1. 润洗

首先,用滤纸吸干移液管外壁及尖端内残留的水分,以免使欲移取溶液的浓度发生改变。然后,左手持洗耳球并挤出球内气体,右手拇指及中指捏持移液管的上端,将其下端伸入液面下 1~2 cm 处,再将洗耳球伸入移液管上口,左手放松,待液面上升到中部膨大部分时,立即用右手食指按紧管口并勿使溶液回流,将移液管提出液面、横置,用手转动移液管使溶液遍及管内壁,当溶液流至距上口 2~3 cm 时,将管直立,由尖嘴放出溶液。如此,用欲吸取溶液润洗三遍。

2. 移取溶液

如图 1-21(a)所示,右手持移液管,将其下端伸入容量瓶液面下 1~2 cm 处,左手持洗耳球将溶液吸入移液管。吸液时,移液管尖应随容量瓶中液面的下降而下降,以免吸入空气。当移液管中的液面超过管颈部的标线时,立即用右手食指按住管口并将移液管提出液面,使其下端沿容量瓶壁轻转两圈,以除去移液管壁上附着的溶液。左手拿住容量瓶并使其倾斜约 30℃,移液管垂直且管尖紧贴容量瓶内壁,稍微松动右手食指,同时以拇指和中指转动管身,使液面平稳下降,直到视线平视时弯月面最低点与管颈部标线相切,立即按紧食指,使溶液不再流出。如图 1-21(b)所

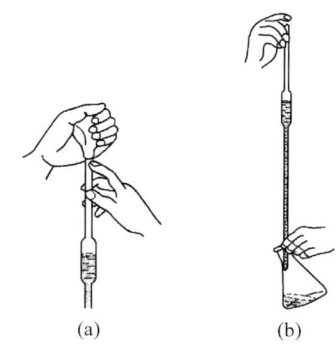

图 1-21 移液管操作示意图

示,将移液管轻轻插入倾斜 30℃ 左右的接收容器中,管尖紧贴接收容器内壁,松开食指使液体顺瓶壁自然流下,待管尖液面停止下降后,再停留 15 s,将移液管旋转一周,使管口与接收容器 360° 接触,以使残留溶液体积相同。拿开移液管。除移液管上特别注明有"吹"字外,管尖残留的溶液不应吹入或甩入接收容器内。

吸量管的操作方法大体上与移液管相同。

(三)容量瓶

容量瓶是带有磨口玻塞或塑料塞的细颈梨形平底玻璃瓶,是量入式量器。容量瓶的容量定义为 20℃ 时,水弯月面最低点与瓶颈标线上缘水平相切时的水体积。容量瓶通常有 25 mL、50 mL、100 mL、250 mL、500 mL、1000 mL 等各种规格。

容量瓶主要用于配制准确浓度的溶液或定量地稀释溶液。

1. 检漏

加自来水至标线附近,盖上瓶塞,右手托住瓶底,将瓶倒立 1 min,观察是否有水渗出。如不漏水,将瓶塞旋转 180°,再检查一次。确定不漏水后,用橡皮筋将塞子系在瓶颈上,以免瓶塞与瓶不配套,引起漏水。

2. 溶液的配制

将准确称量的固体物质置于小烧杯中,加水或其他溶剂使其溶解完全。如图 1-22 所示,右手拿玻璃棒并将其伸入容量瓶中,倾斜玻璃棒使其下端贴在瓶壁上(玻璃棒上端不可接触瓶壁),左手拿烧杯,使烧杯嘴贴紧玻璃棒,慢慢倾斜烧杯,使溶液沿着玻璃棒和瓶

壁流下。倾完溶液后,将烧杯沿玻璃棒轻轻上提,同时将烧杯直立,使附在玻璃棒和烧杯嘴之间的液滴回到烧杯中,再用少量蒸馏水或其他溶剂冲洗烧杯,洗涤液转入容量瓶中。为使配制的溶液浓度准确无误,从烧杯将溶液转移至容量瓶的过程中,应确保定量转移,即应避免溶液流到烧杯和容量瓶以外的地方,烧杯应用溶剂冲洗三四次,每次的洗涤液都要转移至容量瓶中。然后加蒸馏水(或其他溶剂)至容量瓶约 2/3 容积处时,旋摇容量瓶使溶液混合,但此时切勿倒转容量瓶。最后,继续加水至标线以下约 1 cm 处,等待 1~2 min,再用滴管逐滴加水至弯月面最低点恰好与标线相切。盖上瓶塞,用手指压住瓶盖,另一手指尖托住瓶底边缘,将瓶倒转并摇动,再倒转过来,使气泡上升到顶部,如此反复多次,使溶液充分混合均匀,如图 1-23 所示。

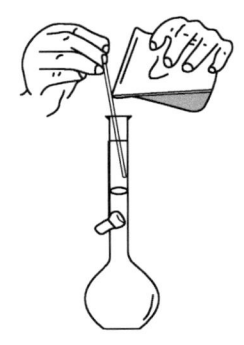

图 1-22 溶液的转移

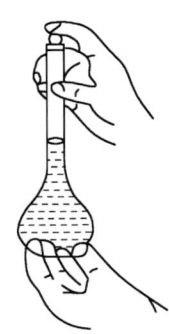 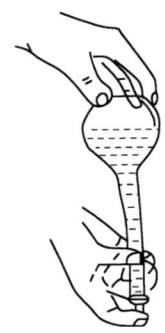

图 1-23 溶液的混合

### 3. 稀释溶液

若需要定量稀释溶液,则用移液管吸取一定体积的浓溶液至容量瓶中,按上述方法加溶剂稀释至标线,摇匀。

热溶液应冷至室温后,才能稀释至标线,否则会造成体积误差。见光易分解的溶液应以棕色容量瓶配制。配好的溶液如需保留较长时间,应转移到用配好的溶液荡洗两三次的试剂瓶中存放。

### (四) 量筒和量杯

量筒和量杯的容量精度低于上述几种量器,在无机及化学分析实验中普遍采用量出式量筒量取精度要求不高的试剂和蒸馏水。使用量筒量取一定体积的液体时,应把量筒置于水平的实验台面上,先倒入接近所需体积的液体,然后改用滴管滴加,直至液体弯月面最低点与所需体积刻度线相切。

### (五) 量器的校准

### 1. 相对校准法

容量瓶和移液管通常配合使用,把配成溶液的某种物质分成若干等份,在这种情况下,无需知道容量瓶和移液管各自的准确体积,而只要求两种容器之间保持一定的比例。

为此需要对容量瓶和移液管进行相对校准。25.00 mL 移液管与 100 mL 容量瓶的相对校准方法是：用 25 mL 移液管准确吸取纯水 4 次并转移至干燥的容量瓶中，若液面最低点不与标线相切，应在容量瓶颈上重新作一标记。

2. 称量法

进行高精度的定量分析实验时，采用称量法校准量器，即称量被校准的量器量入或量出的纯水的表观质量，再根据当时水温下的表观密度计算出该量器在 20℃ 时的实际容量。

$$V_{20} = \frac{m_W}{\rho_W}$$

例如，25℃ 时，一支 25 mL 移液管放出的纯水质量为 24.921 g，由表 1-8 查得纯水的表观密度为 0.9961 g·mL$^{-1}$，则该移液管在 20℃ 时的实际容积为 $V_{20} = \frac{24.921}{0.9961} = 25.02$ mL。

表 1-8　纯水的表观密度 $\rho_W$ *

| $t$/℃ | $\rho_W$/(g·mL$^{-1}$) | $t$/℃ | $\rho_W$/(g·mL$^{-1}$) | $t$/℃ | $\rho_W$/(g·mL$^{-1}$) | $t$/℃ | $\rho_W$/(g·mL$^{-1}$) |
| --- | --- | --- | --- | --- | --- | --- | --- |
| 10 | 0.9984 | 16 | 0.9978 | 22 | 0.9968 | 28 | 0.9954 |
| 11 | 0.9983 | 17 | 0.9976 | 23 | 0.9966 | 29 | 0.9951 |
| 12 | 0.9982 | 18 | 0.9975 | 24 | 0.9963 | 30 | 0.9948 |
| 13 | 0.9981 | 19 | 0.9973 | 25 | 0.9961 | 31 | 0.9946 |
| 14 | 0.9980 | 20 | 0.9972 | 26 | 0.9959 | | |
| 15 | 0.9979 | 21 | 0.9970 | 27 | 0.9956 | | |

\* 表观密度是指在一定的空气密度、温度下，一定材质的玻璃量器所容纳或释出单位体积的纯水在 20℃ 时与黄铜砝码平衡所需该砝码的质量。此表所列数据适用于在 1.2 g·L$^{-1}$ 的空气密度下，用衡量法测定钠钙玻璃量器的实际容量。

如果对校准的精确度要求很高，并且温度超过 20℃±5℃、大气压力及湿度变化较大，则应根据实测的空气压力、温度求出空气密度。利用下式计算实际容量：

$$V_{20} = (I_L - I_E) \times [1/(\rho_W - \rho_A)] \times (1 - \rho_A/\rho_B) \times [1 - \gamma(t - 20)]$$

式中：$I_L$ 为盛水容器的天平读数(g)；$I_E$ 为空容器的天平读数(g)；$\rho_W$ 为温度 $t$ 时纯水的密度(g·mL$^{-1}$)；$\rho_A$ 为空气密度(g·mL$^{-1}$)；$\rho_B$ 为砝码密度(g·mL$^{-1}$)；$\gamma$ 为量器材料的体热膨胀系数(℃$^{-1}$)；$t$ 为校准时所用纯水的温度(℃)。

需要特别指出的是，校准不当和使用不当都是产生容量误差的主要原因，其误差甚至可能超过允差或量器本身的误差。因而在校准时务必正确、仔细地进行操作，尽量减小校准误差。凡要使用校准值的，其校准次数不应少于两次，且两次校准数据的偏差应不超过该量器容量允许的 1/4，并取其平均值作为校准值。

### 三、称量仪器的使用

托盘天平、电光分析天平及电子天平是基础化学实验室中常用的称量仪器。称量时，应根据测试精度要求选择合适的天平。

（一）托盘天平

托盘天平的构造如图 1-24 所示。托盘天平的称量精度低,因此仅用于粗略称量。例如,配制需要标定的氢氧化钠、EDTA 溶液时,固体氢氧化钠、EDTA 即采用托盘天平称量。使用托盘天平称量时,可按下列步骤进行：

（1）调整零点。游码放在刻度标尺的零位,托盘中未放物体时,指针应处于刻度盘的中间位置,即零点,若不在,调节托盘下面的平衡螺丝。

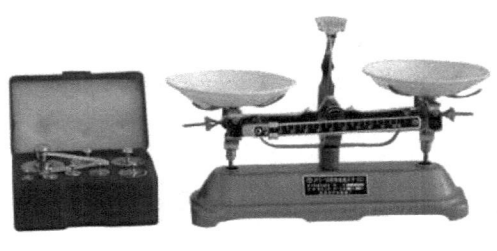

图 1-24 托盘天平

（2）称量。实验药品不能直接放在秤盘上,干燥、无腐蚀性的药品可在称量纸上称量,潮湿或具有腐蚀性的药品则应置于玻璃容器内称量。称量时,先将称量纸或欲盛放药品的玻璃容器置于左盘,将合适质量的砝码（10 g 以上）置于右盘上,再移动标尺上的游码直到指针停在刻度盘的零点处；然后,将与欲称取的药品质量相同的砝码加至右盘,再将欲称药品加至左盘的称量纸上或玻璃容器内直至指针停在刻度盘的中间（零点与指针停点之间的偏差不应超过 1 小格）。

（二）等臂双盘电光分析天平

根据加码方式的不同,等臂双盘电光天平分为半自动电光天平和全自动电光天平,分度值均为 0.1 mg·分度$^{-1}$,称取一份样品的绝对误差为 $0.1 \times 2 = 0.2$ mg。等臂双盘天平是根据杠杆原理制造的,即用已知质量的砝码来衡量被称物的质量。如图 1-25 所示,$B$ 为杠杆的支点,$A$ 和 $C$ 分别为杠杆的力点,杠杆两端所受的力分别为 $P$ 和 $Q$,$Q$ 表示被称物的质量,$P$ 表示砝码的质量。对等臂天平而言,两端支点的臂长相等,即 $AB = BC$,当杠杆处于水平平衡状态时,支点两边的力矩相等。

$$P \times AB = Q \times BC$$

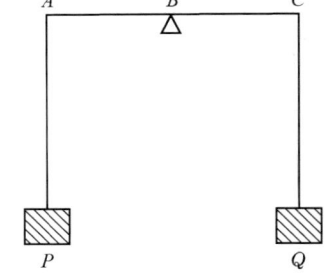

图 1-25 杠杆原理示意图

因为

$$AB = BC$$

所以

$$Q = P$$

上式说明,当等臂天平处于平衡状态时,被称物体的质量等于砝码的质量。

各种型号的等臂双盘天平的构造和使用方法基本相同,现以 TG328B 型半自动电光天平为例,介绍这类天平的构造和使用方法。天平的外形及内部结构如图 1-26 所示。

1. 天平结构

（1）天平横梁。天平的主要部件多用质轻坚固、膨胀系数小的铝铜合金制成，起平衡和承载物体的作用。梁上装有三个三棱形的玛瑙刀，其中一个装在横梁的中间，刀口向下，称为中刀或支点刀，天平启动后承于玛瑙刀承上；另外两个与中刀等距离地安装在梁的左右两端，刀口向上，称为边刀或承重刀，天平启动后，吊耳平板下面的玛瑙刀将承于边刀上。这三个刀口必须完全平行且位于同一水平面内。横梁上部两端各装有一个平衡螺丝，用来粗调天平的零点。固定在横梁中间垂直向下的指针用于观察天平梁的倾斜程度，指针上的感量螺丝用来调节梁的重心，以改变天平的灵敏度。

（2）立柱。位于天平正中，下端固定在天平底座，支撑天平梁。

（3）悬挂系统。两个吊耳悬挂于边刀上，吊耳上挂有秤盘，通常左盘放被称物，右盘放砝码。空

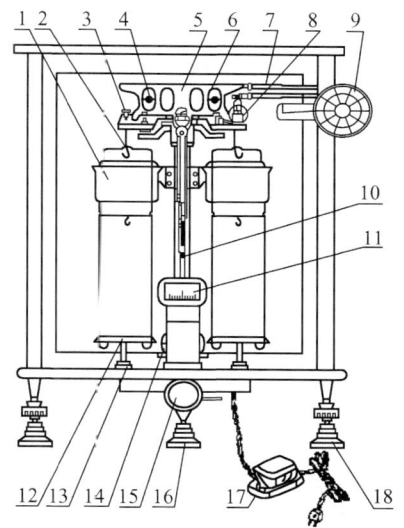

图 1-26 半自动电光天平
1. 空气阻尼器  2. 挂钩  3. 吊耳  4. 平衡螺丝  5. 天平梁  6. 天平柱  7. 圈码钩  8. 圈码  9. 指数盘  10. 指针  11. 投影屏  12. 秤盘  13. 盘托  14. 光源  15. 旋钮  16. 垫脚  17. 变压器  18. 螺旋脚

气阻尼器由两个特制的金属圆筒构成，外筒固定在立柱上，内筒比外筒略小，挂在吊耳上，两筒间隙均匀，没有摩擦。当梁摆动时左右阻尼器的内筒也随着上下移动，盒内空气阻力的作用使天平很快停摆而达到平衡，从而加快称量速度。

吊耳、阻尼器内筒、秤盘等部件上应分别标上左"1"、右"2"字样，以示区别，安装时要分左右配套使用。

（4）读数系统。光源发出的光照射在指针下端的缩微标尺上，经过光学系统放大10～20倍，再反射到投影屏上，从屏上可看到标尺的投影，中间为零，左负右正。投影屏中央有一条垂直刻线，标尺投影与该线重合时，天平即处于平衡位置。天平箱下的调屏拉杆可将投影屏在小范围内左右移动，用于细调天平的零点。称量时，指针的偏移程度被放大在投影屏上，能准确读出 10 mg 以下的质量。

（5）升降旋钮。位于天平底板正中，连接托翼、盘托和光源开关。顺时针旋转升降旋钮，托翼下降，天平梁放下，刀口与刀承相承接，光源也被接通，投影屏上出现标尺投影，天平进入工作状态。称量完成后，逆时针旋转升降旋钮，横梁、吊耳及称盘被托起，刀口与玛瑙平板脱离，光源切断，天平进入休止状态。

（6）水平仪和螺旋脚。立柱后上方的气泡水平仪，用于指示天平的水平位置，称量时，水平仪内的空气气泡应位于圆环中央。若气泡不在圆环中央，旋转天平箱下前部的螺旋脚，升降天平底板，校正天平的水平。

（7）机械加码装置。1 g 以下、10 mg 以上的砝码制成环码（圈形砝码），按 1,1′,2,5 的组合方式安装在天平梁右侧刀的上方，通过指数转盘带动操纵杆添加或取下环码；外圈

共计 900 mg,内圈共计 90 mg,总计 990 mg;转动指数盘外圈,可加或减 100 mg 以上环码,转动内圈则加或减 10 mg 以上,90 mg(含 90 mg)以下的环码。

(8) 砝码。每台天平都附有一盒配套的砝码。为了便于称量,砝码大小有一定的组合规律,如 5,2,2′,1 系统的组合,并按固定的顺序放在砝码盒中。面值(或称名义质量)相同的砝码之间的质量有微小差别,所以面值相同的砝码上均印有标记以示区别。砝码在使用和存放过程中应保持清洁,应该用镊子取用砝码。

(9) 天平箱。起保护天平的作用,减少外界温度、空气流动、人的呼吸等对称量的影响。

2. 使用方法

(1) 检查天平是否正常。取下天平防尘罩,叠好后放在天平箱顶部。检查天平是否处于水平状态,盘上有无污垢,圈码指数盘是否在"000"位,圈码有无脱落,吊耳有无脱落、移位等。

(2) 检查和调整天平的零点。接通电源,慢慢打开升降旋钮,观察投影屏中央刻线与标尺上的"0"线的相对位置,若两者不重合,拨动调屏拉杆,移动投影屏,使屏中刻线恰好与标尺上的"0"线重合。如果投影屏移到尽头仍调不到零点,则需关闭升降旋钮,然后调节横梁上的平衡螺丝,再开启升降旋钮拨动调屏拉杆进行调节。零点调好后,关闭天平。准备称量。

(3) 称量。将欲称物体(质量不能超过天平的最大载荷)放到天平左盘中心,按照"由大到小,折半加入"的原则在右盘加减砝码试重。为避免横梁过度倾斜,导致错位或吊耳脱落,试重时,不可完全开启天平,而应半开天平观察标尺移动方向或指针的倾斜方向(标尺投影总是偏向较重盘,而指针正好相反,总是向较轻盘移动)以判断所加砝码是否合适及如何调整。

(4) 读数。砝码调定后,关闭天平门,然后顺时针将升降旋钮旋到底使天平完全开启,待标尺停稳后读数。被称物的质量等于砝码总量加标尺读数。标尺读数为 9~10 mg 时,可再加 10 mg 圈码,从屏上读取标尺负值,记录时将此读数从砝码总量中减去。

(5) 复原。称量、记录完毕后,托起天平,取出被称物和砝码,圈码指数盘拨回到"000"位,检查天平内外清洁,关闭天平门,切断电源,罩上防尘罩。

3. 试样称取方法

1) 直接称量法

称物体前,应先调定天平零点,然后把被称物放在天平左盘中央,在右盘上加砝码,天平平衡后的读数即为被称物的质量。这种方法适用于称量洁净干燥的器皿、棒状或块状的金属等。

2) 固定质量称量法

固定质量称量法是为了称取指定质量的试样,要求试样本身不吸水并在空气中性质稳定,如金属、矿石等。操作步骤如下:

(1) 先称容器(如表面皿、铝铲)的质量,并记录平衡点。

(2) 如指定称取 0.4000 g 时,在右边秤盘增加 0.4000 g 砝码,在左边秤盘的容器中加入略少于 0.4 g 的试样,然后用牛角匙轻轻振动,使试样慢慢落入容器中,直至平衡点与称量容器时的平衡点刚好一致。

这种方法的优点是称量计算简单,因此,在工业生产分析中广泛采用这种称量方法。

3) 递减称量法

递减称量法称出样品的质量不要求固定的数值,只要在一定的范围内即可,适于称取多份易吸水、易氧化或易与 $CO_2$ 反应的物质。将此类物质盛在带盖的称量瓶中进行称量,既可防止吸潮和防尘,又便于称量操作。操作步骤如下:

(1) 在洁净、干燥的称量瓶中装适量试样(如果试样曾经烘干,应放在干燥器中冷却到室温),用洁净的小纸条或塑料薄膜条套在称量瓶身中部(图 1-27),放至天平左盘中,设其质量为 $w_1$ g。

(2) 取出称量瓶,并从右盘取出与欲称试样质量相当(最好是略少)的砝码。在试样接收容器上方打开瓶盖,用称量瓶盖轻轻地敲瓶的上部,使试样慢慢落入容器中,如图 1-28 所示。然后慢慢地将瓶竖起,用瓶盖敲瓶口上部,使粘在瓶口的试样落入瓶中,盖好瓶盖。再将称量瓶放回天平盘上称量,如此重复操作,直到倾出的试样质量达到要求为止。设其质量为 $m_2$ g,则第一份试样质量 $= m_1 - m_2$ (g)。

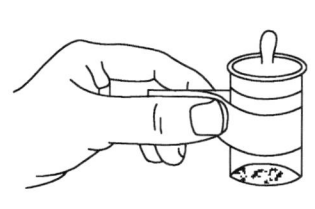

图 1-27 称量瓶拿法

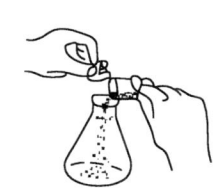

图 1-28 从称量瓶中敲出试样的操作

(3) 如此重复操作,可连续称出多份样品。

4. 使用注意事项

(1) 化学试剂和试样不能直接放在天平盘上称量,而应放在干净的表面皿、称量瓶或坩埚内。具有腐蚀性的气体或吸湿性物质,必须放在称量瓶或其他适当的密闭的容器称量。被称物体必须与天平箱内的温度一致,不得把热的或冷的物体放进天平称量。为了防潮,天平箱内应放有吸湿干燥剂,如变色硅胶等。干燥剂应定期烘干,以保持良好的吸湿性能。

(2) 旋转升降旋钮时必须缓慢,轻开轻关。取放物体、加减砝码和移动游码时,都必须把天平梁托起,以免损坏玛瑙刀口。

(3) 检查零点和读数时,应关好两个侧门,并完全开启天平。前门主要供安装和检修天平时用,不得随意打开。

(4) 取放砝码必须用镊子夹取,严禁用手拿。加减圈码时,应一挡一挡地慢慢进行,防止圈码跳落或互撞。

（5）绝不能使天平载重超过最大负载。为了减少称量误差,在做同一实验时,应使用同一台天平和配套的砝码,并注意相同面值的两个砝码的区别。

（6）称量数据应及时写在记录本上,不能记在纸片或其他地方。

### （三）电子天平

#### 1. 基本结构和称量原理

电子天平是新一代的天平,是基于电磁学原理制造的。常见电子天平的基本结构如图1-29所示,其核心部分包括载荷接受与传递装置、测量及补偿控制装置。

载荷接受与传递装置由称量盘、盘支承、平行导杆等部件组成,是接受被称物和传递载荷的机械部件。平行导杆是由上下两个三角形导向杆形成一个空间的平行四边形结构,以维持称量盘在载荷改变时进行垂直运动,并可避免称量盘倾倒。

载荷测量及补偿控制装置是对载荷测量,并通过传感器及相应的电路进行补偿和控制的部件单元,包括示位器（图1-29中7～9）、补偿线圈、电力转换器的永久磁铁以及控制电路等部分。

电子装置能记忆加载前示位器的平衡位置。自动调零就是能记忆和识别预先调定的平衡位置,并能自动保持这一位置。称量盘上载荷的任何变化都会被示位器察觉并立即向控制单元发出信号。当秤盘上加载后,示位器发生位移并导致补偿线圈接通电流,线圈内就产生垂直的力,使示位器准确地回到原来的平衡位置。载荷越大,线圈中通过电流的时间越长。整个称量过程均由微处理器进行计算和调控,当秤盘上加载后,即接通了补偿线圈的电流,计算器就开始计算脉冲,达到平衡后,自动显示载荷的称量值。

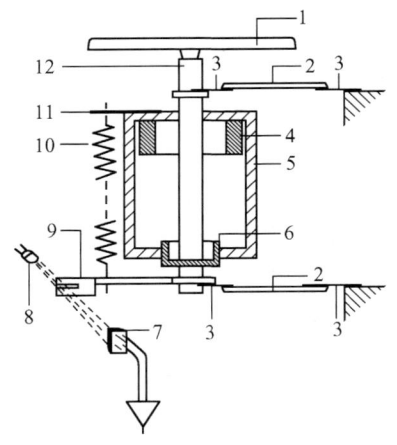

图1-29 电子天平基本结构示意图
1. 称量盘 2. 平行导杆 3. 挠性支撑簧片
4. 线性绕组 5. 永久磁铁 6. 载流线圈
7. 接受二极管 8. 发光二极管 9. 光阑
10. 预载弹簧 11. 双金属片 12. 盘支承

#### 2. BS210S型电子天平的使用方法

BS210S型电子天平是上皿式常量分析天平,最大载荷为210 g,感量为0.1 mg,其外形如图1-30所示。称量时,按以下步骤进行操作：

（1）检查水平。检查水平仪内空气气泡是否位于圆环中央,如气泡偏离圆环,说明天平未处于水平状态,调整地脚螺旋高度,使气泡位于圆环中央。

（2）预热。接通电源,屏幕右上角显示一个"°"。天平在初次接通电源或长时间断电后,应至少预热30 min。

（3）称量。按开关键 ON/OFF ,显示屏应很快出现"0.0000 g",否则,按一下 TARE

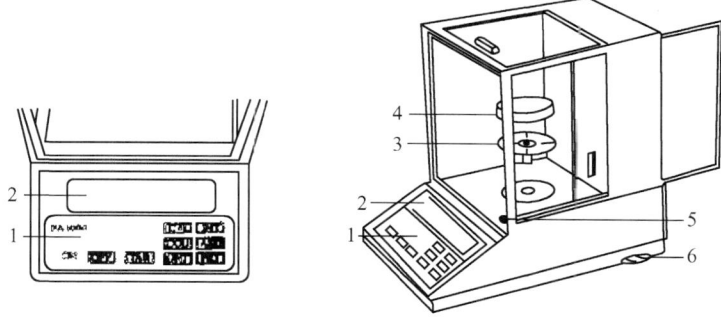

图 1-30　电子天平外形图
1. 键盘(控制板)　2. 显示器　3. 盘托　4. 秤盘　5. 水平仪　6. 水平调节脚

键清零。将被称物轻轻放在秤盘上，待显示屏上的数字稳定并出现质量单位"g"后，读数并记录称量结果。

（4）称量完毕，取出被称物，如果不久还要继续使用天平，可暂不按 ON/OFF 键，或者按一下 ON/OFF 键，但不拔掉电源插头，使天平处于待机状态，此时显示屏上数字消失，左下角出现一个"°"。若较长时间不再用天平，应拔掉电源插头，盖上防尘罩。

3. 试样称取方法

1) 直接称量法
与电光天平相同。

2) 固定质量称量法
将干燥、洁净的容器轻轻放在天平秤盘上，关闭天平门，待显示平衡后，按 TARE 键去皮清零。然后打开天平门，往容器内缓缓加入试样并观察屏幕，当达到所需质量时停止加样，关上天平门，平衡后，读取称量数据。

3) 差减法
将装有试样的称量瓶放在秤盘上，关闭天平门，平衡后，按 TARE 键去皮清零。然后取出称量瓶向接收容器内敲出一定量样品，再将称量瓶放回秤盘称量，如果所示质量达到要求范围，即可记录结果。

4. 使用注意事项

（1）电子天平的重力电磁传感器簧片细而薄，极易受损，所以在使用中应特别注意加以保护，放置被称物时动作要轻，不要向天平上加载质量超过其称量范围的物体，绝不能用手压秤盘。

（2）电子天平的自重较小，容易被碰移位，从而可能改变水平，影响称量结果的准确性。所以开、关天平门及取放被称物时，动作一定要轻、缓，并时常检查水平。

（3）要注意克服可能影响天平示值变动性的各种因素，如空气对流、温度波动、容器不够干燥等。

(4)其他注意事项与电光天平大致相同。

## 四、物质的分离与提纯

（一）结晶与重结晶技术

**1. 结晶**

在化合物的制备过程中,常需要把目标产物与没有反应完的原料及其他反应产物分开,若反应体系中各组分的溶解度不同,即可通过蒸发浓缩或降低温度的方法使某些组分结晶析出,从而使目标产物得到分离纯化。

当溶液浓度很低而欲结晶析出的物质的溶解度又较大时,需要先加热蒸发溶剂,使溶液不断浓缩,在随后的冷却过程中该物质方可结晶析出。当物质的溶解度较大时,必须加热蒸发至液体表面出现结晶膜,再冷却、结晶。当物质的溶解度较小或高温时溶解度较大而室温时溶解度较小,则不必蒸发到液面出现结晶膜就可冷却、结晶。

水溶液的蒸发在蒸发皿中进行,因为蒸发皿的面积较大,有利于快速蒸发。蒸发时,蒸发皿中所放溶液的量不能超过其容量的 2/3,多余的溶液可在蒸发过程中逐渐添加。

**2. 重结晶**

重结晶是提纯固体化合物的重要方法,它利用需纯化的化合物与其所含杂质的溶解度或结晶速度的差异进行精制。重结晶适用于提纯杂质含量在 5% 以下的固体化合物。

1）溶剂的选择

重结晶所用的溶剂可通过查阅化学手册或文献资料进行选择。在重结晶溶剂中,加热时,待提纯物应该大量溶解,而在室温或低于室温时,应该微溶。杂质在溶剂中的溶解度则应该尽可能大。此外,溶剂不应与待提纯物发生化学反应并易于分离回收。常用的重结晶溶剂列于表 1-9。

**表 1-9 常用的重结晶溶剂**

| 溶 剂 | 沸点/℃ | 与水的混溶性* | 易燃性* |
| --- | --- | --- | --- |
| 乙醚 | 34.5 |  | ＋ |
| 石油醚 | 30～60 |  | ＋ |
| 二氯甲烷 | 40.8 |  |  |
| 丙酮 | 56.2 | ＋ | ＋ |
| 甲醇 | 65 | ＋ | ＋ |
| 氯仿 | 61.7 |  |  |
| 四氯化碳 | 76.5 |  |  |
| 乙酸乙酯 | 77.1 |  | ＋ |
| 乙醇 | 78.0 | ＋ | ＋ |
| 95%乙醇 | 78.1 | ＋ | ＋ |
| 苯 | 80.1 |  | ＋ |
| 水 | 100 | ＋ |  |
| 二氧六环 | 101.3 | ＋ | ＋ |
| 甲苯 | 110.6 |  | ＋ |
| 冰醋酸 | 117.9 | ＋ | ＋ |

\* ＋表示有混溶性或易燃性。

若无充足的资料,则需要通过实验选择溶剂。具体方法如下:

取 0.1 g 结晶固体于试管中,用滴管逐滴加入溶剂,并不断振荡,当加入约 1 mL 溶剂时,若完全溶解或加热至沸溶解,但冷却后无结晶析出,则该溶剂不适用;若结晶固体完全溶于沸腾的溶剂中且冷却后有大量结晶,一般认为此种溶剂是适用的。如果 1 mL 的沸腾溶剂不能使试样完全溶解,可逐步添加溶剂,每次加约 0.5 mL 并煮沸。当溶剂总量达到 4 mL 时,试样仍未完全溶解,则该溶剂不适用;若试样能完全溶解,但冷却时用玻璃棒摩擦试管内壁也无结晶析出,该溶剂也不能用。

当难以选择一种适宜的溶剂时,可考虑选用混合溶剂。混合溶剂一般由两种互溶的溶剂组成,欲重结晶物质易溶于其中的一种溶剂,而难溶于另一种溶剂。两种溶剂的适合比例常通过实验来确定。先将欲重结晶物质溶于易溶溶剂中(必要时趁热过滤除去不溶性杂质),逐滴加入热的难溶溶剂至溶液变混浊,然后稍加热使溶液澄清透明,再加入热的难溶溶剂至溶液变混浊,再加热澄清,如此反复操作直到最后加热溶液仍呈混浊态时,再加入少量易溶溶剂,使溶液刚好澄清。放置冷却后,即有结晶析出。

2) 重结晶操作

固体物质的溶解:将称量好的样品置于烧杯中,加入比计算量略少的溶剂,盖上表面皿,加热煮沸。样品若未完全溶解,继续滴加溶剂并保持微沸,直到样品恰好溶解,再多加一些溶剂,加入量为需要量的 15%～20%。如果使用的是有机溶剂,应该在烧瓶中重结晶并安装回流装置。如果溶剂易燃,添加溶剂时应先熄火。

在溶解固体物质时,应避免使用过多的溶剂,否则,冷却后析出的晶体少,甚至无晶体析出。溶剂加入量比需要量多 15%～20%,是为了防止热过滤时晶体在漏斗上或漏斗颈中析出造成损失。

脱色:若溶液中含有有色杂质,待溶液稍冷后,加入适量活性炭(用量一般为固体量的 1%～5%),煮沸 5～10 min。注意,切不可在沸腾的溶液中加入活性炭,否则可能导致暴沸。

热过滤:对于不溶性杂质,应趁热过滤除去。热过滤采用热水漏斗和滤纸进行。

滤纸折叠方法如图 1-31 所示,先将圆形滤纸对半折叠,再对折。再以 2 对 3 折出 4,1 对 3 折出 5,2 对 5 折出 6,1 对 4 折出 7,1 对 5 折出 9,2 对 4 折出 8,形成 8 个小平面。将滤纸翻过来,把每个小平面从当中向下按,形成对折,叠出折扇的形状。然后打开滤纸,将 1 及 2 处折叠为二。最后用力按压各处折痕,再打开,即可放在漏斗中使用。

如图 1-32 所示,热水漏斗是一种夹套式漏斗,金属套内的漏斗颈必须尽可能短而粗,否则易被结晶堵塞。使用时,将沸水倒入夹套,加热侧管以保温。将叠好的滤纸放在玻璃漏斗中,先用少量热溶剂润湿滤纸,然后将溶

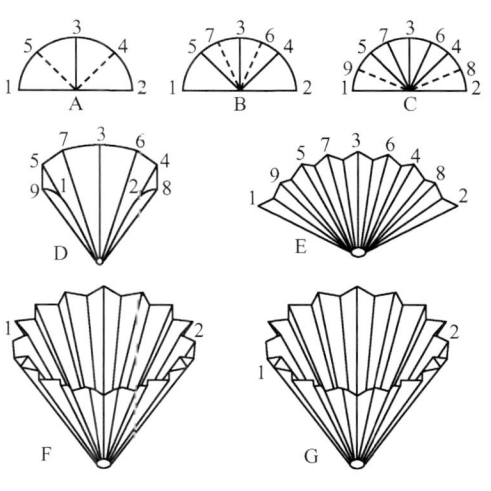

图 1-31 滤纸折叠方法

液趁热分几次倒入漏斗中过滤。

结晶：将收集的热滤液静置，自然冷却，结晶慢慢析出（此过程一般需要几个小时）。如急速冷却滤液，往往形成表面积大的细小晶体，使晶体表面吸附较多的杂质。若放冷后，仍无晶体析出，可用玻璃棒摩擦器壁或加入少量该溶质的结晶作为晶种，促使晶体析出。在室温下难以析出的晶体，可放入冰箱中促使晶体较快地析出。

分离结晶：通常采用减压过滤的方法将结晶与母液分离。如图 1-33 所示，减压过滤装置包括布氏漏斗、抽滤瓶、安全瓶和抽气泵。过滤时，抽气泵抽走抽滤瓶内的空气，使布氏漏斗与抽滤瓶之间产生压力差，从而加快过滤速度。关闭水阀或水流量突然改变时，安装在抽滤瓶与抽气泵之间的安全瓶可以防止自来水倒吸入抽滤瓶中。

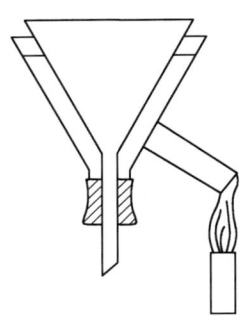

图 1-32　热水漏斗

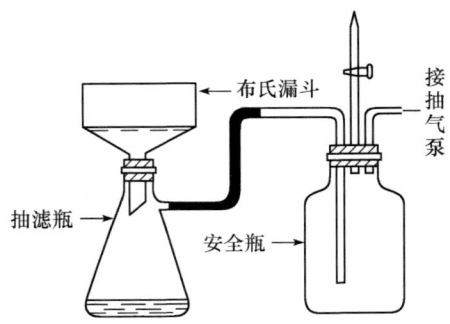

图 1-33　减压抽滤装置

过滤前，将大小适宜的滤纸平铺在布氏漏斗的滤板上，滤纸应比漏斗内径略小但必须把漏斗的全部小孔覆盖。用溶剂润湿滤纸，开启抽气泵，使滤纸紧贴在漏斗的滤板上，然后将部分待滤混合物倒入漏斗，通过安全瓶上的活塞调节真空度，开始时真空度可低些，这样不致将滤纸抽破，待漏斗上结了一层滤饼后，再将余下溶液倒入，此时可逐渐升高真空度。抽滤时，用清洁的玻璃塞挤压漏斗上的晶体可以将晶体与母液更好地分开。漏斗中的母液被抽"干"后，旋开安全瓶上的活塞，把少量溶剂均匀地洒在滤饼上，使溶剂恰能盖住滤饼。静置片刻，使溶剂渗透滤饼，待漏斗下端有滤液滴出时，重新抽气，把滤饼尽量抽干、压干。这样反复几次，就可把滤饼洗净。停止抽滤时，应先旋开安全瓶上的活塞恢复常压，然后关闭抽气泵。

干燥、称量：用刮铲将漏斗中的结晶取出置于表面皿上，根据重结晶所用的溶剂及结晶的性质选择适合的方法干燥，以除去晶体表面残留的溶剂。常用的干燥方法包括自然晾干、红外灯烘干和真空恒温干燥等。干燥后，称量，计算回收率。

（二）固液分离技术

1. 倾泻法

当制备得到的晶体颗粒较大或反应生成的沉淀的相对密度较大、能较快沉降至容器底部时，可采取倾泻法将固体物质与母液分离。操作方法如图 1-34 所示，将玻璃棒横放在烧杯口上,使玻璃棒伸出烧杯嘴 2~3 cm,食指按住玻璃棒,大拇指在前,其余手指在后拿起烧杯,将上层清液沿玻璃棒缓慢倾入另一烧杯中。固体物质若需要洗涤,可加入适量洗涤剂,充分搅拌,放置,待固体物质沉降后,再将上层清液倾出。

2. 过滤法

常用的过滤法包括常压过滤、减压过滤和热过滤。常压过滤装置及操作参见 2.5.2 过滤部分。减压过滤和热过滤装置及操作参见 2.4.1。

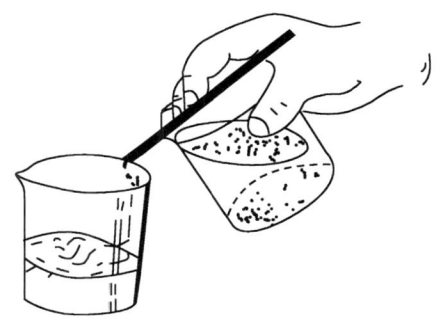

图 1-34　倾斜过滤操作方法示意图

3. 离心分离法

当被分离的溶液和沉淀很少时,宜采用离心分离法进行固液分离。

离心分离是将待分离的混合液置于离心试管中,然后放入离心机中高速旋转,使固体悬浮微粒加速下沉、紧密聚集于试管底部,上层溶液则变清。

离心操作时,应先将离心机的管套底部垫点棉花,然后将盛有待分离物的离心试管放入离心机管套内,在与之相对称的另一管套内也放入装有水的离心试管,所装水的质量应与被分离物相同,这样可使离心机在旋转时保持两臂平衡,避免损坏离心机的轴。然后转动离心机的调速钮,逐渐加速。当停止离心时,应使离心机自然停止转动,绝不能用手强制停止。否则离心机很容易损坏,而且容易发生危险。

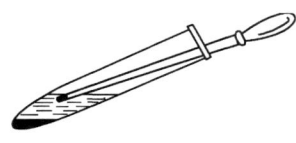

图 1-35　溶液与沉淀分离

离心分离后,用滴管轻轻吸取上层清液,使之与沉淀分离,注意滴管末端不能接触沉淀,如图 1-35 所示。洗涤沉淀时,将洗涤液滴入试管,用玻璃棒充分搅匀后,再离心分离。如此反复洗涤两三遍即可。如要检验是否洗净,可从离心试管中吸取一滴洗涤液滴在点滴板上,然后加入适当试剂进行检查。分离溶液用的胶帽滴管和玻璃棒用后要立即洗净,置于盛有蒸馏水的烧杯中待用。

离心时间和转速取决于沉淀的性质。对于结晶型的紧密沉淀,一般在 1000 r·min$^{-1}$ 的转速下离心 1~2 min。无定形的疏松沉淀需要较长的时间沉降,转速可提高至 2000 r·min$^{-1}$。

电动离心机如有噪声或机身振动很大时,应立即关闭电源,检查和排除故障后再使用。

(三) 萃取

1. 液-液萃取

液-液萃取是利用混合物中各组分在两种不互溶(或微溶)的溶剂中溶解度或分配比的不同来达到分离、提取或纯化目的的一种操作。在萃取过程中,所用的溶剂称为萃取剂。混合液中欲分离的组分称为溶质。

向含有溶质 A 和溶剂 1 的溶液中加入一种与溶剂 1 不相溶的溶剂 2,溶质 A 就在两种溶剂之间进行分配。在一定温度下,溶质 A 在溶剂 2 和在溶剂 1 中的浓度之比为一常

数,即
$$K = \frac{c_2}{c_1}$$

式中:$K$ 称为分配系数;$c_1$ 和 $c_2$ 分别为溶质 A 在溶剂 1 和溶剂 2 中的浓度。只有当 A 的溶解度在溶剂 2 中比在溶剂 1 中大得多时,即 $K$ 值远大于 1 时,溶剂 2 对于 A 的萃取才是有效的。

设在 $V$ mL 的溶剂 1 中含有 $m_0$ g 的溶质 A,每次用 $S$ mL 溶剂 2 萃取,根据上式,第一次萃取后溶质 A 在溶剂 1 中的剩余质量 $m_1$ 为

$$\frac{\dfrac{m_0 - m_1}{S}}{\dfrac{m_1}{V}} = K$$

即
$$m_1 = m_0 \frac{V}{KS + V}$$

同理,经第二次萃取后,溶剂 1 中溶质 A 的剩余质量 $m_2$ 为

$$m_2 = m_1 \frac{V}{KS + V} = m_0 \left(\frac{V}{KS + V}\right)^2$$

经 $n$ 次萃取后,溶剂 1 中溶质 A 的剩余质量 $m_n$ 为

$$m_n = m_0 \left(\frac{V}{KS + V}\right)^n$$

由上式可知,用一定量的溶剂进行萃取时,分多次萃取比一次萃取的效率高。

对于含有溶质 A 和溶质 B 的溶液,A 和 B 在两种溶剂中的分配系数分别为 $K_A$ 和 $K_B$,有

$$\beta = \frac{K_A}{K_B}$$

式中:$\beta$ 称为溶质 A、B 在一定萃取系统中的分离因数。若 $K_A > K_B$,$\beta$ 越大,对混合物一次萃取实现的分离程度越高。若 $\beta < 100$,说明溶质 A 和溶质 B 在两种溶剂间的分配差异不够大,一次萃取难以将 A 和 B 完全分离,只有多次萃取才能实现 A 和 B 的良好分离。

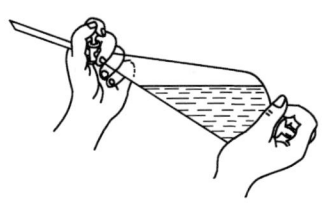

图 1-36 液-液萃取示意图

液-液萃取在分液漏斗中进行。将溶液与萃取溶剂由分液漏斗的上口倒入,萃取剂的体积一般为被萃取液体积的 1/3,而整个液体的体积不超过分液漏斗容积的 2/3。盖紧盖子,把分液漏斗倾斜,漏斗的上口略朝下,右手捏住漏斗上口颈部,用食指压紧盖子,左手握住旋塞,前后振荡,如图 1-36 所示。振荡后,保持漏斗倾斜,下口指向无人处,打开活塞,释放漏斗内的蒸气或产生的气体,使内外压力平衡(尤其是漏斗内盛有易挥发溶剂如乙醚、苯等,或用碳酸钠溶液中和酸液时,振荡后更应注意及时打开活塞,放出气体)。如此重复至放气时只有很小压力后,再剧烈振荡 2~3 min。然后,将分液漏斗放在铁环上,静置,当两层液体完全分开后,旋转上口盖子,使盖子上的凹缝对准漏斗上口的小孔,与大气相通。打开活塞,使下层的液体缓慢流下。当液

面分界接近活塞时,关闭活塞,静置片刻,待下层汇集的液体不再增多时,小心地全部放出。然后把上层液体从上口倒入另一个容器中。

振荡有时会形成稳定的乳浊液,可加入食盐至饱和,破坏乳浊液。长时间静置分液漏斗,隔一段时间轻轻摇几下,也可清除乳浊液。

2. 液-固萃取

液-固萃取是利用固体样品中目标化合物和基体成分在某溶剂中的溶解度的不同进行提取分离的。实验室常使用索氏提取器进行液-固萃取。如图1-37所示,索氏提取器由烧瓶、抽提筒、滤纸筒和回流冷凝管组成。

萃取前,应先把固体混合物粉碎或研细,以增加溶剂浸润面积。将一张脱脂滤纸卷成直径略小于抽提筒直径的圆筒,底部折起封闭,装入样品,上口用滤纸或脱脂棉覆盖,然后放入抽提筒。在烧瓶中加入提取溶剂和沸石,将烧瓶、提取器和回流冷凝管连接好,接通冷凝水,加热。溶剂受热沸腾,蒸气沿抽提筒侧臂上升至冷凝管,遇冷凝结成液体滴落到滤纸上并渗透至样品中。当提取管内的液面达到虹吸管的顶端后,便携带所提取的物质从侧面的虹吸管流回烧瓶。如此反复多次,把要提取的物质集中到下面的烧瓶内。蒸发除去提取液中的溶剂,即得到产物。必要时可采取其他方法进一步提纯产物。

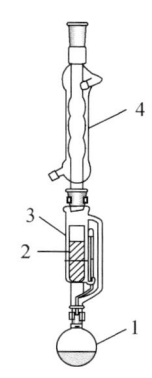

图1-37 索氏提取器
1. 烧瓶;2. 滤纸筒;
3. 抽提筒;4. 回流冷凝管

(四)色谱法

色谱法是利用混合物中各组分在固定相和流动相中分配系数(或吸附系数等)的差异,使各组分在作相对运动的两相中进行反复分配(或吸附)进行分离的方法。在分离过程中,静止不动的一相(固体或液体)称为固定相,运动的一相(气体、液体或超临界流体)称为流动相。

色谱法的种类很多,分类较复杂。根据分离原理,可将色谱法分为分配色谱法、吸附色谱法、离子交换色谱法和排阻色谱法等。根据固定相的形式,可将色谱法分为纸色谱法、薄层色谱法和柱色谱法。本节仅介绍纸色谱法和薄层色谱法。

1. 纸色谱法

1)分离原理

纸色谱法以滤纸作支撑体,滤纸上吸湿的水分为固定相,有机溶剂作流动相(纸色谱法中称为展开剂)进行分离。纸色谱法分离装置如图1-38所示,将欲分离的试样溶液用毛细管滴在滤纸的原点位置上,滤纸下端浸入展开剂中,由于毛细管作用,展开剂自下而上地不断上升,同时带动样品向

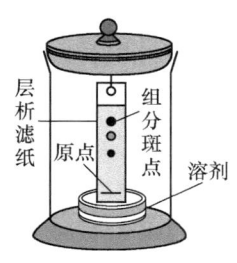

图1-38 纸色谱法分离装置

上移动。因此,展开剂每上升一步即与纸上的固定相相遇,欲分离的组分就在两相间进行一次又一次的分配。如果样品中各组分在固定相和流动相中的分配比不同,展开一定时

间后,样品中的各组分便得以分离。

2) 纸色谱技术

纸色谱常按下列几种方法进行色谱分离:

(1) 上行法。实验装置如图 1-39 所示。溶剂和试样组分沿滤纸上的毛细管由下而上爬行,当溶剂前沿上升到一定高度后,即可停止,并从层析筒中取出滤纸条。这种方法在纸色谱中用得较多。

(2) 下行法。溶剂放在层析筒的上端,将滤纸倒悬,如图 1-40 所示。溶剂因重力作用,沿滤纸向下移动。从装置上看,下行法较上行法复杂,但分离速度较快,可以分离两个比移值很小并且较接近的组分。一般常将滤纸下端剪成锯齿状,使溶剂自滤纸上滴下(也可在滤纸下端加上一团脱脂棉,使其吸收流下),虽然无法测量前沿,但可达到分离的目的。采用这种方法,甚至可任其自行进行色谱分离几天。

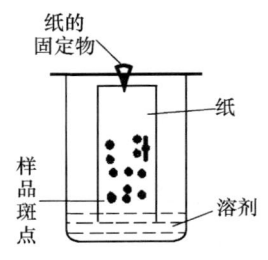
图 1-39 上行法分离装置

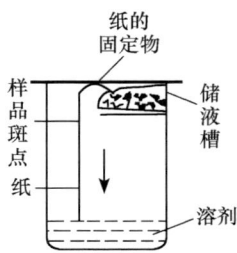
图 1-40 下行法分离装置

(3) 双向层析。取方形滤纸,先按纵向层析一次,取出晾干,再按横向层析一次,这种方法称为双向层析法。双向层析可以用同一种溶剂,也可以用不同的溶剂。

3) 比移值

在纸色谱法中用比移值($R_f$)来表示层析斑点的位置,其定义为

$$R_f = \frac{斑点中心到原点的距离}{原点到溶剂前沿的距离}$$

如图 1-41 所示,则有

$$R_f = \frac{a}{b}$$

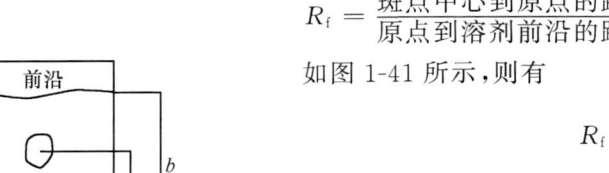

$R_f$ 值最大为 1,此时,斑点随溶剂前沿一起上升;$R_f$ 值最小为 0,斑点则在原点处保持不动。

当温度、滤纸和展开剂等因素固定时,一个化合物的比移值是一个特定的常数,因而可用比移值进行定性鉴定。然而,实验

图 1-41 比移值的测定

条件很难做到完全一致,所以 $R_f$ 的实测值往往与文献记载不完全相同。因此,在未知物的鉴定时,常将样品与标准样品在同一张滤纸上点样进行对照。

2. 薄层色谱法

薄层色谱属于吸附色谱,其使用的许多设备和操作技术与纸色谱相同或相似。薄层色谱的装置如图 1-42 所示。

薄层色谱的固定相是均匀涂在玻璃板、塑料板或铝箔上的吸附剂。常用的吸附剂是硅胶和活性氧化铝等。硅胶略带酸性，适用于分离酸性和中性物质。活性氧化铝则是一种碱性吸附剂。

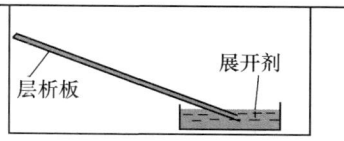

图 1-42　薄层色谱装置

流动相的选择取决于被分离物质的类型和固定相的性质。例如，苯作为单一的纯溶剂可用来在氧化铝铺成的薄层板上分离染料，而在硅胶涂布成的薄层板上分离氨基酸则需要使用比例为 1∶1∶1∶1 的正丁醇-乙酸乙酯-乙酸-水混合溶剂。

通常薄层板的大小是 20 cm×20 cm，对于大多数分离来说，这种规格的薄层板可允许流动相移动 15 cm 左右。其他规格的薄板是 5 cm×20 cm、10 cm×20 cm 和 20 cm×40 cm 等。在高效薄层中所使用的薄层板比上述规格小很多。

在薄层色谱的实际工作中，将待分离的试样及标准溶液分别滴在离薄层板一端 1~2 cm 处的原点位置上，然后将薄层板置于盛有溶剂的层析缸中，层析一定时间后，将薄层板从层析缸中取出，晾干、显斑（这些操作与纸色谱法相似）。测量原点到前沿的距离和斑点到原点的距离，计算 $R_f$ 值。

（五）气体制备、吸收与净化技术

1. 气体的制备

实验室需要少量气体时，可采用以下几种气体发生装置制备：

1）启普发生器

启普发生器是常温下固-液反应制备气体的装置，可用于制备氢气、二氧化碳、硫化氢、二氧化硫、二氧化氮和乙炔等。

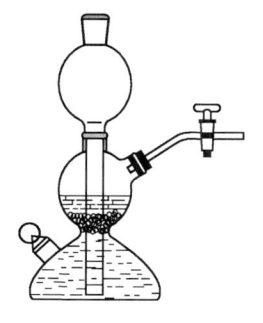

如图 1-43 所示，启普发生器由球形漏斗、双球形容器和带活塞的玻璃导气管三部分组成。

使用时，先拔去连接导气管的胶塞，在发生器中球与下半球之间的间隙处垫一些玻璃棉，以避免固体颗粒落入下半球，然后小心地把固体试剂装入中球。塞紧胶塞，打开活塞，从球形漏斗倒入酸液。注入酸后，酸先充满下半球，继而上升到中球与固体试剂接触时，发生反应产生气体。要停止使用时，只要关闭活塞，反应产生的气体就会把酸液压至下半球，再沿漏斗颈上升到球形漏斗里，使固体试剂脱离酸液，反应即停止。产生气流的速度可通过调节气体出口的活塞控制。

图 1-43　启普发生器

2）固-液加热反应气体发生装置

当制备反应需要加热，或固体试剂为小颗粒或粉末状时，不能使用启普发生器，而应使用如图 1-44 所示的装置制备气体。使用时，打开分液漏斗的活塞，使酸液滴在固体试剂上，反应产生气体。如反应缓慢可适当加热。该装置适于制备氯气、氯化氢、二氧化硫等气体。

3）固体反应气体发生装置

用固体反应物制备气体时,可采用如图1-45所示的装置。将固体反应物装在干燥的硬质试管中,然后用铁夹固定在铁架台上,注意试管口应稍向下倾斜,装好橡皮塞和气体导管。用酒精灯加热使反应发生产生气体。该装置可用于制备氧气、甲烷和氨气等。

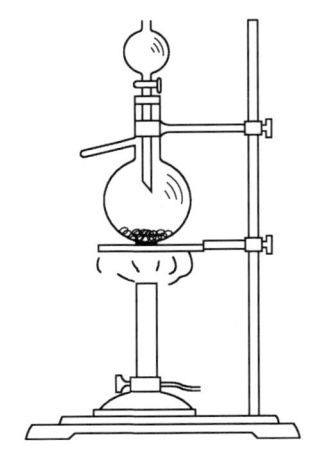

图1-44　固-液加热反应气体发生装置

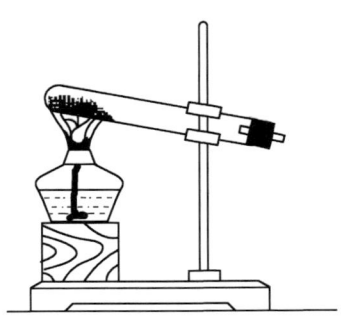

图1-45　固体反应气体发生装置

2. 气体的净化与干燥

在实验室中制备的气体常带有酸雾、水汽及其他杂质,需要进行净化和干燥处理。酸雾一般可用水除去。浓硫酸和无水氯化钙是常用的干燥剂。其他杂质可根据其化学性质选择净化方法。例如,$SO_2$、$H_2S$等酸性还原性杂质可用氧化性的高锰酸钾碱性溶液除去。

气体的净化和干燥是在洗气瓶和干燥塔中进行的(图1-46),前者用于装水、浓硫酸等液体处理剂,后者则用于装无水氯化钙等固体净化剂。

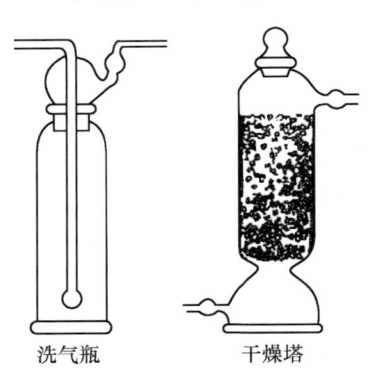

图1-46　洗气瓶和干燥塔

3. 气体的收集

1）排水集气法

排水集气法适用于收集水中溶解度很小的气体,如氢气、氧气、氮气等,其装置如图1-47所示。收集气体时,应先将集气瓶装满水,完全排除空气。如果制备反应需要加热,气体收集完后,应先从水中移去导气管再停止加热,以免发生倒吸。

2）排气集气法

排气集气法装置如图1-48所示,易溶于水、比空气轻的气体从b口导入瓶中,空气则从a口排出。易溶于水、比空气重的气体应从a口导入瓶中,使空气从b口排出。

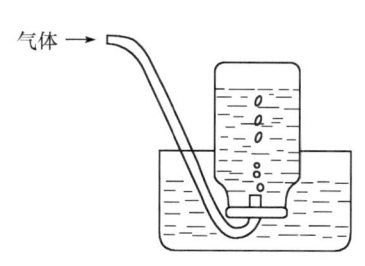
图 1-47 排水集气法装置

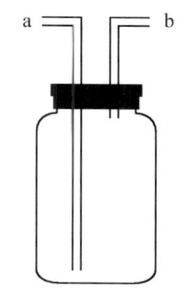
图 1-48 排气集气法装置

### 4. 气体吸收

当不需要反应放出的有毒气体时,需要进行尾气处理。水溶性的有毒气体可采用如图 1-49 所示的装置进行吸收。图 1-49 中(a)、(b)可用作少量气体的吸收。图 1-49(a)中玻璃漏斗应倾斜放置,漏斗一半浸入水中,另一半在水面上,这样既可以有效地吸收气体,又可防止水倒吸到反应瓶中。如果反应过程中有大量气体生成或气体逸出速度过快,可使用图 1-49(c)装置。无论使用哪种装置,都应当时刻注意反应体系内压力的变化,谨防倒吸,必要时可在反应器与

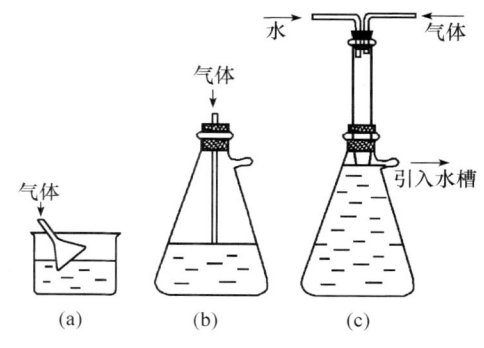
图 1-49 气体吸收装置

吸收装置之间加安全瓶。根据反应气体的性质,可以用水、碱溶液或酸溶液吸收气体。

## 五、化学反应操作技术

### (一) 加热与冷却技术

温度是影响化学实验结果的重要因素,有些化学反应在室温下进行缓慢,甚至难以进行,需要采取加热升温的手段提高反应速率,此外,加热还可以加快固体试样的溶解过程;而另一些反应则需要在低温进行,以免易挥发物质损失、热不稳定物质发生分解或发生副反应,因此,有时又需要采取冷却措施把体系的温度控制在一定范围内。

### 1. 加热

1) 加热装置

(1) 酒精灯与酒精喷灯。如图 1-50 所示,酒精灯包括灯罩、灯芯和灯壶三部分。使用时,先将酒精加至灯壶内,加入量最多为灯壶容积的 2/3,再将灯芯浸入酒精中,然后用火柴点燃灯芯,如图 1-51(a)所示。切记不得用燃着的酒精灯去点燃另一个酒精灯[图 1-51(b)],否则,可能导致酒精洒落引起火灾。加热完成后,盖上灯罩将火熄灭,稍等片刻,取下灯罩,再盖上,这样可避免在灯内形成负压而难以取下灯罩。酒精灯的加热温度为 400~500℃。

图 1-50 酒精灯

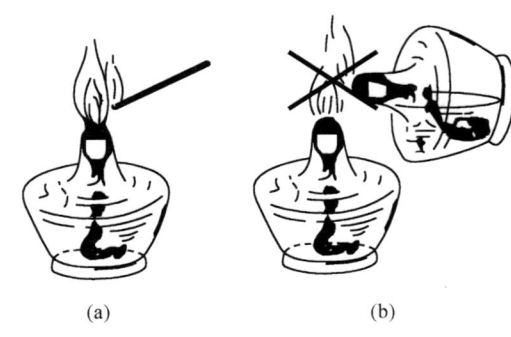

图 1-51 酒精灯的使用方法

酒精喷灯靠气化的酒精燃烧,温度较高,可达 700~900℃。如图 1-52 所示,酒精喷灯由灯管、空气调节器、预热盘和灯壶组成。使用时先将酒精加至灯壶内,然后在预热盘中加满酒精并点燃,待酒精烧完并将灯管灼热后,打开空气调节器,将点燃的火柴移近灯管口点火。注意灯管必须灼热后再点燃,否则易使液体酒精喷出发生火灾。用完后关闭空气调节器或用石板盖住灯管口即可将火熄灭。使用过程中若要补充酒精,应先熄火,冷却后再添加酒精。

(2)煤气灯。常用煤气灯的构造如图 1-53 所示。使用时先把灯管向下旋转关闭空气入口,再把螺旋形针阀向外旋转打开煤气入口。慢慢打开煤气管道开关,将预先点燃的火柴移近灯管口点燃煤气。然后向上旋转灯管导入空气,使煤气燃烧完全,形成正常火焰。如图 1-54 所示,正常火焰分三层,外层(1)为浅紫色的氧化焰,中层(2)为淡蓝色的还原焰,焰心(3)为未燃烧的气体混合区。通常用外层氧化焰加热,其最高温度可达 800~900℃。加热时,可根据需要用煤气管开关调节火焰的大小。

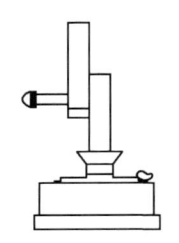

图 1-52 酒精喷灯

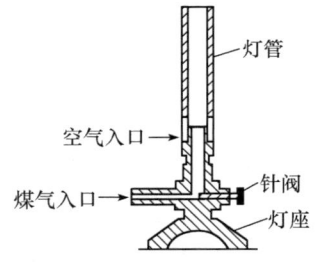

图 1-53 煤气灯

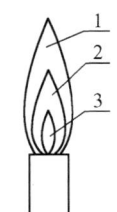

图 1-54 正常火焰

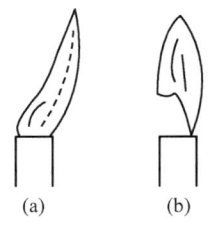

图 1-55 侵入火焰(a)和凌空火焰(b)

如果火焰呈发亮的黄色甚至冒黑烟,说明煤气燃烧不完全,应向上旋转灯管增加空气进入量。但要注意空气量不能太大,否则,当煤气量很小时,煤气将在灯管内燃烧,形成如图 1-55(a)所示的细长并伴有嘶嘶声的侵入火焰,把灯管烧得很烫。如图 1-55(b)所示的凌空火焰是由于煤气和空气的进气量过大造成的,该火焰易自行熄灭。遇到侵入火焰或凌空火焰时,应关闭煤气开关,灯管冷却后,重新调节再点燃。

煤气是易燃且有毒的气体,使用时需注意安全。煤气灯用毕,必须随手关闭煤气管开关,以防煤气外逸造成事故。

(3) 电炉。电炉依靠电流通过电热丝产生的热量进行加热,可以代替酒精灯或煤气灯用于一般加热。使用时,一般在电炉上放一块石棉网,容器则放在石棉网上加热,以保证受热均匀。使用电炉时,电源线不可离电炉太近,以防止电源线被烤焦引起短路事故。加热沸腾的液体时,不可溢出,将石棉网淋湿,以免电炉丝损坏。

(4) 马弗炉。马弗炉属于高温电炉,由炉体和温度控制器两部分组成,如图1-56所示。马弗炉利用硅碳棒加热时,最高使用温度可达到1300℃。使用时,先用温度调节仪设定加热温度,待温度上升至预设值后,将盛有试样的耐高温器皿,如坩埚,放入炉膛中加热。加热过程中,温度控制器自动将炉温控制在预设值附近。

液体或易挥发的腐蚀性物质不能放入马弗炉内加热。

(5) 电热恒温水浴锅。电热恒温水浴锅(图1-57)通过电热管加热水槽内的水,当水的温度达到设定值时,温度控制系统自动切断电源,电热管停止加热;当水温低于设定值时,控制电路自动接通电源,启动电热管重新加热,如此自动反复循环,使水槽内的水温稳定在设定值。电热恒温水浴锅适用于100℃以下的加热操作。使用时,装有样品的容器悬置于水槽内,即可在所需要的温度下进行恒温加热。

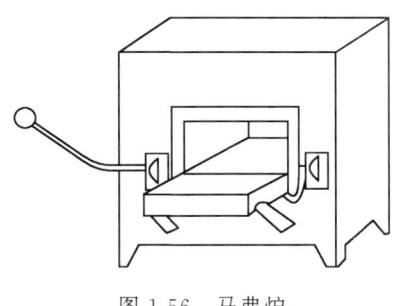

图1-56 马弗炉

图1-57 电热恒温水浴锅

2) 加热方法

(1) 液体的加热。在较高温度下不分解的液体可用火直接加热。一般把装有液体的器皿放在石棉网上,用酒精灯、煤气灯或电炉等直接加热,如图1-58所示。加热试管中的液体时,应该用试管夹夹持试管的中上部,试管稍倾斜,管口向上,但不得对着人或有危险品的方向,如图1-59所示。先加热液体的中上部,然后慢慢向下移动。加热过程中不时地上下移动试管,使管内液体各部分受热均匀,以免液体暴沸冲出试管。注意试管中的液体量不得超过试管高度的1/3。加热烧杯、烧瓶等玻璃仪器中的液体时,玻璃仪器必须放在石棉网上,以防受热不均而破裂。液体量不超过烧杯容积的1/2或烧瓶容积的1/3。加热含较多沉淀的液体以及需要蒸干沉淀时,用蒸发皿比用烧杯好。

若被加热物要求受热均匀,应采用热浴加热,即用热源加热某一介质,再由介质将热量传递给被加热物。

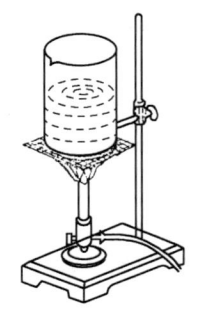
图 1-58　加热烧杯

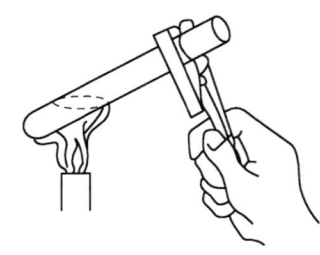
图 1-59　加热试管中的液体

当加热温度低于 100℃ 时,常在水浴中加热。若要严格控制水浴温度,应使用电热恒温水浴锅。如果不严格要求水浴恒温,可自制简易的水浴加热装置。将水装入水浴锅或烧杯中,水量约为水浴锅或烧杯容积的 2/3。如图 1-60 所示,使用时,用煤气灯等热源加热水浴锅或烧杯,被加热器皿放在水浴锅盖的金属圈上或悬置在烧杯中,热水或水蒸气即可使被加热物受热升温。

如加热所需温度超过 100℃,则可采用油浴和砂浴加热。

(2) 固体的加热。少量固体可装在试管内加热。加热时,应先把固体物质研细,然后平铺在试管中,管内固体物质不得超过试管容积的 1/3。如图 1-61 所示,与加热液体不同的是,试管口应稍微向下倾斜,以免凝结在管口的水珠流至灼热的管底,炸裂试管。若固体量较大,可把固体物质放在蒸发皿中加热。加热过程中应充分搅拌,使固体受热均匀。

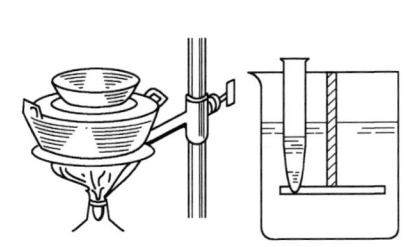
图 1-60　水浴加热装置

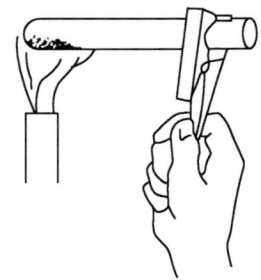
图 1-61　加热试管中的固体

若需要高温灼烧,可以把固体装在坩埚中,再将坩埚置于泥三角上,用煤气灯的氧化焰加热,如图 1-62 所示。开始时,使用小火加热,待坩埚均匀受热后,加大火焰灼烧坩埚底部。高温下的坩埚应使用干净的坩埚钳夹取。煤气灯的灼烧温度一般可达 700~800℃。若使用马弗炉,最高灼烧温度可达 1300℃。

2. 冷却

最简单的冷却方法是用水冷却,将欲冷却物浸在冷水中或用流动的冷水冷却可较快地把温度降至室温。

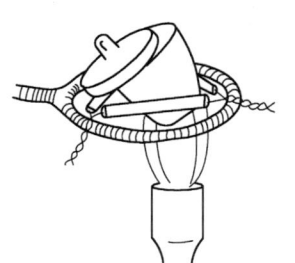
图 1-62　高温灼烧固体

当反应必须在低于室温的温度下进行时，用碎冰和水混合物的冷却效果比单纯使用冰好，因为前者与容器的接触面积更大。对于水溶液中的反应，将干净的碎冰直接投入反应器中可将反应体系有效地维持在低温水平。

若需要把反应混合物冷却到 0℃ 以下，可用食盐和碎冰的混合物。一份食盐与三份碎冰的混合物可使温度降至 $-20$℃，但在实际操作中，温度降至 $-18 \sim -5$℃。食盐投入冰内时碎冰易结块，故最好边加边搅拌。

其他的低温冷却剂包括冰与六水合氯化钙结晶（$CaCl_2 \cdot 6H_2O$）的混合物，理论上可得到 $-50$℃ 左右的低温；液氨，温度可达 $-33$℃。干冰（固体二氧化碳）与适当的有机溶剂混合时，可得到更低的温度，与乙醇的混合物可达到 $-72$℃，与乙醚、丙酮或氯仿的混合物可达到 $-78$℃。液氮则可使温度降至 $-196$℃。

（二）重量分析技术

沉淀重量分析法是利用沉淀反应，使待测物质转变成一定的称量形式后，称量测定物质含量的方法。沉淀类型主要有两类：晶形沉淀和无定形沉淀。沉淀重量分析法一般包括试样溶解、沉淀、过滤和洗涤、干燥、炭化、灰化、灼烧等操作步骤。

1. 试样溶解

试样经化学反应转化得到的沉淀既不能过多也不能太少，一般晶形沉淀不超过 0.5 g，无定形沉淀不超过 0.2 g，由此估算应称取的试样量。

准确称取样品于洁净、内壁及底无纹痕的烧杯中，根据试样性质选择合适的溶剂溶解，或采用熔融法溶解。

2. 沉淀

沉淀条件应根据沉淀的类型加以选择。

1) 晶形沉淀

为了得到颗粒大的晶形沉淀，应依照"稀、热、慢、搅、陈"的原则进行操作，即沉淀的溶液要稀，沉淀时应将溶液适当加热，沉淀速度要慢，滴加沉淀剂的同时应充分搅拌溶液，沉淀完全后应在室温下放置过夜或水浴中加热 1 h 陈化。

2) 无定形沉淀

对于无定形沉淀，主要是设法破坏胶体，防止胶溶和加速沉淀微粒的凝聚，因此要用浓的沉淀剂，快速加入到热的试液中，同时搅拌，沉淀完全后不必放置陈化。

在热溶液中进行沉淀时，应注意不要使溶液沸腾，否则会引起雾滴的飞溅而造成损失。滴加沉淀剂时，滴管口应接近液面，以免溶液溅出。搅拌时则要注意不要将搅拌棒碰到烧杯壁和杯底。

3. 过滤和洗涤

1) 用滤纸过滤

若沉淀需要经过灼烧后再称量，应使用定量滤纸和细长颈漏斗过滤。

定量滤纸又称无灰滤纸,其每张滤纸灰分质量约为 0.08 mg,可忽略不计。根据孔隙大小,定量滤纸分为快速、中速和慢速三种。过滤前应根据沉淀的性质选择滤纸的类型,要能够快速过滤,但又不能使沉淀穿滤。例如,过滤 $BaSO_4$、$CaC_2O_4 \cdot 2H_2O$ 等细晶形沉淀,应选用致密的"慢速"滤纸;$Fe_2O_3 \cdot nH_2O$ 等疏松的无定形沉淀,应选用"快速"滤纸过滤;$MgNH_4PO_4$ 等粗晶形沉淀,可用"中速"滤纸过滤。国产定量滤纸的类型及适用范围列于表 1-10。圆形滤纸按直径分有 11 cm、9 cm、7 cm 等几种,滤纸的大小应根据沉淀量的多少进行选择。

表 1-10　国产定量滤纸的类型

| 类　型 | 滤纸盒上色带标志 | 滤速/[s·(100 mL)$^{-1}$] | 适用范围 |
|---|---|---|---|
| 快速 | 蓝色 | 60～100 | 无定形沉淀,如 $Fe(OH)_3$ |
| 中速 | 白色 | 100～160 | 中等粒度沉淀,如 $MgNH_4PO_4$ |
| 慢速 | 红色 | 160～200 | 细粒状沉淀,如 $BaSO_4$、$CaC_2O_4 \cdot 2H_2O$ |

过滤用的漏斗颈长为 15～20 cm,颈直径一般为 3～5 mm,锥体角应为 60°,以便在颈内形成水柱,出口处磨成 45°,如图 1-63 所示。

滤纸一般按四折法折叠,如图 1-64 所示,先把滤纸整齐地对折并按紧,然后对折但不要按紧,把折成圆锥形的滤纸放入漏斗中。滤纸上缘应低于漏斗上沿 0.5～1 cm,若高出漏斗边缘,应剪去一圈。滤纸应与漏斗内壁紧密贴合,若未贴合紧密可以适当改变滤纸折叠角度,直至与漏斗贴紧后把第二次的折边折紧,所得圆锥形滤纸的半边为三层,另半边为单层。将三层厚半边紧贴漏斗的外层撕下一角,以使内层滤纸紧密贴在漏斗内壁上,撕下来的那一小块滤纸保留作擦拭烧杯内残留的沉淀用。

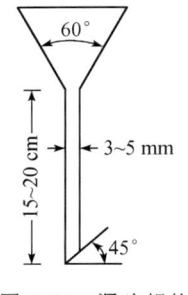

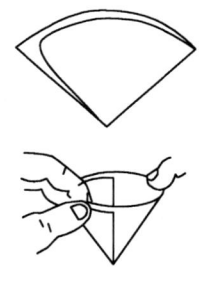

图 1-63　漏斗规格　　　　图 1-64　滤纸折叠的方法

将折叠好的滤纸放入漏斗中,三层的一边放在漏斗出口短的一边。用食指按紧三层的一边,用洗瓶吹入少量水将滤纸润湿,然后轻轻按滤纸边缘,使滤纸的锥体与漏斗间没有空隙。滤纸与漏斗贴紧后,加水至滤纸边缘,此时漏斗颈内应全部充满水,待漏斗中的水全部流尽后,漏斗颈内的水柱应仍能保留且无气泡。过滤时,水柱重力产生的抽滤作用可加快过滤速度。

若做不成水柱,可用手指堵住漏斗下口,稍掀起滤纸三层的一边,用洗瓶向滤纸和漏斗间的空隙内加水,直到漏斗颈及锥体的大部分被水充满,然后边按紧滤纸边,慢慢松开堵住出口的手指,此时应能形成水柱。

做好水柱的漏斗放在漏斗架上,下面放一个洁净的烧杯盛接滤液,将漏斗颈出口较长的一侧靠近烧杯内壁,但不要靠紧,以防水柱消失。漏斗位置的高低,以漏斗下口不接触滤液为宜。

过滤一般分 3 个阶段进行:第一阶段采用倾泻法尽可能多地过滤清液;第二阶段洗涤沉淀并把沉淀转移到漏斗上;第三阶段清洗烧杯和洗涤漏斗上的沉淀。

采用倾泻法过滤是为了避免沉淀堵塞滤纸孔隙,影响过滤速度。按图 1-65 所示方法静置烧杯,即在烧杯一侧底部垫一块木块,使烧杯倾斜。待沉淀下降后,将上层清液倾入漏斗中。操作方法如图 1-66 所示,提出玻璃棒,将玻璃棒下端轻碰一下烧杯壁使悬挂的液滴流回烧杯中,玻璃棒直立,下端尽可能接近三层滤纸的一边,但不接触滤纸;使烧杯嘴贴紧玻璃棒,慢慢倾斜烧杯,使上层清液沿玻璃棒流入漏斗中,漏斗中的液面不要超过滤纸高度的2/3,或液面离滤纸上缘至少 5 mm,以免少量沉淀因毛细作用越过滤纸上缘,造成损失。

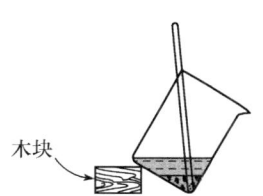
图 1-65 带沉淀和溶液的烧杯放置方法

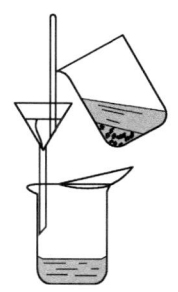
图 1-66 倾泻法过滤

暂停倾注时,应沿玻璃棒将烧杯嘴向上提起,逐渐使烧杯直立,当玻璃棒和烧杯几乎平行时,将玻璃棒放到烧杯中,但不要靠在烧杯嘴处,也不要搅动清液。

如此重复操作,待上层清液基本转移完后,对沉淀进行初步洗涤。洗涤时,每次先用洗涤液约 15 mL 吹洗烧杯四周内壁,然后充分搅拌,静置,待沉淀沉降后,用倾泻法过滤,尽可能把洗涤液倾尽。如此洗涤杯内沉淀三四次后,加少量洗涤液于烧杯中,搅拌,使洗涤液与沉淀混合均匀并一同倾入漏斗中。如此重复数次,使大部分沉淀转移至漏斗中。然后,如图 1-67 所示,将玻璃棒横放在烧杯口上,使玻璃棒伸出烧杯嘴 2～3 cm,左手食指按住玻璃棒,大拇指在前,其余手指在后,拿起烧杯,放至漏斗上方,倾斜烧杯使玻璃棒指向三层滤纸的一边,右手拿洗瓶冲洗烧杯壁上附着的沉淀,使洗涤液和沉淀沿玻璃棒流入漏斗。

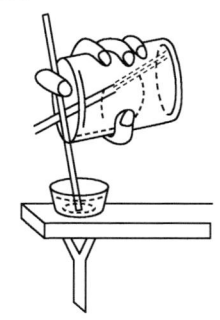
图 1-67 最后少量沉淀的冲洗

加热陈化过程中往往使一些细小沉淀附着在烧杯壁上而难以洗脱,需要用淀帚扫"活"后再冲洗,也可用小片滤纸擦"活"后再冲洗。将折叠滤纸时撕下的滤纸放入烧杯壁的中上部,用水润湿后先擦拭玻璃棒,再用玻璃棒压住滤纸擦拭烧杯壁。擦拭后的滤纸用玻璃棒拨入漏斗中。再用洗涤液冲洗烧杯壁,把擦"活"的沉淀微粒冲洗到漏斗中。

沉淀全部转移到滤纸上后,还要继续洗涤,方法如图1-68所示,用洗瓶从略低于滤纸边缘的地方螺旋形向下移动冲洗沉淀和滤纸,以除去沉淀表面吸附的杂质和残留的母液。应遵循"少量多次"的原则进行洗涤,即每次螺旋形向下洗涤时,所用洗涤液的量要少,洗涤液沥干后,再进行下一次洗涤,如此反复多次直至洗净沉淀。

应根据具体情况选择适当方法检验沉淀是否洗净。

2) 用微孔玻璃坩埚(或漏斗)过滤

对于一些可以或必须在低温下进行烘干的沉淀,应该用微孔玻璃坩埚(或漏斗)过滤,如图1-69所示。

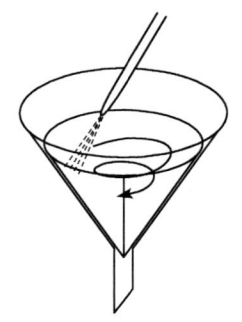

图1-68 沉淀的洗涤

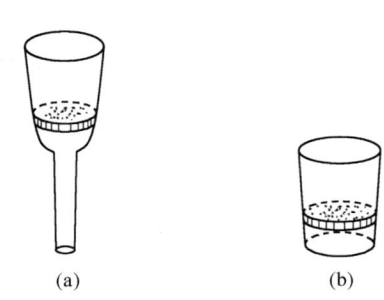

图1-69 微孔玻璃漏斗(a)和微孔玻璃坩埚(b)

微孔玻璃坩埚(或漏斗)的滤板是用玻璃粉末在高温熔结而成的。按照微孔的孔径,由大到小分为6级。各级坩埚(或漏斗)的孔径分布列于表1-11。

表1-11 坩埚(或漏斗)的孔径分布

| 坩埚(或漏斗)级别 | $G_1$ | $G_2$ | $G_3$ | $G_4$ | $G_5$ | $G_6$ |
| --- | --- | --- | --- | --- | --- | --- |
| 滤板孔径/$\mu m$ | 80~120 | 40~80 | 15~40 | 5~15 | 2~5 | <2 |

微孔玻璃坩埚(或漏斗)需要用减压抽滤法过滤。减压抽滤装置及操作参见"结晶与重结晶技术"部分。其他过滤操作与用滤纸过滤基本相同。

坩埚(或漏斗)使用前,先用HCl(或$HNO_3$)处理,然后用水洗净。用酸洗涤时,先注入酸液,再抽滤。

4. 干燥和灼烧

1) 干燥器的准备和使用

干燥器是带有磨口盖子的密闭玻璃器皿。坩埚及沉淀经过烘干或灼烧后必须放在干燥器中冷却,以避免它们吸收空气中的水分。

干燥器中最常使用的干燥剂是变色硅胶和无水氯化钙。其他干燥剂还有$CaSO_4$、$Al_2O_3$、浓硫酸等。

使用干燥器时,先用干抹布将干燥器内壁及多孔瓷板擦干净,然后将一张干净的纸卷成圆筒状,通过圆筒将干燥剂倒入干燥器,以避免干燥剂沾污干燥器内壁的上部。干燥剂装至干燥器下室一半的位置即可,不可太多,否则易沾污坩埚。装好干燥剂后,在干燥器的磨口上涂一层薄而均匀的凡士林,盖上盖子。

打开干燥器时,一手按住干燥器下部,另一只手按住盖子上的圆顶向旁边推开,如图 1-70 所示。盖子取下后,应磨口向上地放在桌子上。盖盖子时,也应平推着盖好。搬动干燥器时,要用拇指按住盖子,以防盖子滑落打破,如图 1-71 所示。

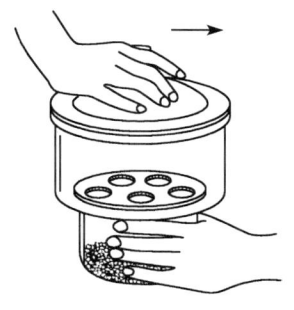

图 1-70 开启干燥器的方法

图 1-71 搬动干燥器的方法

当把坩埚放入干燥器时,应放在瓷板的圆孔中。

干燥剂吸收水分的能力都是有一定限度的,因此,干燥器中的空气并不是绝对干燥的,只是湿度相对较低而已。所以灼烧或烘干后的坩埚和沉淀不宜在干燥器内放置过久,否则会因吸收少量水分而使质量略有增加。

2) 坩埚的准备

将瓷坩埚洗净,小火烤干或烘干,用 $FeCl_3$ 溶液在坩埚外壁和盖子上编号,然后放入马弗炉中,在灼烧沉淀的温度下加热灼烧。第一次灼烧 40~45 min,用坩埚钳取出,待红热消退后,放入干燥器中,盖上盖子,随后需推开干燥器盖一两次,每次只开几毫米宽的缝,等待 2~3 s 后,立即盖严。冷却至室温后,取出称量。然后进行第二次灼烧,约 20 min,取出,放至干燥器中冷却,再称量。若相邻两次称量的差值不大于 0.4 mg,即可认为坩埚已经恒量。否则,需要再次灼烧 20 min,直到坩埚达到恒量。

注意,灼烧后的坩埚易吸湿,冷却至室温后即应快速称量。

3) 干燥、炭化和灰化

对于晶形沉淀,用玻璃棒将滤纸三层部分挑起两处,然后用干净的拇指和食指从翘起的滤纸下面将其取出,按图 1-72(a)所示方法,折叠滤纸,把沉淀包卷在里面。此时应特别注意,勿使沉淀有任何损失。最后用不接触沉淀的那部分滤纸把漏斗内壁轻轻擦一下,将滤纸包三层部分朝上地放入已恒量的坩埚中。

对于蓬松的无定形沉淀,如图 1-72(b)所示,用玻璃棒将滤纸边挑起,向中间折叠盖住沉淀。再用玻璃棒轻轻转动滤纸包,以便擦净漏斗内壁可能沾附的沉淀。然后取出滤纸包,倒过来尖朝上放入坩埚中。

将放有沉淀的坩埚倾斜地置于泥三角上,然后把坩埚盖半掩着盖上,如图 1-77 所示。

先用小火来回扫过坩埚,使其均匀而缓慢地受热,以避免坩埚因骤热而破裂。然后将煤气灯置于如图 1-73 所示的(a)位置,烘干沉淀。注意,这一步加热不能太猛,否则会使沉淀崩溅造成损失。

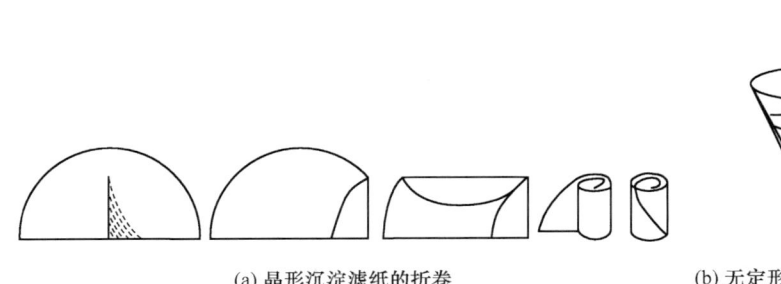

(a) 晶形沉淀滤纸的折卷　　　　　(b) 无定形沉淀滤纸的折卷

图 1-72　沉淀的包裹方法

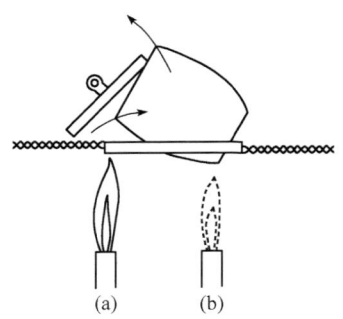

图 1-73　干燥、炭化和灰化

滤纸烘干后即开始冒烟,有时滤纸会着火,此时,应立即将坩埚盖完全盖上,同时移开煤气灯。待火焰熄灭后,将坩埚盖移至原来位置,继续加热至全部炭化(滤纸变黑)。然后将煤气灯移至图 1-73 所示的(b)位置,加热灰化(炭黑基本消失)。

4) 灼烧

沉淀和滤纸灰化后,将坩埚移入马弗炉中,盖上坩埚盖(留一小孔隙),根据沉淀的性质确定灼烧温度。然后按照空坩埚的处理方法,进行灼烧、冷却、称量,直至坩埚和沉淀达到恒量为止。

坩埚和沉淀的恒量质量与空坩埚的恒量质量之差即为沉淀的质量。

微孔玻璃坩埚(或漏斗)只需烘干即可称量,一般将微孔玻璃坩埚(或漏斗)连同沉淀放在表面皿上,然后放入烘箱中,根据沉淀性质确定烘干温度。一般第一次烘干时间较长,约 2 h,第二次烘干时间可较短,45 min～1 h。沉淀烘干后,取出坩埚(或漏斗),置于干燥器中冷却至室温后称量。反复烘干、称量,直至质量恒定为止。

## 六、酸度计及分光光度计的使用

（一）酸度计的使用

酸度计也称 pH 计,是测定溶液 pH 的精密仪器,由电极和电动势测量部分组成。

1. 电极

1) pH 玻璃电极

pH 玻璃电极是对氢离子活度有选择性响应的电极。在电位分析法中,pH 玻璃电极是指示电极。pH 玻璃电极的结构如图 1-74 所示。电极的下端是用特殊玻璃吹制成的薄膜小球,内装 pH 一定的内参比溶液,溶液中插一个 Ag-AgCl 内参比电极。

玻璃电极的电位可表示为

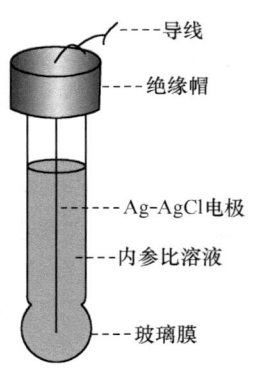

图 1-74　玻璃电极

$$E_{玻} = k + 0.059\lg\frac{a_1}{a_2}$$

式中:$k$ 为常数;$a_1$ 为待测溶液的氢离子活度;$a_2$ 为膜内参比溶液的氢离子活度。由于 $a_2$ 是恒定的,可合并于常数 $k$ 中,所以玻璃电极的电位将随待测溶液中的氢离子活度而改变。

$$E_{玻} = K + 0.059\lg a_1 = K - 0.059\text{pH}$$

2) 参比电极

电位法中常用饱和甘汞电极作参比电极。饱和甘汞电极由汞、甘汞和氯化钾饱和溶液组成,如图 1-75 所示。

饱和甘汞电极的电位稳定,不随溶液 pH 的变化而变化。当玻璃电极和饱和甘汞电极以及待测溶液组成工作电池时,在 25℃下,所产生的电动势为

$$E = K' + 0.059\text{pH}$$

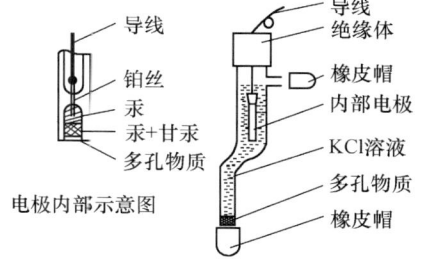

图 1-75 饱和甘汞电极

式中:$K'$ 为常数,测量这一电动势就可获得待测溶液的 pH。实际测量时,先以已知酸度的标准缓冲溶液的 pH 为基准,比较标准缓冲溶液组成的电池的电动势和待测溶液组成的电池的电动势,从而得出待测溶液的 pH。

2. 电动势测量

目前广泛采用直读式酸度计测量电动势,测出的电动势经阻抗变换后进行直流放大,带动电表直接显示出溶液的 pH。目前,国产的酸度计型号繁多,精度不同,使用的方法也有差异。下面以 pH S-3C 型酸度计为例说明溶液 pH 的测定方法。

pH S-3C 型酸度计是一种精密数字显示 pH 计,其测量精度为 0.01 pH 或 1 mV。pH S-3C 型酸度计的面板结构如图 1-76 所示。测量溶液 pH 时,按如下操作进行:

(1) 将 pH 玻璃电极、饱和甘汞电极插入相应的电极插座中,用蒸馏水清洗电极,再用滤纸轻轻吸干电极上的水分。

(2) 将电源线插入电源插座中,接通电源,按下电源开关,预热 30 min。

(3) 将选择旋钮拨至 pH 挡,调节温度旋钮,使旋钮白线对准溶液温度值;把斜率旋钮顺时针旋到底。将所有电极插入 pH = 6.86 的标准缓冲溶液

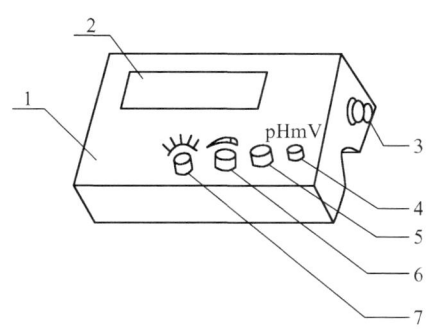

图 1-76 pH S-3C 型酸度计
1. 前面板 2. 显示屏 3. 电极杆插座
4. 温度补偿调节旋钮 5. 斜率补偿调节旋钮
6. 定位调节旋钮 7. 选择旋钮(pH 或 mV)

中,平衡一段时间,待读数稳定后,调节定位调节旋钮,使仪器读数显示为 6.86。用蒸馏水冲洗电极并用滤纸吸干后,插入 pH = 4.01 的标准缓冲溶液中,待读数稳定后,调节斜率调节旋钮,使仪器读数显示为 4.01。

用 pH＝6.86 和 pH＝4.01 的标准缓冲溶液重复以上操作,直至不用再调节定位或斜率调节旋钮。若测定偏碱性的溶液,应用 pH＝6.86 和 pH＝9.18 的标准缓冲溶液标定仪器。

仪器标定一旦完成,定位和斜率调节旋钮不得进行变动。一般情况下,在 24 h 内仪器不需要再标定。换用新电极时,仪器必须重新标定。

（4）电极用蒸馏水冲洗并用滤纸吸干,插入样品溶液中,在显示屏上读出溶液的 pH。

注意标定时标准缓冲溶液的温度与状态（静止或流动）和被测液的温度与状态要尽量一致。

（二）分光光度计的使用

吸光光度法是根据物质对光的选择性吸收而进行分析的方法,其理论基础是朗伯-比尔定律：

$$A = Kbc$$

朗伯-比尔定律的物理意义是,当一束平行单色光垂直通过某溶液时,溶液的吸光度 $A$ 与吸光物质的浓度 $c$ 及液层厚度 $b$ 成正比。

当液层厚度 $b$ 以 cm、吸光物质浓度 $c$ 以 $mol \cdot L^{-1}$ 为单位时,系数 $K$ 就以 $\varepsilon$ 表示,称为摩尔吸光系数。此时,朗伯-比尔定律可表示为

$$A = \varepsilon bc$$

摩尔吸光系数 $\varepsilon$ 的单位为 $L \cdot mol^{-1} \cdot cm^{-1}$。

吸光光度法使用的仪器称为分光光度计,主要由光源、分光器、比色皿、光电元件和测量记录系统几部分组成。国内外不同档次的分光光度计型号很多,本书仅介绍 722 型分光光度计。

1. 性能与结构

722 型分光光度计以碘钨灯为光源,衍射光栅为色散元件,光电管为光电转换元件。波长可测范围 330～800 nm,波长精度±2 nm,波长重现性为 0.5 nm,单色光带宽 6 nm,吸光度显示范围为 0～1.999,吸光度精确性为 0.004（在 $A$＝0.5 处）,试样架可同时放四个比色皿。

仪器结构示意图如图 1-77 所示。

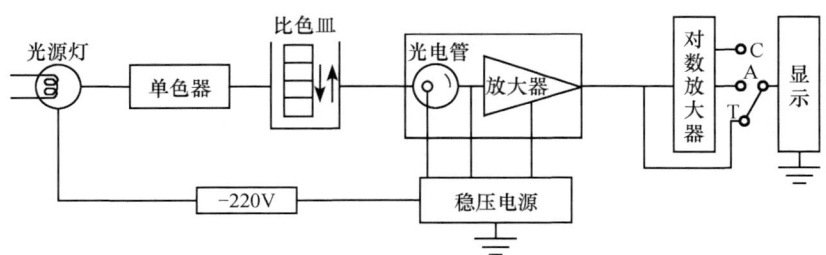

图 1-77　722 型分光光度计结构示意图

碘钨灯发出的连续复合光通过光栅的衍射作用形成按一定顺序排列的连续单色光谱,转动波长刻度盘即可带动光栅转动,因而可通过转动波长刻度盘让测量波长的单色光射向比色皿,最后透过光经光门射向光电管的光敏阴极。

2. 比色皿

可见和紫外分光光度计中使用的比色皿都是两面透光、另两面为毛玻璃的方形容器。制作比色皿的材料主要为光学玻璃和石英,前者只能用于测量可见光区的吸光度,后者既可测量紫外光区,也可测量可见光区的吸光度。比色皿的厚度有 5 mm、10 mm、20 mm、30 mm、40 mm 等规格,其中 10 mm 的应用最普遍。

比色皿在使用中要注意保护透光面,避免擦伤或被硬物划伤。拿比色皿时,应拿毛玻璃面。一般溶液装至 3/4 容积即可,以防太满溢出腐蚀光度计,然后先用滤纸轻轻吸干比色皿外壁上的溶液,再用镜头纸擦至透明,即可放入试样架进行测量。

每台仪器配套的比色皿不能与其他仪器上的比色皿单个调换。

3. 使用方法

722 型分光光度计如图 1-78 所示。

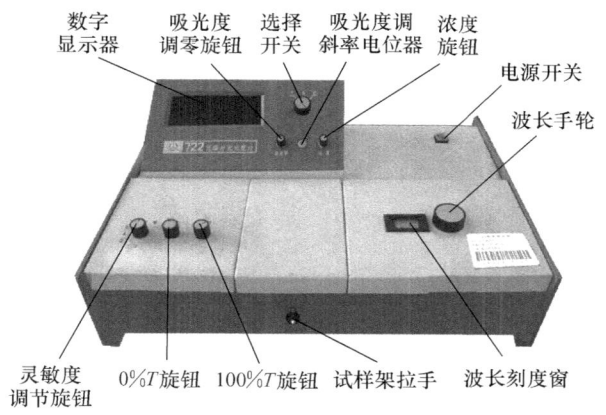

图 1-78　722 型分光光度计

722 型分光光度计的使用方法如下:

(1) 将灵敏度旋钮调至"1"挡(信号放大倍率最小)。选择开关置于"$T$"挡。

(2) 接通电源,按下电源开关,预热 20 min。

(3) 打开试样室盖(光门自动关闭),调节"$0\%T$"旋钮,使数字显示为"0"。

(4) 将参比溶液和样品溶液分别倒入比色皿中,然后把比色皿放至试样架中,一般把装有参比溶液的比色皿放在第一格中。

(5) 旋转波长手轮,使测试所需波长对准标线。

(6) 盖上样品室盖,将参比溶液比色皿置于光路,调节"$100\%T$"旋钮,使数字显示为

"100"。

(7) 重复操作(3)和(6),直到显示稳定。

(8) 将选择开关置于"$A$"挡,转动吸光度调零旋钮,使数字显示为"0.000",然后将被测溶液置于光路中,显示值即为试样的吸光度 $A$ 值。

(9) 仪器在使用过程中,应常参照本操作方法中(3)和(6)进行调"0"和"100"的工作。

# 第二章 基础实验

## 实验一 玻璃管的简单加工

### 一、实验目的

(1) 了解酒精灯、座式酒精喷灯的构造和原理,掌握正确的使用方法,了解正常火焰各部分的温度。

(2) 练习玻璃管的截断、圆口、熔烧、弯曲和滴管的拉制。

### 二、实验内容

(一) 酒精灯

1. 构造

酒精灯由灯帽、灯芯和盛酒精的灯壶三部分组成(图 2-1)。正常的酒精灯火焰可分为焰心、内焰和外焰三部分。外焰的温度最高,内焰次之,焰心温度最低(图 2-2)。酒精灯的加热温度一般为 400~500℃。若要使火焰平稳,并适当提高火焰温度,可加金属网罩(用废的铁窗纱自制,图 2-3)。

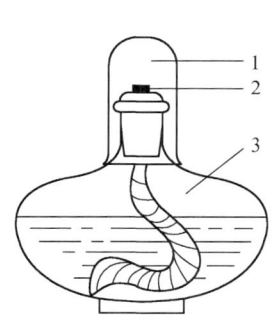
图 2-1 酒精灯的构造
1. 灯帽 2. 灯芯 3. 灯壶

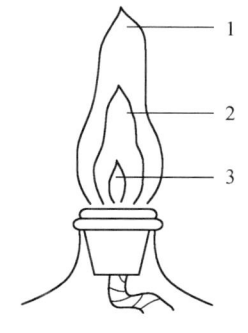
图 2-2 酒精灯火焰
1. 外焰 2. 内焰 3. 焰心

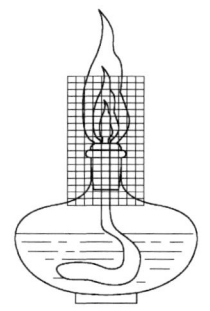
图 2-3 加网罩

2. 使用方法

1) 检查灯芯并修整

灯芯通常用多股棉纱拧在一起,插进灯芯套管中。灯芯不要太短,一般应使灯芯浸入酒精后还超出 4~5 cm。对于旧灯,特别是长时间未用的灯,应先取下灯帽,提起灯芯套管用嘴轻轻向灯内吹一下,以赶走其中聚集的酒精蒸气,再检查灯芯,若不齐或烧焦都要用剪刀进行修整。

2) 添加酒精

灯壶内酒精少于容积的 1/3 时应添加酒精。酒精不能加得太满,以不超过壶容积的 2/3 为宜。添加酒精时一定要借助小漏斗,以免酒精洒出。注意,绝不允许在灯燃着时添加酒精。

3) 点燃

用火柴点燃酒精灯,绝不能用另一个燃着的酒精灯来点火,以防着火。

4) 加热

若无特殊要求,一般用温度最高的外焰来加热器具,被加热的器具必须放在支撑物(铁环等)上或用坩埚钳、试管夹等夹持,绝不允许手拿仪器加热。

5) 熄灭(盖 2 次)

欲熄灭酒精灯,可用灯帽将其盖灭,盖灭后需打开灯帽再盖一次以让空气进入,避免冷却后盖内形成负压使盖打不开。绝不允许用嘴吹灭酒精灯。不用酒精灯时,须将灯帽盖上,以免酒精挥发。

(二)座式酒精喷灯

1. 构造

酒精喷灯也是实验室常用加热仪器,其加热温度可达 800~900℃。座式酒精喷灯由灯管、空气调节器、预热盘、铜帽、酒精壶五部分组成(图 2-4)。正常火焰由三个锥体组成,如图 2-5 所示,1 为氧化区,2 为还原区,3 为燃烧不完全区,4 为温度最高处,即火焰的 2/3 处。

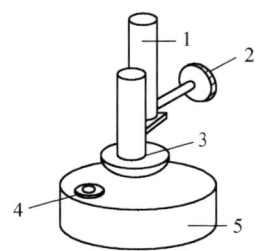

图 2-4 座式酒精喷灯的构造
1. 灯管  2. 空气调节器  3. 预热盘
4. 铜帽  5. 酒精壶

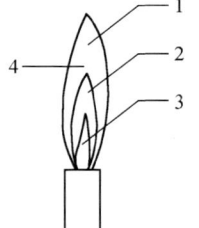

图 2-5 火焰的组成
1. 氧化区  2. 还原区  3. 燃烧不完全区
4. 温度最高处

2. 使用方法

1) 添加酒精

拧开铜帽,通过漏斗往酒精壶中添加酒精,并拧紧铜帽。添加的酒精不得超过酒精壶容积的 2/3,若添加过多,加热时酒精会随酒精蒸气从灯管喷出着火。

2）预热、点燃

往预热盘中加入少量酒精并点燃,沿金属管内灯芯上升的酒精受热气化,由灯管冲出自动点燃。若盘内酒精烧完后还未点燃,可待火焰完全熄灭后,重复预热一次。若两次预热还不能点燃,可待火焰完全熄灭,且灯冷却后,用捅针疏通出气口,然后再行预热和点燃。

3）调节空气调节器

转动空气调节器,调节器上升,进入的空气多,酒精燃烧充分,火焰集中,温度高。若空气进入量合适,火焰明显分为三层,且可听到嘶嘶的响声。注意若空气进入量太多可将火焰冲灭。

4）熄灭

将空气入口转至最大处,或盖上石棉网即可熄灭酒精喷灯,也可用湿抹布将其盖灭。

3. 注意事项

（1）座式酒精喷灯连续使用时间不应超过半小时,使用到半小时应暂时熄灭喷灯,待冷却后添加酒精,再继续使用。

（2）加热时,喷灯应放在瓷砖或者防火板上,不能直接放在台面上。

（3）座式喷灯的酒精壶底部凸起时,不能再使用,以免发生事故。

（4）喷灯长期不用时,须将酒精壶内剩余的酒精倒出。

（三）玻璃管的加工

1. 截断

切割玻璃管（棒）时,应将玻璃管（棒）平放在木板上,防止锉刀在实验台面上留下划痕。依所需的长度用左手大拇指按住要切割的部位,右手用锉刀的棱边在要切割的部位向一个方向（不要来回锯）用力锉出一道凹痕。锉出的凹痕应与玻璃管（棒）垂直,这样才能保证截断后的玻璃管（棒）截面是平整的。然后双手持玻璃管（棒）,两拇指齐放在凹痕背面,并轻轻地由凹痕背面向外推折,同时两食指和两拇指将玻璃管（棒）向两边拉,如此将玻璃管（棒）截断。

2. 圆口

切割的玻璃管（棒）的截断面的边缘很锋利,容易割破皮肤、橡皮管或塞子,所以必须放在火焰中熔烧,使之平滑,这个操作称为熔光（或圆口）。将刚切割的玻璃管（棒）的一头插入火焰中熔烧。熔烧时,角度一般为 $45°$,并不断来回转动玻璃管（棒）,直至管口变成红热平滑为止。熔光熔烧时,加热时间过长或过短都不好,过短,玻璃管（棒）口不平滑;过长,管径会变小。转动不匀,会使管口不圆。灼热的玻璃管（棒）应放在石棉网上冷却,切不可直接放在实验台上,以免烧焦台面,也不要用手去摸,以免烫伤。

3. 弯曲玻璃管

第一步,烧管。先将玻璃管用小火预热一下,然后双手持玻璃管,也可将玻璃管平放于火焰中,同时缓慢而均匀地不断转动玻璃管,使之受热均匀,两手用力均等,转速缓慢一致,以免玻璃管在火焰中扭曲。加热至玻璃管发黄变软时,即可自焰中取出,进行弯管。

第二步,弯管。将变软的玻璃管取离火焰后用"V"字形手法(两手在上方,玻璃管的弯曲部分在两手中间的正下方)缓慢地将其弯成所需的角度。弯好后,将其放在石棉网上冷却。120°以上的角度可一次弯成,但弯制较小角度的玻璃管,或灯焰较窄,玻璃管受热面积较小时,需分几次弯制(切不可一次完成,否则弯曲部分的玻璃管会变形)。首先弯成一个较大的角度,然后在第一次受热弯曲部位稍偏左或稍偏右处进行第二次加热弯曲,如此第三次、第四次加热弯曲,多点多次完成,直至变成所需的角度。

4. 制备滴管

第一步,烧管。拉细玻璃管时,加热玻璃管的方法与弯玻璃管时基本一样,不过要烧得时间更长,玻璃管软化程度更大,烧至红黄色。

第二步,拉管。待玻璃管烧成红黄色软化以后,取出火焰,两手顺着水平方向迅速拉到所需要的细度时,一手持玻璃管向下垂片刻。冷却后,按需要长短截断,形成两个尖嘴管。

第三步,制滴管的扩口。将未拉细的另一端玻璃管口以 45°斜插入火焰中加热,并不断转动。待管口灼烧至红热后,用金属锉刀柄斜放入管口内迅速而均匀地旋转,将其管口扩开。另一扩口的方法是待管口烧至稍软化后,将玻璃管口垂直放在石棉网上,轻轻向下按一下,将其管口扩开。冷却后,安上胶头即成滴管。

### 三、实验仪器与试剂

1. 仪器

酒精灯、座式酒精喷灯、玻璃管、玻璃棒、锉刀、石棉网。

2. 试剂

工业酒精。

### 四、实验步骤

(1) 截断玻璃管(每段 15～20 cm)。
(2) 点燃酒精喷灯。
(3) 弯曲玻璃管(120°、90°、60°)。
(4) 制备 2～4 支滴管。

### 五、实验注意事项

(1) 切割玻璃管、玻璃棒时防止划破手。
(2) 使用酒精喷灯前,先准备一块湿抹布备用。
(3) 灼热的玻璃管、玻璃棒,要按先后顺序放在石棉网上冷却,切不可直接放在实验台上,防止烧焦台面;未冷却之前,也不要用手去摸,防止烫伤手。

(4) 座式喷灯连续使用不能超过半小时,若超过半小时,必须暂时熄灭喷灯,待冷却后,添加酒精再继续使用。

### 六、实验思考题

(1) 酒精灯和酒精喷灯的使用过程中应注意哪些安全问题?
(2) 在加工玻璃管时,应注意哪些安全问题?
(3) 切割玻璃管(棒)时,应怎样正确操作?
(4) 弯管和制备滴管时,如何进行正确的操作?

## 实验二 量气法测定镁的摩尔质量

### 一、实验目的

(1) 了解置换法测定镁的摩尔质量的实验原理和步骤。
(2) 理解并掌握理想气体状态方程和道尔顿分压定律的应用。
(3) 掌握测量气体体积的方法。
(4) 掌握电子天平的称量操作及气压计的使用方法。

### 二、实验原理

在一定的温度 $T$ 和压力 $p$ 下,一定质量 $m$ 的镁与足量盐酸反应,可置换出一定体积 $V$ 的氢气,其反应式如下:

$$Mg + 2HCl = MgCl_2 + H_2$$

常压下的氢气可近似看做理想气体,根据理想气体状态方程和化学反应式,则有

$$p_{H_2}V = n_{H_2}RT = \frac{m_{Mg}}{M_{Mg}}RT \tag{2-1}$$

通过排水法收集的氢气中含有水蒸气,根据道尔顿分压定律,有

$$p_{H_2} = p - p_{H_2O} \tag{2-2}$$

将式(2-2)代入式(2-1),整理可得

$$M = \frac{mRT}{(p - p_{H_2O})V} \tag{2-3}$$

式中:镁的质量 $m$ 通过电子天平准确称量得到,$R$ 为摩尔气体常量,等于 $8.314 \, \text{J} \cdot \text{mol}^{-1} \cdot \text{K}^{-1}$,实验时的温度 $T$ 由温度计读取,氢气的体积 $V$ 通过量气法测定,当量气管内气压等于大气压时,压力 $p$ 可直接由气压计读取,$p_{H_2O}$ 可通过查表得到。

### 三、实验仪器与试剂

1. 仪器

电子天平(0.1 mg 精度)、量气管、反应管(试管)、橡皮塞、滴定管夹、水平管(漏斗)、

铁圈、砂纸。

2. 试剂

HCl（6 mol·L$^{-1}$）、镁条。

## 四、实验步骤

1. 称量

将镁条表面的氧化膜打磨干净后，用电子天平准确称取镁条两份，每份质量为 0.0300～0.0400 g。

2. 安装测定装置并逐泡

按图 2-6 安装仪器。先取下反应管，由水平管注水至量气管刻度"0"附近，上下移动水平管，驱赶量气管和橡皮管内气泡，然后将水平管固定。

3. 检漏

装上反应管，上下移动水平管，并将其固定在一定位置上，如果量气管液面只在开始时稍有下降后（3～5 min）即维持恒定，说明装置不漏气。

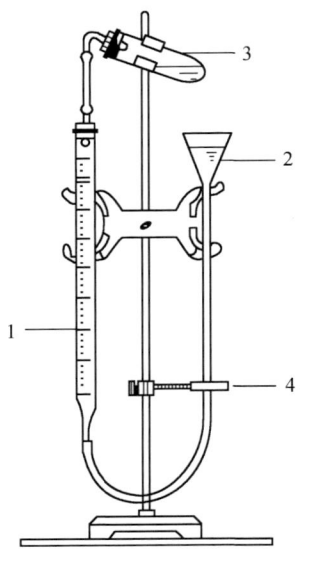

图 2-6　置换法测定镁摩尔质量装置图
1. 量气管　2. 水平管
3. 反应管　4. 铁圈

4. 测定

（1）向反应管滴入 3 mL 6 mol·L$^{-1}$ HCl，用一滴水将镁条沾在试管内壁上部，确保镁条不与酸接触，再次检查装置是否漏气。

（2）调整水平管的位置，使量气管中的水面与其水面在同一水平面上，准确记下量气管内水面的位置（$V_1$）。

（3）轻摇试管，使镁条与 HCl 接触反应，同时缓慢下移水平管，使管内液面大体上保持同一水平。

（4）将试管冷至室温，使漏斗与量气管的液面处于同一水平，记下液面位置，稍等 1～2 min 再次读数，若两次读数相等，表明管内气体温度与室温一样，记下液面位置（$V_2$）。

（5）重复上述步骤（1）～（4），将各项数据填入表 2-1。

表 2-1　镁的摩尔质量测定实验数据记录表

| 实验序号 | 1 | 2 |
| --- | --- | --- |
| 镁条质量 $m$/g | | |
| 反应前量气管中水面位置 $V_1$/mL | | |
| 反应后量气管中水面位置 $V_2$/mL | | |
| 氢气的体积 $V$/mL | | |

第二章 基础实验

续表

| 实验序号 | 1 | 2 |
| --- | --- | --- |
| 室温 $T$/K | | |
| 大气压 $p$/kPa | | |
| 室温 $T$ 时水的饱和蒸汽压 $p_{H_2O}$/kPa | | |
| 氢气的分压 $p_{H_2}$/kPa | | |
| 镁的摩尔质量测定值 $M/(\times 10^{-3}$ kg·mol$^{-1})$ | | |
| 相对误差 $=\dfrac{\overline{M}-M_{理论}}{M_{理论}}\times 100\%$ | | |

### 五、实验数据记录与处理

记录实验温度 $T$ 和大气压 $p$，查出实验温度 $T$ 时水的饱和蒸汽压 $p_{H_2O}$。

### 六、实验注意事项

(1) 反应前要排除水平管及量气管中的气泡，否则收集的气体体积偏大。

(2) 向反应管中滴入盐酸时，勿使 HCl 沾污内壁。

(3) 读量气管水面位置时，要将水平管从滴定管夹上取下，靠在量气管一侧，使量气管和水平管水面平齐时，再读数。

(4) 反应前量气管的水面位置 $V_1$ 控制在 0~2 mL。

(5) 读 $V_2$ 时，反应管一定要冷却。

(6) 实验过程中一定要保持装置的气密性良好。

(7) 读数时，量气管读数精确至 0.01 mL，温度精确至 0.1 K。

(8) 水的饱和蒸汽压的取值：理科学生要求查表后用克劳修斯-克拉贝龙方程计算水的饱和蒸汽压，工科学生用内插法即可。

(9) 计算镁的摩尔质量时，注意单位的换算。

### 七、实验思考题

(1) 为什么必须检查装置是否漏气？如果装置漏气，将造成怎样的误差？

(2) 为什么反应停止后，要待反应管冷却至室温时再读数？如何知道管内气体温度已冷却至室温？

(3) 读取量气管中的水面读数时，为什么要使水平管的水面与量气管中的水面相平齐？

(4) 镁的摩尔质量的文献值为 $24.30\times 10^{-3}$ kg·mol$^{-1}$，分析本实验产生误差的可能原因及解决办法。

(5) 利用本实验的装置和操作能否测定金属锌的摩尔质量？锌片的称量范围与镁条相同吗？如果不同，应在多大范围内？

(6) 怎样利用本实验的装置和操作测定摩尔气体常量？需测定哪些数据？简述其实验原理。

## 附 1 锌的摩尔质量的测定

**实验步骤**

(1) 用电子天平准确称取锌片,质量为 0.0800～0.1100 g。

(2) 按实验二中的图 2-6 安装好仪器后检漏。

(3) 测定。

(i) 向反应管滴入 3 mL 6 mol·L$^{-1}$ HCl,用一滴水将锌片沾在试管内壁上部,确保锌片不与酸接触,再次检查装置是否漏气。调整水平管的位置,使量气管中的水面与其水面在同一水平面上,准确记下量气管内水面的位置($V_1$)。

(ii) 轻摇试管,使锌片与 HCl 接触反应,同时缓慢下移水平管,使管内液面大体上保持同一水平。

(iii) 将试管冷至室温,使漏斗与量气管的液面处于同一水平,记下液面位置,稍等 1～2 min 再次读数,若两次读数相等,表明管内气体温度与室温一样,记下液面位置($V_2$)。

(4) 按式(2-3)计算锌的摩尔质量 $M_1$。

(5) 重复上述步骤(1)～(4),计算锌的摩尔质量 $M_2$,取两次测量的平均值并计算相对误差。

## 附 2 摩尔气体常量的测定

**实验步骤**

(1) 将镁条表面的氧化膜打磨干净,用电子天平准确称取镁条两份,每份质量为 0.0300～0.0400 g。

(2) 按图 2-6 安装好仪器后检漏。

(3) 测定。

(i) 向反应管滴入 3 mL 6 mol·L$^{-1}$ HCl,用一滴水将镁条沾在试管内壁上部,确保镁条不与酸接触,再次检查装置是否漏气。调整水平管的位置,使量气管中的水面与其水面在同一水平面上,准确记下量气管内水面的位置($V_1$)。

(ii) 轻摇试管,使镁条与 HCl 接触反应,同时缓慢下移水平管,使管内液面大体上保持同一水平。

(iii) 将试管冷至室温,使漏斗与量气管的液面处于同一水平,记下液面位置,稍等 1～2 min 再次读数,若两次读数相等,表明管内气体温度与室温一样,记下液面位置($V_2$)。

(4) 根据公式 $R = \dfrac{M_{Mg}(p - p_{H_2O})V}{m_{Mg}T}$ 计算摩尔气体常量 $R_1$。

(5) 重复上述步骤(1)～(4),计算摩尔气体常量 $R_2$,取两次测量的平均值并计算相对误差。

## 附 3 摩尔气体常量测定的微型实验

**实验步骤**

(1) 将镁条表面的氧化膜打磨干净,用电子天平准确称取镁条两份,每份质量为 0.0110～0.0130 g。

(2) 将镁条卡在一端对折在一起的铜丝上,末端折朝下,一起投入已插进盛水量筒(100 mL)中的吸量管(15 mL)中,使镁条沉入吸量管底部。

(3) 移动吸量管,使水面低于 1 mL 刻度。用多用滴管伸入吸量管内,靠近液面处滴加 1 mL 6 mol·L$^{-1}$ HCl,迅速调整吸量管内外液面与"0"刻度相平,用小胶塞(或胶帽)缓缓塞封吸量管上口。片刻后反应开始,待镁条反应完毕,冷却至室温,调整吸量管内外液面相平,记下体积 $V$。

(4) 根据公式 $R=\dfrac{M_{Mg}(p-p_{H_2O})V}{m_{Mg}T}$ 计算摩尔气体常量 $R_1$。

(5) 重复上述步骤(1)~(4)，计算摩尔气体常量 $R_2$，取两次测量的平均值并计算相对误差。

## 实验三　化学反应速率、反应级数和活化能的测定

### 一、实验目的

(1) 了解浓度、温度和催化剂对化学反应速率的影响，加深对化学反应速率、反应级数和活化能等概念的理解。

(2) 了解测定过二硫酸铵与碘化钾反应速率的原理和方法；测定过二硫酸铵与碘化钾反应的平均反应速率，通过求算其反应级数、速率常数和活化能，初步掌握实验数据处理和作图方法。

(3) 练习在水浴中的恒温操作；掌握温度计、秒表的正确使用方法。

### 二、实验原理

水溶液中，过二硫酸铵与碘化钾发生如下反应：

$$S_2O_8^{2-} + 3I^- = 2SO_4^{2-} + I_3^- \tag{2-4}$$

该反应的速率方程可表示为

$$v = k[S_2O_8^{2-}]^m[I^-]^n \tag{2-5}$$

式中：$v$ 为瞬时反应速率；$k$ 为速率常数；$m$ 和 $n$ 的总和称为该反应的反应级数。

实验中只能测平均速率，由于本实验在 $\Delta t$ 时间内反应物浓度变化很小，可用平均速率代替瞬时速率，即

$$v = \dfrac{-\Delta[S_2O_8^{2-}]}{\Delta t} \approx k[S_2O_8^{2-}]^m[I^-]^n \tag{2-6}$$

为了能够测定出反应在 $\Delta t$ 时间内 $S_2O_8^{2-}$ 的浓度变化值，引入示踪反应，反应式如下：

$$2S_2O_3^{2-} + I_3^- = S_4O_6^{2-} + 3I^- \tag{2-7}$$

反应(2-7)进行得非常快，几乎瞬间完成，而反应(2-4)比反应(2-7)慢得多，由反应(2-4)生成的 $I_3^-$ 立即与 $S_2O_3^{2-}$ 反应，生成无色的 $S_4O_6^{2-}$ 和 $I^-$。因此在开始一段时间内，看不到碘与淀粉反应而显示的特有蓝色。一旦 $Na_2S_2O_3$ 耗尽，由反应(2-4)继续生成的微量碘很快与淀粉作用，溶液显蓝色。所以，从反应开始到溶液变蓝，$S_2O_3^{2-}$ 的消耗量即为加入的 $Na_2S_2O_3$ 的起始浓度 $c_{S_2O_3^{2-}}$。

比较反应(2-4)和反应(2-7)可知

$$\Delta[S_2O_8^{2-}] = \dfrac{\Delta[S_2O_3^{2-}]}{2} = \dfrac{1}{2}c_{S_2O_3^{2-}}$$

因此

$$v = \dfrac{-\Delta[S_2O_8^{2-}]}{\Delta t} = \dfrac{\frac{1}{2}c_{S_2O_3^{2-}}}{\Delta t} = k[S_2O_8^{2-}]^m[I^-]^n \tag{2-8}$$

根据不同浓度下的反应速率（反应速率常数不变），可通过比较第一组和第三组的 $v_1$ 和 $v_3$（$I^-$ 的浓度相同），运用式(2-8)可计算出对反应物过二硫酸铵的反应分级数 $m$，同理可通过比较第一组和第五组的反应速率 $v_1$ 和 $v_5$，运用式(2-8)计算出对反应物 KI 的反应分级数 $n$，反应总级数即为 $(m+n)$。然后将 $m$ 和 $n$ 的数值代入式(2-8)中求出五组数据的反应速率常数 $k$，取其平均值即为所求的常温下的反应速率常数 $k$。详见实验数据记录与处理。

反应速率常数 $k$ 与温度 $T$ 之间存在如下关系，即著名的阿伦尼乌斯方程：

$$k = A e^{-E_a/RT} \tag{2-9}$$

式中：$E_a$ 为阿伦尼乌斯实验活化能；$R$ 为摩尔气体常量；$A$ 为实验测得常数。将式(2-9)两边取对数，有 $\lg k = \dfrac{-E_a}{2.303RT} + \lg A$，测出不同温度下的 $k$ 值，以 $\lg k$ 对 $1/T$ 作图，可得一直线，其斜率 $J = \dfrac{-E_a}{2.303R}$，由斜率即可求出活化能 $E_a$。

### 三、实验仪器与试剂

1. 仪器

烧杯、量筒、温度计、秒表、恒温水浴箱。

2. 试剂

KI、$(NH_4)_2S_2O_8$、$KNO_3$、$(NH_4)_2SO_4$（$0.2\ mol \cdot L^{-1}$）、$Na_2S_2O_3$（$0.010\ mol \cdot L^{-1}$）、$Cu(NO_3)_2$（$0.02\ mol \cdot L^{-1}$）、淀粉溶液（0.2%）、冰块。

### 四、实验步骤

1. 浓度对化学反应速率的影响，求反应级数

室温下，按表 2-2 中 1 号试验的试剂用量，用 3 个量筒分别量取 20 mL $0.2\ mol \cdot L^{-1}$ KI 溶液、8 mL $0.010\ mol \cdot L^{-1}$ $Na_2S_2O_3$ 溶液和 2 mL 0.2%淀粉溶液，倒入 100 mL 烧杯中混合均匀，然后用另一量筒量取 20 mL $0.2\ mol \cdot L^{-1}$ $(NH_4)_2S_2O_8$ 溶液迅速倒入烧杯中，同时立即按下秒表，并不断搅拌至溶液刚出现蓝色时，立即停止计时，将反应时间和室温填入表 2-2。

表 2-2 浓度对反应速率的影响　　　　　　　　室温_____

| | 试验编号 | 1 | 2 | 3 | 4 | 5 |
|---|---|---|---|---|---|---|
| 试剂用量/mL | $0.2\ mol \cdot L^{-1}\ (NH_4)_2S_2O_8$ | 20 | 10 | 5 | 20 | 20 |
| | $0.2\ mol \cdot L^{-1}$ KI | 20 | 20 | 20 | 10 | 5 |
| | $0.010\ mol \cdot L^{-1}\ Na_2S_2O_3$ | 8 | 8 | 8 | 8 | 8 |
| | 0.2%淀粉 | 2 | 2 | 2 | 2 | 2 |
| | $0.2\ mol \cdot L^{-1}\ KNO_3$ | 0 | 0 | 0 | 10 | 15 |
| | $0.2\ mol \cdot L^{-1}\ (NH_4)_2SO_4$ | 0 | 10 | 15 | 0 | 0 |

续表

| 试验编号 | | 1 | 2 | 3 | 4 | 5 |
|---|---|---|---|---|---|---|
| 反应物的起始浓度/(mol·L$^{-1}$) | (NH$_4$)$_2$S$_2$O$_8$ | | | | | |
| | KI | | | | | |
| | Na$_2$S$_2$O$_3$ | | | | | |
| 反应时间 $\Delta t$/s | | | | | | |
| S$_2$O$_8^{2-}$ 的浓度变化 $\Delta[\text{S}_2\text{O}_8^{2-}]$/(mol·L$^{-1}$) | | | | | | |
| 反应速率 $v$/(mol·L$^{-1}$·s$^{-1}$) | | | | | | |
| $m$ | | | | | | |
| $n$ | | | | | | |
| 反应总级数 $m+n$ | | | | | | |

用同样的方法按照表 2-2 中的用量进行 2～5 号实验。为了使每次实验中溶液的离子强度和总体积保持不变，不足的量分别用 0.2 mol·L$^{-1}$ KNO$_3$ 溶液和 0.2 mol·L$^{-1}$ (NH$_4$)$_2$SO$_4$ 溶液补足。

2. 温度对反应速率的影响，求算活化能

按表 2-2 中试验 4 中的用量，把 KI、Na$_2$S$_2$O$_3$、KNO$_3$ 和淀粉溶液倒入 100 mL 烧杯中，把 (NH$_4$)$_2$S$_2$O$_8$ 溶液倒入另一个小烧杯中，把它们同时放在冰浴中冷却，等烧杯中溶液都冷却到低于室温约 10℃时，把 (NH$_4$)$_2$S$_2$O$_8$ 溶液迅速加到混合液中，同时计时，并不断搅拌溶液，至溶液变蓝，记录反应时间。

用同样方法，利用热水浴在约比室温高 10℃ 的条件下，重复以上实验。连同试验 1 中 4 号结果可以得到 3 个不同温度下的反应时间，将有关数据和处理结果填入表 2-3。

表 2-3  温度对反应速率的影响

| 试验编号 | 1 | 6 | 7 |
|---|---|---|---|
| 反应温度 $T$/K | | | |
| 反应时间 $\Delta t$/s | | | |
| 反应速率 $v$/(mol·L$^{-1}$·s$^{-1}$) | | | |
| 反应速率常数 $k$/(L·mol$^{-1}$·s$^{-1}$) | | | |
| lg$k$ | | | |
| $1/T$/K$^{-1}$ | | | |
| 活化能 $E_a$/(kJ·mol$^{-1}$) | | | |

3. 加入催化剂对反应速率的影响

按表 2-2 中实验 4 的用量把 KI、Na$_2$S$_2$O$_3$、KNO$_3$ 和淀粉溶液倒入 100 mL 烧杯中，再加入两滴 Cu(NO$_3$)$_2$ 溶液，然后迅速加入 (NH$_4$)$_2$S$_2$O$_8$ 溶液，搅拌，计时，将有关数据填入表 2-4，并将此试验的反应速率与表 2-2 中试验 4 的反应速率进行比较。

表 2-4　催化剂对反应速率的影响

| 试验编号 | 4 | 8 |
|---|---|---|
| 加入 $Cu(NO_3)_2$ 溶液滴数 | 0 | 2 |
| 反应时间 $\Delta t/s$ | | |

## 五、实验数据记录与处理

1. 反应级数和反应速率常数的求算

将表 2-2 中试验 1 和 3 的结果代入式(2-8)，有

$$\frac{v_1}{v_3} = \frac{k[S_2O_8^{2-}]_1^m[I^-]_1^n}{k[S_2O_8^{2-}]_3^m[I^-]_3^n}$$

由于

$$[I^-]_1^n = [I^-]_3^n$$

所以

$$\frac{v_1}{v_3} = \frac{[S_2O_8^{2-}]_1^m}{[S_2O_8^{2-}]_3^m}$$

将 $v_1$、$v_3$、$[S_2O_8^{2-}]_1$、$[S_2O_8^{2-}]_3$ 代入上式，即可求出 $m$。

同理，将表 2-2 中试验 1 和 5 的结果代入式(2-8)，可求算出 $n$。由 $m$ 和 $n$ 得到反应的总级数，填入表 2-2。

将求得的 $m$ 和 $n$ 代入式(2-8)，即求得反应速率常数 $k$，填入表 2-3。

2. 作图法求 $E_a$

要求用坐标纸、铅笔作图。将多次测试的数据作图，一般具有"平均"的意义，可消除一些偶然误差。因此作图技术的高低与科学实验结论的正确与否有密切的联系。

1) 选取坐标轴并选择适当的比例尺

在坐标纸上画两条互相垂直、带箭头的直线，以自变量 $1/T$ 为横坐标、应变量 $\lg k$ 为纵坐标，并注明所代表变量的名称和单位。

按数据特点选择适当的比例尺，将 $1/T$ 所取数值放大 1000 倍，可使有效数字在图中能恰当表达出来，并使每格对应的数值易读，利于计算。

为了使测量数据各点均匀分布在全图，不偏于某一角上，横坐标原点值可取 3 或 3.2，纵坐标原点值可取 -3.5（不一定从零开始），直线与横坐标的夹角在 45°左右，角度不要太大或太小，直线的倾斜度不影响直线斜率的计算。

2) 点和线的描绘

测得的数据点在图上用符号 ⊕、⊗、×、△ 等标示清楚，符号的中心即读数值。

将图纸上各点连接成直线，直线不必通过所有点，只要这些点均匀分布在线条两侧即可，若有个别点偏离太远，绘制曲线时可不考虑。

3) 由图形求斜率

在直线上任选两点 $(x_1, y_1)$、$(x_2, y_2)$，但这两点不宜相隔太近，求出直线斜率 $J = $

$(y_2-y_1)(x_2-x_1)^{-1}$。特别应注意的是,不能取实验中的两组数据代入计算(除非这两组数据代表的点恰在线上且相距足够远)。计算时应注意是两点坐标差之比,不是纵、横坐标线段长度之比,因为纵、横坐标的比例尺可能不同,以线段长度求斜率,必然导出错误结果。

### 六、实验注意事项

（1）按公用量筒上的标签量取指定溶液,量筒严禁混用,严禁用自己的滴管在试剂瓶中取用药品。

（2）溶液添加量和添加顺序不要弄错。

（3）正确使用秒表,仔细读数,不要损坏。

（4）为了便于观察现象,可在烧杯下垫一张白纸,变色即停秒表。

（5）在做温度条件实验时,混合液和过二硫酸铵需放置在同一恒温水浴或同一冰水浴中约 10 min,方可进行反应计时。

### 七、实验思考题

（1）根据反应式能否确定反应级数？为什么？

（2）本实验中为什么可由反应溶液出现蓝色的时间长短计算反应速率？溶液出现蓝色后,反应是否就终止？

（3）不用 $S_2O_8^{2-}$,而用 $I^-$ 浓度变化表示反应速率,则反应速率常数 $k$ 是否一样？

（4）下列操作对实验结果有什么影响？

(i) 取用三种试剂的量筒没有分开专用。

(ii) 先加 $(NH_4)_2S_2O_8$ 溶液,最后加 KI 溶液。

(iii) 慢慢加入 $(NH_4)_2S_2O_8$ 溶液。

（5）本实验中 $Na_2S_2O_3$ 的用量过多或过少,对实验结果有什么影响？

（6）实验中添加 $(NH_4)_2SO_4$ 和 $KNO_3$ 溶液的目的是什么？为什么选用这两种试剂？

（7）活化能文献数据 $E_a=51.8\ kJ\cdot mol^{-1}$,将实验值与文献值比较,分析产生误差的原因。

## 实验四　pH 法测定乙酸电离度和电离平衡常数

### 一、实验目的

（1）掌握 pH 法测定乙酸电离常数 $K_a$ 的原理和方法。

（2）掌握吸量管和酸式滴定管的使用方法。

（3）学习使用酸度计测定溶液的 pH。

### 二、实验原理

乙酸是一元弱酸,在水溶液中存在下列平衡：

$$HAc \rightleftharpoons H^+ + Ac^-$$

其电离常数表达式为

$$K_a = \frac{[\text{H}^+][\text{Ac}^-]}{[\text{HAc}]} \tag{2-10}$$

设乙酸的起始浓度为 $c$,平衡时,$[\text{H}^+]=[\text{Ac}^-]$,$[\text{HAc}]=c-[\text{H}^+]$,代入式(2-10)得

$$K_a = \frac{[\text{H}^+]^2}{c-[\text{H}^+]} \tag{2-11}$$

电离度 $\alpha = \frac{[\text{H}^+]}{c} \times 100\%$,代入式(2-11)得

$$K_a = \frac{c\alpha^2}{1-\alpha} \tag{2-12}$$

当 $\alpha < 5\%$ 时,$1-\alpha \approx \alpha$,故

$$K_a = \frac{[\text{H}^+]^2}{c} \tag{2-13}$$

若在一定温度下,用 pH 计测定已知浓度的乙酸溶液的 pH,则可通过式(2-11)或式(2-13)计算该温度下乙酸溶液的电离度和乙酸的电离常数。

### 三、实验仪器与试剂

1. 仪器

吸量管、洗耳球、酸式滴定管、烧杯、pH S-3C 型酸度计、复合电极、方块滤纸、鼓风干燥箱。

2. 试剂

乙酸标准溶液、缓冲溶液(pH=4.003、pH=6.864)。

### 四、实验步骤

1. 配制不同浓度的乙酸溶液

取 4 个 100 mL 的烧杯洗净、干燥后编号。按表 2-5 乙酸和蒸馏水的取用量,分别用吸量管和滴定管准确量取一定体积的乙酸和蒸馏水,在烧杯中混合均匀。

2. 乙酸溶液 pH 的测定

用酸度计测定浓度由低到高的 1~4 号 HAc 溶液的 pH,填入表 2-5。

### 五、实验数据记录与处理

表 2-5　乙酸电离度和电离常数的测定　　　　　　室温_____

| 烧杯编号 | $V_{\text{HAc}}$/mL | $V_{\text{H}_2\text{O}}$/mL | $[\text{HAc}]$/(mol·L$^{-1}$) | pH | $[\text{H}^+]$/(mol·L$^{-1}$) | $\alpha$ | $K_a$ 测定值 | $K_a$ 平均值 |
|---|---|---|---|---|---|---|---|---|
| 1 | 3.00 | 45.00 | | | | | | |
| 2 | 6.00 | 42.00 | | | | | | |
| 3 | 12.00 | 36.00 | | | | | | |
| 4 | 24.00 | 24.00 | | | | | | |

## 六、实验注意事项

(1) 烧杯要编号,溶液添加量不要弄错,浓度要配准。
(2) 酸度计标定完毕后,不要再动面板上的按钮。
(3) 测定溶液 pH 时,要拉下复合电极上端的橡皮套,露出上端小孔。
(4) 按照浓度由低到高测定乙酸溶液的 pH。
(5) 酸度计使用完毕,先关闭电源开关,再拔电源插头。取下电极,及时将电极保护套套上(套内应放少量 3 mol·L$^{-1}$ 氯化钾补充液以保持电极球泡的湿润),放回电极盒中。
(6) 若 $\alpha$ 的计算值大于 5%,则应用式(2-12)计算 $K_a$。

## 七、实验思考题

(1) 分析可能引起误差的原因。
(2) 配制溶液时,为什么必须使用干燥的烧杯?
(3) 为什么要按照浓度由低到高测定乙酸溶液的 pH?
(4) 改变待测乙酸溶液的浓度和温度,电离度和电离常数有无变化?若有变化,如何变化?
(5) "电离度越大酸度就越大",这句话是否正确?根据本实验结果加以说明。
(6) 若乙酸溶液的浓度极稀,能否用 $[H^+]^2/c$ 求算乙酸的电离常数?为什么?
(7) 如何正确使用酸度计?

## 实验五 电导法测定 BaSO$_4$ 的溶度积常数

### 一、实验目的

(1) 掌握电导法测定难溶电解质溶度积常数的方法。
(2) 练习倾析法进行固液分离的操作。
(3) 学习电导率仪的基本原理与使用方法。

### 二、实验原理

硫酸钡是难溶电解质,在饱和溶液中存在如下平衡:

$$BaSO_4(s) \rightleftharpoons Ba^{2+}(aq) + SO_4^{2-}(aq)$$

$$K_{sp,BaSO_4} = c_{Ba^{2+}} c_{SO_4^{2-}} = c_{BaSO_4}^2$$

只需测出 $c_{BaSO_4}$ 即可求出 $K_{sp,BaSO_4}$。由于 BaSO$_4$ 的溶解度很小,饱和溶液的浓度很低,所以常采用电导法,通过测定电解质溶液的电导率计算离子浓度,从而计算其溶度积常数。

电解质溶液中摩尔电导($\lambda$)、电导率($\chi$)与浓度($c$)间存在下列关系:

$$\lambda = \frac{\chi}{c} \tag{2-14}$$

对难溶电解质,其饱和溶液可近似看成无限稀释溶液,离子间的影响可忽略不计,这时溶液的摩尔电导为极限摩尔电导($\lambda_0$),$\lambda_{0,BaSO_4}$可由物理化学手册查得。因此,只要测得$BaSO_4$饱和溶液的电导率($\chi$),根据式(2-14),就可计算出$BaSO_4$的摩尔溶解度$c_{BaSO_4}$,进而算出$K_{sp,BaSO_4}$,即$K_{sp,BaSO_4} = \left( \dfrac{\chi_{BaSO_4}}{1000\lambda_{0,BaSO_4}} \right)^2$。由于$BaSO_4$溶液电导率的测定值包括水的电导率,所以$\chi_{BaSO_4} = \chi_{BaSO_4(溶液)} - \chi_{H_2O}$,硫酸钡的溶度积常数可由下式计算:

$$K_{sp,BaSO_4} = \left[ (\chi_{BaSO_4(溶液)} - \chi_{H_2O}) \dfrac{1}{1000\lambda_{0,BaSO_4}} \right]^2$$

### 三、实验仪器与试剂

1. 仪器

烧杯、量筒、电炉、玻璃棒、电导率仪、电导电极。

2. 试剂

$H_2SO_4$(0.05 mol·L$^{-1}$)、$BaCl_2$(0.05 mol·L$^{-1}$)、$AgNO_3$(0.1 mol·L$^{-1}$)。

### 四、实验步骤

1. $BaSO_4$饱和溶液的制备

量取 20 mL 0.05 mol·L$^{-1}$ $H_2SO_4$溶液和 20 mL 0.05 mol·L$^{-1}$ $BaCl_2$溶液分别置于 100 mL 烧杯中,加热近沸(到刚有气泡出现),在搅拌下趁热将$BaCl_2$慢慢(每秒钟约2~3滴)滴入$H_2SO_4$溶液中,然后将盛有沉淀的烧杯放置于沸水浴中加热,并搅拌10 min,静置冷却 20 min,用倾析法去掉清液,再用近沸蒸馏水洗涤$BaSO_4$沉淀,重复洗涤沉淀三四次,直到检验清液中无 Cl$^-$ 为止(为了提高洗涤效果,每次应尽量不留母液)。将上述洗净的$BaSO_4$沉淀置于烧杯中,加水 40 mL,煮沸 3~5 min,搅拌,冷却至室温。

2. 电导率测定

(1)取 40 mL 煮沸冷却后的去离子水,测定其电导率$\chi_{H_2O}$。

(2)测定$BaSO_4$饱和溶液的电导率$\chi_{BaSO_4(溶液)}$。

### 五、实验数据记录与处理

室温 $t = $ _____ ℃
$\chi_{H_2O} = $ _____ S·m$^{-1}$     $\chi_{BaSO_4(溶液)} = $ _____ S·m$^{-1}$     $\chi_{BaSO_4} = $ _____ S·m$^{-1}$
$K_{sp,BaSO_4} = $ _____

### 六、实验注意事项

(1)水浴加热时,可用较大的烧杯代替水浴锅。

(2) 洗涤 $BaSO_4$ 沉淀时,一定要用玻璃棒充分搅拌后再静置,使之沉降。

(3) 实验所用蒸馏水的电导率应在 $5×10^{-4}$ S·$m^{-1}$ 左右,这样才可使 $K_{sp,BaSO_4}$ 较好地接近文献值。

(4) 为了保证 $BaSO_4$ 饱和溶液的饱和度,在测定 $\chi_{BaSO_4(溶液)}$ 时一定要使盛 $BaSO_4$ 饱和溶液的小烧杯中下层有 $BaSO_4$ 晶体,上层是澄清液。

(5) 25℃时,无限稀释的 $\lambda_{0,BaSO_4} = 286.88×10^{-4}$ S·$m^2$·$mol^{-1}$。

(6) 注意单位的换算,电导率测定值的单位是 $\mu S·cm^{-1}$,$1\mu S·cm^{-1} = 10^{-4}$ S·$m^{-1}$。

## 七、实验思考题

(1) 制备 $BaSO_4$ 沉淀时,是将 $BaCl_2$ 溶液慢慢滴加到 $H_2SO_4$ 溶液中,能不能将此顺序颠倒？为什么？

(2) 为什么要将盛有 $BaSO_4$ 沉淀的烧杯置于沸水浴中加热？

(3) 为什么要反复洗涤 $BaSO_4$ 沉淀,直至溶液中无 $Cl^-$ 存在？

(4) 使用电导率仪要注意哪些操作？

# 实验六 水中 $CO_2$ 平衡与 pH 的关系

## 一、实验目的

(1) 了解 $CO_2$ 在水中存在的三种形式：$CO_2$、$HCO_3^-$、$CO_3^{2-}$。

(2) 熟悉水中 $CO_2$ 存在形式随 pH 变化的分布规律以及 $CO_2$ 对水环境的重要影响。

(3) 掌握有关化学平衡的计算。

## 二、实验原理

水中碳酸解离及其存在形式取决于氢离子的活度(一定条件下取决于氢离子浓度)。若已知氢离子活度(或浓度)和碳酸总浓度 $c$(水中 $CO_2$、$HCO_3^-$、$CO_3^{2-}$ 的浓度总和),可根据下列反应式和公式确定各种存在形式的浓度,并可绘出其随 pH 变化的分布图。

$$CO_2 + H_2O \rightleftharpoons H^+ + HCO_3^-$$

$$K_{a_1} = \frac{[HCO_3^-][H^+]}{[CO_2]} = 4.45×10^{-7} \quad (2-15)$$

$$HCO_3^- \rightleftharpoons H^+ + CO_3^{2-}$$

$$K_{a_2} = \frac{[CO_3^{2-}][H^+]}{[HCO_3^-]} = 4.69×10^{-11} \quad (2-16)$$

$$c = [CO_2] + [HCO_3^-] + [CO_3^{2-}] \quad (2-17)$$

将方程式(2-15)~式(2-17)联立,解得

$$[CO_2] = \frac{c[H^+]^2}{[H^+]^2 + K_{a_1}[H^+] + K_{a_1}K_{a_2}} \tag{2-18}$$

$$[HCO_3^-] = \frac{cK_{a_1}[H^+]}{[H^+]^2 + K_{a_1}[H^+] + K_{a_1}K_{a_2}} \tag{2-19}$$

$$[CO_3^{2-}] = \frac{cK_{a_1}K_{a_2}}{[H^+]^2 + K_{a_1}[H^+] + K_{a_1}K_{a_2}} \tag{2-20}$$

$$\eta_{CO_2} = \frac{[CO_2]}{c} = \frac{100[H^+]^2}{[H^+]^2 + K_{a_1}[H^+] + K_{a_1}K_{a_2}} \times 100\% \tag{2-21}$$

$$\eta_{HCO_3^-} = \frac{[HCO_3^-]}{c} = \frac{100K_{a_1}[H^+]}{[H^+]^2 + K_{a_1}[H^+] + K_{a_1}K_{a_2}} \times 100\% \tag{2-22}$$

$$\eta_{CO_3^{2-}} = \frac{[CO_3^{2-}]}{c} = \frac{100K_{a_1}K_{a_2}}{[H^+]^2 + K_{a_1}[H^+] + K_{a_1}K_{a_2}} \times 100\% \tag{2-23}$$

### 三、实验仪器与试剂

1. 仪器

酸度计、酸式滴定管、烧杯(50 mL)。

2. 试剂

$Na_2CO_3$(0.025 mol·$L^{-1}$)、HCl(0.05 mol·$L^{-1}$)、酚酞乙醇溶液(0.1%)、甲基橙溶液(0.05%)。

### 四、实验步骤

取 10.00 mL 0.025 mol·$L^{-1}$ $Na_2CO_3$ 溶液于 50 mL 烧杯中,加 20.00 mL 蒸馏水,摇匀,用酸度计测量其 pH。然后加 2.00 mL 0.05 mol·$L^{-1}$ HCl 溶液。轻轻摇匀,测量 pH。滴加 2 滴酚酞,用酸式滴定管滴加 0.05 mol·$L^{-1}$ HCl 溶液至溶液由红色刚刚褪为无色,记录消耗的盐酸体积 $V_{HCl}$;测量 pH(约 8.3)。再滴加 1.00 mL HCl,加入甲基橙 3 滴,溶液呈黄色。继续滴至溶液刚好由黄色转变为橙红色,记录滴定的累计体积 $V_{HCl}$,测量 pH(约 4.4)。最后滴定至消耗 HCl 总体积为 10.00 mL(或稍多)止,测量 pH。

### 五、实验数据记录与处理

(1) 按表 2-6 进行数据记录和整理。

表 2-6 水中 $CO_2$ 平衡与 pH 的关系

| 滴加 HCl | $c_{Na_2CO_3}=$ | | $c_{HCl}=$ | | | | | |
|---|---|---|---|---|---|---|---|---|
| | 次序 | 0 | 1 | 2 | 3 | 4 | 5 | 6 |
| | 体积 $V_{HCl}$/mL | 0 | | | | | | |

续表

| | $c_{Na_2CO_3}=$ | | | $c_{HCl}=$ | | |
|---|---|---|---|---|---|---|
| 中和体积 $V_{中}$/mL | | | | | | |
| $Na_2CO_3$ 剩余体积 $V_{余}$/mL | 10 | | | | | |
| HCl 过量体积 $V_{过}$/mL | | | | | | |
| 溶液总体积 $V_{总}$/mL | 30 | | | | | |
| pH | | | | | | |
| $[H^+]$/(mol·L$^{-1}$) | | | | | | |
| $[CO_3^{2-}]$/(mol·L$^{-1}$) | | | | | | |
| $\eta_{CO_3^{2-}}$/% | | | | | | |
| $[HCO_3^-]$/(mol·L$^{-1}$) | | | | | | |
| $\eta_{HCO_3^-}$/% | | | | | | |
| $[CO_2]$/(mol·L$^{-1}$) | | | | | | |
| $\eta_{CO_2}$/% | | | | | | |

中和体积 $V_{中}=\dfrac{V_{HCl}c_{HCl}}{2c_{Na_2CO_3}}$，$Na_2CO_3$ 剩余体积 $V_{余}=10-V_{中}$，HCl 过量体积 $V_{过}=V_{HCl}-\dfrac{20c_{Na_2CO_3}}{c_{HCl}}$，溶液总体积 $V_{总}=10+20+V_{HCl}$。

（2）按表 2-7 进行数据整理，并理论计算 $CO_2$ 形态分布。

**表 2-7 $CO_2$ 形态分布与 pH 关系**

| pH | $\eta_{CO_3^{2-}}$/% | $\eta_{HCO_3^-}$/% | $\eta_{CO_2}$/% | pH | $\eta_{CO_3^{2-}}$/% | $\eta_{HCO_3^-}$/% | $\eta_{CO_2}$/% |
|---|---|---|---|---|---|---|---|
| 3 | | | | 9 | | | |
| 4 | | | | 10 | | | |
| 5 | | | | 11 | | | |
| 6 | | | | 12 | | | |
| 7 | | | | 13 | | | |
| 8 | | | | 14 | | | |

## 六、实验思考题

自然界常遇见的水中，哪种存在形式中的 $CO_2$ 占主导地位？在自然界能否遇见以 $CO_2$ 或 $CO_3^{2-}$ 存在形式为主的天然水？

## 实验七　磺基水杨酸合铁（Ⅲ）配合物的组成及稳定常数的测定

## 一、实验目的

（1）了解分光光度法测定配合物的组成及稳定常数的原理。
（2）学习分光光度计的使用。
（3）巩固溶液配制的基本操作。

（4）学习利用参数方程及作图法处理数据的方法。

## 二、实验原理

### 1. 朗伯-比尔定律

当一束具有一定波长的单色光通过一定厚度的有色物质溶液时，有色物质便吸收一部分光能，于是透射出来的光的强度（$I$）比原来入射光的强度（$I_0$）有所减弱。按照朗伯-比尔定律，溶液中有色物质对光的吸收程度（用光密度 $D$ 表示）与液层的厚度（$l$）及有色物质的浓度（$c$）成正比：

$$D = \lg(I_0/I) = \varepsilon l c \qquad (2-24)$$

式中：$\varepsilon$ 为比例常数，称为摩尔吸光系数，是有色物质的特征常数，其大小与入射光波长、溶液的性质、温度等有关。从式（2-24）可知，如果液层的厚度 $l$ 不变，光密度只与有色物质的浓度成正比。

### 2. 等摩尔系列法求配合物的组成及稳定常数

对于有色配合物 $ML_n$（省略电荷），若其中心离子 M 和配体 L 在溶液中都是无色的，或者对选定波长的光不吸收，且在一定条件下只生成这一种配合物，则溶液的光密度就与配合物 $ML_n$ 的浓度成正比。基于这些条件，采用等摩尔系列法，通过测定不同 M/L 组成的混合溶液的光密度，从而求出该配合物的组成和稳定常数。

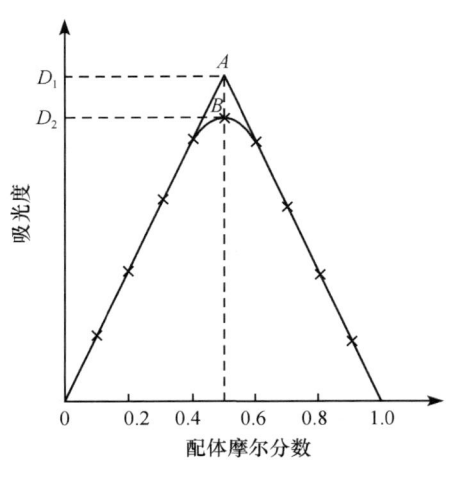

图 2-7 吸光度-组成图

设金属离子 M 和配体 L 生成一种有色配合物 $ML_n$，反应式如下：

$$M + nL \Longleftrightarrow ML_n$$

测定配合物的组成，就是要确定 $ML_n$ 中的 $n$，即金属离子和配体在配合物中的个数之比。将相同浓度的金属离子水溶液和配体水溶液配制成一系列混合溶液，金属离子溶液的用量从多到少逐渐递减，且每份混合溶液的总体积或总物质的量保持不变，则溶液中配合物的浓度先增后减，其颜色由浅变深，然后由深变浅。根据比尔定律，有色配合物的浓度大小可用光密度值（从分光光度计上直接测得）表示。以所配溶液的光密度为纵坐标、配体摩尔分数为横坐标作图，得到如图 2-7 所示的吸光度-组成图。从理论上讲，根据朗伯-比尔定律应该得到以 $A$ 为交点的两条直线，$A$ 点相对应的溶液的组成即为该配合物的组成，这是因为只有在组成与配离子组成一致的溶液中形成的配合物的浓度最大，对光的吸收也最大。但在实际测定时，顶端出现了弯曲部分，这是由于配合物发生部分解离所致，若将两边的直线部分延长，则相交于 $A$ 点。

用等摩尔系列法还可求算配合物的稳定常数。在极大值 $B$ 的左边所有溶液中，对于形成配合物来说，M 离子是过量的，而在极大值 $B$ 的右边所有溶液中，L 是过量的。在 M

或 L 过量较多的溶液中,配合物解离度较小,因此光密度与溶液组成(或配合物浓度)几乎成直线关系;在 M 或 L 过量都不多的情况下,配合物的解离度相对增大;而当溶液组成与配合物组成相一致时,解离度最大,表现为光密度-组成图偏离两条相交直线而在最大值区域出现了圆滑部分。图 2-7 中 $B$ 即为实验测得的光密度极大值($D_2$),$A$ 点则为假定配合物不解离时光密度极大值($D_1$),在液层厚度 $l$ 不变的情况下,光密度只与配合物的浓度成正比,因此对于配位平衡 M+L $\rightleftharpoons$ ML 来说,解离度 $\alpha$ 可用光密度表示,即

$$\alpha = \frac{D_1 - D_2}{D_1} \tag{2-25}$$

平衡常数 $K_{\text{稳}} = \frac{[\text{ML}]}{[\text{M}][\text{L}]} = \frac{c - c\alpha}{c\alpha \cdot c\alpha} = \frac{1-\alpha}{c\alpha^2} \tag{2-26}$

式中:$c$ 为与 $A$(或 $B$)点相对应的溶液中 M 离子的总物质的量浓度。将 $\alpha$ 值代入式(2-26)便可求得 $K_{\text{稳}}$。

本实验是测定 $Fe^{3+}$ 与磺基水杨酸(HO—C₆H₃(COOH)—SO₃H,以 $H_3R$ 表示)形成的配合物的组成和稳定常数。$Fe^{3+}$ 与磺基水杨酸在 pH<4 的条件下形成 1∶1 配合物,溶液呈紫红色;pH 在 4~10 形成 1∶2 配合物,溶液显红色;pH 在 10 左右可形成 1∶3 配合物,溶液显黄色。本实验在 pH<2.5 溶液中(通过加入一定量的 $HClO_4$ 控制溶液的 pH),选用波长为 500 nm 的单色光进行测定。在此实验条件下,磺基水杨酸不发生吸收,$Fe^{3+}$ 也几乎不发生吸收,形成的配合物则有一定的吸收。

### 三、实验仪器与试剂

1. 仪器

烧杯、吸量管、洗耳球、容量瓶、分光光度计、鼓风干燥箱。

2. 试剂

$Fe^{3+}$(0.0100 mol·L⁻¹)、磺基水杨酸(0.0100 mol·L⁻¹)、$HClO_4$(0.01 mol·L⁻¹)。

### 四、实验步骤

(1) 配制 0.0010 mol·L⁻¹ $Fe^{3+}$ 溶液和 0.0010 mol·L⁻¹ 磺基水杨酸溶液。用吸量管分别准确量取 10.00 mL 0.0100 mol·L⁻¹ $Fe^{3+}$ 溶液和 0.0100 mol·L⁻¹ 磺基水杨酸溶液分别置于 100 mL 容量瓶中,用 0.01 mol·L⁻¹ $HClO_4$ 稀释至刻度,混合均匀,备用。

(2) 按表 2-8 所列体积比,在 11 个编号的洗净、干燥的 50 mL 或 100 mL 烧杯中配制混合溶液(用吸量管量取溶液),混合均匀。

(3) 在波长为 500 nm 条件下,用分光光度计分别测定每号混合溶液的吸光度,将所测数值填入表 2-8。

表 2-8　等摩尔系列法测定溶液吸光度　　　工作波长_____ nm

| 溶液编号 | 0.01 mol·L$^{-1}$ HClO$_4$/mL | 0.0010 mol·L$^{-1}$ Fe$^{3+}$/mL | 0.0010 mol·L$^{-1}$ H$_3$R/mL | H$_3$R 的摩尔分数 | 吸光度 |
| --- | --- | --- | --- | --- | --- |
| 1 | 10.00 | 10.00 | 0.00 | | |
| 2 | 10.00 | 9.00 | 1.00 | | |
| 3 | 10.00 | 8.00 | 2.00 | | |
| 4 | 10.00 | 7.00 | 3.00 | | |
| 5 | 10.00 | 6.00 | 4.00 | | |
| 6 | 10.00 | 5.00 | 5.00 | | |
| 7 | 10.00 | 4.00 | 6.00 | | |
| 8 | 10.00 | 3.00 | 7.00 | | |
| 9 | 10.00 | 2.00 | 8.00 | | |
| 10 | 10.00 | 1.00 | 9.00 | | |
| 11 | 10.00 | 0.00 | 10.00 | | |

（4）以吸光度 $D$ 为纵坐标、配位体摩尔分数 $T_L$ 为横坐标，作 $D$-$T_L$ 图，求出 FeR$_n$ 中配位体数目 $n$ 和配合物的稳定常数 $K_稳$。

### 五、实验数据记录与处理

以吸光度 $D$ 为纵坐标，配位体摩尔分数为横坐标作图，求出 FeR$_n$ 中配体数目 $n$ 和配合物的稳定常数 $K_稳$。

### 六、实验注意事项

（1）烧杯预先洗净、干燥。

（2）切勿将溶液浓度配错，烧杯顺序不要弄错。

（3）在使用分光光度计测定溶液吸光度时需注意：

(i) 参比溶液用 0.01 mol·L$^{-1}$ HClO$_4$ 溶液。

(ii) 不测试时，应及时打开样品室盖，断开光路，避免光电管老化。

(iii) 放大器的灵敏度一般先置于"1"，这样仪器有更高的稳定性。灵敏度不够时再逐渐升高，但改变灵敏度后须重新校正"0"和"100％"。

(iv) 连续使用仪器的时间不应超过 2 h，最好是间歇 0.5 h 后，再继续使用。

(v) 拿比色皿时，手指不能接触透光面，应拿毛玻璃面。用时先用蒸馏水洗，再用被测溶液润洗内壁两三次。溶液加入比色皿的 3/4 高度为宜。盛好溶液的比色皿用滤纸吸去其外壁的液体，再用擦镜纸轻轻擦干透光面。

(vi) 仪器不要受潮。

（4）本实验测得的是磺基水杨酸合铁配合物的表观稳定常数，若要得到磺基水杨酸合铁配合物的热力学稳定常数，需控制测定时的温度、溶液的离子强度及配体在实验条件下的存在形式等因素。

### 七、实验思考题

（1）本实验测定配合物的组成和稳定常数的原理是什么？

（2）若溶液中同时有几种不同组成的有色配合物存在，能否用本实验方法测定其组成和稳定常数？为什么？

（3）本实验测定的每一份溶液的pH是否需要一致？如不一致对结果有什么影响？

（4）在测定吸光度时，若温度变化较大，对测得的稳定常数有无影响？为什么？

（5）使用分光光度计要注意哪些操作？

## 附 磺基水杨酸合铜（Ⅱ）的组成及稳定常数的测定

**实验步骤**

（1）配制 0.0500 mol·L$^{-1}$ 硝酸铜溶液和 0.0500 mol·L$^{-1}$ 磺基水杨酸溶液。用 0.1 mol·L$^{-1}$ KNO$_3$ 溶液各配制 100 mL 0.0500 mol·L$^{-1}$ 硝酸铜溶液和 0.0500 mol·L$^{-1}$ 磺基水杨酸溶液。

（2）按表 2-9 所列体积比，在 11 个编号的洗净、干燥的 50 mL 或 100 mL 烧杯中配制混合溶液（用吸量管量取溶液），混合均匀。

**表 2-9 等摩尔系列法测定溶液吸光度**　　　工作波长＿＿＿＿nm

| 溶液编号 | 0.0500 mol·L$^{-1}$Cu$^{2+}$/mL | 0.0500 mol·L$^{-1}$H$_3$R/mL | H$_3$R 的摩尔分数 | 吸光度 |
|---|---|---|---|---|
| 1 | 2.00 | 22.00 | | |
| 2 | 4.00 | 20.00 | | |
| 3 | 6.00 | 18.00 | | |
| 4 | 8.00 | 16.00 | | |
| 5 | 10.00 | 14.00 | | |
| 6 | 12.00 | 12.00 | | |
| 7 | 14.00 | 10.00 | | |
| 8 | 16.00 | 8.00 | | |
| 9 | 18.00 | 6.00 | | |
| 10 | 20.00 | 4.00 | | |
| 11 | 22.00 | 2.00 | | |

（3）在 pH 计监测下，分别往 11 组混合溶液中缓慢滴加 1 mol·L$^{-1}$ NaOH 溶液，磁力搅拌，至溶液 pH 为 4 左右，然后改用 0.05 mol·L$^{-1}$ NaOH 溶液调节 pH 为 4.5～5（此时溶液的颜色为黄绿色，不应有沉淀产生，若有沉淀产生，可用 0.01 mol·L$^{-1}$ 硝酸溶液调回，溶液总体积不得超过 50 mL）。记录各组溶液的 pH。

（4）将调节好 pH 的溶液分别转移至已编号的 50 mL 容量瓶中，用 pH 为 5 的 0.1 mol·L$^{-1}$ KNO$_3$ 溶液稀释至标线，摇匀。

（5）在波长为 440 nm 条件下，用分光光度计分别测定每组混合溶液的吸光度，将所测数值填入表 2-9。

（6）以光密度 $D$ 为纵坐标、配位体摩尔分数 $T_L$ 为横坐标，作 $D$-$T_L$ 图，求 CuR$_n$ 中配体数 $n$ 和配合物的稳定常数 $K_稳$。

**注意事项**

Cu$^{2+}$ 与磺基水杨酸在 pH=5 左右形成 1:1 配合物，溶液显亮绿色；pH=8.5 以上形成 1:2 配合物，溶液显深绿色。在 440 nm 的单色光下，pH=4.5～5 溶液中，磺基水杨酸不发生吸收，Cu$^{2+}$ 也几乎不发生吸收，形成的配合物则有一定的吸收。

## 实验八  碘酸铜的制备及碘酸铜溶度积常数的测定

### 一、实验目的

（1）通过制备碘酸铜，进一步掌握无机化合物制备的基本操作。
（2）测定碘酸铜的溶度积，加深对溶度积概念的理解。
（3）熟悉分光光度计的使用。
（4）学习吸收曲线和工作曲线的绘制。

### 二、实验原理

将硫酸铜溶液和碘酸钾溶液在一定温度下混合，反应后得碘酸铜沉淀，反应式如下：

$$Cu^{2+} + 2IO_3^- \Longrightarrow Cu(IO_3)_2 \downarrow$$

在碘酸铜饱和溶液中存在如下溶解平衡：

$$Cu(IO_3)_2 \Longrightarrow Cu^{2+} + 2IO_3^-$$

在一定温度下，难溶性强电解质碘酸铜的饱和溶液中，有关离子的浓度（确切地说应是活度）的乘积是一个常数，即

$$K_{sp} = [Cu^{2+}][IO_3^-]^2$$

式中：$K_{sp}$ 为溶度积常数；$[Cu^{2+}]$ 和 $[IO_3^-]$ 分别为溶解-沉淀平衡时 $Cu^{2+}$ 和 $IO_3^-$ 的浓度（$mol \cdot L^{-1}$）。温度恒定时，$K_{sp}$ 的数值与 $Cu^{2+}$ 和 $IO_3^-$ 的浓度无关。

取少量新制备的 $Cu(IO_3)_2$ 固体，溶于一定体积的水中，达到平衡后，分离未溶的 $Cu(IO_3)_2$ 固体，测定溶液中 $Cu^{2+}$ 和 $IO_3^-$ 的浓度，就可以算出实验温度时的 $K_{sp}$ 值。本实验采取分光光度法测定 $Cu^{2+}$ 的浓度。测定出 $Cu^{2+}$ 的浓度后，即可求出碘酸铜的 $K_{sp}$。

用分光光度法时，可先绘制工作曲线，然后得出 $Cu^{2+}$ 浓度，或者利用具有数据处理功能的分光光度计，直接得出 $Cu^{2+}$ 的浓度值。

### 三、实验仪器与试剂

1. 仪器

托盘天平、锥形瓶、电炉、石棉网、洗瓶、滤纸、玻璃棒、抽滤瓶、布氏漏斗、循环水真空泵、铁架台、烘箱、分光光度计、烧杯、试管、吸量管。

2. 试剂

$CuSO_4 \cdot 5H_2O$(A.R.)、碘酸钾(A.R.)、$BaCl_2$(0.05 $mol \cdot L^{-1}$)、氨水(6.00 $mol \cdot L^{-1}$)、$K_2SO_4$ 溶液(0.16 $mol \cdot L^{-1}$)、$CuSO_4$ 溶液(0.10 $mol \cdot L^{-1}$、0.16 $mol \cdot L^{-1}$)。

### 四、实验步骤

1. 碘酸铜的制备

称取 1.3 g $CuSO_4 \cdot 5H_2O$ 和 2.1 g $KIO_3$，分别置于两个烧杯中，加入蒸馏水并稍加

热,使它们完全溶解(如何确定水量?)。将两溶液混合,加热并不断搅拌以免暴沸,约 20 min 后停止加热(如何判断反应是否完全?)。静置至室温后弃去上层清液,用倾析法将所得碘酸铜洗净,以洗涤液中检查不到 $SO_4^{2-}$ 为标志(需洗五六次,每次可用蒸馏水 10 mL)。记录产品的外形、颜色及观察到的现象,最后进行减压过滤,将碘酸铜沉淀抽干后烘干,计算产率。

2. 绘制 $[Cu(NH_3)_4]^{2+}$ 的吸收曲线,确定最大吸收波长 $\lambda_{max}$

取 $0.10\ mol\cdot L^{-1}$ $CuSO_4$ 溶液 2 mL,滴加 $6.00\ mol\cdot L^{-1}$ 氨水至所产生的沉淀完全溶解后,再加 2 mL 氨水,然后用蒸馏水稀释至 50 mL,摇匀。以蒸馏水作参比溶液,用 2 cm 比色皿从波长 420 nm 起,每隔 10 nm 测一次吸光度,在峰值附近,5 nm 测一次。以吸光度为纵坐标、波长为横坐标作吸收曲线,从曲线上标出 $[Cu(NH_3)_4]^{2+}$ 的最大吸收波长。

3. $K_{sp}$ 的测定

1) 配制含不同浓度 $Cu^{2+}$ 和 $IO_3^-$ 的碘酸铜饱和溶液

取 3 个干燥的小烧杯并编号,均加入少量(黄豆大小)自制的碘酸铜和 19.00 mL 蒸馏水(应该用什么仪器量水?),然后用吸量管按表 2-10 加入一定量的硫酸铜和硫酸钾溶液,硫酸钾的作用是调整离子强度,使溶液的总体积为 20.00 mL。不断搅拌上述混合液约 15 min,以保证配得碘酸铜饱和溶液。静置,待溶液澄清后,用致密定量滤纸、干燥漏斗常压过滤(滤纸不要水润湿),滤液用编号的干燥小烧杯收集,沉淀不要转移到滤纸上。

2) 用分光光度法测定 $Cu^{2+}$ 的浓度

用吸量管分别吸取 0.20 mL、0.40 mL、0.60 mL、0.80 mL、1.00 mL、1.20 mL $0.16\ mol\cdot L^{-1}$ 硫酸铜溶液于有标记的 6 个 50 mL 容量瓶中,分别加入 $6.00\ mol\cdot L^{-1}$ 氨水 4.00 mL,用蒸馏水稀释至刻度后摇匀。以蒸馏水作参比液,选用 2 cm 比色皿,在上述实验所确定的最大吸收波长下测定它们的吸光度,将有关数据记入表 2-11,以吸光度为纵坐标、相应的 $Cu^{2+}$ 浓度为横坐标,绘制工作曲线。

取按表 2-10 准备好的饱和碘酸铜滤液各 10.00 mL 于 3 个编号的 50 mL 容量瓶中,加入 $6.00\ mol\cdot L^{-1}$ 氨水 4.00 mL,用蒸馏水稀释至刻度后摇匀。在上述波长下用 2 cm 比色皿,蒸馏水作参比液测量其吸光度,从工作曲线上查出各容量瓶中 $Cu^{2+}$ 的浓度 $c$,将有关数据填入表 2-10 和表 2-11,并计算 $K_{sp}$。

## 五、实验数据记录与处理

表 2-10 测定 $Cu(IO_3)_2$ 溶度积的实验数据和计算结果

| 烧杯编号 | 1 | 2 | 3 |
| --- | --- | --- | --- |
| $0.16\ mol\cdot L^{-1}$ $CuSO_4$ 溶液的体积/mL | | | |
| $0.16\ mol\cdot L^{-1}$ $K_2SO_4$ 溶液的体积/mL | | | |
| 所加 $Cu^{2+}$ 的浓度 $a/(\times 10^{-3}\ mol\cdot L^{-1})$(烧杯中) | | | |
| 吸光度 $A$ | | | |

续表

| 烧杯编号 | 1 | 2 | 3 |
|---|---|---|---|
| 容量瓶中 $Cu^{2+}$ 的浓度 $c/(\times 10^{-3}\ mol\cdot L^{-1})$ | | | |
| $Cu^{2+}$ 的平衡浓度 $b=5c/(\times 10^{-3}\ mol\cdot L^{-1})$ | | | |
| $IO_3^-$ 的平衡浓度 $2(b-a)/(\times 10^{-3}\ mol\cdot L^{-1})$ | | | |
| $K_{sp}=[Cu^{2+}][IO_3^-]^2=b[2(b-a)]^2$ | | | |
| $K_{sp}$ | | | |

表 2-11  测定 $Cu^{2+}$ 浓度

| 容量瓶编号 | 1 | 2 | 3 | 4 | 5 | 6 |
|---|---|---|---|---|---|---|
| $0.16\ mol\cdot L^{-1}\ CuSO_4$ 溶液的体积/mL | | | | | | |
| $6.00\ mol\cdot L^{-1}$ 氨水的体积/mL | | | | 4.00 | | |
| 吸光度 $A$ | | | | | | |
| 容量瓶中 $Cu^{2+}$ 的浓度/$(\times 10^{-3}\ mol\cdot L^{-1})$ | | | | | | |

## 六、实验注意事项

$Cu(IO_3)_2$ 沉淀速度较慢,不宜用加热的方法配制其饱和溶液。

## 七、实验思考题

(1) 为什么要将所制得的碘酸铜洗净?

(2) 如果配制的碘酸铜溶液不饱和或过滤时碘酸铜透过滤纸,对实验结果有何影响?

(3) 配制含不同浓度 $Cu^{2+}$ 的碘酸铜饱和溶液时,为什么要使用干燥烧杯,并要知道溶液准确体积?

(4) 过滤碘酸铜饱和溶液时,所使用的漏斗、滤纸、烧杯等是否均要干燥?

(5) 为什么用含不同 $Cu^{2+}$ 浓度的溶液测定碘酸铜的 $K_{sp}$?

(6) 如何判断硫酸铜与碘酸钾的反应是否基本完全?

(7) 为什么配制 $[Cu(NH_3)_4]^{2+}$ 溶液时,所加氨水的浓度要相同?

## 附  目视比色法测定碘酸铜溶度积常数

**实验原理**

若能求算 $Cu(IO_3)_2$ 饱和溶液中的 $[Cu^{2+}]$ 和 $[IO_3^-]$,即可算出 $Cu(IO_3)_2$ 的 $K_{sp}$。溶液中 $Cu^{2+}$ 的平衡浓度可通过加入氨水,生成蓝色的铜氨配离子后,与已知准确浓度的标准 $[Cu(NH_3)_4]^{2+}$ 系列溶液进行目视比色得出。$IO_3^-$ 浓度则通过与 $Cu^{2+}$ 浓度的关系间接求出。

**实验步骤**

(1) 标准 $[Cu(NH_3)_4]^{2+}$ 系列溶液的配制。依次取 0.1 mL、0.2 mL、0.3 mL、0.4 mL、0.5 mL、0.6 mL、0.7 mL、0.8 mL、0.9 mL 0.15 mol·$L^{-1}$ $CuSO_4$ 溶液于 25 mL 比色管中,滴加 1:1 氨水至沉淀消失,继续加 1:1 氨水 2 mL,再加去离子水至 25 mL 刻度线,盖上玻璃塞摇匀,所得 $Cu^{2+}$ 色阶浓度分别为 $6.0\times 10^{-4}$ mol·$L^{-1}$、$1.2\times 10^{-3}$ mol·$L^{-1}$、$1.8\times 10^{-3}$ mol·$L^{-1}$、$2.4\times 10^{-3}$ mol·$L^{-1}$、$3.0\times 10^{-3}$ mol·$L^{-1}$、$3.6\times 10^{-3}$

mol·L$^{-1}$、$4.2\times10^{-3}$ mol·L$^{-1}$、$4.8\times10^{-3}$ mol·L$^{-1}$、$5.4\times10^{-3}$ mol·L$^{-1}$。

(2) $Cu(IO_3)_2$ 饱和溶液的制备。取 3 支洁净干燥的大试管,按表 2-12 用量,分别用吸量管移取 0.15 mol·L$^{-1}$ $CuSO_4$ 溶液、0.32 mol·L$^{-1}$ $HIO_3$ 溶液和去离子水,使每支试管中溶液的总体积为 20.00 mL。用玻璃棒搅拌并摩擦试管壁至有沉淀析出。用橡皮塞塞紧管口摇动 3 min,去塞静置 20 min 后,用双层定量滤纸过滤,滤液用洁净、干燥并已编号的小烧杯盛接。

表 2-12  $Cu(IO_3)_2$ 饱和溶液的配制

| 溶液编号 | 0.15 mol·L$^{-1}$ $CuSO_4$/mL | 0.32 mol·L$^{-1}$ $HIO_3$/mL | $H_2O$/mL |
| --- | --- | --- | --- |
| 1 | 10.00 | 8.00 | 2.00 |
| 2 | 10.00 | 9.00 | 1.00 |
| 3 | 10.00 | 10.00 | 0.00 |

(3) $Cu(IO_3)_2$ 饱和溶液 $Cu^{2+}$ 浓度的测定和溶度积的计算。在 3 支 25 mL 比色管中用吸量管分别注入 1 号、2 号、3 号 $Cu(IO_3)_2$ 饱和溶液 5.00 mL,再分别滴加 1∶1 氨水至沉淀消失,继续加 1∶1 氨水 2 mL,再加去离子水至 25 mL 刻度线,盖上玻璃塞摇匀,与前面所配标准$[Cu(NH_3)_4]^{2+}$ 系列溶液比色,确定 $Cu^{2+}$ 浓度,填入表 2-13,计算溶度积常数。

表 2-13  测定 $Cu(IO_3)_2$ 溶度积的实验数据和计算结果

| 溶液编号 | 1 | 2 | 3 |
| --- | --- | --- | --- |
| $Cu^{2+}$ 的初始浓度 $a$/(mol·L$^{-1}$) | | | |
| 稀释后 $Cu^{2+}$ 浓度/(mol·L$^{-1}$) | | | |
| 推算 $Cu^{2+}$ 的平衡浓度 $b$/(mol·L$^{-1}$) | | | |
| $IO_3^-$ 的初始浓度 $c$/(mol·L$^{-1}$) | | | |
| $K_{sp}=b[c-2(a-b)]^2$ | | | |
| $\overline{K}_{sp}$ | | | |

# 实验九  分光光度法测定$[Ti(H_2O)_6]^{3+}$的分裂能

## 一、实验目的

(1) 熟悉配合物的吸收光谱。
(2) 了解用分光光度法测定配合物分裂能的原理和方法。
(3) 学习分光光度计的使用。

## 二、实验原理

配离子$[Ti(H_2O)_6]^{3+}$的中心离子 $Ti^{3+}$($3d^1$)仅有一个 3d 电子,在基态时,这个电子处于能量较低的 $t_{2g}$ 轨道,当它吸收一定波长的可见光的能量时,就会在分裂的 d 轨道之间跃迁(称为 d-d 跃迁),即由 $t_{2g}$ 轨道跃到 $e_g$ 轨道。3d 电子所吸收光子的能量应等于 $e_g$ 轨道和 $t_{2g}$ 轨道之间的能量差($E_{e_g}-E_{t_{2g}}$),即为$[Ti(H_2O)_6]^{3+}$ 的分裂能 $\Delta_o$。

$$E_{光} = h\nu = E_{e_g} - E_{t_{2g}} = \Delta_o$$

$$h\nu = \frac{hc}{\lambda} = hc\sigma \quad (\sigma \text{ 为波数})$$

$$\sigma = \frac{\Delta_o}{hc}$$

而

$$hc = 6.626 \times 10^{-34} (\text{J} \cdot \text{s}) \times 3 \times 10^{10} (\text{cm} \cdot \text{s}^{-1})$$
$$= 6.626 \times 10^{-34} \times 3 \times 10^{10} (\text{J} \cdot \text{cm})$$
$$= 6.626 \times 10^{-34} \times 3 \times 10^{10} \times 5.034 \times 10^{22}$$
$$= 1 \quad (1 \text{ J} = 5.034 \times 10^{22} \text{ cm}^{-1})$$

则

$$\sigma = \Delta_o$$

$$\Delta_o = \sigma = \frac{1}{\lambda}(\text{nm}^{-1}) = \frac{1}{\lambda} \times 10^7 (\text{cm}^{-1})$$

$\lambda$ 值可以通过吸收光谱求得:选取一定浓度的$[Ti(H_2O)_6]^{3+}$溶液,用分光光度计测出在不同波长$\lambda$下的光密度$D$,以$D$为纵坐标、$\lambda$为横坐标作图可得吸收曲线,曲线最高峰所对应的$\lambda_{max}$为$[Ti(H_2O)_6]^{3+}$的最大吸收波长,即

$$\Delta_o = \frac{1}{\lambda_{max}} \times 10^7 (\text{cm}^{-1}) \quad (\lambda_{max} \text{ 单位为 nm})$$

### 三、实验仪器与试剂

1. 仪器

分光光度计、烧杯、移液管、洗耳球、容量瓶。

2. 试剂

$TiCl_3$溶液(15%～20%,质量分数)。

### 四、实验步骤

(1) 用吸量管取 5.00 mL $TiCl_3$ 溶液(15%～20%)于 50 mL 容量瓶中,加去离子水稀释至刻度。

(2) 光密度$D$的测定:以去离子水为参比液,用分光光度计在波长 460～550 nm,每隔 10 nm 测一次$[Ti(H_2O)_6]^{3+}$的光密度$D$,在接近峰值附近,每间隔 5 nm 测一次数据,将所测数值填入表 2-14。

### 五、实验数据记录与处理

表 2-14 数据记录

| $\lambda$/nm | | | | | | | | | |
|---|---|---|---|---|---|---|---|---|---|
| $D$ | | | | | | | | | |

以 $D$ 为纵坐标、$\lambda$ 为横坐标,作出[$Ti(H_2O)_6$]$^{3+}$ 的吸收曲线图。在吸收曲线上找出最高峰所对应的波长 $\lambda_{max}$,计算[$Ti(H_2O)_6$]$^{3+}$ 的分裂能。

### 六、实验注意事项

(1) 所有盛过钛盐溶液的容器,实验后应立即洗净。
(2) $Cl^-$ 有一定的配位作用,会影响[$Ti(H_2O)_6$]$^{3+}$ 的实验结果。$NO_3^-$ 的配位作用极弱,如以 $Ti(NO_3)_3$ 代替 $TiCl_3$,会得到较好的实验结果。

### 七、实验思考题

(1) 为什么可用分光光度法测定[$Ti(H_2O)_6$]$^{3+}$ 的分裂能?
(2) 使用分光光度计有哪些注意事项?

## 实验十 粗食盐的提纯

### 一、实验目的

(1) 学习并掌握提纯粗食盐的原理和方法。
(2) 进一步练习溶解、过滤、蒸发浓缩、结晶等基本操作。
(3) 学习并掌握无水盐的干燥方法。
(4) 了解 $Ca^{2+}$、$Mg^{2+}$、$SO_4^{2-}$ 等离子的定性鉴定。

### 二、实验原理

氯化钠试剂和氯碱工业的食盐水都是以粗食盐为原料进行提纯的。一般粗食盐中含有泥沙等不溶性杂质和 $Ca^{2+}$、$Mg^{2+}$、$Fe^{3+}$、$K^+$ 和 $SO_4^{2-}$ 等可溶性杂质。氯化钠的溶解度随温度的变化很小,不能用重结晶的方法来提纯,而需要用化学方法进行处理。不溶性杂质可通过溶解和过滤的方法除去。可溶性杂质则可选择适当的试剂使它们生成气体除去,或生成难溶物以沉淀的形式除去。

(1) 在粗盐溶液中加入过量的 $BaCl_2$ 溶液,过滤,除去难溶化合物和 $BaSO_4$ 沉淀,除去 $SO_4^{2-}$,反应式如下:

$$Ba^{2+} + SO_4^{2-} =\!=\!= BaSO_4 \downarrow$$

(2) 在滤液中加入 $Na_2CO_3$,除去 $Mg^{2+}$、$Ca^{2+}$ 和沉淀 $SO_4^{2-}$ 时加入的过量的 $Ba^{2+}$,过滤除去沉淀,反应式如下:

$$2Mg^{2+} + 2OH^- + CO_3^{2-} =\!=\!= Mg_2(OH)_2CO_3 \downarrow$$
$$Ca^{2+} + CO_3^{2-} =\!=\!= CaCO_3 \downarrow$$
$$Ba^{2+} + CO_3^{2-} =\!=\!= BaCO_3 \downarrow$$

(3) 溶液中过量的 NaOH 和 $Na_2CO_3$ 用盐酸中和除去。
(4) 粗盐中的 $K^+$ 和上述沉淀剂不起作用。由于 KCl 的溶解度大于 NaCl 的溶解度,且含量较少,因此在蒸发和浓缩过程中,NaCl 先结晶出来,而 KCl 则留在母液中,与 NaCl

晶体分离开来。少量多余的盐酸在干燥 NaCl 时,以氯化氢的形式逸出。

### 三、实验仪器与试剂

1. 仪器

托盘天平、研钵、烧杯、记号笔、电炉、石棉网、蒸发皿、洗瓶、玻璃漏斗、滤纸、玻璃棒、抽滤瓶、布氏漏斗、循环水真空泵、铁架台、pH 试纸。

2. 试剂

粗食盐、$BaCl_2$(1 mol·$L^{-1}$)、饱和 $Na_2CO_3$ 溶液、HCl(6 mol·$L^{-1}$)、HAc(6 mol·$L^{-1}$)、饱和$(NH_4)_2C_2O_4$ 溶液、NaOH(6 mol·$L^{-1}$)、镁试剂。

### 四、实验步骤

1. 溶盐

在台秤上称取 8.0 g 研细的粗食盐,放在 100 mL 烧杯中,加入 30 mL 水,搅拌并加热使其溶解(记录液面位置),溶液中少量的不溶性杂质留待下一步过滤时一并除去。

2. 化学处理

1) 除 $SO_4^{2-}$

加热溶液至沸腾,在搅拌下逐滴加入 1 mol·$L^{-1}$ $BaCl_2$ 溶液,至溶液中的 $SO_4^{2-}$ 沉淀完全,记录所用 $BaCl_2$ 溶液的量(进行中间控制检验),常压过滤,过滤时,不溶性杂质及 $BaSO_4$ 沉淀尽量不要倒至漏斗中。

2) 除 $Ca^{2+}$、$Mg^{2+}$ 和过量的 $Ba^{2+}$

将滤液加热至沸,用小火维持微沸,边搅拌边滴加饱和的 $Na_2CO_3$ 溶液,如上法,通过实验确定 $Na_2CO_3$ 溶液的用量,使 $Ca^{2+}$、$Mg^{2+}$ 和过量的 $Ba^{2+}$ 转变为难溶的碳酸盐或碱式碳酸盐沉淀,常压过滤除去沉淀。

3) 除 $CO_3^{2-}$

在滤液中加入 1 滴 6 mol·$L^{-1}$ HCl,加热搅拌,溶液 pH 在 3 左右。溶液经下一步的蒸发后,$CO_3^{2-}$ 会转化为 $CO_2$ 逸出。

3. 蒸发、干燥

1) 蒸发浓缩

将滤液倒入蒸发皿中蒸发浓缩,当液面出现晶膜时,改用小火加热并不断搅拌,浓缩至稀粥状的稠液为止,切不可将溶液蒸干。蒸发后期,检验溶液的 pH,保持溶液为微酸性(pH 约为 6)。冷却后,减压过滤,尽量将晶体抽干。

2) 干燥

将 NaCl 晶体放回蒸发皿中,在石棉网上用小火烘炒,不断用玻璃棒翻动,以防结块,待无水蒸气逸出后,再大火烘炒数分钟,得到的 NaCl 晶体应是洁白和松散的,冷至室温,称量,计算产率。

### 4. 产品纯度的检验

取粗盐和精盐各 1 g,分别溶于 5 mL 蒸馏水中,将粗盐溶液过滤。两种澄清溶液分别盛于三支小试管中,组成三组,对照检验它们的纯度。

1) $SO_4^{2-}$ 的检验

在第一组溶液中分别加入 2 滴 6 mol·$L^{-1}$ HCl,使溶液呈酸性,再加入 3～5 滴 1 mol·$L^{-1}$ $BaCl_2$,如有白色沉淀,证明 $SO_4^{2-}$ 存在,记录结果,进行比较。

2) $Ca^{2+}$ 的检验

在第二组溶液中分别加入 2 滴 6 mol·$L^{-1}$ HAc 使溶液呈酸性,再加入 3～5 滴饱和 $(NH_4)_2C_2O_4$ 溶液。如有白色 $CaC_2O_4$ 沉淀生成,证明 $Ca^{2+}$ 存在。记录结果,进行比较。

3) $Mg^{2+}$ 的检验

在第三组溶液中分别加入 3～5 滴 6 mol·$L^{-1}$ NaOH,使溶液呈碱性,再加入 1 滴"镁试剂"。若有天蓝色沉淀生成,证明 $Mg^{2+}$ 存在。记录结果,进行比较。

镁试剂是一种有机染料,在碱性溶液中呈红色或紫色,但被 $Mg(OH)_2$ 沉淀吸附后,则呈天蓝色。

### 五、实验数据记录与处理

$BaCl_2$ 溶液的用量:_____ mL  $Na_2CO_3$ 溶液的用量:_____ mL

产量:_____ g   产率:_____%

### 六、实验注意事项

(1) $BaCl_2$ 的用量随食盐来源不同而异,应通过实验确定最少用量,否则为了除去有毒的 $Ba^{2+}$,浪费试剂和时间。

(2) 在化学处理的 1)和 2)过程中,应随时补充蒸馏水维持原体积,以免 NaCl 析出。

(3) 食盐溶液浓缩时切不可蒸干。

### 七、实验思考题

(1) 加入 30 mL 水溶解 8 g 食盐的依据是什么?加水过多或过少有什么影响?

(2) 在除 $SO_4^{2-}$ 步骤中,为什么在 $SO_4^{2-}$ 完全沉淀后还要继续加热 5 min?

(3) 在粗食盐的提纯中,1)、2)两步能否合并过滤?

(4) 在检验 $SO_4^{2-}$ 时,为什么要加入盐酸溶液?

(5) 怎样除去实验过程中所加的过量沉淀剂 $BaCl_2$、NaOH 和 $Na_2CO_3$?

(6) 提纯后的食盐溶液浓缩时为什么不能蒸干?

(7) 若粗食盐中含 $Fe^{3+}$,是否需另外设计步骤除 $Fe^{3+}$?

(8) 如何利用同离子效应提纯粗食盐?提出实验方案。

注:中间控制检验

在提纯过程中,为了检查某种杂质是否接近除尽,常取少量清液,在其中滴加适当的试剂,以检验其中的杂质,该步骤称为"中间控制检验"。

以除 $SO_4^{2-}$ 为例：

方法一：待烧杯中的沉淀沉降后，沿烧杯壁滴入 1～2 滴 $BaCl_2$ 溶液，看上层清液是否有混浊，若有混浊，还需滴加适量 $BaCl_2$ 溶液。

方法二：取离心管两支，各加入约 2 mL 溶液，离心沉降后，沿其中一支离心管的管壁滴入 3 滴 $BaCl_2$ 溶液，另一支留作比较，如无混浊产生，说明 $SO_4^{2-}$ 已沉淀完全，若清液变混浊，需再往烧杯中加适量 $BaCl_2$ 溶液，并将溶液煮沸。反复检验、处理，至 $SO_4^{2-}$ 沉淀完全。

## 附　氯化钾的提纯

**实验步骤**

（1）溶盐。在台秤上称取 15.0 g 粗氯化钾，加入 60 mL 蒸馏水，加热、搅拌使之溶解。

（2）除 $SO_4^{2-}$。将溶液加热至沸，边搅拌边滴加 $BaCl_2$ 溶液至 $SO_4^{2-}$ 沉淀完全，继续加热煮沸数分钟，抽滤。

（3）除 $Fe^{3+}$ 和 $Al^{3+}$。滤液用 KOH 溶液调节 pH 为 7～8，产生胶状沉淀，继续加热煮沸数分钟，趁热过滤，弃去沉淀。

（4）除 $Mg^{2+}$ 和过量的 $Ba^{2+}$。用 KOH：$K_2CO_3$＝1：1 的混合溶液调节上述滤液 pH 为 11 左右，取液检验 $Ba^{2+}$ 是否除尽。除尽后，继续加热煮沸数分钟，过滤。

（5）除过量的 $CO_3^{2-}$。加热上述滤液，边搅拌边滴加 HCl 至溶液 pH 为 2～3。

（6）蒸发结晶。将上述溶液倒入蒸发皿中蒸发浓缩，至出现一层较厚晶膜。冷至室温，抽滤至干。把晶体转回蒸发皿中，用空气浴小火烘干，冷至室温，称量，计算产率。保留产品用作制备 $KNO_3$ 的原料。

## 实验十一　硝酸钾的制备和提纯

### 一、实验目的

（1）掌握用转化法制备硝酸钾的原理和步骤。
（2）学习并掌握热过滤、减压过滤的基本操作。
（3）学习并掌握蒸发浓缩、结晶、重结晶的基本操作。

### 二、实验原理

在无机盐类的制备中，制备难溶盐比较容易，而制备可溶性盐则可根据不同盐类溶解度的差异以及温度对物质溶解度的影响不同来进行。

本实验用 KCl 和 $NaNO_3$ 通过转化法制备硝酸钾。KCl 和 $NaNO_3$ 在水溶液中混合后，溶液中同时存在 $K^+$、$Cl^-$、$Na^+$ 和 $NO_3^-$，由这四种离子组成的四种盐在水溶液中同时存在：

$$KCl + NaNO_3 \rightleftharpoons NaCl + KNO_3$$

该反应是个可逆反应，但可以利用反应体系中四种盐在不同温度下溶解度的显著差别，控制反应条件使反应向右进行。

由表 2-15 中数据可知，NaCl 的溶解度随温度的改变变化很小，而 KNO₃ 的溶解度则随温度的变化急剧增大。因此，将 KCl 和 NaNO₃ 的混合液蒸发浓缩时，随着溶剂的减少，会有大量的 NaCl 析出，使上述反应向右进行，大量的 KNO₃ 留在溶液中。热过滤除去 NaCl 后，将滤液冷却，KNO₃ 因溶解度急剧下降而析出。这时析出的晶体一般混有可溶性盐的杂质，可采取重结晶的方法提纯。

表 2-15　KCl、NaNO₃、NaCl、KNO₃ 在不同温度下的溶解度

| 溶解度 /[g·(100g H₂O)⁻¹] 溶质 \ 温度/℃ | 0 | 10 | 20 | 30 | 40 | 60 | 80 | 100 |
|---|---|---|---|---|---|---|---|---|
| KCl | 27.6 | 31.0 | 34.0 | 37.0 | 40.0 | 45.5 | 51.1 | 56.7 |
| NaNO₃ | 73.0 | 80.0 | 88.0 | 96.0 | 104.0 | 124.0 | 148.0 | 180.0 |
| NaCl | 35.7 | 35.8 | 36.0 | 36.3 | 36.6 | 37.3 | 38.4 | 39.8 |
| KNO₃ | 13.3 | 20.9 | 31.6 | 45.8 | 63.9 | 110.0 | 169.0 | 246.0 |

### 三、实验仪器与试剂

1. 仪器

托盘天平、烧杯、量筒、记号笔、电炉、石棉网、洗瓶、铁架台、热过滤漏斗、酒精灯、玻璃漏斗、滤纸、玻璃棒、抽滤瓶、布氏漏斗、循环水真空泵。

2. 试剂

$NaNO_3$(A.R.)、$KCl$(A.R.)、$AgNO_3$(0.1 mol·L⁻¹)。

### 四、实验步骤

1. $KNO_3$ 粗产品的制备

在台秤上称取 20.0 g $NaNO_3$ 和 17.0 g KCl，放入 100 mL 烧杯中，加入 30 mL 水，加热搅拌至完全溶解后，在烧杯壁液面处作一记号。继续加热搅拌，蒸发浓缩至原来体积的 2/3，趁热过滤，接滤液的小烧杯预先加 2 mL 蒸馏水。自然冷却，得针状晶体，减压过滤，得粗产品，晶体用滤纸吸干，称量。

2. $KNO_3$ 的重结晶

按粗产品：水＝2：1（质量比）的比例，将粗产品溶于蒸馏水，小火加热搅拌至晶体完全溶解，冷却后，减压过滤，晶体用滤纸吸干，称量，计算产率。

3. 产品纯度检验

称取粗、精产品各 0.1 g，分别置于洁净的小烧杯中，用 20 mL 蒸馏水溶解，混匀后各取出 1 mL 稀释至 10 mL，各加 2 滴 0.1 mol·L⁻¹ $AgNO_3$ 溶液，比较粗、精产品的纯度。

## 五、实验数据记录与处理

粗产品产量：_____ g　　重结晶后 $KNO_3$ 的外观：_____

重结晶后 $KNO_3$ 的产量：_____ g　　产率：_____%

## 六、实验注意事项

（1）用玻璃漏斗往热过滤漏斗的注水孔中装入热水（不能装满），将短颈漏斗置于铜质热过滤漏斗内，滤纸折成菊花状，放入短颈漏斗。用酒精灯加热铜质热过滤漏斗，至有水蒸气连续从小孔冒出时，方可进行热过滤。

（2）$KNO_3$ 的理论产量应用 KCl 的质量进行换算。

## 七、实验思考题

（1）热过滤时可否用长颈漏斗？为什么？

（2）趁热过滤时，为什么在接滤液的小烧杯中先加 2 mL 的蒸馏水？

（3）粗产品中一般混有可溶性盐的杂质，是什么？如何去除？

（4）粗产品重结晶时，确定蒸馏水与 $KNO_3$ 的比例的根据是什么？

（5）假设用转化法制得 NaCl 粗产品，能否用重结晶的方法提纯？为什么？能够用重结晶方法提纯的物质必须有什么样的性质？

# 实验十二　明矾 $KAl(SO_4)_2 \cdot 12H_2O$ 的制备

## 一、实验目的

（1）了解明矾的制备方法。

（2）认识铝和氢氧化铝的两性。

（3）巩固蒸发、结晶、沉淀的转移，溶液 pH 的检测等基本操作。

## 二、实验原理

铝屑溶于浓氢氧化钠溶液，生成可溶性的四羟基合铝(Ⅲ)酸钠 $Na[Al(OH)_4]$，再用稀 $H_2SO_4$ 调节溶液的 pH，将其转化为氢氧化铝，使氢氧化铝溶于硫酸生成硫酸铝。硫酸铝能同碱金属硫酸盐（如硫酸钾）在水溶液中结合成一类在水中溶解度较小的同晶复盐，此复盐称为明矾 $KAl(SO_4)_2 \cdot 12H_2O$。当冷却溶液时，明矾则以大块晶体结晶出来。明矾在不同温度下的溶解度列于表 2-16。

表 2-16　$KAl(SO_4)_2 \cdot 12H_2O$ 在不同温度下的溶解度

| $T/K$ | 273 | 283 | 293 | 303 | 313 | 333 | 353 | 363 |
|---|---|---|---|---|---|---|---|---|
| 溶解度/[g·(100g $H_2O$)$^{-1}$] | 3.00 | 3.99 | 5.90 | 8.39 | 11.7 | 24.8 | 71.0 | 109 |

制备中的化学反应如下：

$$2Al + 2NaOH + 6H_2O = 2Na[Al(OH)_4] + 3H_2\uparrow$$
$$2Na[Al(OH)_4] + H_2SO_4 = 2Al(OH)_3\downarrow + Na_2SO_4 + 2H_2O$$
$$2Al(OH)_3 + 3H_2SO_4 = Al_2(SO_4)_3 + 6H_2O$$
$$Al_2(SO_4)_3 + K_2SO_4 + 24H_2O = 2KAl(SO_4)_2 \cdot 12H_2O$$

### 三、实验仪器与试剂

1. 仪器

台秤、烧杯、量筒、普通漏斗、布氏漏斗、抽滤瓶、循环水真空泵、表面皿、蒸发皿、酒精灯。

2. 试剂

铝屑、$H_2SO_4$（3 mol·L$^{-1}$）、NaOH(A.R.)、$K_2SO_4$(A.R.)、广泛pH试纸。

### 四、实验步骤

1. 制备 $Na[Al(OH)_4]$

用干燥、洁净的烧杯快速称取固体氢氧化钠 1 g，加 20 mL 水温热溶解，将 0.5 g 铝屑分次放入溶液中。将烧杯置于热水浴中加热（反应激烈，防止溅出！），并不断补水使其保持原体积，反应完毕后，趁热常压过滤，留取滤液。

2. 氢氧化铝的生成和洗涤

在制备的 $Na[Al(OH)_4]$ 溶液中逐滴加入 3 mol·L$^{-1}$ $H_2SO_4$，并不断搅拌，至溶液的 pH 为 8~9 为止。此时溶液中生成大量的白色氢氧化铝沉淀，减压过滤，并用热水洗涤沉淀，洗至溶液 pH 为 7~8 为止。

3. 明矾的制备

将抽滤后所得的氢氧化铝沉淀转入蒸发皿中，加 5 mL 1∶1 $H_2SO_4$，再加 8 mL 水，小火加热使其溶解，加入 2 g 硫酸钾继续加热至溶解，将所得溶液在空气中自然冷却，待结晶完全后，减压过滤，用 10 mL 1∶1 的水-乙醇混合溶液洗涤晶体两次，抽干、称量、计算产率。

### 五、实验数据记录与处理

产品外观：_____  产量：_____ g  产率：_____ %

### 六、实验思考题

(1) 本实验为什么不采用酸来溶解铝屑？

(2) 制得的明矾溶液为什么采用自然冷却得到结晶,而不采用骤冷的办法?
(3) 明矾为什么具有净水作用?

## 实验十三　氯化钙法制备过氧化钙

### 一、实验目的

(1) 学习制备过氧化钙的实验原理和方法。
(2) 学习冰浴操作,进一步练习减压过滤、沉淀的洗涤等基本操作。
(3) 了解过氧化钙含量的测定方法。

### 二、实验原理

过氧化钙为白色四方晶体,熔点275℃(部分分解),溶于酸,微溶于水,在空气中易吸潮分解。常温下干燥的过氧化钙很稳定,加热分解温度为315℃,完全分解温度为400～425℃,$CaO_2$溶于稀酸生成$H_2O_2$,在湿空气或水中逐渐缓慢释放出$O_2$,反应式如下:

$$2CaO_2 + 2H_2O = 2Ca(OH)_2 + O_2\uparrow$$

$CaO_2$具有逐渐缓慢释放出$O_2$的特性,且本身无毒,不污染环境,主要用于农业、水产、食品、环保等方面,具有良好的经济和社会效益。

$CaO_2$的制备方法主要有氢氧化钙法、氯化钙法和空气阴极法。本实验采用的是氯化钙法,将碳酸钙溶于适量的盐酸中,在低温和碱性条件下,与过氧化氢反应制得过氧化钙,反应式如下:

$$CaCO_3 + 2HCl = CaCl_2 + CO_2 + H_2O$$
$$CaCl_2 + H_2O_2 + 2NH_3 + 8H_2O = CaO_2 \cdot 8H_2O + 2NH_4Cl$$

从溶液中制得的过氧化钙呈白色。在100℃脱水生成米黄色的过氧化钙。加热至350℃,过氧化钙迅速分解,生成氧化钙,并放出氧气:$2CaO_2 = 2CaO + O_2$。利用这一反应,称取一定量的过氧化钙,加热使之完全分解,并在一定的温度和压力下,测量放出氧气的体积,即可计算出产品中过氧化钙的含量。

此外,还可通过碘量法对产品中过氧化钙的含量进行分析测定。

### 三、实验仪器与试剂

1. 仪器

台秤、烧杯、量筒、电炉、石棉网、布氏漏斗、抽滤瓶、循环水真空泵、表面皿、烘箱、pH试纸、电子天平、碘量瓶、酸式滴定管、碱式滴定管。

2. 试剂

$CaCO_3$(A.R.)、HCl(浓、6 mol·$L^{-1}$)、$H_2O_2$(6%)、氨水(浓)、冰、NaOH(30%)、KI(20%)、硫代硫酸钠(A.R.)、淀粉指示剂。

### 四、实验步骤

1. $CaCl_2$ 溶液的配制

称取 1 g $CaCO_3$ 粉末置于烧杯中,逐滴加入 6 mol·$L^{-1}$ 盐酸,直至烧杯中仅剩少量的碳酸钙固体为止,将溶液加热煮沸,趁热过滤,除去未溶的碳酸钙。

2. $CaO_2$ 的制备

量取 6 mL 6% 过氧化氢,加入制得的 $CaCl_2$ 溶液中,将此混合液置于冰浴中冷却,待溶液充分冷却之后,在搅拌下将 3 mL 浓氨水慢慢滴加到过氧化氢-氯化钙混合溶液中(滴加时溶液仍置于冰水浴中)。滴加完后,继续在冰浴中放置 10 min。观察白色的过氧化钙晶体的生成,抽滤,用少量冰水洗涤晶体两三次,抽干,将晶体置于表面皿上,在 120℃ 条件下烘 20 min,冷却后称量,记录产量。

3. 碘量法测定 $CaO_2$ 的含量

准确称取 0.1 g 左右的试样,置于 250 mL 碘量瓶中,加入 15 mL 30% 氢氧化钠溶液和 100 mL 水,再加入 25 mL 20% 碘化钾和 25 mL 浓盐酸,振荡碘量瓶至试样完全溶解,塞上瓶塞,静置数分钟后用已准确标定的硫代硫酸钠标准液滴定,当溶液黄色快褪去时加入淀粉指示剂,继续滴定至蓝色褪去。重复上述操作一次,按下列公式计算过氧化钙的含量:

$$x = 72.08 \times \frac{cV}{2 \times 1000 \times m} \times 100\%$$

式中:$c$ 和 $V$ 分别为硫代硫酸钠溶液的浓度和消耗体积;$m$ 为试样质量。

### 五、实验数据记录与处理

产品外观:_____  产量:_____ g  $CaO_2$ 的含量:_____%

### 六、实验注意事项

(1) 配制 $CaCl_2$ 溶液时,要逐滴滴加盐酸,盐酸不能过量,当搅拌后溶液中仅剩少量碳酸钙固体后再加热,并注意补充少量水分。
(2) 若碳酸钙的固体过少不便用倾析法过滤时,可采用减压过滤。
(3) 最后制得过氧化钙晶体后,要用少量冰水洗涤,洗涤次数不宜过多。

### 七、实验思考题

(1) 为什么在配制 $CaCl_2$ 溶液时,剩余少量的碳酸钙固体后需要加热煮沸?
(2) 为什么要在冰浴中进行反应?
(3) 本实验是将浓氨水滴加到过氧化氢-氯化钙混合液中,能否改用氢氧化钠或其他碱?为什么?

(4) 查阅资料,比较氯化钙法和氢氧化钙法的优缺点。

## 实验十四 铁黄的制备

### 一、实验目的

(1) 了解用亚铁盐制备铁黄的原理和方法。
(2) 熟练掌握恒温水浴加热方法、溶液 pH 的调节、沉淀的洗涤、结晶、减压过滤及干燥等基本操作。

### 二、实验原理

本实验采用湿法亚铁盐氧化法制取铁黄。除空气参加氧化外,用氯酸钾作为主要的氧化剂可以大大加速反应进程。制备过程分为以下两步。

1. 晶种的形成

铁黄具有晶体结构,要得到晶体,必须形成晶核,晶核长大成为晶种。晶种的生成条件决定铁黄的颜色和质量,所以制备晶种是关键的一步。形成铁黄晶种的过程大致分为以下两步:

1) 生成氢氧化亚铁胶体

在一定温度下,向硫酸亚铁铵(或硫酸亚铁)溶液中加入碱液(主要是氢氧化钠,用氨水也可),立即有胶状氢氧化亚铁生成,反应式如下:

$$FeSO_4 + 2NaOH = Fe(OH)_2 \downarrow + Na_2SO_4$$

由于氢氧化亚铁溶解度非常小,晶核生成的速度相当迅速。为使晶粒细小而均匀,反应要在充分搅拌下进行,溶液中要留有硫酸亚铁晶体。

2) $FeO(OH)_2$ 晶核的形成

要生成铁黄晶种,需将氢氧化亚铁进一步氧化,反应式如下:

$$4Fe(OH)_2 + O_2 = 4FeO(OH) \downarrow + 2H_2O$$

由于氢氧化亚铁氧化成铁(Ⅲ)是一个复杂的过程,所以反应温度和 pH 必须严格控制在规定范围内。此步温度控制在 20~25℃,调节溶液 pH 保持在 4~4.5。如果溶液 pH 接近中性或略偏碱性,可得到由棕黄到棕黑,至黑色的一系列过渡色。pH>9 则形成红棕色的铁红晶种。若 pH>10,则又产生一系列过渡色的铁氧化物,失去作为晶种的作用。

2. 铁黄的制备(氧化阶段)

氧化阶段的氧化剂主要为 $KClO_3$。另外,空气中的氧也参加氧化反应。氧化时必须升温,温度保持在 80~85℃,控制溶液的 pH 为 4~4.5。氧化过程的反应式如下:

$$4FeSO_4 + O_2 + 6H_2O = 4FeO(OH) \downarrow + 4H_2SO_4$$

$$6FeSO_4 + KClO_3 + 9H_2O = 6FeO(OH) \downarrow + 6H_2SO_4 + KCl$$

氧化反应过程中,沉淀的颜色变化由灰绿→墨绿→红棕→淡黄(或赭黄)。

### 三、实验仪器与试剂

1. 仪器

托盘天平、烧杯、恒温水浴箱、抽滤瓶、布氏漏斗、循环水真空泵、蒸发皿、铁架台、pH试纸。

2. 试剂

硫酸亚铁铵、氯酸钾、NaOH(2 mol·L$^{-1}$)、BaCl$_2$(0.1 mol·L$^{-1}$)。

### 四、实验步骤

称取 10.0 g (NH$_4$)$_2$Fe(SO$_4$)$_2$,置于 100 mL 烧杯中,加水 13 mL,在恒温水浴中加热至 20~25℃,搅拌溶解(有部分晶体不溶)。检验此时溶液的 pH,慢慢滴加 2 mol·L$^{-1}$ NaOH,边加边搅拌至溶液 pH 为 4~4.5,停止加碱,观察反应过程中沉淀颜色的变化。

取 0.3 g KClO$_3$ 倒入上述溶液中,搅拌后检验溶液的 pH。将恒温水浴温度升到 80~85℃进行氧化反应。慢慢滴加 2 mol·L$^{-1}$ NaOH,随着氧化反应的进行,溶液的 pH 不断降低,至 4~4.5 时停止加碱。因可溶盐难以洗净,故对最后生成的蛋黄色颜料要用 60℃左右的去离子水洗涤,至溶液中基本上无 SO$_4^{2-}$ 为止(以去离子水作空白实验)。抽滤,得到黄色颜料滤饼,弃去母液,将黄色颜料滤饼转入蒸发皿中,在水浴或低温空气浴加热下烘干,称量,计算产率。

### 五、实验数据记录与处理

产品外观:_____   产量:_____ g   产率:_____%

### 六、实验思考题

(1) 铁黄制备过程中,随着氧化反应的进行,虽然不断滴加碱液,为什么溶液的 pH 还是逐渐降低?

(2) 在洗涤黄色颜料过程中,如何检验溶液中有无 SO$_4^{2-}$？目视观察达到什么程度算合格?

## 实验十五　铬黄的制备

### 一、实验目的

(1) 掌握铬黄的制备原理与方法。

(2) 了解铬的高价化合物和低价化合物的性质。

(3) 熟练掌握称量、沉淀、过滤、洗涤等基本操作。

## 二、实验原理

铬黄颜料的主要成分是铬酸铅,随原料配比和制备条件的不同,颜色可由浅黄到深黄,一般有柠檬铬黄、浅铬黄、中铬黄、深铬黄和橘铬黄等五种。

由硝酸铬制备铅铬黄颜料的原理如下:

利用 Cr(Ⅲ)化合物在碱性条件下被氧化为 Cr(Ⅵ)化合物的性质,先向 Cr(NO$_3$)$_3$ 溶液中加入过量的 NaOH 溶液,再加入 H$_2$O$_2$ 进行氧化,便得 CrO$_4^{2-}$ 溶液,反应式如下:

$$Cr^{3+} + 4OH^- (过量) = CrO_2^- + 2H_2O$$

$$2CrO_2^- + 3H_2O_2 + 2OH^- = 2CrO_4^{2-} + 4H_2O$$

CrO$_4^{2-}$ 和 Cr$_2$O$_7^{2-}$ 在水溶液中存在如下平衡:

$$2CrO_4^{2-} + 2H^+ \rightleftharpoons Cr_2O_7^{2-} + H_2O$$

由于铬酸铅的溶解度比重铬酸铅的小,所以在酸性条件下,向上述平衡体系中加入硝酸铅溶液,可生成难溶的黄色铬酸铅沉淀,即铅铬黄颜料。

## 三、实验仪器与试剂

1. 仪器

台秤、抽滤瓶、布氏漏斗、循环水真空泵、烧杯、烘箱、表面皿。

2. 试剂

Cr(NO$_3$)$_3$·9H$_2$O(A.R.)、NaOH(6 mol·L$^{-1}$)、H$_2$O$_2$(15%)、HAc(6 mol·L$^{-1}$)、Pb(NO$_3$)$_2$(0.5 mol·L$^{-1}$)。

## 四、实验步骤

将 2.5 g Cr(NO$_3$)$_3$·9H$_2$O 置于 250 mL 烧杯中,加 200 mL 去离子水溶解,逐滴滴加 6 mol·L$^{-1}$ NaOH 溶液至沉淀溶解,观察溶液颜色,然后再滴加 15% H$_2$O$_2$,至溶液为澄清棕黄色,盖上表面皿,小火加热,得亮黄色溶液。将溶液煮沸 20 min(赶尽剩余的 H$_2$O$_2$),用 6 mol·L$^{-1}$ HAc 溶液调溶液的 pH 为 4~5,观察溶液颜色变化,再滴加 8 滴 HAc 溶液,煮沸后滴加 0.5 mol·L$^{-1}$ Pb(NO$_3$)$_2$ 溶液,检验 Cr(Ⅵ)是否被沉淀完全,然后将溶液煮沸约 5 min,静置,倾析法过滤,并用少量热水洗涤沉淀三次,减压过滤,将试样烘干称量。

## 五、实验数据记录与处理

产品外观:_____    产量:_____ g    产率:_____%

## 六、实验注意事项

(1) 用过量 6 mol·L$^{-1}$ NaOH 溶解 Cr(OH)$_3$ 沉淀时,NaOH 不要过量太多,只要

$Cr(OH)_3$ 溶解就可以。

(2) 滴加 15% $H_2O_2$ 的过程中,滴加速度不要快。若滴加过快,$H_2O_2$ 的利用效率降低,而使氧化不完全。

(3) 在加热煮沸的过程中,一定要赶尽剩余的 $H_2O_2$,否则,在酸性条件下,$H_2O_2$ 被重铬酸根氧化成水,而重铬酸根被还原成三价铬离子,影响铬黄的产率。

(4) 在沸腾下向溶液中滴加 0.5 mol·$L^{-1}$ $Pb(NO_3)_2$ 时,加入第一滴 $Pb(NO_3)_2$ 溶液时,一定要搅拌 1 min,使沉淀的颗粒长大,这是实验成败的关键,如果沉淀的颗粒较小,采用倾析法是很难分离沉淀和上层溶液的。

## 七、实验思考题

(1) 为什么制备铬黄颜料时要在酸性条件下进行沉淀反应?
(2) 如何检验 Cr(Ⅵ)是否被沉淀完全?
(3) 实验中几次煮沸溶液的目的是什么?

## 实验十六  硫酸亚铁铵的制备及纯度分析

### 一、实验目的

(1) 了解复盐的一般特征和制备方法。
(2) 练习水浴加热、蒸发浓缩、倾析法、常压过滤、减压过滤等基本操作。
(3) 了解产品纯度分析方法。

### 二、实验原理

硫酸亚铁铵 $(NH_4)_2SO_4·FeSO_4·6H_2O$ 又称莫尔盐,在空气中比一般亚铁盐稳定,不易被氧化,溶于水,不溶于乙醇。

硫酸亚铁铵是一种复盐,由于复盐在水中的溶解度比组成它的每一个组分 $(NH_4)_2SO_4$、$FeSO_4$ 的溶解度都要小(表 2-17 和表 2-18),所以很容易从浓的 $(NH_4)_2SO_4$ 和 $FeSO_4$ 混合液中制得硫酸亚铁铵晶体。

表 2-17 硫酸亚铁在不同温度下的溶解度

| 温度/℃ | 0 | 10 | 20 | 30 | 40 | 50 | 57 | 60 | 65 | 70 | 80 | 90 |
|---|---|---|---|---|---|---|---|---|---|---|---|---|
| 溶解度/[g·(100g $H_2O$)$^{-1}$] | 15.6 | 20.5 | 26.5 | 32.9 | 40.2 | 48.6 | — | — | — | 50.9 | 43.6 | 37.3 |
| 结晶成分 | | | $FeSO_4·7H_2O$ | | | | | $FeSO_4·4H_2O$ | | | $FeSO_4·H_2O$ | |

表 2-18 硫酸亚铁铵、硫酸铵在不同温度下的溶解度

| 溶解度/[g·(100g $H_2O$)$^{-1}$] 化合物 \ 温度/℃ | 0 | 10 | 20 | 30 | 40 | 50 | 60 | 70 |
|---|---|---|---|---|---|---|---|---|
| $(NH_4)_2SO_4·FeSO_4·6H_2O$ | 12.5 | 17.2 | 21.6 | 28.1 | 33.0 | 40.0 | 44.6 | 52.0 |
| $(NH_4)_2SO_4$ | 70.6 | 73.0 | 75.4 | 78.0 | 81.0 | 84.5 | 88.0 | 89.6 |

本实验是将铁屑溶于稀硫酸得到硫酸亚铁的溶液：$Fe + H_2SO_4 \rightleftharpoons FeSO_4 + H_2 \uparrow$。然后加入硫酸铵饱和溶液，经加热浓缩，冷却，析出莫尔盐：

$$FeSO_4 + (NH_4)_2SO_4 + 6H_2O \rightleftharpoons (NH_4)_2SO_4 \cdot FeSO_4 \cdot 6H_2O$$

硫酸亚铁铵产品中主要杂质是$Fe^{3+}$，利用$Fe^{3+}$与KSCN形成血红色配位离子$[Fe(SCN)_n]^{3-n}$的深浅来目视比色，评定其纯度级别。

Ⅰ级试剂：铁(Ⅲ) $0.05 \text{ mg} \cdot (15 \text{ mL})^{-1}$

Ⅱ级试剂：铁(Ⅲ) $0.10 \text{ mg} \cdot (15 \text{ mL})^{-1}$

Ⅲ级试剂：铁(Ⅲ) $0.20 \text{ mg} \cdot (15 \text{ mL})^{-1}$

产品中亚铁含量还可以通过氧化还原滴定法测定，从而确定产品纯度。

### 三、实验仪器与试剂

1. 仪器

托盘天平、锥形瓶、电炉、石棉网、温度计、洗瓶、玻璃漏斗、滤纸、玻璃棒、蒸发皿、表面皿、抽滤瓶、布氏漏斗、循环水真空泵、铁架台。

2. 试剂

铁屑、$(NH_4)_2SO_4$(A.R.)、$Na_2CO_3$溶液(10%)、$H_2SO_4$($3 \text{ mol} \cdot L^{-1}$)、乙醇(95%)、KSCN(25%)、硫酸-磷酸混合酸、二苯胺磺酸钠指示剂、$K_2Cr_2O_7$标准溶液($0.02 \text{ mol} \cdot L^{-1}$)。

### 四、实验步骤

1. 铁屑的净化

用碱液煮的方法除去铁屑上的油污。称取4.2 g铁屑，放入250 mL锥形瓶中，加入20 mL 10% $Na_2CO_3$溶液，小火缓慢加热10 min，倾析法除去碱液，用水洗涤铁屑至接近中性。

2. 硫酸亚铁溶液的制备

往盛有铁屑的锥形瓶中加入25 mL $3 \text{ mol} \cdot L^{-1}$ $H_2SO_4$溶液，在通风橱中水浴加热，水浴温度低于70 ℃，并适时取出锥形瓶振荡和适当补充水分（不可在通风橱外操作），至反应仅有很少气泡放出时，趁热过滤，滤液转移至蒸发皿中。若残渣中有未反应完的铁屑，清洗回收，若没有，弃去残渣。

3. 硫酸亚铁铵晶体的制备

称取9.5 g $(NH_4)_2SO_4$溶于20 mL水，加入上述溶液中，再加入1 mL $3 \text{ mol} \cdot L^{-1}$ $H_2SO_4$溶液，水浴蒸发浓缩至晶膜出现，自然冷却，减压过滤，用少量乙醇洗涤，观察晶体颜色,取出晶体,在表面皿上晾干,称量,计算产率。

4. 产品检验

1) 比色法

称 1 g 样品置于 25 mL 比色管中,用 15 mL 不含氧的蒸馏水溶解,加入 2 mL 3 mol·L$^{-1}$ $H_2SO_4$ 溶液和 1 mL 25% KSCN 溶液,继续加不含氧的蒸馏水至比色管 25 mL 刻度线。摇匀,所呈现的红色不得深于标准(标准由实验员准备)。

2) 氧化还原滴定法

准确称取样品 1.0 g,加 50 mL 蒸馏水、20 mL 硫酸-磷酸混合酸、4 滴 0.2% 二苯胺磺酸钠指示剂,立即用 0.02 mol·L$^{-1}$ $K_2Cr_2O_7$ 标准溶液滴定至溶液呈稳定紫色,即为终点,记下体积读数。平行测定三次,计算样品中 Fe 的含量和产品纯度。

## 五、实验数据记录与处理

产品外观:_____　　产量:_____ g　　产率:_____%

产品检验:

1) 比色法

纯度级别:_____。

2) 氧化还原滴定法

自行设计表格,记录和计算产品纯度。

## 六、实验注意事项

(1) 铁屑去油污时,溶液不可蒸干。

(2) 机械加工的铁屑往往含有 S、P 等杂质,在铁屑与酸反应时会有有害的气体 $H_2S$、$PH_3$ 放出,所以反应必须在通风橱中进行。

(3) 在硫酸亚铁铵的制备过程中,要维持酸度在 pH=1~2,以防止 $Fe^{2+}$ 水解和氧化。

(4) 铁屑与硫酸在反应过程中要适当补充水分。

(5) 制备硫酸亚铁溶液时,水浴温度不能太高。

(6) 蒸发浓缩不能蒸干。

## 七、实验思考题

(1) 为什么除去铁屑的油污用碱洗后还要用水洗?

(2) 如果蒸发浓缩发现溶液变为黄色,是什么原因?应该如何处理?如果蒸发浓缩过头,后果如何?能否补救?如何补救?

(3) 制得硫酸亚铁铵后,用乙醇洗涤的目的是什么?

(4) 在铁屑与酸反应基本完全后,能否采用减压过滤方法进行固液分离?为什么?

(5) 固液分离的方法有哪几种?分别在什么情况下使用?

## 实验十七　cis-二甘氨酸合铜(Ⅱ)水合物的制备

### 一、实验目的

(1) 了解无机配合物的制备原理和制备方法。
(2) 进一步练习溶解、减压过滤、沉淀的洗涤、水浴加热等基本操作。

### 二、实验原理

cis-二甘氨酸合铜(Ⅱ)水合物是蓝色细小针状晶体,易溶于水,且溶解度随着温度的升高而增大,但不溶于乙醇、丙酮等有机溶剂。

甘氨酸 $H_2NCH_2COOH(gly)$ 为双齿配体,在约 70℃ 的条件下与氢氧化铜反应,得到 cis-二甘氨酸合铜(Ⅱ)配合物,加入乙醇可析出 cis-二甘氨酸合铜(Ⅱ)水合物晶体,反应式如下:

$$Cu(OH)_2 + 2H_2NCH_2COOH = [Cu(gly)_2] \cdot xH_2O$$

### 三、实验仪器与试剂

1. 仪器

台秤、研钵、烧杯、量筒、抽滤瓶、布氏漏斗、循环水真空泵、恒温水浴箱、刮勺、玻璃棒、温度计、洗瓶、烘箱。

2. 试剂

$CuSO_4 \cdot 5H_2O$(A.R.)、氨基乙酸(A.R.)、$NH_3 \cdot H_2O$(3 mol·L$^{-1}$)、NaOH(2 mol·L$^{-1}$)、$BaCl_2$(0.2 mol·L$^{-1}$)、乙醇(95%)、丙酮。

### 四、实验步骤

1. $Cu(OH)_2$ 的制备

用台秤称取一定量研细的 $CuSO_4 \cdot 5H_2O$,放入 250 mL 烧杯中,加入 30 mL 水,搅拌至完全溶解。边搅拌边加入 3 mol·L$^{-1}$ $NH_3 \cdot H_2O$,直至生成的沉淀完全溶解,得到蓝紫色的溶液。往上述溶液加入 13 mL 2 mol·L$^{-1}$ NaOH 溶液,使 $Cu(OH)_2$ 沉淀完全,抽滤,用水洗涤沉淀,至滤液无 $SO_4^{2-}$ 被检出为止。

2. cis-二甘氨酸合铜(Ⅱ)水合物的制备

称取 1.8 g 氨基乙酸溶于 70 mL 水中,加入新制的 $Cu(OH)_2$,在 70℃ 水浴中加热并不断搅拌,直至 $Cu(OH)_2$ 全部溶解,再加热片刻(温度控制在 65~70℃),趁热立即抽滤,将滤液移入 100 mL 烧杯中,加入 5 mL 95%乙醇,冷却结晶(约 5 min,冷至室温),再移入冰水浴中冷却 20~30 min,抽滤。用 10 mL 95%乙醇和水(1∶3)的混合溶剂洗涤晶体一次,再用 10 mL 丙酮洗涤晶体两次,除去晶体中的残存水,压干,称量,计算产率。

**五、实验数据记录与处理**

产品外观:_____    产量:_____ g    产率:_____%

**六、实验思考题**

(1) 制备 $Cu(OH)_2$ 时,应该称量多少克 $CuSO_4 \cdot 5H_2O$?

(2) 为什么不向 $CuSO_4$ 溶液中直接加入 NaOH 溶液来制备 $Cu(OH)_2$,而是先加入过量 $NH_3 \cdot H_2O$,生成铜氨配离子后,再加入 NaOH 溶液,使 $Cu(OH)_2$ 沉淀完全?怎样检查 $Cu(OH)_2$ 洗涤液中无 $SO_4^{2-}$?

(3) 在 *cis*-二甘氨酸合铜的制备过程中,为什么先用热水浴,而后滤液又用冰水浴冷却 20 min?

(4) 洗涤 *cis*-二甘氨酸合铜晶体时,用乙醇与水的混合液和丙酮作洗涤剂各有什么目的?

## 实验十八  由工业锌焙砂提取七水合硫酸锌

**一、实验目的**

(1) 学习七水合硫酸锌的制备原理和制备方法。
(2) 掌握去除杂质的一般方法。
(3) 进一步练习减压过滤、蒸发浓缩、结晶等基本操作。

**二、实验原理**

硫酸锌是合成白色颜料锌钡白的主要原料。

本实验以工业锌焙砂(含 65% 的 ZnO)为原料,经稀硫酸浸出,除去不溶性硅酸盐等杂质,用 ZnO 调节酸度,$H_2O_2$ 氧化除铁,锌粉置换除去 $Cu^{2+}$、$Co^{2+}$、$Ni^{2+}$、$Cd^{2+}$ 等少量杂质后,溶液经蒸发浓缩,冷却结晶,制得 $ZnSO_4 \cdot 7H_2O$。

$ZnSO_4$ 溶液结晶析出 $ZnSO_4 \cdot 7H_2O$ 是一个明显的放热过程。$ZnSO_4 \cdot 7H_2O$ 在 20℃ 和 100℃ 水中的溶解度分别为 96.5 g 和 663.3 g,微溶于乙醇和甘油。

**三、实验仪器与试剂**

1. 仪器

台秤、烧杯、量筒、布氏漏斗、抽滤瓶、循环水真空泵、蒸发皿、玻璃砂芯漏斗、精密 pH 试纸(3.8~5.4)。

2. 试剂

工业锌焙砂、氧化锌(C.P)、锌粉(C.P)、$H_2SO_4$(1.6 mol·L$^{-1}$)、$H_2O_2$(30%)。

### 四、实验步骤

用台秤称取 10.0 g 锌焙砂、0.7 g ZnO 和 0.3 g 锌粉。将锌焙砂置于 250 mL 烧杯中,加入 50 mL 1.6 mol·L$^{-1}$ H$_2$SO$_4$,加热至沸并搅拌 15 min(注意补充水分)。稍冷却后抽滤,弃去残渣。将滤液转移到 250 mL 烧杯中加热近沸,分次加入 ZnO 调节溶液 pH 至 4.1~4.4,记录多用的 ZnO 的量。将烧杯取下置于隔热板上,滴加 30% H$_2$O$_2$ 4~5 滴,搅拌,煮沸数分钟,抽滤,弃去残渣。将滤液加热近沸,取下加入锌粉并搅拌 3~5 min,抽滤,弃去残渣。将滤液转移至蒸发皿中,加入 2 滴 1.6 mol·L$^{-1}$ H$_2$SO$_4$,加热蒸发浓缩,至液面出现晶膜(溶液 17~21 mL)时,取下蒸发皿置于隔热板上冷却片刻,然后用冰水浴充分冷却并搅拌。用玻璃砂芯漏斗抽滤,收集产品(不用洗涤),称量,计算产率。

### 五、实验数据记录与处理

加入 ZnO 的总量:_____ g     产品外观:_____
产量:_____ g     产率:_____%

### 六、实验思考题

(1) 在制备 ZnSO$_4$·7H$_2$O 时,用 ZnO 调节溶液 pH 至 4.1~4.4 的目的是什么?
(2) 为什么在制备 ZnSO$_4$·7H$_2$O 时,用 H$_2$O$_2$ 氧化后的溶液要煮沸数分钟?
(3) 为什么蒸发浓缩时要控制水分的蒸发量?浓缩不足和过度有什么影响?
(4) 根据锌焙砂的含锌量(以含 65% ZnO 计算)和加入 ZnO 的总用量,计算 ZnSO$_4$·7H$_2$O 的理论产量。

## 实验十九　锌钡白的制备

### 一、实验目的

(1) 学习制备锌钡白的原理和方法。
(2) 进一步练习常压过滤、减压过滤、水浴加热等基本操作。
(3) 熟悉有关离子的鉴定。

### 二、实验原理

锌钡白俗称立德粉,是 ZnS 和 BaSO$_4$ 等物质的量的共沉淀物,遮盖力比氧化锌强,但比钛白粉差,不溶于水,与硫化氢和碱液也不发生反应,但遇酸分解放出硫化氢气体,耐热性好,用于制造涂料、油墨、水彩、油画颜料,还用于橡胶、造纸、皮革、搪瓷、塑料制品等。

锌钡白可由 BaS 与 ZnSO$_4$ 反应制得,反应式如下:

$$ZnSO_4 + BaS \longrightarrow ZnS \cdot BaSO_4 \downarrow$$

工业上,将煤粉与重晶石(BaSO$_4$)混合,高温下焙烧得 BaS 熔块,反应式如下:

$$BaSO_4 + 2C \xrightarrow{\text{高温}} BaS + 2CO_2 \uparrow$$

焙烧产物中主要含 BaS，另外还含有少量未反应的 $BaSO_4$ 和煤粉，打碎后用热水浸泡，过滤得 BaS 溶液备用。

$ZnSO_4$ 是由工业硫酸与工业氧化锌或氧化锌矿反应制得，反应式如下：

$$ZnO + H_2SO_4 == ZnSO_4 + H_2O$$

由于工业氧化锌中含有镍、镉、铁、镁和锰的氧化物等杂质，它们同时生成 $NiSO_4$、$CdSO_4$、$FeSO_4$、$MnSO_4$、$MgSO_4$ 等，在硫酸锌和硫化钡反应生成锌钡白时，这些杂质离子除镁外都将生成有色硫化物而影响产品色泽。当反应体系 pH 较高时，$Mg^{2+}$ 也将以 $Mg(OH)_2$ 形式沉淀出来进入产品，降低产品锌钡白总量；同时平衡上述杂质阳离子电荷的阴离子是硫酸根离子，可导致体系中硫酸根离子比计量的多，锌离子比计量的少，故产品中锌质量分数减少，达不到国家标准规定的硫化锌质量分数不低于 28% 的要求，因此，上述 $ZnSO_4$ 溶液必须经过除杂处理。

$Ni^{2+}$、$Cd^{2+}$ 等重金属离子可用较活泼金属 Zn 粉置换除去，$Fe^{2+}$、$Mn^{2+}$ 在弱酸性或中性溶液中可被 $KMnO_4$ 氧化除去，相关反应式如下：

$$2KMnO_4 + 3MnSO_4 + 2H_2O == 2H_2SO_4 + 5MnO_2 \downarrow + K_2SO_4$$
$$CdSO_4 + Zn == Cd + ZnSO_4$$
$$NiSO_4 + Zn == Ni + ZnSO_4$$

为了不引入新杂质，在溶液中加入少量 ZnO 调控溶液 pH，使杂质离子沉淀完全，过滤后得较纯的 $ZnSO_4$ 溶液。用提纯后的 $ZnSO_4$ 溶液与 BaS 溶液按一定比例混合，即得白色锌钡白沉淀。

丁二酮肟为有机弱酸，在中性、稀乙酸和氨溶液中都可与镍盐生成鲜红色沉淀，反应式如下：

$$Ni^{2+} + 2 \begin{array}{c} H_3C-C=NOH \\ H_3C-C=NOH \end{array} == [\text{Ni(丁二酮肟)}_2\text{配合物}] + 2H^+ \quad (2\text{-}27)$$

该沉淀溶于戊醇呈粉红色。此反应灵敏度很高，为鉴定 $Ni^{2+}$ 的特效反应。由于 $Cd^{2+}$ 比 $Ni^{2+}$ 容易被 Zn 置换出来，若 $Ni^{2+}$ 被除尽，说明 $Cd^{2+}$ 也被除尽。

邻二氮菲（又名邻菲罗啉），在中性或弱碱介质中，$Fe^{2+}$ 与之反应生成稳定的橘红色螯合物，反应式如下：

$$Fe^{2+} + 3 \underset{N\ N}{\text{phen}} \rightleftharpoons \left[\left(\underset{N\ N}{\phantom{x}}\right)_3 Fe\right]^{2+} \qquad (2\text{-}28)$$

### 三、实验仪器与试剂

1. 仪器

台秤、研钵、烧杯、量筒、电炉、石棉网、恒温水浴箱、布氏漏斗、抽滤瓶、循环水真空泵、广泛 pH 试纸、精密 pH 试纸、点滴板。

2. 试剂

BaS(粗)、ZnO(粗)、$NaBiO_3$、锌粉、ZnO(A.R.)、丁二酮肟(1%)、KOH(2 mol·$L^{-1}$)、邻二氮菲(0.5%)、$H_2SO_4$(浓、2 mol·$L^{-1}$)、$HNO_3$(浓)、$KMnO_4$(0.01 mol·$L^{-1}$)、KSCN 饱和溶液、甲醛。

### 四、实验步骤

1. $ZnSO_4$ 溶液的制备

在 250 mL 烧杯中加入 100 mL 蒸馏水,在搅拌下慢慢加入 2 mL 浓硫酸,再加入粗氧化锌 3.8 g,加热至 70~80℃,保持搅拌,保温 5~10 min,此时溶液的 pH 约为 6,若 pH<5,则继续添加少量粗氧化锌调节。溶液冷却后常压过滤,滤液备用。

2. 精制 $ZnSO_4$ 溶液

将上述 $ZnSO_4$ 溶液加热到 80℃左右,加 0.5 g 锌粉,反应 20 min,然后冷却过滤,检验滤液中 $Cd^{2+}$ 和 $Ni^{2+}$ 是否除尽。若未除尽,再加少量锌粉重复处理,直至 $Cd^{2+}$ 和 $Ni^{2+}$ 除尽,常压过滤。向除去 $Ni^{2+}$、$Cd^{2+}$ 后的滤液中加少量纯 ZnO,调节溶液接近中性,慢慢滴入 0.01 mol·$L^{-1}$ $KMnO_4$ 溶液至滤液微显红色,说明 $KMnO_4$ 略过量。加热试液,反应片刻,然后加甲醛使过量的 $KMnO_4$ 还原为 $MnO_2$ 沉淀,检查溶液中 $KMnO_4$ 是否除尽(取少量试液于离心试管中离心分离,若上层清液仍显微红色,说明 $KMnO_4$ 未除尽),若未除尽,则应再滴加甲醛,直至红色褪去。小火加热,微沸 5~10 min,常压过滤,检验滤液中的铁离子、锰离子是否除尽,如已除尽,则试液精制完成。

3. BaS 溶液的制备

称取 6.5 g 研细的 BaS,在 100 mL 烧杯中用 50 mL 热水(90℃左右)浸泡约 20 min,不断搅拌,以促进 BaS 的溶解,然后减压过滤得 BaS 溶液备用。

4. 锌钡白的制备

在 250 mL 烧杯中,先加入少量 BaS 溶液,然后交替加入 $ZnSO_4$ 和 BaS 溶液,不断搅拌,合成过程应维持溶液呈微碱性(pH=7.8~8.5),若溶液 pH 偏低,可滴加少量 $Na_2S$ 溶液。将所得锌钡白减压过滤、吸干、称量、回收。

5. 杂质离子的检测

(1) 检测 $Ni^{2+}$。取 1 滴粗制 $ZnSO_4$ 溶液于点滴板上,加 2 滴丁二酮肟,生成鲜红色沉淀,示有 $Ni^{2+}$ 存在。

(2) 检测 $Fe^{2+}$ 和 $Fe^{3+}$。取 1 滴粗制溶液于点滴板上,加 1 滴 KSCN,生成血红色溶液,示有 $Fe^{3+}$ 存在。再取 1 滴粗制溶液于点滴板上,加 2 滴 0.5% 邻二氮菲,生成橘红色 $[Fe(phen)_3]^{2+}$,示有 $Fe^{2+}$ 存在。

(3) 检测 $Mn^{2+}$。取 1 mL 粗制 $ZnSO_4$ 溶液于试管中,加 4~6 滴浓 $HNO_3$,再加少量固体 $NaBiO_3$,加热,溶液出现紫红色,示有 $Mn^{2+}$ 存在。

## 五、实验数据记录与处理

产品外观:_____  产量:_____ g  产率:_____%

## 六、实验思考题

(1) 在制备锌钡白的反应中,溶液为什么要保持微碱性?
(2) 在精制 $ZnSO_4$ 溶液时,为什么要加纯 ZnO 除 $Fe^{2+}$、$Mn^{2+}$?
(3) BaS 溶液有没有必要精制?为什么?

# 实验二十 试剂的取用和试管操作

## 一、实验目的

(1) 学习并掌握固体和液体试剂的取用方法。
(2) 练习并掌握振荡试管和加热试管中固体和液体的方法。

## 二、实验仪器与试剂

1. 仪器

试管、试管夹、烧瓶、研钵、量筒、蒸发皿、酒精灯、滴管、药匙、石棉网、碘量瓶、玻璃棒。

2. 试剂

碘、碘化钾、红磷、铝粉、氢氧化钠、硫酸铜、葡萄糖、四氯化碳、异戊醇、亚甲蓝(1%)、硫酸镍(0.1 $mol·L^{-1}$)、乙二胺(25%)、丁二胺(25%)、丁二酮肟(1%)。

## 三、实验内容

1. "三色杯"实验

用药匙小头取一小匙 KI 固体于洁净的表面皿上,再取一小匙研细的碘在表面皿上与 KI 混合均匀。取一个 10 mL 量筒,沿杯壁注入 2 mL 四氯化碳溶液,然后注入 4 mL 水,再加入 2 mL 异戊醇溶液。将玻璃棒用水润湿,蘸取一点 KI 和碘的混合物,缓缓插入装有上述溶液的量筒中,轻轻搅动,观察量筒中溶液的三层颜色。

2."蓝瓶子"实验

往 250 mL 碘量瓶中加入 100 mL 蒸馏水,溶入 2 g 氢氧化钠和 2 g 葡萄糖,待溶解后再加入 2 滴 1% 亚甲基蓝溶液。摇匀后,塞住瓶口,溶液慢慢变为无色。打开瓶塞摇动瓶子,溶液又很快变成蓝色,再放置又变为无色,可反复进行。亚甲基蓝不仅是氧化还原反应的指示剂,而且还是氧的输送者,起催化作用。

3. $CuSO_4 \cdot 5H_2O$ 的失水

在试管内放入几粒 $CuSO_4 \cdot 5H_2O$ 晶体,加热,等晶体变为白色时,停止加热。当试管冷却至室温后,加入 3～5 滴水,注意颜色的变化,用手摸一下试管有什么感觉。

4."五色管"实验

取 5 支试管,在每支试管中注入 1 mL 1 mol·L$^{-1}$ NiSO$_4$ 溶液。在第一支试管中滴入 1 滴 25% 乙二胺(en)溶液;在第二支试管中滴入 2 滴 25% 乙二胺溶液;在第三支试管中滴入 3～5 滴 25% 乙二胺溶液;在第四支试管中滴入 7 滴 1% 丁二酮肟(dmg)溶液;第五支试管作对比颜色用。振荡试管后,观察并比较五支试管中配合物的不同颜色。相关反应式如下:

$$[Ni(H_2O)_6]^{2+} + en \longrightarrow [Ni(H_2O)_4(en)]^{2+}(绿) + 2H_2O$$

$$[Ni(H_2O)_6]^{2+} + 2en \longrightarrow [Ni(H_2O)_2(en)_2]^{2+}(蓝) + 4H_2O$$

$$[Ni(H_2O)_6]^{2+} + 3en \longrightarrow [Ni(en)_3]^{2+}(紫) + 6H_2O$$

$$[Ni(H_2O)_6]^{2+} + 2dmg \longrightarrow Ni(dmg)_2(红)\downarrow + 6H_2O + 2H^+$$

5."滴水生烟"实验

取 1 匙碘片置于干燥的研钵中研细,然后加 1 小匙铝粉(或镁粉,约为碘量的 1/10),共同研磨,混合均匀,将混合物倒在蒸发皿中央,往混合物上滴 1～2 滴水,立即用大烧杯盖住蒸发皿,出现浓厚、美丽的烟雾。

**四、实验注意事项**

(1) 在"三色杯"实验中,不要用玻璃棒上下剧烈搅动。

(2) 加热 $CuSO_4 \cdot 5H_2O$ 晶体时,试管口要略向下倾斜。

(3) "滴水生烟"实验在通风橱中进行,所用的研钵、蒸发皿和烧杯都必须是干燥的。

### 五、实验思考题

（1）在"三色杯"实验中，为什么四氯化碳层呈现紫色而异戊醇层呈现棕色？

（2）在"蓝瓶子"实验中，溶液为什么可由蓝色变为无色，打开瓶塞后溶液又可变为蓝色？葡萄糖在实验中起什么作用？

（3）在"滴水生烟"实验中，为什么会有烟雾出现？水的作用是什么？

## 实验二十一　氮、磷、氧、硫

### 一、实验目的

（1）试验 $H_2O_2$ 的性质。

（2）了解氮、硫含氧酸及其盐的性质。

（3）试验难溶硫化物、磷酸盐的性质。

（4）了解若干离子的鉴定方法。

### 二、实验原理

氧族元素（ⅥA）包括 O、S、Se、Te、Po。氮族元素（ⅤA）包括 N、P、As、Sb、Bi。

$H_2O_2$ 既有氧化性又有还原性，作氧化剂时还原产物为 $H_2O$，作还原剂时氧化产物是氧气。例如

$$H_2O_2 + 2Fe^{2+} + 2H^+ =\!\!= 2Fe^{3+} + 2H_2O$$

$$5H_2O_2 + 2MnO_4^- + 6H^+ =\!\!= 2Mn^{2+} + 5O_2 + 8H_2O$$

$H_2O_2$ 具有弱酸性和不稳定性，在室温下分解较慢，见光或当有 $Fe^{2+}$、$Mn^{2+}$、$Cu^{2+}$ 等重金属离子存在时可加速分解。

$H_2S$ 是一种无色有毒气体，有臭鸡蛋味，稍溶于水，水溶液呈酸性，为二元弱酸。它的最重要的性质是强还原性。$H_2S$ 和一般氧化剂的反应式如下：

$$H_2S + 4X_2(Cl_2, Br_2) + 4H_2O =\!\!= H_2SO_4 + 8HX$$

$$5H_2S + 2MnO_4^- + 6H^+ =\!\!= 2Mn^{2+} + 5S + 8H_2O$$

$$5H_2S + 8MnO_4^- + 14H^+ =\!\!= 8Mn^{2+} + 5SO_4^{2-} + 12H_2O$$

$$H_2S + 2Fe^{3+} =\!\!= S + 2Fe^{2+} + 2H^+$$

$H_2S$ 可与许多金属离子生成不同颜色的金属硫化物沉淀，大多数为黑色，如 SnS（棕）、$SnS_2$（黄）、$As_2S_3$（黄）、$As_2S_5$（黄）、$Sb_2S_3$（橙）、$Sb_2S_5$（橙）、MnS（肉）、ZnS（白）、CdS（黄）、CuS（黑）、PbS（黑）。只有 $NH_4^+$ 和碱金属硫化物易溶于水。MnS、FeS、CoS、NiS、ZnS 等溶于稀酸，CuS 不溶于盐酸，须用硝酸溶解，HgS 溶于王水。根据金属硫化物的溶解度和颜色的不同，可以分离和鉴定金属离子，反应式如下：

$$Bi_2S_3 + 8HNO_3 =\!\!= 2Bi(NO_3)_3 + 2NO + 3S + 4H_2O$$

$$3PbS + 8HNO_3 =\!\!= 3Pb(NO_3)_2 + 2NO + 3S + 4H_2O$$

$$3CuS + 8HNO_3 = 3Cu(NO_3)_2 + 2NO + 3S + 4H_2O$$

$$3Ag_2S + 8HNO_3 = 6AgNO_3 + 2NO + 3S + 4H_2O$$

$$3HgS + 2HNO_3 + 12HCl = 3H_2[HgCl_4] + 2NO + 3S + 4H_2O$$

$S^{2-}$ 能与稀酸反应产生 $H_2S$ 气体。可以根据 $H_2S$ 特有的臭鸡蛋味或能使乙酸铅试纸变黑的现象而检验出 $S^{2-}$。此外，在弱碱性条件下，它能与亚硝酰五氰合铁（Ⅲ）酸钠 $Na_2[Fe(CN)_5NO]$ 反应生成紫红色的配合物，利用这种特征反应也能鉴定 $S^{2-}$，反应式如下：

$$S^{2-} + [Fe(CN)_5NO]^{2-} = [Fe(CN)_5NOS]^{4-}$$

可溶性硫化物和硫作用可以形成多硫化物，多硫化物在酸性介质中生成多硫化氢，多硫化氢不稳定，极易分解成 $H_2S$ 和 $S$，反应式如下：

$$S_x^{2-} + 2H^+ \longrightarrow [H_2S_x] \longrightarrow H_2S(g) + (x-1)S$$

$SO_2$ 是无色有强烈刺激性气味的气体，易溶于水，溶于水后形成亚硫酸。亚硫酸及其盐常用作还原剂，但遇强还原剂时也起氧化剂的作用。$SO_2$ 和某些有色的有机物生成无色加合物，所以具有漂白性，但这种加合物受热易分解，如 $SO_2$ 使品红褪色。

硫代硫酸（$H_2S_2O_3$）不稳定，易分解为 $S$ 和 $SO_2$。$Na_2S_2O_3$ 是常见的还原剂，能将 $I_2$ 还原为 $I^-$，而自身被氧化为连四硫酸钠，反应式如下：

$$2S_2O_3^{2-} + I_2 = S_4O_6^{2-} + 2I^-$$

$S_2O_3^{2-}$ 与 $Ag^+$ 作用生成白色硫代硫酸银沉淀，迅速变黄再变为棕色，最后变为黑色的硫化银沉淀。这是 $S_2O_3^{2-}$ 最特殊的反应之一，可以用来鉴定 $S_2O_3^{2-}$ 的存在，反应式如下：

$$2Ag^+ + S_2O_3^{2-} = Ag_2S_2O_3$$

$$Ag_2S_2O_3 + H_2O = H_2SO_4 + Ag_2S\downarrow$$

$S_2O_3^{2-}$ 作为配离子，与 $Ag^+$ 发生配位反应生成 $[Ag(S_2O_3)_2]^{3-}$，反应式如下：

$$AgBr + 2S_2O_3^{2-} = [Ag(S_2O_3)_2]^{3-} + Br^-$$

过二硫酸盐是强氧化剂，可以把 $Mn^{2+}$ 氧化为 $MnO_4^-$。

$HNO_3$ 最主要的特性是它的强氧化性，大部分金属可溶于硝酸生成相应的硝酸盐，硝酸本身被还原为 $NO$ 或 $NO_2$。硝酸被还原的程度与金属的活泼性和硝酸的浓度有关。浓硝酸一般被还原为 $NO_2$，稀硝酸一般被还原为 $NO$，若硝酸很稀则主要被还原为 $NH_3$。$HNO_3$ 越稀，金属越活泼，$HNO_3$ 被还原的氧化值越低。例如

$$Cu + 4HNO_3(浓) = Cu(NO_3)_2 + 2NO_2 + 2H_2O$$

$$3Cu + 8HNO_3(稀) = 3Cu(NO_3)_2 + 2NO + 4H_2O$$

$$4Zn + 10HNO_3(稀) = 4Zn(NO_3)_2 + N_2O + 5H_2O$$

$$4Zn + 10HNO_3(很稀) = 4Zn(NO_3)_2 + NH_4NO_3 + 3H_2O$$

硝酸盐易溶于水，水溶液在酸性条件下才有氧化性，固体在高温时有氧化性。

亚硝酸及其盐既具有氧化性，又具有还原性。亚硝酸可通过亚硝酸盐和酸的相互作用而制得，但亚硝酸不稳定，易分解。

$$HNO_2 \longrightarrow N_2O_3(蓝色) + H_2O \longrightarrow NO + NO_2(红棕色) + H_2O$$

此反应可用于 $NO_2^-$ 的鉴定。

磷酸（$H_3PO_4$）是三元中强酸，可以形成三种不同类型的盐，在各类磷酸盐溶液中，加入 $AgNO_3$ 溶液都可以得到黄色的磷酸银沉淀，磷酸的各种钙盐在水中的溶解度不相同。$Ca(H_2PO_4)_2$ 易溶于水，$Ca_3(PO_4)_2$ 和 $CaHPO_4$ 难溶于水，但能溶于盐酸。$PO_4^{3-}$ 与钼酸铵反应，在酸性条件下生成黄色难溶的晶体，故可用钼酸铵来鉴定，反应式如下：

$$PO_4^{3-} + 12MoO_4^{2-} + 24H^+ + 3NH_4^+ = \underset{磷钼酸铵}{(NH_4)_3PO_4 \cdot 12MoO_3 \cdot 6H_2O}(黄色) + 6H_2O$$

$NO_3^-$ 可以用棕色环法鉴定，反应式如下：

$$3Fe^{2+} + NO_3^- + 4H^+ = 3Fe^{3+} + NO + 2H_2O$$
$$[Fe(H_2O)_6]^{2+} + NO = [Fe(NO)(H_2O)_5]^{2+} - H_2O(棕色)$$

$NO_2^-$ 也有同样的反应，与 HAc 发生棕色环反应，反应式如下：

$$Fe^{2+} + NO_2^- + 2HAc = Fe^{3+} + NO + 2Ac^- + H_2O$$
$$FeSO_4 + NO = [Fe(NO)]SO_4$$

为了消除 $NO_2^-$ 的干扰，可以用尿素 $CO(NH_2)_2$ 破坏 $NO_2^-$，反应式如下：

$$2NO_2^- + CO(NH_2)_2 + 2H^+ = CO_2\uparrow + 2N_2\uparrow + 3H_2O$$

$NH_4^+$ 常用两种方法鉴定：①用 NaOH 和 $NH_4^+$ 反应生成 $NH_3$，使湿润红色石蕊试纸变蓝；②用奈斯勒（Nessler）试剂鉴定，奈斯勒试剂由 $K_2[HgI_4]$ 和 KOH 组成，奈斯勒试剂与 $NH_4^+$ 反应产生红棕色沉淀。

### 三、实验仪器与试剂

1. 仪器

点滴板、试管、离心试管、试管夹、离心机。

2. 试剂

（1）硫粉、碘水。

（2）$H_3PO_4$、$HPO_3$、HAc（$2\ mol \cdot L^{-1}$、$6\ mol \cdot L^{-1}$）、$H_2SO_4$（$1\ mol \cdot L^{-1}$）、HCl（$1\ mol \cdot L^{-1}$、$2\ mol \cdot L^{-1}$、$6\ mol \cdot L^{-1}$）、$HNO_3$（$6\ mol \cdot L^{-1}$）、浓 $HNO_3$、王水。

（3）NaOH（40%、$2\ mol \cdot L^{-1}$）、$NH_3 \cdot H_2O$。

（4）$NH_4Cl$、$Pb(NO_3)_2$、$Na_2S$、$AgNO_3$、$MnSO_4$、$NaNO_3$、$NaNO_2$、KI、$KMnO_4$、$Na_2S_2O_3$、$Na_2SO_3$、$ZnSO_4$、$CdSO_4$、$CuSO_4$、$BaCl_2$、$CaCl_2$、$Hg(NO_3)_2$、$Na_3PO_4$、$Na_2HPO_4$、$Na_4P_2O_7$、$NaH_2PO_4$（均为 $0.1\ mol \cdot L^{-1}$）、$K_2S_2O_8$、$FeSO_4$。

（5）无水乙醇、$H_2O_2$（3%）、对氨基苯磺酸、$\alpha$-萘胺、亚硝酰五氰合铁（Ⅲ）酸钠、奈斯勒试剂、鸡蛋白水溶液。

（6）pH 试纸、$Pb(Ac)_2$ 试纸、红色石蕊试纸、滤纸条。

### 四、实验步骤

1. 氨和 $NH_4^+$ 的鉴定

（1）在试管中加入 10 滴 $0.1\ mol\cdot L^{-1}$ $NH_4Cl$，再加入 10 滴 $2\ mol\cdot L^{-1}$ NaOH，微热并用润湿的红色石蕊试纸检验逸出的气体 $NH_3$。此反应也是确定 $NH_4^+$ 是否存在的鉴定反应。

（2）取 2 滴 $0.1\ mol\cdot L^{-1}$ $NH_4Cl$ 溶液，加入 2 滴 $2\ mol\cdot L^{-1}$ NaOH 和 2 滴奈斯勒试剂，观察棕黄色沉淀的生成。

2. 过氧化氢及过氧化物

1） $H_2O_2$ 的酸碱性及 $Na_2O_2$ 的获得

取 10 滴 3% $H_2O_2$，测其 pH，然后加入 5 滴 40% NaOH 和 10 滴无水乙醇，并混合均匀，观察生成固体 $Na_2O_2\cdot 8H_2O$ 的颜色（$Na_2O_2\cdot 8H_2O$ 易溶于水并完全水解，但在乙醇溶液中的溶解度较小）。

2） $H_2O_2$ 的氧化还原性

取 5 滴 $0.1\ mol\cdot L^{-1}$ $Pb(NO_3)_2$ 和 5 滴 $0.1\ mol\cdot L^{-1}$ $Na_2S$，逐滴加入 3% $H_2O_2$，观察并记录现象。

取 5 滴 $0.1\ mol\cdot L^{-1}$ $AgNO_3$，加入 5 滴 $2\ mol\cdot L^{-1}$ NaOH，然后逐滴加入 3% 的 $H_2O_2$，观察并记录现象。

取 10 滴 3% $H_2O_2$，加入 1 滴 $0.1\ mol\cdot L^{-1}$ $MnSO_4$，然后加入 1 滴 $2\ mol\cdot L^{-1}$ NaOH 使溶液为碱性，逐滴加入 $1\ mol\cdot L^{-1}$ $H_2SO_4$ 酸化，观察并记录现象。

3. 硫化氢及硫化物

1） $H_2S$ 的生成及鉴定

试管中盛 5 滴 $0.1\ mol\cdot L^{-1}$ $Na_2S$，加入 5 滴 $6\ mol\cdot L^{-1}$ HCl，用润湿的 pH 试纸及 $Pb(Ac)_2$ 试纸检验逸出的气体。

2） $H_2S$ 的氧化还原性

取 5 滴 $0.1\ mol\cdot L^{-1}$ $Na_2S$ 和 5 滴 $0.1\ mol\cdot L^{-1}$ $Na_2SO_3$ 混合，逐滴加入 $1\ mol\cdot L^{-1}$ $H_2SO_4$ 酸化，观察并记录现象。

3）难溶硫化物的生成和溶解

4 支离心试管中各加入 5 滴浓度均为 $0.1\ mol\cdot L^{-1}$ $ZnSO_4$、$CdSO_4$、$CuSO_4$ 和 $Hg(NO_3)_2$，再各加入 5 滴 $0.1\ mol\cdot L^{-1}$ $Na_2S$，离心沉降，吸去清液，对各支试管的沉淀依次加入 $6\ mol\cdot L^{-1}$ HCl、$6\ mol\cdot L^{-1}$ $HNO_3$、王水（1 体积浓硝酸和 3 体积浓 HCl 的混合液），直至沉淀溶解。

4. 氮和硫的含氧酸和含氧酸盐

1）硝酸的氧化性和硝酸盐的热分解性

浓 $HNO_3$ 的氧化性和 $SO_4^{2-}$ 的鉴定：取少量硫粉，加入 1 mL 浓 $HNO_3$，微热，设法检验硫的氧化产物是否为 $SO_4^{2-}$。

在 3 支干燥试管中分别加入少量 $AgNO_3$、$Pb(NO_3)_2$、$NaNO_3$ 固体,在酒精灯上加热,观察现象,将带有余烬的火柴伸入试管中,检验气体产物,写出反应式。

2) $HNO_2$ 及其盐的氧化还原性

取 10 滴 $0.1\ mol \cdot L^{-1}\ NaNO_2$,加入 5 滴 $0.1\ mol \cdot L^{-1}$ KI,然后加入 5 滴 $1\ mol \cdot L^{-1}$ $H_2SO_4$ 酸化,观察并记录现象。用 $0.1\ mol \cdot L^{-1}\ KMnO_4$ 代替 KI,按上述操作再试验。

3) $H_2SO_3$ 及其盐的氧化还原性

取 10 滴 $0.1\ mol \cdot L^{-1}\ Na_2SO_3$,加入 2 滴 $0.1\ mol \cdot L^{-1}\ KMnO_4$ 和 2 滴 $1\ mol \cdot L^{-1}$ $H_2SO_4$,观察并记录现象。$H_2SO_3$ 的氧化性见本实验 3.2)。

4) $H_2S_2O_3$ 及其盐的性质

(1) $S_2O_3^{2-}$ 的还原性:取 5 滴 $0.1\ mol \cdot L^{-1}\ Na_2S_2O_3$ 溶液,逐滴加入碘水,观察现象。

(2) $S_2O_3^{2-}$ 歧化反应和 $S_2O_3^{2-}$ 的鉴定:取 10 滴 $0.1\ mol \cdot L^{-1}\ Na_2S_2O_3$,逐滴加入 $1\ mol \cdot L^{-1}$ HCl,生成白色或淡黄色混浊,此反应可用于鉴定 $S_2O_3^{2-}$ 是否存在。取 5 滴 $0.1\ mol \cdot L^{-1}\ AgNO_3$,加入 3 滴 $0.1\ mol \cdot L^{-1}\ Na_2S_2O_3$(不能过量,为什么?),放置后观察现象。

(3) $S_2O_3^{2-}$ 的配位性:取 5 滴 $0.1\ mol \cdot L^{-1}\ AgNO_3$ 溶液,加入过量 $0.1\ mol \cdot L^{-1}$ $Na_2S_2O_3$ 溶液,有什么现象?

5) 过二硫酸的氧化性

取 1 滴 $0.1\ mol \cdot L^{-1}\ MnSO_4$,再加入 $2\ mL\ 1\ mol \cdot L^{-1}\ H_2SO_4$、1 滴 $AgNO_3$(作催化剂)和少量 $K_2S_2O_8$ 固体,微热,观察紫红色 $MnO_4^-$ 生成。此反应可作为 $Mn^{2+}$ 的鉴定反应。

5. $NO_3^-$ 和 $NO_2^-$ 的鉴定反应

1) $NO_3^-$ 的鉴定反应

取 1 滴 $0.1\ mol \cdot L^{-1}\ NaNO_3$ 溶液放在点滴板上,再放 1 小粒 $FeSO_4$ 固体,加 1 滴浓硫酸,在 $FeSO_4$ 晶体周围出现棕色环,示有 $NO_3^-$。$NO_2^-$ 也有同样的反应,且与 HAc 也能产生棕色环反应。因此当有 $NO_2^-$ 存在时,需先将 $NO_2^-$ 除去。具体做法:取含有 $NO_2^-$ 的试液放入试管中,加入几滴饱和尿素溶液,边搅拌边加入 $1\ mol \cdot L^{-1}\ H_2SO_4$,直至溶液呈酸性,然后加 2 滴 $H_2SO_4$,继续搅拌 2 min。待反应缓慢后,加热 5 min。检验试液中是否含有 $NO_2^-$,若已消除,可继续进行 $NO_3^-$ 鉴定反应。否则,须用饱和尿素溶液,再进行处理。

2) $NO_2^-$ 的鉴定反应

在试管中加 1 滴 $0.1\ mol \cdot L^{-1}\ NaNO_2$ 溶液,再加几滴 $6\ mol \cdot L^{-1}$ HAc,然后加 1 滴对氨基苯磺酸和 1 滴 $\alpha$-萘胺,溶液显粉红色,证明有 $NO_2^-$。当 $NO_2^-$ 浓度大时,粉红色很快消失,并生成黄色溶液或褐色沉淀,所以当 $NO_2^-$ 浓度较大时,应适当稀释,然后再照样鉴定。此反应是由重氮化及偶氮反应产生红色偶氮染料。

6. $S^{2-}$、$SO_3^{2-}$、$S_2O_3^{2-}$ 的鉴定反应

1) $S^{2-}$ 的鉴定反应

取 1 滴试液放于点滴板上,加入亚硝酰五氰合铁(Ⅲ)酸钠 $Na_2[Fe(CN)_5NO]$ 溶液,

显紫红色,表示有 $S^{2-}$ 存在,反应式如下:
$$S^{2-} + [Fe(CN)_5NO]^{2-} = [Fe(CN)_5NOS]^{4-}$$

2) $SO_3^{2-}$ 的鉴定反应

取 3 滴 $0.1\ mol \cdot L^{-1}\ Na_2SO_3$ 溶液放于试管中,加入数滴 $2\ mol \cdot L^{-1}\ HCl$ 和 $0.1\ mol \cdot L^{-1}\ BaCl_2$,然后往试管中滴加 $3\%\ H_2O_2$,生成白色沉淀,表示有 $SO_3^{2-}$。

3) $S_2O_3^{2-}$ 的鉴定反应

见本实验 4.4)(2)。

7. 磷酸盐的性质

1) 水溶液的酸碱性

取 3 支试管,各加入 10 滴浓度均为 $0.1\ mol \cdot L^{-1}\ Na_3PO_4$、$Na_2HPO_4$ 和 $NaH_2PO_4$ 溶液,测其 pH。溶液保留供下述试验用。

2) $Ag^+$ 盐的水溶解性

于上述 3 支试管中各加入 10 滴 $0.1\ mol \cdot L^{-1}\ AgNO_3$,观察并记录现象,然后测定各试管中的 pH,与未加 $AgNO_3$ 溶液时 pH 比较,说明 pH 变化的原因。

3) $Ca^{2+}$ 盐的水溶解性

取 3 支试管各加入 5 滴浓度均为 $0.1\ mol \cdot L^{-1}$ 的 $Na_3PO_4$、$Na_2HPO_4$、$NaH_2PO_4$ 溶液,再在各试管中加入 $0.1\ mol \cdot L^{-1}\ CaCl_2$ 溶液。观察 3 支试管中的实验现象。在不生成沉淀的试管中加入少量 $NH_3 \cdot H_2O$,有什么变化? 最后试验生成的沉淀是否溶于 $1\ mol \cdot L^{-1}\ HCl$?

8. $PO_4^{3-}$、$PO_3^-$、$P_2O_7^{4-}$ 的鉴定反应

1) $PO_4^{3-}$ 的鉴定反应

在试管中加入 2 滴 $0.1\ mol \cdot L^{-1}\ Na_3PO_4$、5 滴浓 $HNO_3$、10 滴饱和 $(NH_4)_2MoO_4$ 溶液,微热($40\sim50℃$),用搅棒摩擦管壁,有黄色沉淀生成,证明 $PO_4^{3-}$ 的存在。强还原剂可以将钼(Ⅵ)还原成低价的蓝色产物,因此,上述反应在浓 $HNO_3$ 中进行较为有利。

$PO_3^-$ 和 $P_2O_7^{4-}$ 也可用此反应进行鉴定。如果只需了解有无磷的含氧酸根存在,不必区别是何种酸根时,用磷钼酸铵法便可确定;若需区别是什么酸根,可通过下述实验鉴定。

2) $PO_4^{3-}$、$PO_3^-$、$P_2O_7^{4-}$ 的区分和鉴定

(1) 在 $H_3PO_4$、$HPO_3$(用 $Na_2CO_3$ 溶液调至微酸性)和 $Na_4P_2O_7$ 溶液中各加入 $AgNO_3$ 溶液,观察现象($Ag_3PO_4$ 为黄色沉淀,$AgPO_3$ 和 $Ag_4P_2O_7$ 为白色沉淀)。通过此实验可将磷酸根与其余两种磷酸根区分。

(2) 在 $NaPO_3$ 和 $Na_4P_2O_7$ 溶液中,各加入 $2\ mol \cdot L^{-1}\ HAc$ 调 pH 为 $1\sim4$,再加入鸡蛋白水溶液,观察现象。$HPO_3$ 能使鸡蛋白凝聚沉淀,而 $H_4P_2O_7$ 不能,因此可将两种酸根区分。

五、实验注意事项

(1) 在试验硫化氢及硫化物的性质时,由于硫化氢的毒性,试验在通风橱中进行。

（2）在试验硫化物在酸中的溶解性时，按先弱后强，先稀后浓的顺序进行。若加入 HCl 后沉淀未溶，则在加硝酸前应将 HCl 清液吸去并用少量蒸馏水洗涤沉淀两三次，才能继续下面的实验。

（3）在试验浓 $HNO_3$ 的氧化性时，加入的硫粉的量要少，否则观察不到明显的实验现象。

（4）进行 $NO_3^-$ 鉴定反应，若试液中还含有 $NO_2^-$，可以用加入 $NH_4^+$ 的方法消除 $NO_2^-$ 的干扰。

（5）在 $AgNO_3$ 溶液中加入 $Na_2S_2O_3$ 溶液，反应生成白色 $Ag_2S_2O_3$ 沉淀。放置可观察到沉淀颜色的白色、黄色、棕色的变化。这是由于 $Ag_2S_2O_3$ 在水中发生歧化反应，反应式如下：

$$Ag_2S_2O_3（白色）+ H_2O \longrightarrow H_2SO_4 + Ag_2S \downarrow（黑色）$$

另外，$Na_2S_2O_3$ 溶液不能过量，过量后生成可溶性的 $[Ag(S_2O_3)_2]^{3-}$ 配离子。

## 六、实验思考题

（1）往 $AgNO_3$ 溶液中滴加 $Na_2S_2O_3$ 溶液，所加 $Na_2S_2O_3$ 溶液量不同时，产物是否相同？

（2）现有四瓶固体物质 $Na_2S$、$NaHSO_3$、$NaHSO_4$ 和 $Na_2S_2O_3$，设法通过实验鉴别。

（3）根据实验结果比较：① $S_2O_8^{2-}$ 和 $MnO_4^-$、$NO_3^-$ 和 $I_2$ 氧化性的强弱；② $S_2O_3^{2-}$ 和 $I^-$ 的还原性强弱。

（4）有 $Cu^{2+}$ 和 $Zn^{2+}$ 的混合溶液，试用一种简便的方法分离这两种离子。

（5）不同硝酸盐热分解产物有什么不同？

（6）如何鉴定 $PO_4^{3-}$、$NH_4^+$、$SO_4^{2-}$、$S_2O_3^{2-}$ 和 $H_2S$ 气体？

# 实验二十二　氯、溴、碘

## 一、实验目的

（1）掌握卤素的氧化性和卤素离子的还原性。
（2）掌握次氯酸及氯酸盐的性质。
（3）了解氯、溴、碘离子的分离鉴定方法。

## 二、实验原理

氯、溴、碘是元素周期表ⅦA族元素，在化合物中最常见的化合价为 $-1$，但在一定条件下也可生成化合价为 $+1$、$+3$、$+5$、$+7$ 的化合物。

卤素是氧化剂，它们的氧化性按下列顺序变化：

$$F_2 > Cl_2 > Br_2 > I_2$$

而卤素离子的还原性按相反顺序变化：

$$I^- > Br^- > Cl^- > F^-$$

例如,HI 能将浓 $H_2SO_4$ 还原到 $H_2S$,HBr 可将浓 $H_2SO_4$ 还原为 $SO_2$,而 HCl 则不能还原浓 $H_2SO_4$。

氯的水溶液称为氯水。由于氯水中存在下列平衡:

$$Cl_2 + H_2O \rightleftharpoons HCl + HClO$$

所以将氯通入冷的碱溶液中,可使上述平衡向右移动,生成次氯酸盐。次氯酸和次氯酸盐都是强氧化剂。氯酸盐在中性溶液中,没有明显的氧化性,但在酸性介质中能表现出明显的氧化性。

$Cl^-$、$Br^-$、$I^-$ 能与 $AgNO_3$ 作用,分别生成 AgCl(白色)、AgBr(淡黄色)、AgI(黄色)沉淀,它们都不溶于稀 $HNO_3$ 中。AgCl 在氨水、$(NH_4)_2CO_3$ 溶液、$AgNO_3$-$NH_3$ 溶液中,由于生成配离子$[Ag(NH_3)_2]^+$ 而溶解,反应式如下:

$$AgCl + 2NH_3 \rightleftharpoons [Ag(NH_3)_2]^+ + Cl^-$$

利用这个性质,可以将 AgCl 与 AgBr、AgI 分离。在分离 AgBr、AgI 后的溶液中,再加入 $HNO_3$ 酸化,则 AgCl 又重新沉淀,反应式如下:

$$[Ag(NH_3)_2]^+ + Cl^- + 2H^+ \rightleftharpoons AgCl\downarrow + 2NH_4^+$$

$Br^-$ 和 $I^-$ 可以被氯水氧化为 $Br_2$ 和 $I_2$,如用 $CCl_4$ 萃取,$Br_2$ 在 $CCl_4$ 层中呈橙黄色,$I_2$ 在 $CCl_4$ 层中呈紫色,据此可鉴定 $Br^-$ 和 $I^-$。

### 三、实验仪器与试剂

1. 仪器

pH 试纸、滤纸条、离心试管、KI-淀粉试纸、$Pb(Ac)_2$ 试纸。

2. 试剂

(1) NaCl、KBr、KI、锌粉。
(2) $H_2SO_4$(浓、1∶1、1 mol·$L^{-1}$)、HCl(浓、2 mol·$L^{-1}$)、$HNO_3$(2 mol·$L^{-1}$)。
(3) NaOH(2 mol·$L^{-1}$)、氨水(6 mol·$L^{-1}$)。
(4) KI、NaCl、KBr、$AgNO_3$、$Pb(Ac)_2$、$Na_2S_2O_3$(均为 0.1 mol·$L^{-1}$),$KClO_3$(饱和),$(NH_4)_2CO_3$(12%)或 $AgNO_3$-$NH_3$ 溶液。
(5) 氯水、淀粉溶液、品红溶液、$CCl_4$。

### 四、实验步骤

1. 卤化氢还原性比较

在 3 支试管中分别加入少量 NaCl、KBr、KI 固体,然后加入数滴浓 $H_2SO_4$,观察试管中颜色的变化。选用 pH 试纸、KI-淀粉试纸、$Pb(Ac)_2$ 试纸检验产生的气体,根据实验现象分析产物,进而对 HCl、HBr、HI 的还原性进行比较,并写出反应式。

2. 次氯酸盐的性质

取 2 mL 氯水,逐滴加入 NaOH 至溶液呈碱性(pH=8～9)。将所得溶液分盛于 3 支试管中,分别进行以下试验:

(1) 加入数滴 2 mol·L$^{-1}$ HCl,用 KI-淀粉试纸检验放出的氯气。
(2) 加入 KI 溶液,再加淀粉溶液数滴,观察实验现象。
(3) 加入数滴品红溶液,观察品红颜色的变化。

根据上面的试验说明 NaClO 具有什么性质,并写出以上各试验的反应式。

3. 氯酸盐的性质

(1) 在饱和 KClO$_3$ 溶液中加入少量浓 HCl,试证明有氯气产生,写出反应式。
(2) 取少量 0.1 mol·L$^{-1}$ KI 溶液,加入少量饱和 KClO$_3$ 溶液,再逐滴加入 1∶1 H$_2$SO$_4$ 并不断振荡试管,观察溶液先呈黄色(I$_3^-$),后变为紫黑色(I$_2$ 析出),最后变成无色(IO$_3^-$)。由此说明介质对 KClO$_3$ 氧化性的影响,写出每步反应式,并比较 HIO$_3$ 与 HClO$_3$ 的氧化性强弱。

4. 卤素离子的分离和鉴定

(1) 分别取 2～3 滴浓度均为 0.1 mol·L$^{-1}$ 的 NaCl、KBr、KI 溶液于 3 支离心试管中,加 1～2 滴 6 mol·L$^{-1}$ HNO$_3$,再滴加 AgNO$_3$ 溶液,观察 Cl$^-$、Br$^-$、I$^-$ 产生沉淀的现象。

(2) 取 Cl$^-$、Br$^-$、I$^-$ 混合液 6～8 滴于离心试管中,加 2～3 滴 6 mol·L$^{-1}$ HNO$_3$,水浴加热,加 AgNO$_3$ 至沉淀完全。离心分离,弃去上层溶液,沉淀(AgCl、AgBr、AgI)用少量蒸馏水洗涤。洗液弃去,再加 AgNO$_3$-NH$_3$ 溶液 6～8 滴,温热并搅拌,离心分离。

(i) 取清液加几滴 1 mol·L$^{-1}$ HNO$_3$ 酸化,生成白色沉淀,表明存在 Cl$^-$,也可以进一步验证,即再离心分离,用水洗涤沉淀 2 次,加 2～3 滴 Na$_3$AsO$_3$ 溶液,生成黄色沉淀,确定 Cl$^-$ 的存在。

(ii) 上述沉淀用 HNO$_3$ 酸化,加少量水及锌粉,搅拌 1 min,离心分离,弃去沉淀物,离心液加 1 mol·L$^{-1}$ H$_2$SO$_4$ 酸化,加 CCl$_4$ 数滴,并加氯水振荡,CCl$_4$ 层呈紫色,表示有 I$^-$。继续加氯水振荡,CCl$_4$ 层呈橙黄色,表示有 Br$^-$。

5. X$^-$(Cl$^-$、Br$^-$、I$^-$)的分离和鉴定

取一份 Cl$^-$、Br$^-$、I$^-$ 的未知溶液(可能含有 Cl$^-$、Br$^-$、I$^-$),分离和鉴定此溶液中存在的离子。

**五、实验注意事项**

(1) 卤化氢还原性实验中,NaX 用量只需两颗米粒大小。当反应进行到看清现象后,应在试管中加 NaOH 中和未反应的酸,以免污染空气。

(2) 用氯水检验 Br$^-$ 的存在时,如加入过量氯水,则反应产生的 Br$_2$ 将进一步被氧化

为 BrCl 而使橙黄色变为淡黄色,影响 $Br^-$ 的检出。

(3) AgCl 能溶于氨水,AgBr 能部分溶于氨水,AgI 则不溶于氨水。如用 $(NH_4)_2CO_3$ 溶液处理 AgCl、AgBr、AgI 沉淀时,由 $(NH_4)_2CO_3$ 水解而得的 $NH_3$ 能使 AgCl 溶解,而不能使 AgBr 和 AgI 溶解。如用 $AgNO_3$-$NH_3$ 溶液处理 AgCl、AgBr、AgI,由于混合溶液中除 $NH_3$ 外,还含有 $[Ag(NH_3)_2]^+$ 配离子,后者正是卤化银溶于 $NH_3$ 溶液时的反应产物。例如

$$AgBr + 2NH_3 \Longleftrightarrow [Ag(NH_3)_2]^+ + Br^-$$

混合液内 $[Ag(NH_3)_2]^+$ 配离子使上述反应向左移动,因而使 AgBr 的溶解度更为降低,AgBr 几乎完全不溶。反之,由于 AgCl 的溶解度较大,仍能部分溶于 $AgNO_3$-$NH_3$ 混合液中,因此 AgCl 与 AgBr、AgI 分离。酸化混合液时,AgCl 重新析出。

### 六、实验思考题

(1) $H_2SO_4$ 浓度对检验 HX 还原性有什么影响?
(2) 用 pH 试纸检验气体时,为什么必须将 pH 试纸用蒸馏水湿润?
(3) 在离子分离和鉴定中需要几次加酸,酸化的目的是什么?如何选择酸($HNO_3$、$H_2SO_4$、HCl)?
(4) 请设计可行方案,鉴定两组白色固体。
   A 组:NaCl、NaBr、$KClO_3$
   B 组:KClO、$KClO_3$、$KClO_4$
(5) 如何分离 $Br^-$ 和 $I^-$?
(6) 溶液 A 中加入 NaCl 溶液后有白色沉淀 B 析出,B 可溶于氨水,得溶液 C,把 NaBr 溶液加入 C 中则产生浅黄色沉淀 D,D 见光后易变黑,D 可溶于 $Na_2S_2O_3$ 中得到 E,在 E 中加 NaI 则有黄色沉淀 F 析出,自溶液中分离出 F,加少量 Zn 粉煮沸,加 HCl 除 Zn 粉得固体 G,将 G 自溶液中分离出来,加 $HNO_3$ 得溶液 A。判断 A~G 各为何物,写出实验过程中有关反应式。

## 实验二十三 碱金属和碱土金属

### 一、实验目的

(1) 比较碱金属、碱土金属的活泼性。
(2) 比较碱土金属氢氧化物及其盐的溶解度。
(3) 了解焰色反应的操作并熟悉使用金属钾、钠、汞的安全措施。
(4) 学习碱金属和碱土金属离子鉴定方法。
(5) 熟悉碱金属和碱土金属混合离子分离分析方法。

### 二、实验原理

碱金属和碱土金属分别为元素周期表ⅠA和ⅡA族元素,均为活泼金属元素,碱土

金属的活泼性仅次于碱金属。钠和钾与水作用都很激烈,而镁和水作用很慢,这是由于表面形成一层难溶于水的氢氧化镁,阻碍了金属镁与水的作用。

钠能溶于汞中,生成钠汞齐,当钠含量在1%以下时呈液态,在1%～2.5%时呈面团状,2.5%以上时为银白色固体。

钠汞齐和水接触时,其中汞仍保持其惰性,钠则同水作用生成氢氧化钠并放出 $H_2$,反应式如下:

$$Na + xHg = NaHg_x$$
$$2NaHg_x + 2H_2O = 2NaOH + 2xHg\downarrow + H_2\uparrow$$

由于汞是不活泼金属,减缓了钠的活泼性,所以钠汞齐与水反应要比纯钠与水反应进行得缓慢安全,根据这一性质,钠汞齐在有机合成上作还原剂。

碱金属的盐一般易溶于水,仅少数难溶,如钴亚硝酸钠钾 $K_2Na[Co(NO_2)_6]$、乙酸铀酰锌钠 $Na_2Zn(UO_2)_2(Ac)_9 \cdot 9H_2O$ 等。而碱土金属硫酸盐、乙二酸盐、碳酸盐、铬酸盐等都为难溶盐。金属钠易与空气中的氧作用生成浅黄色 $Na_2O_2$,其水溶液呈碱性,且不稳定,产生氧气,反应式如下:

$$Na_2O_2 + 2H_2O = 2NaOH + H_2O_2$$
$$2H_2O_2 = 2H_2O + O_2\uparrow$$

碱金属和碱土金属及其挥发性的化合物在高温火焰中可放出一定波长的光,使火焰呈特征颜色。例如,钠呈黄色,钾、铷、铯呈紫色,锂呈红色,钙呈砖红色,锶呈洋红色,钡呈黄绿色。利用焰色反应可鉴别碱金属和碱土金属的离子。

$K^+$、$Na^+$、$Mg^{2+}$ 的氯化物、硫化物、氢氧化物和碳酸盐等均溶于水,而各自均有选择性较好的鉴定反应,所以,其混合溶液可以在不分离的情况下,分别分析。

$Ca^{2+}$、$Sr^{2+}$、$Ba^{2+}$ 均能在 $NH_4Cl$ 和氨水存在下(pH=9),与 $(NH_4)_2CO_3$ 反应生成白色的 $CaCO_3$、$SrCO_3$、$BaCO_3$ 沉淀,沉淀可溶于 $HAc$、$HCl$ 和 $HNO_3$ 中。在 HAc-NaAc 溶液中(pH=4～5),$Ba^{2+}$ 与 $K_2Cr_2O_7$ 反应生成黄色的 $BaCrO_4$ 沉淀,而 $Ca^{2+}$、$Sr^{2+}$ 不生成沉淀,据此可以将 $Ba^{2+}$ 与 $Ca^{2+}$、$Sr^{2+}$ 分离。

可以用玫瑰红酸钠分离 $Ca^{2+}$ 和 $Sr^{2+}$,即在 pH=6～7 介质中,玫瑰红酸钠与 $Ca^{2+}$ 生成沉淀,而 $Sr^{2+}$ 不生成沉淀。

### 三、实验仪器与试剂

1. 仪器

烧杯、滴管、漏斗、滤纸、砂纸、玻璃棒。

2. 试剂

(1) $Na_2O_2$、钠、镁条、铂丝或镍铬丝、$(NH_4)_2CO_3$ 固体。

(2) $H_2SO_4$(1 mol·L$^{-1}$)、HCl(浓、2 mol·L$^{-1}$)、HAc(2 mol·L$^{-1}$)。

(3) NaOH(2 mol·L$^{-1}$,新配)、$NH_3 \cdot H_2O$(2 mol·L$^{-1}$)。

(4) NaAc、$KNO_3$、$MgCl_2$、$CaCl_2$、$BaCl_2$、$K_2CrO_4$、$KMnO_4$(均为 0.1 mol·L$^{-1}$),$CaCl_2$、

$Na_2CO_3$、$Na_2SO_4$(均为 1 mol·$L^{-1}$)、$(NH_4)_2C_2O_4$(饱和)、$(NH_4)_2SO_4$(饱和)、乙酸铀酰锌(饱和)、钴亚硝酸钠(饱和)。

(5) 酚酞指示剂、pH 试纸、百里酚蓝指示剂、溴百里酚蓝指示剂、镁试剂Ⅰ(对硝基苯偶氮间苯二酚)、铬黑 T。

(6) $NH_4Cl$ (2 mol·$L^{-1}$)、HAc-NaAc 溶液(pH=4~5)、$K_2Cr_2O_7$(0.5 mol·$L^{-1}$)、NaAc(饱和)、玫瑰红酸钠(5 g·$L^{-1}$)、$KMnO_4$(0.05 mol·$L^{-1}$)、$H_2O_2$(3%)、乙二醛缩双(邻氨基苯酚)(GBHA)试液(2 g·$L^{-1}$)、$CHCl_3$、甲醛。

## 四、实验步骤

**1. 碱金属、碱土金属活泼性比较**

(1) 用镊子取一小块金属钠,用滤纸吸干表面煤油,放入盛水的烧杯中,观察现象并检验反应后的溶液酸碱性。写出反应式。

(2) 取一小段镁条,用砂纸擦去表面氧化物,放入盛水小烧杯中,观察现象。然后加热至沸,再观察现象,并检验反应后溶液的酸碱性。写出反应式。

通过上述实验现象比较ⅠA、ⅡA族元素的活泼性。

**2. 钠汞齐的生成和钠汞齐与水反应**

(1) 用带有钩嘴的滴管吸取 1 滴汞置于小坩埚中(注意切勿带进水!),再用镊子取一小块金属钠,用滤纸吸干其表面的煤油,然后放在汞上,并用玻璃棒将钠压入汞滴内。由于反应放热,可能发生闪光和响声(注意安全)。

(2) 将所有钠汞齐转入盛有少量水的烧杯中,并进行以下试验:①检验溶液的酸碱性;②当反应开始时立即用一漏斗倒扣于烧杯上,并用一小试管用排气法收集生成气体,取下试管,用燃烧着的火柴检验生成的气体。注意钠汞齐中的钠和水反应必须完全,然后将余下的汞回收。

(3) 对比钠汞齐和金属钠与水反应的异同点,写出钠汞齐与水的反应式。

**3. 过氧化钠的生成和性质**

(1) 用镊子取一块绿豆大小的金属钠用滤纸吸干其表面煤油,立即置于坩埚中加热,当钠刚开始燃烧时停止加热,观察反应现象和产物的颜色及状态,写出反应式。

(2) 将上述制得的少量 $Na_2O_2$ 固体置于试管中加入少量水,不断搅拌,用 pH 试纸检验溶液的酸碱性。将溶液加热,观察是否有气体产生,并检验该气体是什么。写出反应式。根据实验现象说明 $Na_2O_2$ 的性质。

**4. 碱金属和碱土金属的难溶盐**

1) 钠和钾难溶盐的生成

分别取少量 NaAc 和 $KNO_3$ 溶液,前者用 HAc 酸化,再加 1 mL 饱和乙酸铀酰锌,后者直接加入饱和钴亚硝酸钠,观察产物的颜色和状态,写出反应式。此反应常用于 $Na^+$ 和 $K^+$ 的鉴定。

2) 碱土金属的难溶盐

（1）取少量 $MgCl_2$、$CaCl_2$、$BaCl_2$ 溶液，分别加入几滴 $Na_2SO_4$ 溶液，观察有无沉淀产生。如有沉淀产生，取少量沉淀加入饱和$(NH_4)_2SO_4$ 溶液，观察沉淀是否溶解，并比较 $MgSO_4$、$CaSO_4$、$BaSO_4$ 在 $(NH_4)_2SO_4$ 溶液中的溶解性。

（2）取少量 $MgCl_2$、$CaCl_2$、$BaCl_2$ 溶液，分别加入饱和$(NH_4)_2C_2O_4$，观察有无沉淀产生。若有沉淀产生，则分别试验沉淀与 $2\ mol \cdot L^{-1}$ HAc 和 $2\ mol \cdot L^{-1}$ HCl 的反应，写出反应式。并比较三种乙二酸盐的溶解度。

（3）取少量 $CaCl_2$、$BaCl_2$ 溶液，分别加入 $K_2CrO_4$ 溶液，观察现象并试验产物与 $2\ mol \cdot L^{-1}$ HAc 和 $2\ mol \cdot L^{-1}$ HCl 溶液的反应，写出反应式。

（4）在 $MgCl_2$ 溶液中加入少量和过量 $Na_2CO_3$ 溶液，观察现象。然后另取 $CaCl_2$、$BaCl_2$ 溶液分别加入 $Na_2CO_3$ 溶液，观察现象，并试验所得沉淀与 $2\ mol \cdot L^{-1}$ HAc 反应的情况。

5. 碱土金属氢氧化物溶解度的比较

（1）取少量 $MgCl_2$、$CaCl_2$、$BaCl_2$ 溶液，分别加入 $NH_3 \cdot H_2O$，观察有无沉淀产生。

（2）取少量 $MgCl_2$、$CaCl_2$、$BaCl_2$ 溶液，分别加入新配制（不含 $CO_3^{2-}$）的 $2\ mol \cdot L^{-1}$ NaOH 溶液，观察有无沉淀产生。

根据实验结果比较镁、钙、钡氢氧化物溶解度的大小。

6. 碱金属离子鉴定与分析

$K^+$ 和 $Na^+$ 的常见化合物易溶于水，在试液分析时，可以将其他离子沉淀，之后进行分别鉴定分析。

1）$K^+$ 的鉴定

（1）$Na_3Co(NO_2)_6$ 试法。

于点滴板上放 1 滴试液，以 $6\ mol \cdot L^{-1}$ HAc 酸化，加 1 滴 $Na_3Co(NO_2)_6$ 试剂，搅拌，如有黄色 $K_2NaCo(NO_2)_6$ 沉淀生成，示有 $K^+$ 存在。

在混合离子试液分析中，如原试液中有 $NH_4^+$ 及其他干扰离子，则需先取试液于坩埚中，加热蒸发至干，然后灼烧至不冒白烟（$NH_4NO_3$ 除外）以除去铵盐，并使其他干扰物质变为不溶氧化物，加水数滴煮沸，离心沉降。吸取部分离心液，检查 $NH_4^+$ 是否已完全除尽。如已除尽，则按上法鉴定。

（2）四苯硼化钠试法。

取 1 滴试液于黑色点滴板上，加 2 滴四硼苯化钠，生成白色沉淀，示有 $K^+$。

$NH_4^+$ 存在时用灼烧法除去，其他重金属离子的干扰可在 pH＝5 时加 EDTA 掩蔽。$Ag^+$ 的干扰可以用 HCl 沉出或加 NaCN 掩蔽。

2）$Na^+$ 的鉴定

在离心管中放 1 滴试液，尽量中和至接近中性，加 1 滴 $6\ mol \cdot L^{-1}$ HAc、8 滴乙酸铀酰锌试剂和 5～6 滴乙醇搅拌，如生成柠檬黄色 $NaAc \cdot Zn(Ac)_2 \cdot 3UO_2(Ac)_2 \cdot 9H_2O$ 沉淀，示有 $Na^+$。

在复杂试液分析时,若有大量干扰离子存在时,可取原试液加饱和 $Ba(OH)_2$ 至呈碱性,然后加 $(NH_4)_2CO_3$,离心沉降,离心液在坩埚中灼烧除去铵盐,并使其他干扰物质变为不溶氧化物。残渣以水煮沸,离心沉降,取离心液按上述方法进行鉴定。

$K^+$ 的浓度超过 $5\ mg \cdot mL^{-1}$ 时,应将试液稀释 1 倍进行鉴定。必要时在显微镜下观察晶形,以鉴定 $K^+$ 或 $Na^+$ 的存在。

7. 碱土金属离子鉴定与分析

1) 鉴定反应

(1) $Ba^{2+}$ 的鉴定。

(i) 玫瑰红酸钠试法。

取 1 滴 $Ba^{2+}$ 的中性或微酸性试液于滤纸上,加 1 滴新配制的玫瑰红酸钠,如出现红棕色斑点,加 $0.5\ mol \cdot L^{-1}$ HCl 后转为桃红色,示有 $Ba^{2+}$。

在分析混合离子试液时,为消除干扰离子,可将试液转为氨性,以 Zn 粉除去。$Fe^{3+}$ 的干扰可加 $NH_4F$ 掩蔽。

(ii) $K_2CrO_4$ 试法。

取 1 滴 $Ba^{2+}$ 试液于黑色点滴板上,以 1 滴 $6\ mol \cdot L^{-1}$ HAc 酸化,加 1 滴 NaAc、1 滴 $K_2CrO_4$,如生成黄色结晶形 $BaCrO_4$ 沉淀,示有 $Ba^{2+}$。

以铂丝蘸取沉淀及浓 HCl,在无色火焰上灼烧,火焰显黄绿色,进一步证实 $Ba^{2+}$ 的存在。其他干扰离子可在氨性条件下用 Zn 粉除去。

(2) $Sr^{2+}$ 的鉴定。

(i) 玫瑰红酸钠试法。

在滤纸上取 1 滴 $Sr^{2+}$ 的中性试液,加 1 滴玫瑰红酸钠,如出现红棕色斑点,加 $0.5\ mol \cdot L^{-1}$ HCl 又消失,示有 $Sr^{2+}$。

另取一小块滤纸,以 $K_2CrO_4$ 浸泡并晾干,滴加 1 滴 $Ba^{2+}$、$Sr^{2+}$ 混合试液,稍干,在斑点边缘处滴加 1 滴玫瑰红酸钠,如生成红棕色斑点,或边缘变为红棕色,示有 $Sr^{2+}$。其他干扰离子可在氨性条件下用 Zn 粉除去。

(ii) 火焰试法。

以铂丝反复蘸取 $Sr^{2+}$ 的试样及浓 HCl,出现猩红色火焰示有 $Sr^{2+}$。

(3) 钙的鉴定。

(i) $(NH_4)_2C_2O_4$ 试法。

在离心管中放数滴试液,加 2~3 滴 $(NH_4)_2C_2O_4$,生成白色 $CaC_2O_4$ 沉淀,示有 $Ca^{2+}$。以铂丝蘸取 $CaC_2O_4$ 及浓 HCl,焰色反应为砖红色,进一步证实 $Ca^{2+}$ 的存在。

(ii) 乙二醛缩双(邻氨基苯酚)(GBHA)试法。

取 1 滴试液于离心管中,加 4 滴试剂、1 滴 $6\ mol \cdot L^{-1}$ NaOH 和 1 滴 $3\ mol \cdot L^{-1}$ $Na_2CO_3$,然后以 3~4 滴 $CHCl_3$ 萃取。为加速分层,可补加几滴水。如 $CHCl_3$ 层显红色,示有 $Ca^{2+}$。

(4) $Mg^{2+}$ 的鉴定。

取 1 滴 $Mg^{2+}$ 试液于点滴板上,加 1 滴 $6\ mol \cdot L^{-1}$ NaOH、1 滴镁试剂Ⅰ,如出现天蓝

色沉淀,示有 $Mg^{2+}$。

分析复杂试液时,如有其他干扰离子存在,可取 4~5 滴试液,加少量 Zn 粉共热,离心分离后,在离心液中加 $NH_3$ 至呈氨性,然后加 2 滴 $NH_4Cl$,以 pH 试纸检查,pH 应调至 9~10。滴加 5~8 滴 TAA,加热 10 min,离心沉降。取 1 滴离心液于点滴板上,加 1 滴 6 mol·$L^{-1}$ NaOH,搅拌,尽量使 $NH_3$ 逸出,然后加 1 滴镁试剂 I,如出现天蓝色沉淀,示有 $Mg^{2+}$。

2）混合物的分析

（1）$Ba^{2+}$、$Sr^{2+}$、$Ca^{2+}$ 的沉淀与溶解。

取 $Ba^{2+}$、$Sr^{2+}$、$Ca^{2+}$ 储备试液各 5 滴混合,加 5 滴 $NH_4Cl$ 溶液,在水浴上加热至 50~70℃,然后加 5 滴 $(NH_4)_2CO_3$（含 3 mol·$L^{-1}$ $NH_3$）,搅拌,再加热,稍放置使沉淀陈化后,离心沉降。在上层清液中加 1 滴 $(NH_4)_2CO_3$,证实沉淀确已完全,然后吸出离心液按（5）分析。

沉淀以热水洗涤 2 次,然后加 6 mol·$L^{-1}$ HAc 至刚好溶解,再多加 3 滴。

（2）钡的鉴定和分离。

取（1）所得溶液 1 滴于黑色点滴板上,加 1 滴 NaAc、1 滴 $K_2CrO_4$,如有黄色 $BaCrO_4$ 沉淀,示有 $Ba^{2+}$。

以铂丝蘸取沉淀和浓 HCl,在无色火焰上灼烧,焰色反应是黄绿色,进一步证实 $Ba^{2+}$ 的存在。

$Ba^{2+}$ 存在时,取（1）的全部溶液加 5 滴 NaAc,加 $K_2CrO_4$ 至沉淀完全后再多加 1~2 滴。若 $Ba^{2+}$ 不存在,可省去加 $K_2CrO_4$ 分离的手续,直接按（3）研究。

（3）锶与钙的沉淀、溶解和锶的鉴定。

在（2）所得的溶液中加入固体 $Na_2CO_3$ 至呈碱性,水浴加热 2~3 min,促使锶、钙的碳酸盐沉淀生成。稍放置后,离心沉降,以含 $(NH_4)_2CO_3$ 的水溶液洗涤沉淀,再加 3 mol·$L^{-1}$ HAc 溶解。

取 1 滴上述溶液于滤纸上,加 1 滴玫瑰红酸钠,$Sr^{2+}$ 存在时生成红棕色斑点,加 0.5 mol·$L^{-1}$ HCl 则消失。

另以铂丝反复蘸取试液并烘干,然后蘸取浓 HCl,在无色火焰上灼烧,火焰显猩红色,进一步证实有 $Sr^{2+}$。

（4）钙与锶的分离及钙的鉴定。

$Sr^{2+}$ 存在时,向（3）的溶液中加入 4~6 滴饱和 $(NH_4)_2SO_4$,在沸水浴上加热 10~15 min,促使 $SrSO_4$ 沉淀的生成。离心分离,离心液中加 4~5 滴 $(NH_4)_2C_2O_4$,如有白色 $CaC_2O_4$ 沉淀,示有 $Ca^{2+}$。

以浓 HCl 润湿 $CaC_2O_4$,作焰色反应,$Ca^{2+}$ 存在时火焰显砖红色。

（5）镁的鉴定。

常见镁盐易溶于水,可以取 $Ba^{2+}$、$Sr^{2+}$、$Ca^{2+}$ 各组分沉淀后的清液直接鉴定。

## 五、实验注意事项

（1）$CaSO_4$ 在浓 $(NH_4)_2SO_4$ 溶液中能生成可溶性配合物 $(NH_4)_2[Ca(SO_4)_2]$ 而溶

解，$BaSO_4$ 不溶。

（2）$MgCl_2$ 与少量 $Na_2CO_3$ 作用首先生成 $Mg_2(OH)_2CO_3$ 白色沉淀，加入过量 $Na_2CO_3$ 后，由于生成 $[Mg(CO_3)_2]^{2-}$ 配离子而使沉淀溶解。

## 六、实验思考题

（1）金属钠为什么应储存在煤油中？汞为什么不能任意散失？汞应如何储存？

（2）钠汞齐制备时为什么汞滴内不能带进水？如有水滴对实验将有什么影响？

（3）取用金属钠和汞时应注意哪些安全措施？

（4）如不慎将汞撒落在地，可采用什么方法处理？

（5）$Na_2O_2$ 水溶液中加入 $KMnO_4$ 溶液，结果使紫红色 $KMnO_4$ 颜色褪去，还有其他什么现象产生？为什么？

（6）为什么能够根据其能否溶于 HAc 或 HCl 溶液中比较 $CaC_2O_4$、$BaC_2O_4$ 和 $CaCrO_4$、$BaCrO_4$ 溶解度的相对大小？

（7）为什么在试验 $Mg(OH)_2$、$Ca(OH)_2$、$Ba(OH)_2$ 的溶解度时所用的 NaOH 溶液必须是新配的？若以 $Ba(OH)_2$ 代替 NaOH 效果是否更好？为什么？

（8）$MgCl_2$ 溶液加入 $NH_3 \cdot H_2O$ 时，生成 $Mg(OH)_2$ 和 $NH_4Cl$，而 $Mg(OH)_2$ 沉淀又能溶于饱和 $NH_4Cl$ 溶液，为什么？

（9）沉淀 $BaCrO_4$ 的适宜 pH 是多少？如何维持这一 pH？若 pH 过高，对 $Ba^{2+}$ 的鉴定有什么影响？

（10）试以一种试剂分离下列各对物质：
① $CaCO_3$，$BaC_2O_4$；② $SrSO_4$，$BaCrO_4$；③ $CaSO_4$，$BaSO_4$；
④ $BaSO_4$，$PbSO_4$；⑤ $PbCrO_4$，$BaCrO_4$；⑥ $CaCO_3$，$MgCO_3$。

（11）在焰色反应实验中，为什么在试样中常要加入浓 HCl？

（12）鉴定 $K^+$ 时产生下列错误的可能原因是什么？怎样解决？
① 原试液无 $K^+$，却鉴定有 $K^+$；
② 原试液有 $K^+$，却鉴定无 $K^+$。

（13）鉴定 $Na^+$ 时，为什么 1 滴试液要加 8 滴乙酸铀酰锌？为什么要加入乙醇？$K^+$ 的干扰怎样消除？

## 实验二十四　钛　和　钒

### 一、实验目的

（1）了解三价钛和四价钛化合物的性质。

（2）了解钒的主要化合物的性质。

### 二、实验原理

钛和钒分别为元素周期表ⅣB和ⅤB族元素。钛主要生成稳定的钛（Ⅳ）化合物，而钒(Ⅴ)化合物最稳定。

$TiO_2$ 呈白色,是一种白色颜料,俗称钛白。它既不溶于水也不溶于稀酸和稀碱溶液,与碱共熔时形成偏钛酸盐($Na_2TiO_3$),溶于热的浓硫酸中生成 $Ti(SO_4)_2$ 或 $TiOSO_4$,反应式如下:

$$TiO_2 + 2H_2SO_4 = Ti(SO_4)_2 + 2H_2O$$
$$TiO_2 + H_2SO_4 = TiOSO_4 + H_2O$$

钛酰离子(或钛氧基)在热水中按下式进行水解:

$$TiO^{2+} + H_2O = TiO_2 + 2H^+$$

钛酰离子与过氧化氢在酸性溶液中生成橙红色过氧钛酰离子,这是 $TiO^{2+}$ 的特征反应,用此反应可鉴别 $TiO^{2+}$,反应式如下:

$$TiO^{2+} + H_2O_2 = [Ti(O_2)]^{2+} + H_2O$$

钛(Ⅲ)可用锌将钛酰离子 $TiO^{2+}$ 还原而制得,反应式如下:

$$2TiO^{2+} + Zn + 4H^+ = 2Ti^{3+} + Zn^{2+} + 2H_2O$$

$Ti(H_2O)_6^{3+}$ 呈显紫色,$Ti^{3+}$ 具有较强的还原性。例如,$Ti^{3+}$ 能将 $Cu^{2+}$ 还原,反应式如下:

$$Ti^{3+} + Cu^{2+} + Cl^- + H_2O = CuCl\downarrow + TiO^{2+} + 2H^+$$

在空气中加热偏钒酸铵可制取五氧化二钒,反应式如下:

$$2NH_4VO_3 \xrightarrow{\triangle} V_2O_5 + 2NH_3\uparrow + H_2O\uparrow$$

$V_2O_5$ 是橙黄色或红棕色的晶体,微溶于水,具有两性,能溶于强酸中形成钒酰离子 $VO_2^+$(黄色),也能溶于强碱溶液中形成偏钒酸盐,反应式如下:

$$V_2O_5 + H_2SO_4 = (VO_2)_2SO_4 + H_2O$$
$$V_2O_5 + 2NaOH = 2NaVO_3 + H_2O$$

V(Ⅴ)化合物有较强的氧化性,在强酸性溶液中能将 $Cl^-$ 氧化为氯气,而本身被还原为蓝色 $VO^{2+}$,反应式如下:

$$V_2O_5 + 6H^+ + 2Cl^- = 2VO^{2+} + Cl_2 + 3H_2O$$

钒能生成许多低氧化值的化合物。例如,氯化钒酰($VO_2Cl$)在酸性溶液中可以被锌逐步还原而使溶液颜色由蓝色变为紫色,反应式如下:

$$2VO_2Cl + 4HCl + Zn = 2VOCl_2 + ZnCl_2 + 2H_2O(蓝色)$$
$$2VOCl_2 + 4HCl + Zn = 2VCl_3 + ZnCl_2 + 2H_2O(暗绿色)$$
$$2VCl_3 + Zn = 2VCl_2 + ZnCl_2(紫色)$$

偏钒酸盐也能与 $H_2O_2$ 在酸性溶液中生成棕红色的过氧钒离子 $[V(O_2)]^{3+}$ 的化合物,反应式如下:

$$NH_4VO_3 + H_2O_2 + 4HCl = V(O_2)Cl_3 + NH_4Cl + 3H_2O$$

这是钒的一种鉴定方法,若过氧化氢过量(或在碱性条件下),则转变为黄色的过氧钒酸

$[H_3V(O_2)O_3]$，其反应式表示为

$$V(O_2)Cl_3 + 3H_2O \xrightleftharpoons[H^+]{H_2O_2} H_3V(O_2)O_3 + 3HCl$$

### 三、实验仪器与试剂

1. 仪器

坩埚、烧杯、试管、滴管。

2. 试剂

(1) $TiO_2$、$NH_4VO_3$、锌粒。

(2) $H_2SO_4$(浓)、HCl(浓、2 mol·L$^{-1}$)。

(3) NaOH(6 mol·L$^{-1}$、40%)。

(4) $CuCl_2$(0.1 mol·L$^{-1}$)、$FeCl_3$(0.1 mol·L$^{-1}$)、$KMnO_4$(0.01 mol·L$^{-1}$)、$NH_4VO_3$(饱和)、$VO_2Cl$、$TiOSO_4$、$H_2O_2$(3%)。

(5) pH 试纸。

### 四、实验步骤

1. 钛的化合物

(1) 取少量 $TiO_2$ 固体，分别试验它在浓 $H_2SO_4$、浓 NaOH 中的溶解情况（如现象不明显可加热）。

(2) 钛(Ⅲ)化合物的生成和性质。

(i) 在自制硫酸氧钛溶液中加入一小粒锌，观察溶液颜色的变化。

(ii) 将上面所得溶液分装在两支试管中，分别加入 $FeCl_3$ 和 $CuCl_2$ 溶液，观察溶液颜色的变化，写出反应式。

根据上述现象，归纳钛(Ⅲ)的性质。

(iii) 过氧钛酸的生成：将过氧化氢和自制硫酸氧钛反应，观察反应产物的颜色。

2. 钒的化合物

1) 五氧化二钒的生成和性质

取少量偏钒酸铵固体放在坩埚中，小火加热并不断搅拌，观察固体颜色的变化以及产物的颜色和状态，然后把分解产物做如下实验：

(1) 取少量固体加浓 $H_2SO_4$，加热，观察固体是否溶解。把所得溶液稀释（如何稀释？），观察颜色的变化。

(2) 取少量固体加 6 mol·L$^{-1}$ NaOH，加热，观察颜色变化。

(3) 在少量固体中加少量蒸馏水煮沸，冷却后用 pH 试纸测其溶液的 pH。

(4) 取少量固体加浓 HCl，观察现象，煮沸，试证明有氯气放出，并观察溶液颜色，用水稀释，结果怎样？

根据以上实验总结五氧化二钒的性质。

2) 钒的各种氧化态的颜色

在 5 mL 氯化氧钒溶液中加入两粒锌粒,将溶液静置片刻,观察溶液颜色的变化。然后将上面所得溶液分成两份(一份 4 mL,一份 1 mL),较少一份留作比较,较多一份酸化后逐滴加入 $KMnO_4$ 溶液,边滴边振荡,直至溶液成暗绿色;将暗绿色溶液再分成两份,较少一份留作比较,较多一份继续滴加 $KMnO_4$ 溶液,直至溶液呈蓝色;将蓝色溶液再分成两份,一份留作比较,另一份继续滴加 $KMnO_4$ 溶液,直至溶液呈黄色。

归纳钒的各种氧化态的颜色,写出反应式。

3) 过氧钒酸的生成

取少量饱和 $NH_4VO_3$ 溶液,加入 HCl 酸化,然后加入 $H_2O_2$,观察反应产物的颜色,写出反应式。

**五、实验注意事项**

(1) 过氧钛酸必须要在强酸性溶液中形成,酸度降低时,钛(Ⅳ)盐溶液中加入 $H_2O_2$ 生成橘黄色的配合物 $[TiO(H_2O_2)]^{2+}$。

(2) 氯化钒酰在酸性溶液中被锌逐步还原为 +4、+3、+2 化合物,溶液颜色由蓝色→暗绿色→紫色变化,但颜色变化较慢,必须放置较长时间,并要求保持足够的酸度。

(3) $VCl_2$ 与 $KMnO_4$ 的反应必须保持足够酸度,如第一步反应得不到暗绿色 $VCl_3$,将影响以后几步的反应,反应式如下:

$$5VCl_2 + KMnO_4 + 8HCl = 5VCl_3(暗绿色) + MnCl_2 + 4H_2O + KCl$$

$$5VCl_3 + KMnO_4 + H_2O = 5VOCl_2(黄色) + KCl + MnCl_2 + 2HCl$$

$$5VOCl_2 + KMnO_4 + H_2O = 5VO_2Cl(黄色) + MnCl_2 + KCl + 2HCl$$

**六、实验思考题**

(1) 在 $TiOSO_4$ 溶液中加入 NaOH、$Na_2CO_3$ 或 $NH_3 \cdot H_2O$ 即有白色沉淀产生,这白色沉淀是什么?如何用实验证实?写出反应式。

(2) $Ti^{3+}$ 容易被空气中的氧所氧化,当溶液的酸度降低时更易氧化,为什么?

(3) 将偏钒酸铵加热可得何种钒的化合物?这种钒的化合物有哪些主要性质?

(4) 比较 $TiO_2$ 和 $V_2O_5$ 的酸碱性。

# 实验二十五　铬　和　锰

**一、实验目的**

(1) 掌握铬、锰各价态化合物的性质及它们之间相互转化的条件。

(2) 试验并掌握铬(Ⅵ)和锰(Ⅶ)的强氧化性以及与溶液介质的关系。

(3) 学习 $Cr^{3+}$ 和 $Mn^{2+}$ 的鉴定方法。

## 二、实验原理

铬和锰分别为元素周期表ⅥB和ⅦB族元素。铬化合物中铬的氧化值有+2、+3、+6,其中以+3、+6最常见,而铬(Ⅵ)总是以$CrO_4^{2-}$、$Cr_2O_7^{2-}$和$CrO_3$等形式存在。锰化合物中锰的氧化值分别为+2、+3、+4、+5、+6、+7,其中以+2、+4、+7最常见,+3、+5的化合物极不稳定。

铬、锰各种化合物有不同的颜色(表2-19)。

表2-19 铬、锰各种化合物的颜色

| 氧化值 | +2 | +3 | | +5 | +6 | | | +7 |
|---|---|---|---|---|---|---|---|---|
| 水合离子 | $Mn^{2+}$ | $Mn^{3+}$ | $Cr^{3+}$ | $MnO_3^-$ | $MnO_4^{2-}$ | $CrO_4^{2-}$ | $Cr_2O_7^{2-}$ | $MnO_4^-$ |
| 颜色 | 浅红 | 红 | 蓝紫 | 蓝 | 绿 | 黄 | 橙 | 紫红 |

$Cr^{3+}$的氢氧化物具有两性,溶液中的酸碱平衡表示如下:

$$Cr^{3+} + 3OH^- \rightleftharpoons Cr(OH)_3 \rightleftharpoons H_2O + HCrO_2 \rightleftharpoons H_2O + H^+ + CrO_2^-$$

$Cr^{3+}$盐易水解。

根据

$$Cr_2O_7^{2-} + 14H^+ + 6e^- \rightleftharpoons 2Cr^{3+} + 7H_2O \qquad \varphi_A^\ominus = 1.33V$$

$$CrO_4^{2-} + 2H_2O + 3e^- \rightleftharpoons CrO_2^- + 4OH^- \qquad \varphi_B^\ominus = -0.23V$$

可知酸性溶液中$Cr_2O_7^{2-}$为强氧化剂,易被还原为$Cr^{3+}$,而碱性溶液中$CrO_2^-$为较强还原剂,易被氧化为$CrO_4^{2-}$,反应式如下:

$$2CrO_2^- + 3H_2O_2 + 2OH^- \rightleftharpoons 2CrO_4^{2-} + 4H_2O$$

铬酸盐和重铬酸盐在水溶液中存在下列平衡:

$$2CrO_4^{2-} + 2H^+ \rightleftharpoons Cr_2O_7^{2-} + H_2O$$

上述平衡在酸性介质中向右移动,碱性介质向左移动。在酸性溶液中$Cr_2O_7^{2-}$与$H_2O_2$反应生成蓝色过氧化铬,反应式如下:

$$Cr_2O_7^{2-} + 4H_2O_2 + 2H^+ \rightleftharpoons 2CrO_5 + 5H_2O$$

这个反应常用来鉴定$Cr_2O_7^{2-}$或$Cr^{3+}$。

Mn(Ⅱ)在碱性溶液中易被空气氧化生成棕色$MnO_2$的水合物$MnO(OH)_2$,但在酸性溶液中相当稳定,必须用强氧化剂如$PbO_2$、$NaBiO_3$才能将其氧化为$MnO_4^-$。在中性或弱酸性溶液中$MnO_4^-$和$Mn^{2+}$反应生成棕色$MnO_2$沉淀,反应式如下:

$$2MnO_4^- + 3Mn^{2+} + 2H_2O \rightleftharpoons 5MnO_2 \downarrow + 4H^+$$

在强碱性溶液中$MnO_4^-$和$MnO_2$生成绿色$MnO_4^{2-}$,反应式如下:

$$2MnO_4^- + MnO_2 + 4OH^- \rightleftharpoons 3MnO_4^{2-} + 2H_2O$$

$MnO_4^{2-}$在中性或微碱性溶液中不稳定,发生歧化生成紫色$MnO_4^-$和棕色$MnO_2$,反应向左移动。$K_2MnO_4$和$KMnO_4$都为强氧化剂,其还原产物随介质不同而不同。例如,$MnO_4^-$在酸性介质中被还原为$Mn^{2+}$,在中性介质中被还原为$MnO_2$,而在强碱性介质中和少量还原剂作用时则被还原为 $MnO_4^{2-}$。

在硝酸溶液中，$Mn^{2+}$ 可被 $NaBiO_3$ 氧化为 $MnO_4^-$，通常利用此反应来鉴定 $Mn^{2+}$，反应式如下：

$$5NaBiO_3 + 2Mn^{2+} + 14H^+ = 2MnO_4^- + 5Bi^{3+} + 5Na^+ + 7H_2O$$

### 三、实验仪器与试剂

1. 仪器

烧杯、试管。

2. 试剂

（1）$MnO_2$、$NaBiO_3$。
（2）$H_2SO_4$（$1\ mol \cdot L^{-1}$）、$HCl$（$2\ mol \cdot L^{-1}$、$6\ mol \cdot L^{-1}$、浓）、$HNO_3$（$6\ mol \cdot L^{-1}$）。
（3）$NaOH$（$2\ mol \cdot L^{-1}$、$6\ mol \cdot L^{-1}$、40%）。
（4）$CrCl_3$、$K_2Cr_2O_7$、$Na_2SO_3$、$MnSO_4$（均为 $0.1\ mol \cdot L^{-1}$），$KMnO_4$（$0.01\ mol \cdot L^{-1}$）。
（5）$H_2O_2$（3%）、乙醚。

### 四、实验步骤

1. $Cr^{3+}$、$Mn^{2+}$ 氢氧化物的制备和性质

（1）制取 $Cr(OH)_3$、$Mn(OH)_2$，观察其颜色以及水中的溶解性。
（2）试验 $Cr(OH)_3$ 及 $Mn(OH)_2$ 的酸碱性以及在空气中的稳定性（能否被空气所氧化？），写出反应式。

2. 铬、锰重要化合物的性质

选择适当的试剂实现下列转化：

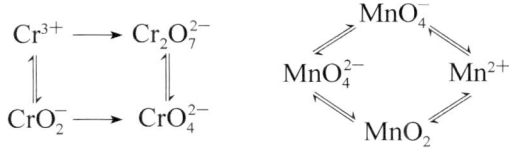

观察现象，写出反应式。总结上述铬、锰化合物的性质。

3. $Cr^{3+}$、$Mn^{2+}$ 的鉴定

（1）$Cr^{3+}$ 的鉴定。取 1～2 滴含有 $Cr^{3+}$ 的溶液，加入 $6\ mol \cdot L^{-1} NaOH$，使 $Cr^{3+}$ 转化为 $CrO_2^-$ 后，再过量 2 滴，然后加入 3 滴 3% $H_2O_2$，微热至溶液呈浅黄色。待试管冷却后，加入 0.5 mL 乙醚，然后慢慢滴入 $6\ mol \cdot L^{-1} HNO_3$ 酸化，振荡，在乙醚层出现深蓝色，示有 $Cr^{3+}$ 存在。

(2) $Mn^{2+}$ 的鉴定。取 1～2 滴含有 $Mn^{2+}$ 的溶液,加入数滴 6 mol·$L^{-1}$ $HNO_3$,然后加入少量 $NaBiO_3$ 固体,振荡,离心沉降,上层清液呈紫色,示有 $Mn^{2+}$ 存在。

### 五、实验注意事项

(1) 在试验 $Cr^{3+}$ 还原性时,如选择 $H_2O_2$ 为氧化剂,有时溶液会出现褐红色,这是生成过铬酸钠的缘故,反应式如下：

$$2CrCl_3 + 3H_2O_2 + 10NaOH = 2Na_2CrO_4(黄色) + 6NaCl + 8H_2O$$

$$2Na_2CrO_4 + 2NaOH + 7H_2O_2 = 2Na_3CrO_8(褐红色) + 8H_2O$$

过铬酸钠不稳定,加热易分解,溶液由褐红色转为黄色,反应式如下：

$$4Na_3CrO_8 + 2H_2O \xrightarrow{\triangle} 4NaOH + 7O_2 + 4Na_2CrO_4$$

因此为了得到明显的实验现象,必须严格控制 $H_2O_2$ 用量并加热。

(2) 在锰各种价态间的转化实验中,$MnO_4^{2-}$ 要自己制备(怎样制得?)。$MnO_4^{2-}$ 只存在于强碱性溶液中,当加酸酸化即生成紫色 $MnO_4^-$ 和棕色 $MnO_2$(如现象不明显,可加热)。

(3) $KMnO_4$ 的还原产物和介质的酸碱性有关,所以在检验 $KMnO_4$ 氧化性时,应先调节介质的酸碱性,后加还原剂。

### 六、实验思考题

(1) 在试验 $Mn(OH)_2$ 的酸碱性实验中,加入 $H_2SO_4$ 后仍可观察到棕黄色不溶物,是否说明 $Mn(OH)_2$ 显酸性?

(2) 在铬、锰不同价态化合物的转化反应中,哪些为氧化还原反应? 哪些为非氧化还原反应? 对氧化还原反应来讲,转化不仅要选择合适的氧化剂或还原剂,同时需选择介质。选择介质的原则是什么?

(3) 为什么 Cr(Ⅲ)离子在水溶液中可呈现不同的颜色(紫色、蓝绿色和绿色)?

(4) 选用何种氧化剂可将 $Cr^{3+}$ 直接氧化为 $Cr_2O_7^{2-}$?

(5) $CrCl_3$ 溶液与 $Na_2S$ 溶液作用产物是什么? 能否产生 $Cr_2S_3$?

(6) 请寻找下列实验失败的原因。

(i) 在 $Cr^{3+} \xrightarrow{NaOH+H_2O_2} CrO_4^{2-} \xrightarrow{H_2SO_4} Cr_2O_7^{2-}$ 转化反应中,甲同学最后得到的却是蓝绿色溶液,为什么?

(ii) $KMnO_4$ 为常见的氧化剂,在不同介质中分别被还原为 $Mn^{2+}$、$MnO_2$、$MnO_4^{2-}$,而乙同学在不同介质中都得到同一种还原产物 $MnO_2$,为什么?

(7) 如何从软锰矿($MnO_2 \cdot xH_2O$)制取 $K_2MnO_4$ 和 $KMnO_4$?

(8) 在 $Cr^{3+}$ 的鉴定中为什么要加乙醚? 在鉴定中为什么要先加热,而在加乙醚前又把溶液冷却?

(9) 怎样分离和鉴定 $Cr^{3+}$ 和 $Mn^{2+}$? 设计方案如何?

(10) 有一浅紫色晶体：

(i) 取少量晶体溶于水,溶液呈浅紫色。
(ii) 滴加 NaOH 溶液,先生成沉淀后沉淀溶解。
(iii) 将上述溶液滴加 3% $H_2O_2$,加热得黄色溶液。
(iv) 在黄色溶液中加浓 HCl,加热,得绿色溶液并有气体产生,此气体能使 KI-淀粉试纸变蓝。在此绿色溶液中加 Zn 粉,溶液呈浅蓝色,并有气泡逸出。
(v) 取紫色原溶液,加少量 $FeSO_4 \cdot 7H_2O$ 晶体,沿试管壁滴加浓 $H_2SO_4$,液层中出现深棕色。

通过以上各实验,确定此晶体的分子式,并写出各步实验的反应式。

## 实验二十六　铜、银、锌、镉、汞

### 一、实验目的

(1) 掌握铜、银、锌、镉、汞的氧化物或氢氧化物的酸碱性。
(2) 掌握铜、银、锌、镉、汞等金属离子形成配合物的特征以及铜和汞的氧化态变化。
(3) 学习铜、银、锌、镉、汞离子的鉴定方法。

### 二、实验原理

铜、银为元素周期表ⅠB族元素。锌、镉、汞属于ⅡB族元素。在化合物中,铜的常见氧化值为+1和+2,银的氧化值为+1,锌、镉、汞的氧化值一般为+2,汞还有氧化值为+1 的化合物。

$Cu(OH)_2$ 和 $Zn(OH)_2$ 显两性,$Cd(OH)_2$ 显碱性,$Cu(OH)_2$ 不太稳定,加热或放置而脱水变成 CuO,银和汞的氢氧化物极不稳定,极易脱水成为 $Ag_2O$、HgO、$Hg_2O$(HgO+Hg)。所以在银盐、汞盐溶液中加碱时,得不到氢氧化物,而生成相应的氧化物。

$Cu^{2+}$ 具有氧化性,与 $I^-$ 反应时生成白色 CuI 沉淀,反应式如下:
$$2Cu^{2+} + 4I^- = 2CuI\downarrow + I_2$$

CuI 能溶于过量的 KI 中生成 $[CuI_2]^-$ 配离子,反应式如下:
$$CuI + I^- = 2[CuI_2]^-$$

将 $CuCl_2$ 溶液和铜屑混合,加入浓 HCl,加热得棕黄色 $[CuCl_2]^-$ 配离子,反应式如下:
$$Cu^{2+} + Cu + 4Cl^- = 2[CuCl_2]^-$$

生成的 $[CuI_2]^-$ 与 $[CuCl_2]^-$ 都不稳定,将溶液加水稀释时,又可得到白色 CuI 和 CuCl 沉淀。

在铜盐溶液中加入过量 NaOH,再加入葡萄糖,则 $Cu^{2+}$ 能还原成 $Cu_2O$ 红色沉淀,反应式如下:
$$2Cu^{2+} + 4OH^- + C_6H_{12}O_6 \xrightarrow{\triangle} Cu_2O\downarrow + C_6H_{12}O_7 + 2H_2O$$

在银盐溶液中加入过量氨水,再用甲醛或葡萄糖还原,便可制得银镜,反应式如下:
$$2Ag^+ + 2NH_3 + H_2O = Ag_2O + 2NH_4^+$$
$$Ag_2O + 4NH_3 + H_2O = 2[Ag(NH_3)_2]^+ + 2OH^-$$
$$2[Ag(NH_3)_2]^+ + HCHO + 2OH^- = 2Ag\downarrow + HCOONH_4^+ + 3NH_3 + H_2O$$

$Cu^{2+}$、$Ag^+$、$Zn^{2+}$、$Cd^{2+}$ 与过量氨水反应时,分别生成氨配合物。但是 $Hg^{2+}$ 和 $Hg_2^{2+}$ 与氨水反应时,在没有大量 $NH_4^+$ 存在的情况下并不生成氨配离子,反应式如下:

$$HgCl_2 + 2NH_3 = HgNH_2Cl \downarrow (白色) + NH_4Cl$$

$$Hg_2Cl_2 + 2NH_3 = HgNH_2Cl \downarrow (白色) + Hg(黑色) + NH_4Cl$$

$$2Hg(NO_3)_2 + 4NH_3 + H_2O = HgO \cdot HgNH_2NO_3 \downarrow (白色) + 3NH_4NO_3$$

$$2Hg_2(NO_3)_2 + 4NH_3 + H_2O = HgO \cdot HgNH_2NO_3 \downarrow (白色)$$
$$+ 2Hg(黑色) + 3NH_4NO_3$$

$Hg^{2+}$、$Hg_2^{2+}$ 与 $I^-$ 作用,分别生成难溶于水的 $HgI_2$ 和 $Hg_2I_2$ 沉淀。红色 $HgI_2$ 易溶于过量 KI 中生成 $[HgI_4]^{2-}$,反应式如下:

$$HgI_2 + 2KI = K_2[HgI_4]$$

卤化银难溶于水,但可通过形成配合物而使之溶解。例如

$$AgCl + 2NH_3 = Ag(NH_3)_2^+ + Cl^-$$

$$AgBr + 2S_2O_3^{2-} = [Ag(S_2O_3)_2]^{3-} + Br^-$$

AgCl 溶于氨水,以硝酸酸化后又得到白色 AgCl 沉淀,依此可以鉴定 $Ag^+$。

$Cu^{2+}$ 能与 $K_4[Fe(CN)_6]$ 反应生成红棕色 $Cu_2[Fe(CN)_6]$ 沉淀,用来鉴定 $Cu^{2+}$,或者以铜离子在浓氨水呈深蓝色的特征鉴定铜离子。

$Zn^{2+}$ 在强碱性溶性溶液中与二苯硫腙反应生成粉红色螯合物,$Cd^{2+}$ 与 $H_2S$ 饱和溶液反应能生成黄色 CdS 沉淀,$Hg^{2+}$ 与 $SnCl_2$ 反应生成白色 $Hg_2Cl_2$、$HgCl_2$ 与过量 $SnCl_2$ 反应能生成黑色 Hg,反应式如下:

$$2HgCl_2 + SnCl_2 = Hg_2Cl_2 \downarrow + SnCl_4$$

$$Hg_2Cl_2 + SnCl_2 = 2Hg \downarrow + SnCl_4$$

利用上述特征反应可鉴定 $Zn^{2+}$、$Cd^{2+}$、$Hg^{2+}$。

### 三、实验仪器与试剂

1. 仪器

烧杯、试管。

2. 试剂

(1) 铜屑。

(2) HCl(浓、$2\ mol \cdot L^{-1}$)、$HNO_3$($2\ mol \cdot L^{-1}$、$6\ mol \cdot L^{-1}$)、$H_2SO_4$($1\ mol \cdot L^{-1}$)。

(3) NaOH($2\ mol \cdot L^{-1}$、$6\ mol \cdot L^{-1}$)、$NH_3 \cdot H_2O$($2\ mol \cdot L^{-1}$、$6\ mol \cdot L^{-1}$)。

(4) $CuSO_4$、$AgNO_3$、KBr、KI、$K_4[Fe(CN)_6]$、$Na_2S_2O_3$、NaCl、$FeCl_3$、$ZnSO_4$、$CdSO_4$、$Hg(NO_3)_2$、$HgCl_2$、$Hg_2(NO_3)_2$、$SnCl_2$(均为 $0.1\ mol \cdot L^{-1}$),$CuCl_2$($1\ mol \cdot L^{-1}$)、KI(饱和),KNCS(饱和)。

(5) 甲醛(2%)、葡萄糖(10%)、二苯硫腙溶液、$H_2S$(饱和)。

## 四、实验步骤

1. 氢氧化物或氧化物的酸碱性及氢氧化物的脱水性

（1）制取 $Cu^{2+}$、$Ag^+$、$Zn^{2+}$、$Cd^{2+}$、$Hg_2^{2+}$、$Hg^{2+}$ 的氢氧化物或氧化物，观察其颜色以及在水中的溶解性。

（2）试验氢氧化物或氧化物的酸碱性。

（3）试验并观察氢氧化物的脱水性。

将上述所观察到的现象及反应产物填入表 2-20，并对酸碱性及脱水性作出结论。

表 2-20　实验结果表 1

| | | $Cu^{2+}$ | $Ag^+$ | $Zn^{2+}$ | $Cd^{2+}$ | $Hg^{2+}$ | $Hg_2^{2+}$ |
|---|---|---|---|---|---|---|---|
| +NaOH（现象） | | | | | | | |
| 氢氧化物或氧化物 | +NaOH（现象） | | | | | | |
| | +酸（现象） | | | | | | |
| 结论 | 酸碱性 | | | | | | |
| | 脱水性 | | | | | | |

（4）写出两性氢氧化物与酸碱作用的反应式。

2. 铜、银、锌、镉、汞的盐类与氨水反应

（1）取一定量 $CuSO_4$、$AgNO_3$、$ZnSO_4$、$CdSO_4$、$Hg_2(NO_3)_2$、$Hg(NO_3)_2$ 溶液，分别加入少量氨水，观察沉淀的生成，然后加入过量氨水，观察沉淀是否溶解。

（2）归纳以上实验结果填入表 2-21。

表 2-21　实验结果表 2

| | $CuSO_4$ | $AgNO_3$ | $ZnSO_4$ | $CdSO_4$ | $Hg_2(NO_3)_2$ | $Hg(NO_3)_2$ |
|---|---|---|---|---|---|---|
| 氨水（少量）现象 产物 | | | | | | |
| 氨水（过量）现象 产物 | | | | | | |

3. $Ag^+$、$Hg^{2+}$、$Hg_2^{2+}$ 的其他配合物

（1）制取少量 $AgCl$、$AgBr$、$HgBr_2$、$HgI_2$、$Hg_2I_2$，观察这些卤化物的颜色和在水溶液中的溶解性。

（2）选择适当试剂使上述卤化物溶解，用平衡移动的原理解释溶解的原因，并写出反应式。

4. $Ag^+$、$Cu^{2+}$的氧化性和$Cu^+$配合物的生成

(1) 制取少量银镜，说明银离子的性质。

(2) 制取少量氧化亚铜，说明$Cu^{2+}$的性质。

(3) 用合适的试剂实现下列转化：

(i) $Cu^{2+} \xrightarrow{+[\ ]} CuI + I_2$ 溶液$\underset{洗去}{\overset{沉淀}{\longrightarrow}}$ 洗涤 $CuI \begin{cases} \xrightarrow{+[\ ]} [CuI_2]^- \xrightarrow{+[\ ]} CuI \downarrow \\ \xrightarrow{+[\ ]} [Cu(NCS)_2]^- \xrightarrow{+[\ ]} CuNCS \downarrow \end{cases}$

(ii) $Cu^{2+} \xrightarrow[\triangle]{+[\ ]+[\ ]} [CuCl_2]^- \xrightarrow{+[\ ]} CuCl \downarrow$

观察各步反应的现象，写出各步反应式，根据实验现象说明$Cu^{2+}$和$Cu^+$的性质以及$Cu^+$配合物形成的条件及其稳定性。

5. 离子的分离和鉴定

(1) 利用离子的特征反应鉴定$Cu^{2+}$、$Ag^+$、$Zn^{2+}$、$Cd^{2+}$、$Hg^{2+}$等离子。

(2) 试设计$Zn^{2+}$、$Cd^{2+}$、$Hg^{2+}$混合液的分离方案并逐个进行鉴定。

## 五、实验注意事项

(1) 制备$Cu^{2+}$、$Ag^+$、$Zn^{2+}$、$Cd^{2+}$、$Hg_2^{2+}$、$Hg^{2+}$的氢氧化物时，采用$2\ mol \cdot L^{-1}$ NaOH，且要缓慢滴加；在试验氢氧化物或氧化物的酸性时，采用$6\ mol \cdot L^{-1}$ NaOH。

(2) 二苯硫腙是溶于$CCl_4$中配制而成的（呈紫色），在强碱性条件下与$Zn^{2+}$反应生成螯合物，在水层中呈粉红色，在$CCl_4$层中呈棕色。

## 六、实验思考题

(1) $Cu^{2+}$、$Ag^+$、$Zn^{2+}$、$Cd^{2+}$、$Hg_2^{2+}$、$Hg^{2+}$的溶液与NaOH溶液作用时，哪些产物是氢氧化物？哪些产物是氧化物？为什么？

(2) $Hg^{2+}$与$Hg_2^{2+}$盐易水解，应该如何配制$Hg^{2+}$、$Hg_2^{2+}$盐溶液？

(3) 应选用何种酸试验$Ag_2O$、$HgO$、$Hg_2O$的碱性？为什么？

(4) 铜、银、锌、镉、汞盐中，哪些能与氨水形成配合物？$Hg^{2+}$、$Hg_2^{2+}$和氨水反应时，当溶液中存在大量$NH_4^+$时将出现怎样的变化？

(5) 根据实验可知，AgCl溶于$NH_3 \cdot H_2O$，AgBr溶于$Na_2S_2O_3$，AgI溶于NaCN，能否比较$[Ag(NH_3)_2]^+$、$[Ag(S_2O_3)_2]^{3-}$与$[Ag(CN)_2]^-$配离子的相对稳定性？为什么？

(6) 在制取银镜时，为什么不将$AgNO_3$直接还原，而是先制成$[Ag(NH_3)_2]^+$，然后再还原？

(7) 制得的银镜要回收，应用什么试剂将银溶解？

(8) $Fe^{3+}$的存在能干扰$Cu^{2+}$的鉴定，怎样排除$Fe^{3+}$的干扰？

(9) 有三个同学分别采用三种方法分离$Zn^{2+}$、$Cd^{2+}$、$Hg^{2+}$。

甲:用过量 NaOH 将 $Zn^{2+}$ 分离,然后在沉淀中加入过量氨水,将 $Cd^{2+}$ 和 $Hg^{2+}$ 分离。($Cd^{2+}$ 和 $Hg^{2+}$ 能否分离?)

乙:用过量氨水将 $Hg^{2+}$ 分离($Hg^{2+}$ 是否能与 $Zn^{2+}$、$Cd^{2+}$ 分开?)然后在溶液中加入过量 NaOH 将 $Zn^{2+}$ 与 $Cd^{2+}$ 分离。

丙:通 $H_2S$ 于酸化的混合液中将 $Zn^{2+}$ 分离,然后在沉淀中加入 $HNO_3$ 将 $Cd^{2+}$、$Hg^{2+}$ 分离。

这三种方法是否都合理?为什么?你将采用什么方法?

(10) $AgCl$、$Hg_2Cl_2$ 都为不溶于水的白色沉淀,如何进行鉴别?

(11) 至少用两种方法鉴别 $Hg(NO_3)_2$、$Hg_2(NO_3)_2$ 和 $AgNO_3$ 溶液。

## 实验二十七　锡、铅、锑、铋

**一、实验目的**

(1) 掌握锡、铅、锑、铋的氢氧化物酸碱性及其不同氧化态的氧化还原性。
(2) 试验难溶铅盐的性质。
(3) 学习锡、铅、锑、铋的鉴定方法。

**二、实验原理**

锡与铅是元素周期表ⅣA族元素,形成+2、+4价化合物。锑与铋是元素周期表ⅤA族元素,形成+3、+5价化合物。锡、铅和锑、铋盐具有较强的水解作用,因此配制盐溶液时必须溶解在相应的酸溶液中以抑制水解。

氯化亚锡是实验室中常用的还原剂,可以被空气氧化,配制时应加入锡粒防止氧化。除铋外,其他氢氧化物都呈两性,溶于碱的反应式如下:

$$Sn(OH)_2 + 2OH^- = [Sn(OH)_4]^{2-}$$
$$Pb(OH)_2 + OH^- = [Pb(OH)_3]^-$$
$$Sb(OH)_3 + 3OH^- = [Sb(OH)_6]^{3-}$$

锡、铅、锑、铋都能形成有色硫化物,它们都不溶于水和稀酸,除 $SnS$、$PbS$、$Bi_2S_3$ 外都能与 $Na_2S$ 或 $(NH_4)_2S$ 作用生成相应的硫代酸盐,反应式如下:

$$Sb_2S_3 + 3Na_2S = 2Na_3SbS_3$$
$$SnS_2 + Na_2S = Na_2SnS_3$$

$SnS$ 能溶于多硫化钠溶液中是由于 $S^{2-}$ 具有氧化作用,可把 $SnS$ 氧化成 $SnS_2$ 溶解,反应式如下:

$$SnS + Na_2S_2 = Na_2SnS_3$$

所有硫代酸盐只能存在于中性或碱性介质中,遇酸生成不稳定的硫代酸,继而分解为相应的硫化物和硫化氢。

锡(Ⅱ)是较强的还原剂,在碱性介质中亚锡酸根能与铋(Ⅲ)进行反应,反应式如下:

$$3[Sn(OH)_4]^{2-} + 2Bi(OH)_3 = 3[Sn(OH)_6]^{2-} + 2Bi↓(黑色)$$

在酸性介质中 $SnCl_2$ 能与 $HgCl_2$ 发生反应,反应式如下:

$$SnCl_2 + 2HgCl_2 = SnCl_4 + Hg_2Cl_2 \downarrow （白色）$$
$$SnCl_2 + Hg_2Cl_2 = SnCl_4 + 2Hg \downarrow （黑色）$$

但 Bi(Ⅲ)要在强碱性条件下选用强氧化剂 $Na_2O_2$、$Cl_2$ 等才能被氧化，反应式如下：

$$Bi_2O_3 + 2Na_2O_2 = 2NaBiO_3 + Na_2O$$
$$Bi(OH)_3 + Cl_2 + 3NaOH = NaBiO_3 + 2NaCl + 3H_2O$$

Pb(Ⅳ)和 Bi(Ⅴ)为较强氧化剂，在酸性介质中能与 $Mn^{2+}$、$Cl^-$ 等还原剂发生反应，反应式如下：

$$5PbO_2 + 2Mn^{2+} + 5SO_4^{2-} + 4H^+ = 5PbSO_3 + 2MnO_4^- + 2H_2O$$
$$5NaBiO_3 + 2Mn^{2+} + 14H^+ = 2MnO_4^- + 5Bi^{3+} + 5Na^+ + 7H_2O$$

铅能生成很多难溶化合物。例如

$$Pb^{2+} + CrO_4^{2-} = PbCrO_4 \downarrow$$

$Sb^{3+}$ 在锡片上可以被还原为金属锑，使锡片显黑色，反应式如下：

$$2Sb^{3+} + 3Sn = 2Sb \downarrow + 3Sn^{2+}$$

铋(Ⅲ)在碱性条件下与亚锡酸钠反应生成黑色金属铋。锡(Ⅱ)在酸性条件下与 $HgCl_2$ 反应生成 Hg。在分析上常利用以上反应来鉴定这些离子。

### 三、实验仪器与试剂

1. 仪器

滤纸条。

2. 试剂

（1）$Bi_2O_3$、$Na_2O_2$、$PbO_2$、锡片。

（2）$HCl(2\ mol \cdot L^{-1}、6\ mol \cdot L^{-1}、浓)$、$H_2SO_4(1\ mol \cdot L^{-1})$、$HNO_3(2\ mol \cdot L^{-1}、6\ mol \cdot L^{-1})$。

（3）$NaOH(2\ mol \cdot L^{-1}、6\ mol \cdot L^{-1})$、氨水$(2\ mol \cdot L^{-1}、6\ mol \cdot L^{-1})$。

（4）$SnCl_2$、$SnCl_4$、$Pb(NO_3)_2$、$SbCl_3$、$BiCl_3$、$HgCl_2$、$MnSO_4$、$Na_2S$、KI、$K_2Cr_2O_7$、$K_2CrO_4$（均为 $0.1\ mol \cdot L^{-1}$），$Na_2S(0.5\ mol \cdot L^{-1})$，$NH_4Ac$（饱和），$KI(2\ mol \cdot L^{-1})$。

（5）淀粉溶液。

### 四、实验步骤

1. 氢氧化物酸碱性

（1）制取少量 $Sn(OH)_2$、$Pb(OH)_2$、$Sb(OH)_3$、$Bi(OH)_3$，观察颜色以及在水中的溶解性。

（2）分别试验其酸碱性。

（3）将上述实验所观察到的现象及反应产物填入表 2-22，并对其酸碱性作出结论。

表 2-22　实验结果

| 金属离子 | $Sn^{2+}$ | $Pb^{2+}$ | $Sb^{3+}$ | $Bi^{3+}$ |
| --- | --- | --- | --- | --- |
| 盐＋NaOH(现象) | | | | |
| 氢氧化物＋NaOH(现象) | | | | |
| 氢氧化物＋酸(现象) | | | | |
| 结论 | | | | |

2. 氧化还原性

(1) 选择合适的试剂，设计两个反应验证 $PbO_2$ 的氧化性，观察现象，写出反应式。

(2) 选择合适的试剂，设计两个反应验证 Sn(Ⅱ) 的还原性，观察现象，写出反应式。

(3) 试以 $Bi_2O_3$ 和 $Na_2O_2$ 为原料强热制得 $NaBiO_3$，并用少量 $Mn^{2+}$ 验证 $NaBiO_3$ 具有强氧化性。

3. 硫化物和硫代酸盐的生成和性质

(1) 分别制取少量 $Sb_2S_3$、$Bi_2S_3$、$SnS$、$SnS_2$、$PbS$，观察颜色。试验各种硫化物在稀 HCl、浓 HCl、稀 $HNO_3$、$Na_2S$ 溶液中的溶解情况。如能溶解，写出反应式。以表格形式记录并比较各硫化物性质。

(2) 制取硫代酸盐，并试验它在酸性溶液中的稳定性，写出反应式。

4. 铅难溶盐的生成和性质

(1) 制取少量 $PbCl_2$、$PbSO_4$、$PbI_2$、$PbCrO_4$、$PbS$，观察其颜色。

(2) 试验 $PbCl_2$ 在冷水、热水和浓 HCl 中溶解情况。

(3) 试验 $PbI_2$ 在浓 KI 溶液中溶解情况。

(4) 试验 $PbSO_4$ 在饱和 $NH_4Ac$ 溶液中溶解情况。

(5) 试验 $PbCrO_4$ 在稀 $HNO_3$ 中溶解情况。

(6) 在 $Pb(NO_3)_2$ 溶液中逐滴加入 $K_2Cr_2O_7$。

将实验现象和结果列表记录，解释实验现象，分析产物，写出反应式。

5. 离子的鉴定和分离

(1) 选用合适试剂，鉴定 $Sn^{2+}$、$Pb^{2+}$、$Sb^{3+}$、$Bi^{3+}$。

(2) 设计两种方法分离 $Sb^{3+}$ 与 $Bi^{3+}$。

## 五、实验注意事项

(1) $Bi(OH)_3$ 为白色沉淀，容易脱水生成 $BiO(OH)$ 而使沉淀转变为黄色。

(2) $[PbAc]^+$ 为易溶难电离的配离子：$PbSO_4 + Ac^- \Longrightarrow [PbAc]^+ + SO_4^{2-}$。

(3) $Cr_2O_7^{2-}$ 在溶液中存在下列平衡：$Cr_2O_7^{2-} + H_2O \Longrightarrow 2CrO_4^{2-} + 2H^+$。

(4) 溶解度：$PbCr_2O_7 > PbCrO_4$。

### 六、实验思考题

（1）如何配制 $SnCl_2$、$Pb(NO_3)_2$、$SbCl_3$、$BiCl_3$ 溶液？

（2）在氢氧化物碱性试验中应如何选择酸？

（3）如选用 $HgCl_2$ 与 $SnCl_2$ 反应来验证 $SnCl_2$ 的还原性，$SnCl_2$ 溶液用量的多少对反应产物有什么影响？如现象不明显能否加热，为什么？

（4）试验 $PbO_2$、$NaBiO_3$ 氧化性实验中是否需要酸化，选用何种酸为好？如选用 $Mn^{2+}$ 作还原剂，$Mn^{2+}$ 的用量将对反应有什么影响？

（5）$SnCl_2$ 和 $BiCl_3$ 能否发生反应？为什么？

（6）用 $Bi_2O_3$ 和 $Na_2O_2$ 加热制得的 $NaBiO_3$ 应用水洗涤，为什么？

（7）哪些硫化物能溶于 $Na_2S$ 或 $(NH_4)_2S$ 中？哪些硫化物能溶于 $Na_2S_x$ 或 $(NH_4)_2S_x$ 中？

（8）溶于稀酸和不溶于稀酸的硫化物在制备方法上有什么异同点？为什么？

（9）试验硫化物溶解性时，制得的硫化物应加热、放置或陈化一段时间，为什么？

（10）在 $Na_3SbO_3$ 溶液中加入 $Na_2S$ 或 $H_2S$，能否制得 $Sb_2S_3$，为什么？怎样才能制得 $Sb_2S_3$？

（11）$Na_2S$ 中常含有少量的 $Na_2S_x$，为什么？$Na_2S_x$ 的存在对本实验有什么影响？

（12）难溶铅盐溶解的条件是什么？在上述实验中，哪些实验是降低平衡中 $Pb^{2+}$ 的浓度？哪些实验是降低平衡中酸根离子浓度？

（13）$Ag^+$、$Bi^{3+}$ 妨碍 Sb（Ⅲ、Ⅴ）的鉴定，如溶液中同时存在 $Ag^+$、$Bi^{3+}$ 时，必须预先进行分离，怎样分离？

（14）选用最简便的方法鉴别下列两组物质：$BaSO_4$ 和 $PbSO_4$，$Bi(NO_3)_3$ 和 $Pb(NO_3)_2$。

（15）试用最简便的方法鉴别 $SnCl_2$、$SnCl_4$ 溶液。

（16）如何分离混合溶液中的 $Sn^{2+}$、$Pb^{2+}$？

## 实验二十八　铁、钴、镍

### 一、实验目的

（1）试验并掌握二价铁、钴、镍还原性和三价铁、钴、镍的氧化性。

（2）试验并掌握铁、钴、镍配合物的生成。

（3）练习铁、钴、镍离子分析鉴定方法。

### 二、实验原理

铁、钴、镍是元素周期表Ⅷ族元素的第一个三元素组，性质很相似，在化合物中常见的氧化值为＋2、＋3。铁、钴、镍的简单离子在水溶液中都呈现一定的特征颜色。

铁、钴、镍的＋2 价氢氧化物都呈碱性，具有不同的颜色，空气中氧对它们的作用情况各不相同，$Fe(OH)_2$ 很快被氧化成红棕色 $Fe(OH)_3$，但在氧化过程中可以生成绿色到几乎黑色的各种中间产物,而 Co(OH)$_2$ 缓慢地被氧化成褐色 Co(OH)$_3$,Ni(OH)$_2$ 与氧则不起作用,若用强氧化剂(如溴水),则可使 Ni(OH)$_2$ 氧化成 Ni(OH)$_3$,反应式如下:

$$2NiSO_4 + Br_2 + 6NaOH = 2Ni(OH)_3 \downarrow + 2NaBr + 2Na_2SO_4$$

除 Fe(OH)$_3$ 外,Ni(OH)$_3$、Co(OH)$_3$ 与 HCl 作用,都能产生氯气,反应式如下:

$$2Ni(OH)_3 + 6HCl = 2NiCl_2 + Cl_2 \uparrow + 6H_2O$$
$$2Co(OH)_3 + 6HCl = 2CoCl_2 + Cl_2 \uparrow + 6H_2O$$

由此可以得出+2 价铁、钴、镍氢氧化物的还原性及+3 价铁、钴、镍氢氧化物的氧化性的变化规律。

Fe(Ⅱ)、Fe(Ⅲ)盐的水溶液易水解。$Fe^{2+}$ 为还原剂,而 $Fe^{3+}$ 为弱氧化剂。铁、钴、镍都能生成不溶于水而易溶于稀酸的硫化物。自溶液中析出的 CoS、NiS,经放置后,由于结构改变成为不再溶于稀酸的难溶物质。

铁、钴、镍能生成很多配合物,其中常见有 $K_4[Fe(CN)_6]$、$K_3[Fe(CN)_6]$、$[Co(NH_3)_6]Cl_3$、$K_3[Co(NO_2)_6]$、$[Ni(NH_3)_4]SO_4$ 等,Co(Ⅱ)的配合物不稳定,易被氧化为 Co(Ⅲ)的配合物,反应式如下:

$$4[Co(NH_3)_6]^{2+} + O_2 + 2H_2O = 4[Co(NH_3)_6]^{3+} + 4OH^-$$

而 Ni 的配合物则是+2 价的稳定。

在 $Fe^{3+}$ 溶液中加入 $K_4[Fe(CN)_6]$ 溶液,在 $Fe^{2+}$ 溶液加入 $K_3[Fe(CN)_6]$ 溶液都能产生"铁蓝"沉淀,反应式如下:

$$Fe^{3+} + [Fe(CN)_6]^{4-} + K^+ + H_2O = KFe[Fe(CN)_6] \cdot H_2O \downarrow$$
$$Fe^{2+} + [Fe(CN)_6]^{3-} + K^+ + H_2O = KFe[Fe(CN)_6] \cdot H_2O \downarrow$$

在 $Co^{2+}$ 溶液中加入饱和 KNCS 溶液生成蓝色配合物 $[Co(SCN)_4]^{2-}$,配合物在水溶液中不稳定,易溶于有机溶剂(如丙酮)中,它能使蓝色更为显著。

$Ni^{2+}$ 溶液与丁二酮肟在氨性溶液中作用,生成鲜红色螯合物沉淀。通常利用形成配合物的特征颜色来鉴定 $Fe^{3+}$、$Fe^{2+}$、$Co^{2+}$、$Ni^{2+}$。

### 三、实验仪器与试剂

1. 仪器

滤纸条。

2. 试剂

(1) $FeSO_4 \cdot 7H_2O$。

(2) HCl(2 mol·L$^{-1}$、浓)、$H_2SO_4$(1 mol·L$^{-1}$)、HAc(2 mol·L$^{-1}$)、$H_2S$(饱和)。

(3) NaOH(2 mol·L$^{-1}$)、氨水(2 mol·L$^{-1}$)。

(4) $K_4[Fe(CN)_6]$、$K_3[Fe(CN)_6]$、$CoCl_2$、$NiSO_4$、$FeCl_3$、KI(均为 0.1 mol·L$^{-1}$),$CoCl_2$(0.5 mol·L$^{-1}$)、$NiSO_4$(0.5 mol·L$^{-1}$)、$NH_4Cl$(1 mol·L$^{-1}$)、KNCS(0.1 mol·

$L^{-1}$、饱和)。

(5) 溴水、淀粉溶液、丁二酮肟试剂、丙酮、邻二氮菲试剂。

## 四、实验步骤

1. 氢氧化物的制备和性质

(1) 制取 $M(OH)_2$,观察其颜色以及在水中的溶解性。
(2) 试验 $M(OH)_2$ 的酸碱性及在空气中的稳定性(能否被空气中氧所氧化)。
(3) 将实验观察到的现象及反应产物填入表 2-23。

表 2-23 实验结果表

| 金属离子 | | | $Fe^{3+}$ | $Fe^{2+}$ | $Co^{2+}$ | $Ni^{2+}$ |
|---|---|---|---|---|---|---|
| 盐+NaOH | | 产物 | | | | |
| | | 现象 | | | | |
| $M(OH)_2$ | +碱 | 产物 | | | | |
| | | 现象 | | | | |
| | +酸 | 产物 | | | | |
| | | 现象 | | | | |
| | 结论 | | | | | |
| +$O_2$ | | 产物 | | | | |
| | | 现象 | | | | |
| | | 结论 | | | | |

(4) 制取 $M(OH)_3$,观察其颜色以及在水中的溶解性,写出有关反应式。
(5) 试验 $M(OH)_3$ 的氧化性,写出有关反应式。
比较铁、钴、镍 $M(OH)_2$ 的还原性及 $M(OH)_3$ 的氧化性的变化规律。

2. 铁盐的性质

(1) 选用两种合适的氧化剂证明 $Fe^{2+}$ 具有还原性,写出反应式。
(2) 选用两种合适的还原剂证实 $Fe^{3+}$ 具有氧化性,写出反应式。

3. 铁、钴、镍的配合物

(1) 在 $K_4[Fe(CN)_6]$、$K_3[Fe(CN)_6]$ 溶液中,分别加入 NaOH,观察是否都有 $Fe(OH)_2$、$Fe(OH)_3$ 沉淀生成,并解释现象。
(2) 在 0.5 mol·$L^{-1}$ $CoCl_2$ 溶液中加入几滴 1 mol·$L^{-1}$ $NH_4Cl$ 溶液和过量的 6 mol·$L^{-1}$ 氨水,观察[$Co(NH_3)_6$]$Cl_2$ 溶液的颜色。静置片刻,观察颜色的变化,写出反应式,并加以解释。
(3) 在 0.5 mol·$L^{-1}$ $NiSO_4$ 溶液中加入少量 2 mol·$L^{-1}$ 氨水,微热,观察绿色 $Ni_2(OH)_2SO_4$ 沉淀的生成,然后加入几滴 2 mol·$L^{-1}$ 氨水和几滴 1 mol·$L^{-1}$ $NH_4Cl$,观

察碱式盐沉淀的溶解和溶液的颜色,写出反应式。比较 $Co^{2+}$、$Ni^{2+}$ 氨合物在空气中的稳定性。

4. 铁、钴、镍的鉴定

除了可以利用铁、钴、镍的各种络合物颜色和反应性质进行离子的鉴定,还可以依据下述方法进行离子的分析鉴定。

1) $Fe^{2+}$ 的鉴定

(1) $K_3Fe(CN)_6$ 法。取 1 滴试液于点滴板上,加 1 滴 3 mol·$L^{-1}$ HCl 溶液、1 滴 $K_3Fe(CN)_6$,生成深蓝色 $KFe[Fe(CN)_6]$ 沉淀,示有 $Fe^{2+}$。

(2) 邻二氮菲法。在点滴板上放 1 滴试液,加 1 滴 3 mol·$L^{-1}$ HCl、1 滴邻二氮菲试剂,溶液如显红色,示有 $Fe^{2+}$ 存在。

2) $Fe^{3+}$ 的鉴定

(1) $NH_4SCN$ 法。在点滴板上放 1 滴试液,加 1 滴 $NH_4SCN$、1 滴 0.1 mol·$L^{-1}$ HCl,溶液显红色,示有 $Fe^{3+}$。同时做 1 份空白试验,以作对比。

(2) $K_4Fe(CN)_6$ 法。在点滴板上放 1 滴试液,加 1 滴 3 mol·$L^{-1}$ HCl、1 滴 $K_4Fe(CN)_6$,生成深蓝色 $KFe[Fe(CN)_6]$ 沉淀,示有 $Fe^{3+}$。

3) $Co^{2+}$ 的鉴定

取 1 滴试液放在点滴板上,加一小块 $NH_4SCN$ 晶体和 1 滴戊醇(或丙酮)。如有红色或棕色出现,加 1 滴 $SnCl_2$,溶液显蓝色或绿色,示有 $Co^{2+}$。

4) $Ni^{2+}$ 的鉴定

在滤纸上放 1 滴浓$(NH_4)_2HPO_4$ 溶液,加 1 滴试液,在湿斑点的边缘处加 1 滴丁二酮肟试剂,然后在氨气上熏,斑点外缘变红,示有 $Ni^{2+}$。

另取 $Fe^{2+}$ 同法操作,观察其干扰情况。在混合离子分析中,若有 $Fe^{2+}$ 存在时,可事先在酸性试液中加 1~2 滴 $H_2O_2$,加热煮沸,除去过量的 $H_2O_2$,然后按上法处理。

## 五、实验注意事项

(1) 用实验室提供的 $FeSO_4·7H_2O$ 配制 $FeSO_4$ 溶液时,必须将蒸馏水先酸化并煮沸片刻(为什么?)。制取 $Fe(OH)_2$ 时也应将 NaOH 煮沸,操作必须迅速,制得 $Fe(OH)_2$ 不要摇动,观察 $Fe(OH)_2$ 沉淀生成后再摇动。

(2) 在 $CoCl_2$ 溶液中逐滴加入 NaOH 时先生成蓝色 $Co(OH)Cl$ 沉淀,继续加入 NaOH 时可得到粉红色 $Co(OH)_2$ 沉淀。

(3) $Fe^{2+}$、$Fe^{3+}$、$Ni^{2+}$ 的鉴定可以在点滴板中进行。

## 六、实验思考题

(1) 为什么 Co(Ⅱ)离子在水溶液中可呈不同颜色(粉红色、浅紫色或蓝紫色)?

(2) 怎样用实验证明 $Co(OH)_3$、$Ni(OH)_3$ 与浓 HCl 的反应产物?

(3) 用氧化剂 $Br_2$ 氧化制得 $Co(OH)_3$、$Ni(OH)_3$ 的过程中,应把制得沉淀后的溶液加热至沸(为什么?),分离后应将沉淀用水洗涤(洗去什么?),如不这样做将对其性质试验带来哪些影响? 如在 $FeCl_3$ 溶液中加入 $H_2S$ 饱和溶液,能否制得 $Fe_2S_3$ 黑色沉淀? 为什么? 怎样才能制得 $Fe_2S_3$?

(4) 为什么不能在水溶液中由 $Fe^{3+}$ 盐和 KI 制得 $FeI_3$?

(5) $Fe^{2+}$、$Fe^{3+}$ 能否与氨水形成氨配合物? 试用实验说明。

(6) 制取 $[Co(NH_3)_6]Cl_2$、$[Ni(NH_3)_4]SO_4$ 为什么要加 $NH_4Cl$?

(7) 根据 $Ni^{2+}$ 与丁二酮肟作用的反应式,为了使鉴定 $Ni^{2+}$ 的现象更为明显,在鉴定时还应加入何种试剂?

(8) 怎样分离和鉴定下列各对离子:$Fe^{3+}$ 和 $Co^{2+}$,$Fe^{3+}$ 和 $Ni^{2+}$?

(9) 如果硫酸亚铁溶液已有部分被氧化,则应如何处理得到较纯的 $FeSO_4 \cdot 7H_2O$ 晶体?

## 实验二十九　有机酸摩尔质量的测定

### 一、实验目的

(1) 了解酸碱滴定法测定酸碱物质摩尔质量的原理和方法。

(2) 练习差减称量法的基本要点,了解小样和大样的取样区别。

(3) 熟悉容量瓶、移液管及滴定管的基本操作。

(4) 学习标准溶液的配制与标定方法。

(5) 练习碱式滴定管的正确使用。

### 二、实验原理

酸碱物质的摩尔质量可以根据滴定反应从理论上计算求得。本实验要求准确测定一种有机酸的摩尔质量,并与理论值进行比较。当然,也可以测定未知有机酸的摩尔质量。

大多数有机酸是弱酸,如

乙二酸　$H_2C_2O_4$　　$pK_{a_1}=1.23$　$pK_{a_2}=4.19$

酒石酸　$C_4H_6O_6$　　$pK_{a_1}=2.85$　$pK_{a_2}=4.34$

柠檬酸　$C_6H_9O_8$　　$pK_{a_1}=3.15$　$pK_{a_2}=4.77$　$pK_{a_3}=6.39$

它们与 NaOH 的反应式为

$$nNaOH + H_nA = Na_nA + nH_2O \quad (\text{测定时},n \text{ 值需已知})$$

当有机酸的浓度约为 $0.1 \, mol \cdot L^{-1}$,满足条件 $cK_a \geqslant 10^{-8}$,而且多元有机酸的 $n$ 个氢均能被准确滴定时,即可用 NaOH 标准溶液滴定。由下列公式可以计算出有机酸的摩尔质量 $M_A$:

$$\frac{m_A}{M_A} = \frac{1}{n} c_B V_B 10^{-3}$$

式中:$c_B$ 为标准碱溶液的浓度($mol \cdot L^{-1}$);$V_B$ 为标准碱溶液的体积(mL);$m_A$ 为有机酸的质量(g);$M_A$ 为有机酸的摩尔质量($g \cdot mol^{-1}$)。

滴定产物为强碱弱酸盐,滴定突跃在碱性范围内,可选用酚酞为指示剂。

本实验选用邻苯二甲酸氢钾($KHC_8H_4O_4$)为基准试剂标定NaOH溶液的浓度。邻苯二甲酸氢钾纯度高、稳定、不吸水,而且有较大的摩尔质量。

### 三、实验仪器与试剂

1. 仪器

台秤(0.1 g 精度)、分析天平(0.1 mg 精度)、碱式滴定管(50 mL)、移液管(25 mL)、容量瓶(250 mL)、锥形瓶(250 mL)、烧杯、试剂瓶。

2. 试剂

(1) NaOH 标准溶液(0.1 mol·$L^{-1}$ 或 A.R. 固体)。

(2) 酚酞指示剂(2 g·$L^{-1}$):60%乙醇溶液或其钠盐的水溶液。

(3) 邻苯二甲酸氢钾 $KHC_8H_4O_4$(基准试剂):100~125℃下干燥后备用,干燥温度不易过高,否则脱水而成为邻苯二甲酸酐。

(4) 有机酸试剂:如乙二酸、酒石酸、柠檬酸、乙酰水杨酸、苯甲酸等。

### 四、实验步骤

1. 0.1 mol·$L^{-1}$ NaOH 标准溶液的配制及标定

1) 0.1 mol·$L^{-1}$ NaOH 标准溶液的配制

用台秤称取 2.0 g NaOH 固体于 250 mL 烧杯中(不能用纸),加入少量蒸馏水,搅拌使其完全溶解后,倒入带橡皮塞的 500 mL 塑料试剂瓶中,加水稀释至 500 mL,用橡皮塞塞好瓶口,充分摇匀,备用。

2) 0.1 mol·$L^{-1}$ NaOH 标准溶液的标定

用称量瓶以差减法称量邻苯二甲酸氢钾(0.4~0.6 g)三份,分别置于带标记的锥形瓶中,加入 40~50 mL 蒸馏水使之溶解(不可用搅棒)后,加 2~3 滴酚酞指示剂,用待标定的 NaOH 溶液滴定至微红色(颜色以能够确定为微红色即可,不可太深)并保持 30 s 不褪色即为终点,计算 NaOH 溶液的浓度、平均浓度及结果的相对平均偏差。填写标签(试剂名称、浓度、标定日期、学生姓名、年级、专业等),贴到该试剂瓶上。

2. 有机酸摩尔质量的测定

用差减法准确称取所需量的有机酸固体试样 1 份于小烧杯中,加入适量煮沸并冷至室温的蒸馏水,使样品溶解,定量转移至 250 mL 容量瓶中,再用少量蒸馏水洗涤小烧杯三四次,洗涤液一并定量转移至容量瓶中。然后用蒸馏水稀释至刻度,摇匀。

用 25.00 mL 移液管平行移取上述有机酸溶液 3 份,分别置于干净的 250 mL 锥形瓶中,并加入酚酞指示剂 2 滴,用 NaOH 标准溶液滴定至溶液呈现微红色(颜色不可太深),而且 30 s 内不褪色即为终点。根据公式计算有机酸的摩尔质量。

## 五、实验数据记录与处理

### 1. $KHC_8H_4O_4$ 标定 NaOH 溶液

实验结果填入表 2-24。

表 2-24　实验结果表 1

| 平行实验 | 1 | 2 | 3 |
| --- | --- | --- | --- |
| 称取 $KHC_8H_4O_4$ 的质量/g | | | |
| 消耗 NaOH 溶液的体积/mL | | | |
| NaOH 溶液的浓度/(mol·$L^{-1}$) | | | |
| NaOH 溶液的平均浓度/(mol·$L^{-1}$) | | | |
| 相对平均偏差/% | | | |

### 2. 有机酸摩尔质量的测定

实验结果填入表 2-25。

表 2-25　实验结果表 2

| 称取有机酸的质量/g | | | |
| --- | --- | --- | --- |
| 定容体积/mL | | | |
| 平行实验 | 1 | 2 | 3 |
| 移取有机酸溶液的体积/mL | 25.00 | 25.00 | 25.00 |
| 消耗 NaOH 溶液的体积/mL | | | |
| 有机酸的摩尔质量/(g·$mol^{-1}$) | | | |
| 平均摩尔质量/(g·$mol^{-1}$) | | | |
| 相对平均偏差/% | | | |
| 有机酸摩尔质量理论值/(g·$mol^{-1}$) | | | |
| 测定值与理论值的比较(误差) | | | |

## 六、实验注意事项

（1）准确称量、准确读数、准确定容和终点的准确判断是滴定法定量测定的关键，实验要做到课前预习，规范操作，耐心观察，准确记录。

（2）平行测定时，每次滴定均从 0.00 mL 开始，减少因滴定管刻度不准确而引起的滴定体积误差。

（3）在碱式滴定管的操作过程中，不能让玻璃珠在胶皮管中上下移动，否则，会引入较大的体积读数误差。

（4）练习滴定管（包括蓝带滴定管）的正确读数方法，保留小数点后两位数字，并准确记录读数。

（5）以消耗 NaOH 标准溶液最佳体积 20~30 mL 的有机酸的量，计算所需称取的样品质量。

（6）要求滴定分析实验结果的相对平均偏差小于或等于 0.2%，若三次平行实验的相对平均偏差过大，应找出原因且需重新测定。滴定过程中有明显过错（如有气泡、滴漏、滴定过量等）的测定数据应去除，不参与平均值的计算。

## 七、实验思考题

（1）在用 NaOH 溶液滴定有机酸时，能否使用甲基橙或甲基红作为指示剂？为什么？

（2）乙二酸、柠檬酸、酒石酸等多元有机酸能否用 NaOH 溶液分步滴定？

（3）下列操作是否准确？

（i）每次洗涤的操作液从移液管的上口倒出。

（ii）为了加速溶液的流出，用洗耳球把移液管的溶液吹出。

（iii）吸取溶液时，移液管末端伸入溶液过多；放出溶液时，任其凌空流下。

（4）$Na_2C_2O_4$ 能否作为酸碱滴定的基准物质？为什么？

（5）如果 NaOH 标准溶液在配制或保存过程中吸收了空气中的二氧化碳，用此标准溶液滴定同一种盐酸溶液时，分别选用甲基橙和酚酞为指示剂对测定结果的影响有什么区别？为什么？

（6）使用容量瓶时为什么要首先检查瓶口是否漏水？如何正确检查？

（7）如果本实验只是测定有机酸的含量，试写出其含量的计算公式。

## 附 1 有机酸摩尔质量的微型滴定法测定

**实验步骤**

（1）0.1 mol·L$^{-1}$ NaOH 溶液的标定。准确称取 $KHC_8H_4O_4$ 基准物质 1.0 g 左右于干燥的小烧杯中，加水溶解后，定量转入 50 mL 容量瓶中，用水稀释至刻度，摇匀。用吸量管准确移取 2.00 mL 上述 $KHC_8H_4O_4$ 标准溶液于 25 mL 锥形瓶中，加入 1 滴酚酞指示剂，用待标定的 NaOH 溶液滴至溶液呈微红色，保持 30 s 不褪色，即为终点。平行标定 3～5 份，计算 NaOH 溶液的浓度和相对平均偏差。

（2）有机酸摩尔质量的测定。准确称取有机酸试样 0.3 g 左右于干燥小烧杯中，加水溶解后，定量转入 50 mL 容量瓶中，用水稀释至刻度，摇匀。用吸量管平行移取 2.00 mL 该试液 3 份于 3 个 25 mL 锥形瓶中，加入 1 滴酚酞指示剂，用 NaOH 标准溶液滴定至溶液呈现微红色且 30 s 内不褪色，即为终点。根据 NaOH 标准溶液的浓度、消耗的体积及有机酸的称取质量计算有机酸的摩尔质量。

## 附 2 有机酸含量的测定

**实验步骤**

准确称取有机酸试样（如称取柠檬酸 1.7～1.8 g）于小烧杯中，加水溶解后，定量转入 250 mL 容量瓶中，用蒸馏水稀释至刻度，摇匀。

用 25.00 mL 移液管准确移取试液 3 份于三个 250 mL 锥形瓶中，加入 1～2 滴酚酞指示剂，用 NaOH 标准溶液滴定至溶液呈现微红色且 30 s 内不褪色，即为终点。根据 NaOH 标准溶液的浓度、消耗的体积及有机酸的称取质量计算有机酸的含量。

## 实验三十　铵盐中氮含量的测定

### 一、实验目的

(1) 了解弱酸强化的基本原理,掌握甲醛法测定铵盐中氮含量的实验方法。
(2) 进一步熟悉大样的取用原则。
(3) 熟练掌握容量瓶、移液管和滴定管的使用方法。
(4) 学习除去试剂中的甲酸和试样中的游离酸的方法。
(5) 进一步练习碱式滴定管的使用。

### 二、实验原理

氮在无机化合物和有机化合物中的存在形式比较复杂,其含量通常以总氮、铵态氮、硝酸态氮、酰胺态氮等形式表示。氮含量的测定方法主要有两种:

(1) 蒸馏法。又称为凯氏定氮法,适用于无机物、有机物中氮含量的测定,准确度高。
(2) 甲醛法。适用于铵盐中铵态氮的测定,方法简便,应用广泛。

铵盐 $NH_4Cl$ 和 $(NH_4)_2SO_4$ 是常用的无机化肥,是强酸弱碱盐,由于 $NH_4^+$ 的酸性太弱($K_a=5.6×10^{-10}$),不能用 NaOH 标准溶液直接滴定。但可将铵盐与甲醛作用,定量生成六次甲基四胺盐和 $H^+$,反应式如下:

$$4NH_4^+ + 6HCHO = (CH_2)_6N_4H^+ + 3H^+ + 6H_2O$$

生成的 $H^+$ 和 $(CH_2)_6N_4H^+$($K_a=7.1×10^{-6}$)用 NaOH 标准溶液直接滴定,滴定终点的产物 $(CH_2)_6N_4$ 为弱碱,化学计量点时,溶液的 pH 约为 8.7,可用酚酞作指示剂,滴定至溶液呈现微红色时,即为终点。

由上述反应式可见,1 mol $NH_4^+$ 相当于 1 mol $H^+$,因此,氮与 NaOH 的化学计量比为 1∶1,由滴定所消耗的 NaOH 标准溶液的浓度与体积可计算出样品中的氮含量。

铵盐与甲醛的反应在室温下进行较慢,加甲醛后,常需要放置几分钟,使反应完全。

甲醛中常含有少量甲酸,使用前必须先以酚酞为指示剂,用 NaOH 溶液中和,否则会使测定结果偏高。

如试样中含有游离酸,加甲醛之前应事先以甲基红为指示剂,用 NaOH 标准溶液中和至甲基红变为黄色(pH ≈ 6),再加入甲醛进行滴定,以免影响测定结果。

### 三、实验仪器与试剂

1. 仪器

台秤(0.1 g 精度)、分析天平(0.1 mg 精度)、碱式滴定管(50 mL)、移液管(25 mL)、容量瓶(250 mL)、锥形瓶(250 mL)、烧杯、试剂瓶。

2. 试剂

(1) NaOH 标准溶液(0.1 mol·L$^{-1}$ 或 A.R. 固体)。

(2) 酚酞指示剂（2 g·L$^{-1}$）：乙醇溶液。
(3) 甲基红指示剂（2 g·L$^{-1}$）：60％乙醇溶液或其钠盐的水溶液。
(4) 甲醛溶液（18％，即 1∶1）。
(5) 邻苯二甲酸氢钾 KHC$_8$H$_4$O$_4$（基准试剂）。
(6) 氮肥试样。

## 四、实验步骤

1. 0.1 mol·L$^{-1}$ NaOH 标准溶液的配制及标定

见实验二十九。

2. 氮肥中氮含量的测定

1）甲醛溶液的处理（可由实验指导教师统一处理）

甲醛中常含有少量甲酸（甲醛被空气氧化所致），使用前必须使之中和，否则会使结果偏高。处理方法：取原瓶装甲醛上层清液于烧杯中，用水稀释一倍，加入 2 滴 0.2％酚酞指示剂，用 0.1 mol·L$^{-1}$ NaOH 溶液滴定至甲醛溶液呈现微红色。

2）试样中含氮量的测定

用差减法准确称取（NH$_4$）$_2$SO$_4$ 试样 1.5～2.0 g 于小烧杯中，加入少量蒸馏水溶解，然后把溶液定量转移至 250 mL 容量瓶中，用蒸馏水稀释至刻度，充分摇匀。

用 25.00 mL 移液管移取上层清液于 250 mL 锥形瓶中加入 1 滴甲基红指示剂，用 0.1 mol·L$^{-1}$ NaOH 溶液中和至溶液呈黄色以除去试样中的游离酸，此消耗的 NaOH 溶液体积不计［若待测试样为（NH$_4$）$_2$SO$_4$ 试剂，则可略去此步骤］。加入 10 mL 已中和的 1∶1 甲醛溶液，再加入 1～2 滴酚酞指示剂，充分摇匀，静置 1 min 后，用 0.1 mol·L$^{-1}$ NaOH 标准溶液滴定至溶液呈微橙红色［若是（NH$_4$）$_2$SO$_4$ 试剂样品，不必加甲基红指示剂，则溶液为微红色］并持续 30 s 不褪色，即为终点。记录读数。根据 NaOH 标准溶液的浓度和滴定消耗的体积，计算试样中的氮含量（以 N％表示）和相对平均偏差。

## 五、实验数据记录与处理

1. KHC$_8$H$_4$O$_4$ 标定 NaOH 溶液

实验结果填入表 2-26。

表 2-26　实验结果表 1

| 平行实验 | 1 | 2 | 3 |
| --- | --- | --- | --- |
| 称取 KHC$_8$H$_4$O$_4$ 的质量/g | | | |
| 消耗 NaOH 溶液的体积/mL | | | |
| NaOH 溶液的浓度/(mol·L$^{-1}$) | | | |
| NaOH 溶液的平均浓度/(mol·L$^{-1}$) | | | |
| 相对平均偏差/％ | | | |

## 2. 铵盐的测定

实验结果填入表 2-27。

表 2-27　实验结果表 2

| 称取铵盐的质量/g | | | |
| --- | --- | --- | --- |
| 定容体积/mL | | | |
| 平行实验 | 1 | 2 | 3 |
| 移取铵盐溶液体积/mL | 25.00 | 25.00 | 25.00 |
| 消耗 NaOH 溶液的体积/mL | | | |
| 氮含量/% | | | |
| 平均氮含量/% | | | |
| 相对平均偏差/% | | | |

## 六、实验注意事项

（1）甲醛有毒，特别对眼睛有很大的刺激作用，所以通常由实验指导教师预先统一中和，学生在实验时直接取用。在实验过程中，尽量避免甲醛挥发到空气中，即随时将盛装甲醛的试剂瓶盖上，滴定后的溶液立即倒入废水池，并将锥形瓶冲洗干净。另外，甲醛常以白色聚合状态存在，称为多聚甲醛，是链状聚合体的混合物。甲醛溶液中含少量多聚甲醛不影响滴定结果。

（2）中和试样中的游离酸时，需要加入甲基红指示剂，该指示剂会使酚酞指示剂的终点变色不敏锐，稍有拖尾现象，如试样中含游离酸甚微，则不必预先中和。

（3）准确称量、准确定容、准确读数和终点的准确判断是滴定法定量测定的关键，实验中要做到规范操作，耐心观察，准确记录。

（4）标定 NaOH 溶液时，以酚酞为指示剂，终点为淡红色，30 s 不褪色。如果经较长时间，淡红色慢慢褪去，那是溶液吸收了空气中的 $CO_2$ 生成 $H_2CO_3$ 所致。

（5）用标准溶液润洗滴定管时，是将试剂瓶中的溶液直接倒入滴定管，不要将标准溶液转入小烧杯中再倒进滴定管中，这样操作较方便，但会造成标准溶液浓度的改变，除非小烧杯是干净而且是干燥的。

## 七、实验思考题

（1）$NH_4^+$ 为 $NH_3$ 的共轭酸，为什么不能直接用 NaOH 溶液滴定？

（2）$NH_4NO_3$ 或 $NH_4HCO_3$ 中的氮含量能否用甲醛法测定？

（3）为什么中和甲醛中的游离酸使用酚酞指示剂，而中和铵盐试样中的游离酸却使用甲基红指示剂？

（4）尿素 $CO(NH_2)_2$ 中氮含量的测定是先加 $H_2SO_4$ 加热消化，全部转化为 $(NH_4)_2SO_4$ 后，按甲醛法同样测定，试写出氮含量的计算式。

（5）计算称取试样量的原则是什么？自行计算本实验中所需的试样量。

(6) 如果 NaOH 溶液吸收了空气中的 $CO_2$，对本实验结果有什么影响？为什么？

(7) 滴定相同的两份试液时，若第一份用去标准溶液 20.00 mL，在滴定第二份试液时，是继续使用余下的溶液滴定，还是添加标准溶液至滴定管的刻度"0.00"附近，然后再滴定？为什么？

(8) 从滴定管中流出半滴溶液的操作要领是什么？

## 附　尿素中氮含量的测定

**实验步骤**

准确称取 $CO(NH_2)_2$ 试样 0.6～0.7 g 于 100 mL 干净的烧杯中，加入 6 mL 浓 $H_2SO_4$（小烧杯和量筒在使用前尽可能把水沥干），盖上表面皿。在通风橱内，缓缓加热到无 $CO_2$ 气泡逸出后，继续用大火加热至冒出的浓白雾又变稀时，再加热 2 min 左右，停止加热，放在通风橱中自然冷却。吹洗表面皿和烧杯壁，用 30 mL 水稀释并转移至 250 mL 容量瓶中，稀释至标线附近，待溶液冷却至室温后，再稀释至标线，摇匀。吸取 25.00 mL 试液 3 份，分别加入 3 滴 0.1% 甲基红指示剂，用 NaOH 标准溶液中和过剩的 $H_2SO_4$。然后加入 10 mL 20% 中性 HCHO 溶液，充分摇动，放置 5 min 后，加 5 滴 1% 酚酞指示剂，用 $0.1\ mol \cdot L^{-1}$ NaOH 标准溶液滴定，溶液由纯黄色变为微橙红色即为终点。根据实验结果，计算尿素中氮含量。

## 实验三十一　混合碱的分析

### 一、实验目的

(1) 学习双指示剂法测定混合碱中各组分含量及总碱度的实验原理和方法。
(2) 掌握 HCl 标准溶液的配制与标定方法。
(3) 了解强酸滴定二元弱碱的滴定过程、突跃范围及指示剂的选择。
(4) 练习酸式滴定管的正确使用。
(5) 理解双指示剂法进行混合碱分析的优缺点。

### 二、实验原理

混合碱是指 $Na_2CO_3$ 与 $NaHCO_3$ 或 $Na_2CO_3$ 与 NaOH 等类混合物，可采用 HCl 标准溶液测定同一份试样中各组分的含量。根据滴定过程 pH 的变化情况，选用不同的指示剂分别指示第一、第二化学计量点的到达，计算各组分的含量，称为双指示剂法。此方法简便，快捷，广泛应用于生产实际中。双指示剂法的具体步骤如下：

(1) 在混合碱试液中加入酚酞指示剂（溶液呈红色），用 HCl 标准溶液滴定至溶液恰好变为无色，这是第一计量点。此时，试液中的 NaOH 完全被滴定，而 $Na_2CO_3$ 被滴定生成 $NaHCO_3$，反应式如下：

$$HCl + NaOH = NaCl + H_2O$$
$$HCl + Na_2CO_3 = NaHCO_3 + H_2O$$

设此时用去标准酸溶液的体积为 $V_1$(mL)。

（2）在上述混合液中加入甲基橙指示剂（溶液呈黄色），继续用 HCl 标准溶液滴定至溶液呈现橙色，这是第二计量点，反应式如下：

$$HCl + NaHCO_3 = NaCl + CO_2 \uparrow + H_2O$$

设此步所消耗的 HCl 标准溶液的体积为 $V_2$(mL)。

（3）根据 $V_1$、$V_2$ 的大小关系可以判断混合碱的组成，并计算各组分的浓度。

(i) 当 $V_1 > V_2$，试液为 NaOH 和 $Na_2CO_3$ 混合物。中和 $Na_2CO_3$ 消耗 HCl 标准溶液的体积为 $2V_2$(mL)，中和 NaOH 消耗 HCl 标准溶液的体积为 $(V_1 - V_2)$(mL)。据此，可求得混合碱试液中 NaOH 和 $Na_2CO_3$ 的含量：

$$w_{NaOH} = \frac{c_{HCl}(V_1 - V_2)M_{NaOH}}{V_{试液}}$$

$$w_{Na_2CO_3} = \frac{c_{HCl}V_2 M_{Na_2CO_3}}{V_{试液}}$$

(ii) 当 $V_1 < V_2$，试液为 $Na_2CO_3$ 与 $NaHCO_3$ 的混合物。此时中和 $Na_2CO_3$ 消耗 HCl 标准溶液的体积为 $2V_1$，而中和 $NaHCO_3$ 消耗 HCl 标准溶液的体积为 $(V_2 - V_1)$。同样，可求得混合碱试液中 $Na_2CO_3$ 与 $NaHCO_3$ 的含量：

$$w_{Na_2CO_3} = \frac{c_{HCl}V_1 M_{Na_2CO_3}}{V_{试液}}$$

$$w_{NaHCO_3} = \frac{c_{HCl}(V_2 - V_1)M_{NaHCO_3}}{V_{试液}}$$

(iii) 如果要求测定混合碱的总碱量，通常以 $Na_2O$ 或 $Na_2CO_3$ 的含量表示总碱度，计算式如下：

$$w_{Na_2O} = \frac{c_{HCl}(V_2 + V_1)M_{Na_2O}}{2V_{试液}}$$

或

$$w_{Na_2CO_3} = \frac{c_{HCl}(V_2 + V_1)M_{Na_2CO_3}}{2V_{试液}}$$

式中：$w$ 表示各组分的含量或总碱度（$g \cdot L^{-1}$）。

双指示剂法中，一般是先用酚酞，后用甲基橙指示剂，由于以酚酞作指示剂时，溶液从微红色到无色的变化不够敏锐，人眼观察这种颜色变化的灵敏性较差，误差较大，通常也选用 0.1% 甲酚红-0.1% 百里酚蓝（1:6）混合指示剂。甲酚红的变色范围为 6.7（黄）~8.4（红），百里酚蓝的变色范围为 8.0（黄）~9.6（蓝），混合后的变色点为 8.3，酸色呈黄色，碱色呈紫色。pH=8.2 时为玫瑰色，pH=8.4 时为紫色，终点时变色敏锐。用盐酸标准溶液滴定试液由紫色变为粉红色，即为终点。

### 三、实验仪器与试剂

1. 仪器

分析天平(0.1 mg 精度)、酸式滴定管(50 mL)、容量瓶(250 mL)、移液管(25 mL)、锥形瓶(250 mL)、烧杯、试剂瓶、量筒。

2. 试剂

(1) HCl 标准溶液($0.1\ mol \cdot L^{-1}$):在通风橱中用量筒量取浓盐酸约 5 mL,倒入试剂瓶中,加水稀释至 500 mL,充分摇匀。

(2) 无水 $Na_2CO_3$(基准物质):将无水 $Na_2CO_3$ 置于烘箱内,在180℃下,干燥2~3 h。然后放在干燥器内冷却后备用。

(3) 硼砂($Na_2B_4O_7 \cdot 10H_2O$):置于有 NaCl 和蔗糖饱和溶液的干燥器内保存,以使相对湿度为60%,防止结晶水失去。

(4) 酚酞指示剂($2\ g \cdot L^{-1}$):乙醇溶液。

(5) 甲基橙指示剂($1\ g \cdot L^{-1}$)。

(6) 甲酚红-百里酚蓝混合指示剂:将 0.1 g 甲酚红溶于 100 mL 50%乙醇中,0.1 g 百里酚蓝指示剂溶于 100 mL 50%乙醇中。0.1%甲酚红与 0.1%百里酚蓝以 1:6 的比例混合。

(7) 溴甲酚绿-二甲基黄混合指示剂:将 0.2 g 溴甲酚绿溶于 100 mL 乙醇中,0.2 g 二甲基黄指示剂溶于 100 mL 乙醇中。0.2%溴甲酚绿与 0.2%二甲基黄以 4:1 的比例混合。

(8) 混合碱试样。

### 四、实验步骤

1. $0.1\ mol \cdot L^{-1}$ HCl 标准溶液的标定

1) 用无水 $Na_2CO_3$ 基准物质标定

在分析天平上用减量法准确称取 0.15~0.20 g 无水 $Na_2CO_3$ 三份(其称取质量按消耗滴定剂 20~30 mL 计,预习时可自己计算出来),分别置于已编号的三个 250 mL 锥形瓶中,各加入 50 mL 蒸馏水,溶解后加入 1~2 滴甲基橙指示剂,用待标定的 HCl 溶液滴定,边滴边摇,近终点时应逐滴或半滴滴加,直至恰使溶液由黄色突变为橙色即为终点。根据 $Na_2CO_3$ 的称取质量和所消耗的 HCl 溶液的体积计算出 HCl 溶液的浓度。

2) 用硼砂基准物质标定

准确称取 0.4~0.6 g 硼砂($Na_2B_4O_7 \cdot 10H_2O$)三份于已编号的 250 mL 锥形瓶中,分别加 50 mL 蒸馏水使之溶解,滴加 2~3 滴甲基红指示剂,用待标定的 HCl 溶液分别滴定溶液由黄色恰好突变为浅红色即为终点。根据硼砂的称取质量和所消耗的 HCl 溶液的体积计算出 HCl 溶液的浓度。

## 2. 混合碱的测定

**方法一**：准确称取 1.3~1.5 g 混合碱试样于 100 mL 小烧杯中，加少量蒸馏水，搅拌使其完全溶解，定量转移至 250 mL 容量瓶中，加水稀释至刻度，充分摇匀。

准确移取 25.00 mL 上述试液放入 250 mL 锥形瓶中，加水 50 mL，加酚酞指示剂 2~3 滴，以 0.1 mol·L$^{-1}$ HCl 标准溶液滴定至溶液由红色刚变为无色（微带浅红色），记下 HCl 溶液体积 $V_1$。再加入 1~2 滴甲基橙指示剂，继续滴定至溶液由黄色刚好突变为橙色，记下第二次用去 HCl 标准溶液体积 $V_2$。平行测定 3 份。

根据所消耗 HCl 标准溶液的体积 $V_1$ 与 $V_2$，判断试样的组成，并计算各组分的含量及总碱度。

**方法二**：准确称取 0.13~0.15 g 混合碱试样 3 份于已编号的 250 mL 锥形瓶中，分别加入 50 mL 蒸馏水使之溶解，滴加 5 滴甲酚红-百里酚蓝混合指示剂，用 0.1 mol·L$^{-1}$ HCl 标准溶液滴定至溶液浅蓝色刚好消失，溶液略呈微红时即为终点，记下用去的 HCl 标准溶液的体积 $V_1$。然后加 9 滴溴甲酚绿-二甲基黄混合指示剂，继续滴定至溶液微带绿的黄色变为亮黄色，此为第二个化学计量点，记下消耗的 HCl 标准溶液的 $V_2$。根据 $V_1$ 和 $V_2$ 判断混合碱的组成，并计算混合碱各组分含量和总碱度。

### 五、实验数据记录与处理

#### 1. HCl 溶液的标定

实验结果填入表 2-28。

表 2-28　实验结果表 1

| 平行实验 | 1 | 2 | 3 |
|---|---|---|---|
| Na$_2$CO$_3$ 或 Na$_2$B$_4$O$_7$·10H$_2$O 的质量/g | | | |
| 消耗 HCl 溶液的体积/mL | | | |
| HCl 溶液的浓度/(mol·L$^{-1}$) | | | |
| HCl 溶液的平均浓度/(mol·L$^{-1}$) | | | |
| 相对平均偏差/% | | | |

#### 2. 混合碱的测定（方法一）

实验结果填入表 2-29。

表 2-29　实验结果表 2

| 称取混合碱的质量/g | | | |
|---|---|---|---|
| 平行实验 | 1 | 2 | 3 |
| 移取有机酸溶液的体积/mL | 25.00 | 25.00 | 25.00 |
| $V_1$/mL | | | |
| $V_2$/mL | | | |
| 组分 1 含量及相对平均偏差/% | | | |
| 组分 2 含量及相对平均偏差/% | | | |
| 总碱度(Na$_2$O 或 Na$_2$CO$_3$)/% | | | |

3. 混合碱的测定(方法二)

实验结果填入表2-30。

表 2-30  实验结果表 3

| 平行实验 | 1 | 2 | 3 |
|---|---|---|---|
| 称取混合碱的质量/g | | | |
| $V_1$/mL | | | |
| $V_2$/mL | | | |
| 组分 1 含量及相对平均偏差/% | | | |
| 组分 2 含量及相对平均偏差/% | | | |
| 总碱度($Na_2O$ 或 $Na_2CO_3$)/% | | | |

## 六、实验注意事项

(1) 称取无水 $Na_2CO_3$ 时一定要随时盖好瓶盖，以免样品吸潮。

(2) 用无水 $Na_2CO_3$ 标定 HCl 近终点以及混合碱测定接近第二个终点时，由于反应本身产生 $H_2CO_3$，会使滴定突跃不明显，致使颜色变化不够敏锐，因此一定要充分摇动，最好把溶液加热至沸，防止形成 $CO_2$ 的过饱和溶液而使终点提前到达。

(3) 固体混合碱样品应尽可能混合均匀，取大样测定，也可以配成混合试液供练习使用。

(4) 终点前应以尽可能少的蒸馏水吹洗杯壁，因过度稀释将使指示剂的变色不敏锐。

(5) 硼砂在 20℃ 时，100 g 水中可溶解 5 g，如温度太低，有时不太好溶解，可适量加入温热的水，加速溶解。但滴定时一定要冷却至室温。

(6) 溴甲酚绿-二甲基黄混合指示剂变色点 pH 为 3.25，变色范围为 pH＝3.2(蓝紫色)~3.4(绿色)，甲酚红-百里酚蓝混合指示剂变色点 pH 为 8.3(微红色)，变色范围为 pH＝8.2(玫瑰色)~8.4(紫色)，滴定时注意观察指示剂的变色过程。

## 七、实验思考题

(1) 由盐酸标准溶液滴定碳酸钠溶液时，有几个化学计量点？根据 $H_2CO_3$ 的 $K_{a_1}$、$K_{a_2}$ 值，分别计算各化学计量点时溶液 pH。

(2) 用未预先干燥或因保存不当而吸潮的碳酸钠为基准试剂标定盐酸溶液，对盐酸溶液的浓度有何影响？由此得到的总碱度会产生正误差还是负误差？

(3) 标定 HCl 溶液的两种基准物质无水 $Na_2CO_3$ 和 $Na_2B_4O_7 \cdot 10H_2O$ 各有哪些优缺点？

(4) 化学分析中，为什么要进行平行测定？一般要平行测定几份？

(5) 采用双指示剂法测定混合碱，在同一份溶液中测定，则下列 5 种情况下混合碱中存在的成分是什么？

① $V_1=0$；② $V_2=0$；③ $V_1>V_2$；④ $V_2>V_1$；⑤ $V_1=V_2$。

（6）用 HCl 标准溶液测定混合碱时，取完一份试液就要立即滴定。若在空气中放置一段时间后再滴定，将会给测定结果带来什么影响？

（7）如果只测定混合碱总碱度，应选用什么指示剂？试拟出测定步骤及用 $Na_2O(g \cdot L^{-1})$ 表示的总碱度的计算公式。

（8）如何计算称取的基准物的质量范围？称得太多或太少对标定有什么影响？

## 附　混合碱的微型滴定法测定

**实验步骤**

（1）$0.1\ mol \cdot L^{-1}$ HCl 标准溶液的标定。

用减量法在分析天平上准确称取 0.5 g 左右无水 $Na_2CO_3$ 固体于干燥的小烧杯中，用少量水溶解后，定量转移至 50 mL 容量瓶中，用水稀释至刻度，充分摇匀。

准确移取上述 $Na_2CO_3$ 标准溶液 2.00 mL 于 25 mL 锥形瓶中，加入 1 滴甲基橙指示剂，用待标定的 HCl 溶液滴定溶液由黄色突变为橙色即为终点。根据 $Na_2CO_3$ 的称取质量和所消耗的 HCl 溶液的体积计算出 HCl 溶液的浓度。

（2）混合碱的测定。

准确称取混合碱试样 0.5 g 左右于干燥的小烧杯中，加入少量水使其溶解后，定量转移至 50 mL 容量瓶中，用水稀释至刻度，充分摇匀。

准确移取 2.00 mL 上述试液于 25 mL 锥形瓶中，加入 1 滴酚酞指示剂，用盐酸标准溶液滴定至溶液由红色刚好褪为无色，记下所消耗的 HCl 标准溶液的体积 $V_1$。再加入 1 滴甲基橙指示剂，继续用盐酸溶液滴定至溶液由黄色突变为橙色，记下所消耗的 HCl 标准溶液的体积 $V_2$。平行测定三次，根据所消耗 HCl 标准溶液的体积 $V_1$ 与 $V_2$，判断试样的组成，并计算各组分的含量及总碱度。

# 实验三十二　阿司匹林药片中乙酰水杨酸含量的测定

## 一、实验目的

学习测定阿司匹林药片中乙酰水杨酸含量的酸碱返滴定分析方法。

## 二、实验原理

阿司匹林是常用药物，具有抗血栓、解热镇痛等功效，其主要成分是乙酰水杨酸。乙酰水杨酸微溶于水，易溶于乙醇，摩尔质量为 $180.16\ g \cdot mol^{-1}$。乙酰水杨酸是一元弱酸，其 $pK_a=3$，可用 NaOH 标准溶液直接滴定。但药片中添加的赋形剂（如硬脂酸镁、淀粉等）在冷乙醇中不易溶解完全，故阿司匹林药片中乙酰水杨酸的含量不宜采取直接滴定法测定。乙酰水杨酸溶于 NaOH 或 $Na_2CO_3$ 等强碱性溶液并分解为水杨酸（邻羟基苯甲酸）和乙酸盐，反应式如下：

可利用上述水解反应,采用返滴定法测定阿司匹林药片中的乙酰水杨酸。将药片研磨成粉状,加入过量的 NaOH 标准溶液,加热一段时间待乙酰基水解完全后,以酚酞为指示剂,用 HCl 标准溶液滴定至溶液由红色变为接近无色即为终点。在这一滴定反应中,1 mol 乙酰水杨酸消耗 2 mol NaOH。

### 三、实验仪器和试剂

1. 仪器

酸式滴定管(50 mL)、移液管(25 mL)、烧杯(100 mL)、容量瓶(250 mL)、表面皿、电炉、研钵。

2. 试剂

NaOH 溶液($1\ mol \cdot L^{-1}$)、HCl 溶液($0.1\ mol \cdot L^{-1}$,标定方法参见实验三十一)、0.2%酚酞溶液(乙醇溶液)、阿司匹林药片。

### 四、实验步骤

1. NaOH 标准溶液与 HCl 标准溶液体积比的测定

用移液管准确移取 25.00 mL $1\ mol \cdot L^{-1}$的 NaOH 溶液于 100 mL 烧杯中,用量筒加 30 mL 水,盖上表面皿,水浴加热 15 min,用流水冷却后,定量转移至 100 mL 容量瓶中,稀释至刻度,摇匀。

用移液管移取 10.00 mL 上述 NaOH 溶液至 250 mL 锥形瓶中,加入 20~30 mL 水及 2~3 滴酚酞,用 $0.1\ mol \cdot L^{-1}$ HCl 标准溶液滴定,至红色刚消失即为终点,平行测定 3 份,计算 $V_{NaOH}/V_{HCl}$值。

2. 药片中乙酰水杨酸含量的测定

将阿司匹林药片研成粉末后,准确称取约 0.6 g 药粉于干燥的 100 mL 烧杯中,用移液管准确加入 25.00 mL $1\ mol \cdot L^{-1}$ NaOH 标准溶液,再用量筒加 30 mL 水,盖上表面皿,轻摇几下,水浴加热 15 min,迅速用流水冷却,将烧杯中的溶液定量转移至 100 mL 容量瓶中,用蒸馏水稀释至刻度,摇匀。

准确移取上述试液 10.00 mL 至 250 mL 锥形瓶中,加水 20~30 mL 及 2~3 滴酚酞,用 $0.1\ mol \cdot L^{-1}$ HCl 标准溶液滴至红色刚消失即为终点。平行测定 3 份。计算每片阿司匹林药片中的乙酰水杨酸质量($g \cdot 片^{-1}$)。

### 五、实验数据记录与处理

1. NaOH 标准溶液与 HCl 标准溶液体积比的测定

实验结果填入表 2-31。

表 2-31　实验结果表 1

| 记录项目 \ 序号 | 1 | 2 | 3 |
|---|---|---|---|
| $V_{NaOH}$/mL | | | |
| $V_{HCl}$/mL | | | |
| $V_{NaOH}/V_{HCl}$ | | | |
| $V_{NaOH}/V_{HCl}$ 平均值 | | | |
| 相对平均偏差/% | | | |

2. 药片中乙酰水杨酸含量的测定

实验结果填入表 2-32。

表 2-32　实验结果表 2

| 记录项目 \ 序号 | 1 | 2 | 3 |
|---|---|---|---|
| 药片颗粒数/颗 | | | |
| 药片质量/g | | | |
| 移取试液体积/mL | | | |
| $V_{HCl}$/mL | | | |
| 乙酰水杨酸含量(g·片$^{-1}$) | | | |
| 乙酰水杨酸含量的平均值(g·片$^{-1}$) | | | |
| 相对平均偏差/% | | | |

## 六、实验注意事项

实验步骤 1. 是空白试验。NaOH 溶液在加热过程中受空气中 $CO_2$ 的干扰，给测定造成一定程度的系统误差，在与测定样品相同的条件下测定 NaOH 标准溶液与 HCl 标准溶液的体积比可基本扣除空白值。

## 七、实验思考题

(1) 在本实验中，为什么 1 mol 乙酰水杨酸消耗 2 mol NaOH，而不是 3 mol NaOH？

(2) 列出药片中乙酰水杨酸含量的计算式。

(3) 用 HCl 溶液返滴定过量的 NaOH 溶液为什么选择酚酞作指示剂？能否用甲基橙指示滴定终点？

(4) 乙酰水杨酸晶体的纯度为什么能用直接滴定法测定？试选择合适的溶剂、滴定剂及指示剂。

(5) NaOH 标准溶液是否要用邻苯二甲酸氢钾标定？为什么？

附　阿司匹林药片中乙酰水杨酸含量的测定(微型滴定法)

**实验步骤**

(1) NaOH 标准溶液与 HCl 标准溶液体积比的测定。

用移液管准确移取 10.00 mL 1 mol·L$^{-1}$ NaOH 溶液于 50 mL 烧杯中,用量筒加 10 mL 水,盖上表面皿,水浴加热 15 min,用流水冷却后,定量转移至 100 mL 容量瓶中,稀释至刻度,摇匀。

用移液管移取 2.00 mL 上述 NaOH 溶液至 25 mL 锥形瓶中,加入 1 滴酚酞,用 0.1 mol·L$^{-1}$ HCl 标准溶液滴定,至红色刚消失即为终点,平行测定 3 次,计算 $V_{NaOH}/V_{HCl}$ 值。

(2) 药片中乙酰水杨酸含量的测定。

将阿司匹林药片研成粉末后,准确称取约 0.2 g 药粉于干燥的 50 mL 烧杯中,用移液管准确加入 10.00 mL 1 mol·L$^{-1}$ NaOH 标准溶液,再用量筒加 10 mL 水,盖上表面皿,轻摇几下,水浴加热 15 min,迅速用流水冷却,将烧杯中的溶液定量转移至 100 mL 容量瓶中,用蒸馏水稀释至刻度,摇匀。

准确移取上述试液 2.00 mL 至 25 mL 锥形瓶中,加 1 滴酚酞,用 0.1 mol·L$^{-1}$ HCl 标准溶液滴至红色刚消失即为终点。平行测定 3 次。计算每片阿司匹林药片中的乙酰水杨酸质量(g·片$^{-1}$)。

## 实验三十三　水的硬度测定

### 一、实验目的

(1) 学习 EDTA 标准溶液的配制和标定方法。
(2) 掌握络合滴定法测定水硬度的原理和方法。
(3) 了解金属指示剂的特点,熟悉铬黑 T、二甲酚橙及钙指示剂的使用及其终点颜色的变化。

### 二、实验原理

水的硬度最初的含义是指水沉淀肥皂的能力,而使肥皂沉淀的主要原因是水中存在钙、镁离子。水的硬度测定分为水的总硬度以及钙、镁硬度两种,前者是 $Ca^{2+}$、$Mg^{2+}$ 总量,后者则是分别测定 $Ca^{2+}$ 和 $Mg^{2+}$ 的含量。硬度对工业用水影响很大,尤其是锅炉用水,硬度较高的水都要经过软化处理并经滴定分析达到一定标准后才能输入锅炉。其他很多工业对水的硬度也有一定的要求。生活饮用水中硬度过高会影响肠胃的消化功能。世界各国表示水硬度的方法不尽相同,表 2-33 列出一些国家水硬度的换算关系。

表 2-33　一些国家水硬度单位换算

| 硬度单位 | mmol·L$^{-1}$ | 德国硬度 | 法国硬度 | 英国硬度 | 美国硬度 |
| --- | --- | --- | --- | --- | --- |
| 1 mmol·L$^{-1}$ | 1.00000 | 2.8040 | 5.0050 | 3.5110 | 50.050 |
| 1 德国硬度 | 0.35663 | 1.0000 | 1.7848 | 1.2521 | 17.848 |
| 1 法国硬度 | 0.19982 | 0.5603 | 1.0000 | 0.7015 | 10.000 |
| 1 英国硬度 | 0.28483 | 0.7987 | 1.4255 | 1.0000 | 14.255 |
| 1 美国硬度 | 0.01998 | 0.0560 | 0.1000 | 0.0702 | 1.000 |

我国采用 mmol·L$^{-1}$ 或 mg·L$^{-1}$(CaCO$_3$)为单位表示水的硬度,或以含 $Ca^{2+}$、$Mg^{2+}$ 离子量折合成 CaO 的量来表示,即 1 L 水中含有 10 mg CaO 时为 1°。我国生活用水卫生标准中规定硬度(以 CaCO$_3$ 计)不得超过 450 mg·L$^{-1}$ 或不超过以 CaO 表示的 25°。

国内外规定的测定水的总硬度的标准方法是 EDTA 滴定法。在 pH=10 的氨性缓冲溶液中,以铬黑 T(EBT)为指示剂,用三乙醇胺掩蔽 $Fe^{3+}$、$Al^{3+}$ 等干扰离子,而 $Cu^{2+}$、

$Pb^{2+}$、$Zn^{2+}$ 等重金属离子可用 KCN、$Na_2S$ 或巯基乙酸予以掩蔽,用 EDTA 标准溶液直接滴定水中的 $Ca^{2+}$、$Mg^{2+}$ 含量。如果 $Mg^{2+}$ 的浓度小于 $Ca^{2+}$ 浓度的 1/20,因为铬黑 T 与 $Mg^{2+}$ 显色的灵敏度高,而与 $Ca^{2+}$ 的显色灵敏度低,为了提高滴定终点变色的敏锐性,则需要加入 5 mL $Mg^{2+}$-EDTA 溶液,利用置换滴定法来改善测试的灵敏度。这种情况也可改用酸性铬蓝 K-萘酚绿 B 混合指示剂确定终点,此时终点的颜色由紫红色变为蓝绿色。

计算水的硬度公式为

$$水的总硬度(mg \cdot L^{-1}) = \frac{(cV)_{EDTA} M_{CaO}}{V_{水}} \times 1000$$

### 三、实验仪器与试剂

1. 仪器

分析天平(0.1 mg 精度)、酸式滴定管(50 mL)、容量瓶(250 mL)、移液管(25 mL)、锥形瓶(250 mL)、烧杯、试剂瓶。

2. 试剂

(1) EDTA 标准溶液(0.01 $mol \cdot L^{-1}$):称取 4.0 g EDTA 二钠盐于烧杯中,加去离子水溶解后转入 1 L 聚乙烯塑料瓶中,稀释至 1 L,充分摇匀,待标定。

(2) 氨性缓冲溶液(pH=10):称取 20 g $NH_4Cl$ 固体溶解于蒸馏水中,加 100 mL 浓氨水,用水稀释至 1 L。

(3) 六次甲基四胺(200 $g \cdot L^{-1}$)。

(4) $CaCO_3$ 基准试剂:120℃ 干燥 2 h。

(5) 金属锌(99.99%):取适量锌片或锌粒置于小烧杯中,用 0.1 $mol \cdot L^{-1}$ HCl 清洗 1 min,以除去表面的氧化物,再用自来水和蒸馏水洗净,将水沥干,放入干燥箱中 100℃ 烘干(不要过分烘烤),冷却。

(6) 钙指示剂:钙指示剂与 NaCl 以 1:100(质量比)的比例混合磨匀,配成固体指示剂。

(7) 铬黑 T 溶液(5 $g \cdot L^{-1}$):称取 0.5 g 铬黑 T 溶于含有 25 mL 三乙醇胺、75 mL 无水乙醇溶液中,加入少量盐酸羟胺,低温保存,有效期约 100 天。

(8) 二甲酚橙水溶液(2 $g \cdot L^{-1}$):低温保存,有效期半年。

(9) $Na_2S$ 溶液(20 $g \cdot L^{-1}$)。

(10) 三乙醇胺溶液(1:4)。

(11) HCl 溶液(6 $mol \cdot L^{-1}$)。

(12) NaOH 溶液(10%)。

(13) 氨水(1:2)。

(14) 甲基红(1 $g \cdot L^{-1}$):60% 的乙醇溶液。

(15) $Mg^{2+}$-EDTA 溶液:先配制 0.05 $mol \cdot L^{-1}$ $MgCl_2$ 和 0.05 $mol \cdot L^{-1}$ EDTA 溶

液各 500 mL,然后在 pH＝10 的氨性条件下,以铬黑 T 为指示剂,用 EDTA 溶液滴定 $Mg^{2+}$,按所得的比例把 $MgCl_2$ 和 EDTA 混合,确保 Mg：EDTA＝1：1。

**四、实验步骤**

1. $0.01\ mol\cdot L^{-1}$ EDTA 标准溶液的标定

1) 用 $CaCO_3$ 基准物质标定

准确称取 0.20～0.25 g $CaCO_3$ 于 100 mL 烧杯中,以少量水润湿,盖上表面皿,从烧杯嘴处向烧杯中慢慢滴加约 5 mL 1：1 的 HCl 溶液,边滴加边摇动,使其全部溶解。加水 50 mL,微沸几分钟以除去 $CO_2$,冷却后用水冲洗烧杯内壁和表面皿,定量转移该溶液至 250 mL 容量瓶中,用水稀释至刻度,充分摇匀。

(1) 以钙指示剂标定 EDTA 溶液(pH＝12～13)。准确移取 25.00 mL 上述钙标准溶液于 250 mL 锥形瓶中,加 25 mL 水、5 mL 10%NaOH 溶液及少量固体钙指示剂(约 0.1 g),摇匀后用待标定的 EDTA 溶液滴定至溶液由酒红色突变为纯蓝色即为终点。平行测定 3 份,计算 EDTA 溶液的浓度。

(2) 以 EBT 指示剂标定 EDTA 溶液(pH＝10)。用移液管移取 25.00 mL 钙标准溶液于 250 mL 锥形瓶中,加 1 滴甲基红,用氨水中和钙标准溶液中的 HCl,当溶液由红变黄即可。加 20 mL 水和 5 mL $Mg^{2+}$-EDTA 溶液,然后加入 10 mL $NH_3$-$NH_4Cl$ 缓冲溶液,再加入 3 滴铬黑 T 指示剂,立即用 EDTA 标准溶液滴定至溶液由酒红色突变为纯蓝色即为终点。平行测定 3 份,计算 EDTA 溶液的浓度。

(3) 以 K-B 指示剂标定 EDTA 溶液(pH＝10)。准确移取 25.00 mL 上述钙标准溶液于 250 mL 锥形瓶中,加 20 mL 氨性缓冲溶液(pH＝10)和 2～3 滴 K-B 指示剂,用 EDTA 标准溶液滴定至溶液由紫红色突变为蓝绿色即为终点。平行测定 3 份,计算 EDTA 溶液的浓度。

2) 用 Zn 基准物质标定

取适量锌片或锌粒置于小烧杯中,用 $0.1\ mol\cdot L^{-1}$ HCl 清洗 1 min(时间不宜过长,以免溶蚀过多的锌),以除去表面的氧化物,再用自来水和蒸馏水洗净,将水沥干后,小心烘干(不可过分烘烤),冷却,备用。

准确称取 0.15～0.2 g 金属纯锌于 100 mL 烧杯中,盖上表面皿,从烧杯嘴处向烧杯中加入约 5 mL 1：1 的 HCl 溶液使其全部溶解,必要时可微热(但不可蒸干)。用水冲洗烧杯内壁和表面皿,定量转移该溶液至 250 mL 容量瓶中,用水稀释至刻度,充分摇匀。

(1) 以铬黑 T 作指示剂(pH＝10)。用移液管移取 25.00 mL 上述 $Zn^{2+}$ 标准溶液于 250 mL 锥形瓶中,加 1 滴甲基红,用 1：2 的氨水中和 $Zn^{2+}$ 标准溶液中的 HCl,当溶液由红变黄即可。加 20 mL 水和 10 mL $NH_3$-$NH_4Cl$ 缓冲溶液,再加入 2～3 滴铬黑 T 指示剂,用 EDTA 标准溶液滴定至溶液由酒红色突变为纯蓝色即为终点。平行测定 3 份,计算 EDTA 溶液的浓度。

(2) 以二甲酚橙作指示剂(pH＝5～6)。准确移取 25.00 mL 上述 $Zn^{2+}$ 标准溶液于 250 mL 锥形瓶中,加 2 滴二甲酚橙指示剂,滴加 $200\ g\cdot L^{-1}$ 六次甲基四胺至溶液呈现稳定的紫红色,再过量加入 5 mL 六次甲基四胺,用待标定的 EDTA 溶液滴定至溶液由紫红色突变为黄色即为终点。平行测定 3 份,计算 EDTA 溶液的浓度。

2. 总硬度的测定

打开水龙头,先放水数分钟,再用干净的试剂瓶接 500～1000 mL 水样,盖上瓶盖备用(此部分操作常由实验指导教师完成)。

用移液管准确移取 100.00 mL 自来水样于 250 mL 锥形瓶中,加入 1～2 滴 HCl 使试液酸化,煮沸数分钟以除去 $CO_2$。冷却后,加入 3 mL 三乙醇胺溶液(若水样中含有重金属离子,则需加入 0.1 mL $Na_2S$ 溶液)、5 mL pH=10 的氨性缓冲溶液和 5 mL $Mg^{2+}$-EDTA 溶液,再加入 3 滴铬黑 T 指示剂,立即用 EDTA 标准溶液滴定至溶液由酒红色突变为纯蓝色即为终点。平行测定 3 份,计算水样的总硬度($mg \cdot L^{-1} CaCO_3$)。

若使用 K-B 指示剂,溶液颜色由紫红色突变为蓝绿色即为终点。

3. 钙硬度的测定

准确移取 100.00 mL 自来水样于 250 mL 锥形瓶中,加 10% NaOH 溶液 5 mL 及少量固体钙指示剂,摇匀后,用 EDTA 标准溶液滴定至溶液由酒红色突变为纯蓝色即为终点。平行测定 3 份,计算钙硬度($mg \cdot L^{-1}$)。

从总硬度和钙硬度求出镁硬度($mg \cdot L^{-1}$)。

根据实验结果,说明该水样是否符合生活饮用水的硬度要求。

**五、实验数据记录与处理**

自行设计表格,记录并计算实验结果。

**六、实验注意事项**

(1) 有多种基准物质和指示剂均可用于 EDTA 溶液的标定,选择标定 EDTA 的基准物质和指示剂时,应以标定条件和测定时的缓冲介质及指示剂相同为原则,以免引起系统误差。如用 EDTA 标准溶液测定石灰石或白云石中 CaO、MgO 含量时,则宜选用 $CaCO_3$ 作为基准物质标定 EDTA 溶液的浓度。若 EDTA 溶液用于测定 $Pb^{2+}$、$Bi^{3+}$,则宜选用 ZnO 或金属 Zn 作为基准物质进行标定。

(2) 以纯金属为基准物质时,应将表面的氧化膜用砂纸擦去,或用稀酸把氧化膜溶解掉,分别以蒸馏水和乙醚或丙酮冲洗,于 105℃ 烘干并冷却后再称量。

(3) 在络合滴定中,如果所用的蒸馏水或试剂中含有微量的 $Cu^{2+}$、$Fe^{3+}$ 等杂质,将会影响终点的观察,甚至使滴定不能进行。因此,应将使用的蒸馏水再精制。

(4) 水样测定时,用三乙醇胺掩蔽 $Fe^{3+}$、$Al^{3+}$ 等干扰离子,而 $Cu^{2+}$、$Pb^{2+}$、$Zn^{2+}$ 等干扰离子可用 KCN、$Na_2S$ 或巯基乙酸等掩蔽,以消除对铬黑 T 指示剂的封闭作用。

(5) 水样 $HCO_3^-$、$H_2CO_3$ 含量高时,会影响终点变色观察,加入 1 滴浓 HCl,使水样酸化,加热煮沸除去 $CO_2$。

(6) 水样中含铁量超过 10 $mg \cdot L^{-1}$ 时,用三乙醇胺掩蔽不完全,需用蒸馏水将水样

稀释到 $Fe^{3+}$ 含量不超过 10 mg·$L^{-1}$。

（7）若测定自来水样的硬度,因自来水样较纯,可以省去样品的酸化、煮沸、加 $Na_2S$ 掩蔽剂等步骤,简化实验步骤。

**七、实验思考题**

（1）络合滴定中加入缓冲溶液的作用是什么？

（2）什么叫水的硬度？测定水的硬度有什么意义？

（3）用 EDTA 标准溶液滴定水中的 $Ca^{2+}$、$Mg^{2+}$ 含量。如果 $Mg^{2+}$ 的浓度很小时,则需要加入 $Mg^{2+}$-EDTA 溶液,$Mg^{2+}$-EDTA 溶液的作用是什么？该试剂的加入是否会影响测定？

（4）通常使用乙二胺四乙酸二钠盐配制 EDTA 标准溶液,为什么不用乙二胺四乙酸？

（5）用金属锌标定 EDTA 溶液时,以铬黑 T 作指示剂,为什么要加入氨性缓冲溶液？以二甲酚橙作指示剂,为什么要使用六次甲基四胺溶液？

## 附　水硬度的微型滴定法测定

**实验步骤**

（1）0.01 mol·$L^{-1}$ EDTA 标准溶液的标定。

在分析天平上准确称取 0.1 g 左右的锌片,放入 50 mL 小烧杯中,加入 2 mL 6 mol·$L^{-1}$ HCl 溶液,盖上表面皿,待其全部溶解后,用水冲洗烧杯内壁和表面皿,定量转移该溶液至 100 mL 容量瓶中,用水稀释至刻度,充分摇匀。

准确移取上述 $Zn^{2+}$ 标准溶液 1.00 mL 于 25 mL 锥形瓶中,加入 1 滴甲基红指示剂,滴加氨水至溶液呈现微黄色,再加 3 mL 蒸馏水、1 mL 氨性缓冲溶液(含有 $Mg^{2+}$-EDTA),摇匀,加入 1 滴铬黑 T 指示剂,用待标定的 EDTA 溶液滴定溶液由紫红色突变为纯蓝色即为终点。平行测定 3 份,计算 EDTA 标准溶液的浓度。

（2）水样的测定。

准确移取 5.00 mL 水样于 25 mL 锥形瓶中,加入 0.3 mL 三乙醇胺溶液(若水样中含有重金属离子,则需加入 0.1 mL $Na_2S$ 溶液)、1 mL 氨性缓冲溶液(pH=10)和 0.5 mL $Mg^{2+}$-EDTA 溶液,再加入 1 滴铬黑 T 指示剂,用 EDTA 标准溶液滴定至溶液由酒红色突变为纯蓝色即为终点。平行测定 3 份,计算水样的总硬度(mg·$L^{-1}$ $CaCO_3$)。

# 实验三十四　石灰石或白云石中钙、镁含量的测定

**一、实验目的**

（1）练习样品酸溶法的溶样方法。

（2）掌握络合滴定法测定石灰石或白云石中钙、镁含量的方法和原理。

**二、实验原理**

石灰石或白云石的主要成分是碳酸钙,同时也含有一定量的碳酸镁及少量铝、铁、硅

等杂质,通常用酸溶解后,不经分离直接用 EDTA 标准溶液进行滴定。

试样溶解后,在 pH=10 时,以铬黑 T(或 K-B)作指示剂,用 EDTA 标准溶液滴定溶液中 $Ca^{2+}$ 和 $Mg^{2+}$ 两种离子总量;于另一份试液中,在 pH>12 时,$Mg^{2+}$ 生成 $Mg(OH)_2$ 沉淀,加入钙指示剂,用 EDTA 标准溶液单独滴定 $Ca^{2+}$,然后由总量减去钙量,即得镁量。

试样不同时,干扰离子的消除方法有所不同。在酸性条件下,加入三乙醇胺和酒石酸钠以掩蔽试液中 $Fe^{3+}$、$Al^{3+}$,再碱化;在碱性条件下可用 KCN 掩蔽 $Cu^{2+}$、$Zn^{2+}$ 等重金属离子;对于 $Cu^{2+}$、$Ti^{4+}$、$Cd^{2+}$、$Bi^{3+}$ 等重金属离子的干扰不易消除,则可加入铜试剂(DDTC),掩蔽效果较好。

### 三、实验仪器与试剂

1. 仪器

分析天平(0.1 mg 精度)、酸式滴定管(50 mL)、容量瓶(250 mL)、移液管(25 mL)、锥形瓶(250 mL)、烧杯、试剂瓶。

2. 试剂

(1) EDTA 标准溶液(0.01 mol·$L^{-1}$)。

(2) 铬黑 T 溶液(5 g·$L^{-1}$):称取 0.5 g 铬黑 T 溶于含有 25 mL 三乙醇胺、75 mL 无水乙醇溶液中,加入少量盐酸羟胺,低温保存。

(3) 钙指示剂:钙指示剂与 NaCl 以 1:100 的比例混合磨匀,配成固体指示剂。

(4) K-B 指示剂:称取 0.2 g 酸性铬蓝 K 和 0.4 g 萘酚绿 B 于烧杯中,加水溶解,稀释至 100 mL。

(5) 三乙醇胺溶液(1:2)。

(6) HCl 溶液(1:1)。

(7) NaOH 溶液(20%)。

(8) 氨性缓冲溶液(pH=10):称取 20 g $NH_4Cl$ 固体溶解于蒸馏水中,加 100 mL 浓氨水,用水稀释至 1 L。

(9) 酒石酸钠溶液(5%)。

### 四、实验步骤

1. 试样的溶解

准确称取 0.2~0.25 g 白云石试样于烧杯中,加少量水润湿,盖上表面皿。从烧杯嘴处慢慢滴加 5 mL 1:1 HCl,小心加热使之溶解,冷却后定量转入 250 mL 容量瓶中,用水稀释至刻度,摇匀。

2. 钙、镁总量的测定

准确移取 25.00 mL 试液于锥形瓶中,加水 20 mL、5% 酒石酸钠和 1:2 三乙醇胺各 5 mL,摇匀,加 10 mL 氨性缓冲溶液,摇匀。加 2~3 滴 K-B(或铬黑 T)指示剂,用

EDTA 标准溶液滴定至溶液由酒红色变成蓝绿色(或蓝色),即达终点,记下体积读数($V_1$)。平行测定 3 份。

3. 钙的测定

另移取 25.00 mL 试液于锥形瓶中,加水 20 mL、5%酒石酸钠和 1∶2 三乙醇胺各 5 mL,摇匀。加 10 mL 20% NaOH,加 2~3 滴 K-B 指示剂(或 0.1 g 钙指示剂),用 EDTA 标准溶液滴定至溶液由酒红色变成蓝绿色(或蓝色)即达终点,记下体积读数($V_2$)。平行测定 3 份。

根据 EDTA 溶液的浓度和所消耗的体积 $V_1$ 与 $V_2$,分别计算试样中的 MgO 和 CaO 的质量分数。

**五、实验数据记录与处理**

自行设计表格,记录并计算实验结果。

**六、实验注意事项**

(1) 用三乙醇胺掩蔽 $Fe^{3+}$ 等离子时,必须在酸性溶液中加入三乙醇胺,然后再碱化,否则 $Fe^{3+}$ 已生成 $Fe(OH)_3$ 沉淀而不易被掩蔽;KCN 是剧毒物,只允许在碱性溶液中使用,若加入酸性溶液中,则产生剧毒的 HCN 气体逸出,对人有严重危害。

(2) 如试样用酸溶解不完全,则残渣可用 $Na_2CO_3$ 熔融,再用酸浸取。浸取溶液与试液合并。在一般分析工作中,残渣作为酸不溶物处理,可不必加以考虑。

(3) 测定钙时,若形成大量 $Mg(OH)_2$ 沉淀,将吸附 $Ca^{2+}$,会使钙的结果偏低。为了克服此不利因素,可加入淀粉-甘油、阿拉伯树胶或糊精等保护胶,基本可消除吸附现象,其中以糊精的效果较好。5%糊精溶液配制方法如下:将 5 g 糊精溶于 100 mL 沸水中,稍冷,加入 5 mL 10% NaOH 搅匀。加入 3~5 滴 K-B 指示剂,用 EDTA 溶液滴定呈蓝色,临用时配制,使用时加 10~15 mL 于试液中。

**七、实验思考题**

(1) 掩蔽 $Fe^{3+}$、$Al^{3+}$ 时,为什么要在酸性条件下加入三乙醇胺?用 KCN 掩蔽 $Cu^{2+}$、$Zn^{2+}$ 等离子是否也可以在酸性条件下进行?

(2) 本实验中加入氨性缓冲溶液和 NaOH 溶液各起什么作用?能否用氨性缓冲溶液代替 NaOH 溶液?

(3) 怎样分解石灰石或白云石试样?操作当中应注意什么?

(4) 用 EDTA 法测定石灰石或白云石中钙、镁含量的原理是什么?钙、镁共存对测定有无妨碍?为什么?

附 Determination of the Amount of Calcium and Magnesium in Egg Shells

**实验目的**

通过专业英文的阅读理解实验原理和步骤,然后独立完成文献实验,从而培养学生查阅文献的能

**实验内容**

(1) Preparation and Standardization of 0.05 mol·L$^{-1}$ EDTA.

About 9.3 g EDTA are weighed into a 250 mL beaker and dissolved with distilled water. Transfer the solution into a clean 500 mL bottle and dilute to about 500 mL. Mix the solution thoroughly and label the bottle. Weigh accurately 0.75~1 g of primary standard calcium carbonate that has been previously dried at 110 ℃. 2 mL distilled water and then 1∶1 HCl are added carefully. When the solid has completely dissolved, the solution is transferred into a 250 mL volumetric flask. Dilute with water to the mark and mix the solution thoroughly.

Pipet a 25.00 mL portion of the calcium carbonate standard solution into a 250 mL conical flask. Add 10 mL of NH$_3$-NH$_4$Cl buffer solution and 2~3 drops of K-B indicator. Titrate carefully with the EDTA solution to the end point where the color changes from wine-red to blue. Repeat the titration with two other aliquots of the calcium carbonate solution. Calculate the molarity of the EDTA solution.

(2) Determination of Ca-Mg in egg shells.

The eggs are broken, the albumin and yolk are discarded and the shells are carefully washed with distilled water. The shells are air-dried for several days and then ground into a fine powder. The powder is placed into a porcelain crucible and ashed at 700 ℃ in a muffle furnace for at least 16 h. The crucible is cooled and the residues are placed in a desiccator for use.

A sample of 0.6~0.7 g powder of egg shell is accurately weighed into a 100 mL beaker. 2 mL of water and 2 mL 1∶1 HCl are carefully added. When the residue has dissolved, the solution is transferred into a 250 mL volumetric flask. Add distilled water to the mark and mix the solution thoroughly. Pipet 25.0 mL of the sample solution into a conical flask, 25 mL of distilled water, 10 mL of pH=10 NH$_3$-NH$_4$Cl buffer solution and enough K-B indicator are added. Titrate with the standard EDTA titrant to a color change of red to blue.

Calculate the mg of Ca per gram of egg shell powder. Note that interferences of other metal ions that may be present at the trace level are not accounted for.

(3) Question.

Why should buffer solution be added in complexation titration?

# 实验三十五　铝合金中铝含量的测定

## 一、实验目的

(1) 练习铝合金的溶样方法。
(2) 学习络合滴定中的置换滴定法。

## 二、实验原理

铝合金中的铝经溶样后转化成 Al$^{3+}$，由于 Al$^{3+}$ 易水解，易形成多核羟基络合物，同时 Al$^{3+}$ 与 EDTA 络合反应速率较慢，而且 Al$^{3+}$ 对二甲酚橙指示剂有封闭作用，故一般采用返滴定法测定铝含量。但铝合金中含有 Si、Mg、Cu、Mn、Fe、Zn 等，返滴定测定铝含量时，所有能与 EDTA 形成稳定络合物的离子都产生干扰。因而，对于组分复杂的铝合金，一般都采用置换滴定法。

在 pH 为 3~4 时，$Al^{3+}$ 与过量的 EDTA 溶液混合煮沸之后，$Al^{3+}$ 反应完全，冷却之后，再调节溶液 pH 为 5~6，以二甲酚橙为指示剂，用 $Zn^{2+}$ 标准溶液滴定过量的 EDTA（不计体积）。然后加入过量的 $NH_4F$，加热至沸，使 $AlY^-$ 与 $F^-$ 之间发生置换反应，释放出与 $Al^{3+}$ 物质的量相等的 EDTA，反应式如下：

$$AlY^- + 6F^- + 2H^+ = AlF_6^{3-} + H_2Y^{2-}$$

释放出的 EDTA 再用 $Zn^{2+}$ 标准溶液滴定至溶液突变为紫红色，即为终点，由此计算出铝的含量。

用上述置换滴定法测定铝含量时，如若试样中含有 $Ti^{4+}$、$Zr^{4+}$、$Sn^{4+}$ 等离子，也会发生与 $Al^{3+}$ 相同的置换反应而干扰 $Al^{3+}$ 的测定。此时，可用苦杏仁酸等掩蔽剂掩蔽上述干扰离子。

### 三、实验仪器与试剂

1. 仪器

分析天平、酸式滴定管（50 mL）、容量瓶（250 mL）、移液管（25 mL）、锥形瓶（250 mL）、烧杯、试剂瓶。

2. 试剂

（1）EDTA 标准溶液（0.01 $mol \cdot L^{-1}$）。

（2）二甲酚橙指示剂（XO）（2 $g \cdot L^{-1}$ 水溶液）。

（3）$HNO_3$-HCl-水（1∶1∶2）混合酸。

（4）氨水（1∶1）。

（5）HCl 溶液（1∶3）。

（6）六次甲基四胺（20%）。

（7）$NH_4F$ 溶液（20%）：配制后储存于塑料瓶中。

（8）锌标准溶液（0.01 $mol \cdot L^{-1}$）：准确称取含锌 99.9% 以上的纯锌片 0.15~0.20 g 于 250 mL 烧杯中，盖上表面皿，沿烧杯嘴处滴加约 10 mL 1∶1 HCl，待其溶解完全后，用水冲洗表面皿和烧杯内壁，将溶液转移至 250 mL 容量瓶中，用水稀释至刻度，摇匀。

### 四、实验步骤

1. 样品的预处理

准确称取 0.13~0.15 g 铝合金样品（可根据铝合金中铝的大致含量计算出所需称样量）于 100 mL 烧杯中，加入 10 mL 混合酸，立即盖上表面皿，待试样溶解完全后，用水冲洗表面皿和烧杯内壁，并将溶液转移至 100 mL 容量瓶中，稀释至刻度，充分摇匀。

2. 铝合金中铝含量的测定

用移液管准确移取 25.00 mL 试液于 250 mL 锥形瓶中，加入 20 mL 0.01 $mol \cdot L^{-1}$

EDTA 溶液,加 2 滴二甲酚橙指示剂,用 1∶1 氨水调节溶液至恰好呈现紫红色,然后,滴加 3 滴 1∶3 HCl 溶液,将溶液煮沸 3 min 后,冷却,加入 20 mL 20% 六次甲基四胺,此时溶液呈黄色,如不呈黄色,可用 HCl 溶液调节。再补加 2 滴二甲酚橙指示剂,用锌标准溶液滴定至溶液由黄色突变为红紫色(此时不计滴定所消耗的体积)。加入 10 mL 20% $NH_4F$ 溶液,将溶液加热至微沸,流水冷却后,再补加二甲酚橙指示剂 2 滴,此时溶液呈黄色,若溶液呈红色,应滴加 1∶3 HCl 溶液使溶液呈黄色。再用锌标准溶液滴定至溶液由黄色突变为红色时,即为终点。平行测定 3 份,根据锌标准溶液的浓度和消耗的体积计算铝的含量。

### 五、实验数据记录与处理

自行设计表格,记录并计算实验结果。

### 六、实验注意事项

(1) 铝合金的牌号繁多,如铝镁合金、铝锌合金等,合金中主要的共存元素有 Si、Mg、Cu、Mn、Fe、Zn 等,在 EDTA 置换滴定法测定 Al 时,它们均不干扰。但个别样品中含 $Ti^{4+}$、$Zr^{4+}$、$Sn^{4+}$ 等离子也同时被滴定,对测定有干扰。大量的 $Fe^{3+}$ 对二甲酚橙指示剂有封闭作用,故本法不适于含大量 Fe 试样的测定。大量 $Ca^{2+}$ 在 pH=5~6 时,也有部分与 EDTA 络合,使测定结果不稳定。

(2) 铝合金的溶样方法也可采用 NaOH 分解法,但需要使用银烧杯或塑料烧杯。本实验采用酸溶法。对于含硅量较大的试样,酸溶后将有硅酸沉淀,可在测定前将沉淀等残渣过滤除去。

(3) 在六次甲基四胺介质中,将其加热时,往往由于 $N_4(CH_2)_6$ 的部分水解而使溶液的 pH 升高,二甲酚橙显红色,这时应补加 HCl 使溶液呈黄色后再行滴定,反应式如下:

$$N_4(CH_2)_6 + 6H_2O \Longrightarrow 6HCHO + 4NH_3$$

(4) 根据不同铝合金含铝量的多少,取样量可适当增减。

### 七、实验思考题

(1) EDTA 络合滴定法测定铝含量时为什么不用直接滴定法,而要采用返滴定法或置换滴定法?

(2) 本实验中使用的 EDTA 溶液是否要标定?

(3) 本实验可否用铬黑 T 作指示剂?

### 附 铝合金中铝含量的微型滴定法测定

**实验步骤**

(1) 样品的预处理。同上。

(2) 铝含量的测定。准确移取铝合金试液 2.00 mL 于 25 mL 锥形瓶中,加入 5 mL 0.01 mol·$L^{-1}$ EDTA 溶液,加 1 滴二甲酚橙指示剂,用 1∶1 氨水调节溶液至恰好呈现红色(pH=7~8),然后滴加 1∶3 HCl 至溶液呈现黄色(pH=3~4),将溶液煮沸 3 min 后,冷却,加入 2 mL 20% 六次甲基四胺,此时溶液呈黄色,如不呈黄色,可用 1∶3 HCl 调节。再补加 2 滴二甲酚橙指示剂,用 0.01 mol·L$^{-1}$ 锌标准溶液滴定至溶液由黄色突变为红紫色(此时不计滴定的体积)。加入 1 mL 20% NH$_4$F 溶液,将溶液加热至微沸,流水冷却,再补加 1 滴二甲酚橙指示剂,此时溶液呈黄色,若溶液呈红色,应滴加 1∶3 HCl 溶液使溶液呈黄色。再用 0.01 mol·L$^{-1}$ 锌标准溶液滴定至溶液由黄色突变为红色时,即为终点。平行测定 3 份,根据锌标准溶液的浓度和消耗的体积计算铝的含量。

## 实验三十六　铅、铋离子混合液中各组分含量的连续测定

### 一、实验目的

(1) 掌握控制溶液的酸度进行多种金属离子连续络合滴定的方法和原理。
(2) 熟悉二甲酚橙指示剂终点颜色的变化过程,并学习该指示剂的应用。

### 二、实验原理

在络合滴定法中,混合离子的分别测定通常是根据被测组分的性质而采用控制酸度法、掩蔽法或化学分离法等。$Bi^{3+}$、$Pb^{2+}$ 虽然均能与 EDTA 形成稳定的络合物,但是其稳定性却有相当大的差别(在 25 ℃ 时,它们的 lg$K$ 值分别为 27.94 和 18.04),因此可以利用控制溶液酸度的方法在一份试液中进行连续滴定。

首先调节溶液的 pH≈1.0,以二甲酚橙为指示剂,此时,$Bi^{3+}$ 与指示剂形成紫红色络合物($Pb^{2+}$ 在此条件下不反应),然后用 EDTA 标准溶液滴定至溶液由紫红色转变为亮黄色,即为滴定 $Bi^{3+}$ 的终点;

在滴定 $Bi^{3+}$ 后的溶液中,加入六次甲基四胺溶液,调节溶液至 pH≈5.0～6.0,此时 $Pb^{2+}$ 与二甲酚橙形成紫红色络合物,再用 EDTA 标准溶液继续滴定至溶液由紫红色转变为亮黄色,即为滴定 $Pb^{2+}$ 的终点。

在连续滴定过程中均以二甲酚橙为指示剂,二甲酚橙属于三苯甲烷显色剂,易溶于水,它有 7 级酸式解离,其中 $H_7In$ 至 $H_3In^{4-}$ 呈黄色,$H_2In^{5-}$ 至 $In^{7-}$ 呈红色。所以它在溶液中的颜色随酸度而改变,在溶液 pH<6.3 时呈黄色,pH>6.3 时呈红色。二甲酚橙与 $Bi^{3+}$ 及 $Pb^{2+}$ 形成的络合物呈紫红色,它们的稳定性与 $Bi^{3+}$、$Pb^{2+}$ 和 EDTA 所形成络合物的稳定性相比要差一些。

### 三、实验仪器与试剂

1. 仪器

酸式滴定管(50 mL)、移液管(25 mL)、锥形瓶(250 mL)。

2. 试剂

(1) EDTA 标准溶液(0.01 mol·L$^{-1}$,配制与标定见实验三十三)。
(2) 二甲酚橙指示剂(XO):2 g·L$^{-1}$ 水溶液。
(3) 六次甲基四胺(20%,pH=5.5)。
(4) HCl 溶液(1∶1)。

(5) $Bi^{3+}$、$Pb^{2+}$ 混合溶液:分别称取 3.3 g $Pb(NO_3)_2$ 和 4.8 g $Bi(NO_3)_3$,加 25 mL 0.5 mol·$L^{-1}$ $HNO_3$ 溶解,并用 0.1 mol·$L^{-1}$ $HNO_3$ 稀释至 1 L。此混合溶液中含 $Pb^{2+}$、$Bi^{3+}$ 各约为 0.01 mol·$L^{-1}$。

(6) $HNO_3$ 溶液(0.1 mol·$L^{-1}$)。

(7) NaOH 溶液(0.1 mol·$L^{-1}$)。

(8) 精密 pH 试纸(pH=0.5~5)。

(9) 氨水(1:1)。

### 四、实验步骤

1. $Bi^{3+}$ 的滴定

用移液管准确移取 25.00 mL $Bi^{3+}$、$Pb^{2+}$ 混合试液 3 份,分别置于 250 mL 锥形瓶中。加入 2 滴 0.2% 二甲酚橙指示剂,用 0.01 mol·$L^{-1}$ EDTA 标准溶液滴定至溶液由紫红色变为棕红色,再加 1 滴,突变为亮黄色,即为滴定 $Bi^{3+}$ 的终点。

2. $Pb^{2+}$ 的滴定

在滴定 $Bi^{3+}$ 后的溶液中,补加 3 滴二甲酚橙指示剂,并滴加 20% 六次甲基四胺至溶液呈稳定的紫红色(或橙红色)时,再过量加入 5 mL,此时溶液 pH 为 5.0~6.0,然后以 EDTA 标准溶液滴定至溶液由紫红色变为亮黄色,即为滴定 $Pb^{2+}$ 的终点。

根据滴定时所消耗的 EDTA 标准溶液的体积和 EDTA 溶液的浓度,分别算出混合溶液中 $Bi^{3+}$ 和 $Pb^{2+}$ 的含量(mg·$mL^{-1}$)及测定的相对平均偏差。

### 五、实验数据记录与处理

自行设计表格,记录并计算实验结果。

### 六、实验注意事项

(1) 如果 $Bi^{3+}$、$Pb^{2+}$ 混合液的酸度未知,则需先取一份试液进行初步滴定。以 pH 为 0.5~5 的精密 pH 试纸试验试液的酸度,一般来说,不带沉淀的含 $Bi^{3+}$ 的试液其 pH 应在 1 以下。为此,以 0.1 mol·$L^{-1}$ NaOH 溶液调节 pH,边滴 NaOH 边搅拌,并不断以精密 pH 试纸测试,直至溶液的 pH 达到 1 为止。记下所加的 NaOH 溶液的体积。再加入 10 mL 0.1 mol·$L^{-1}$ $HNO_3$ 溶液及 2 滴 0.2% 二甲酚橙指示剂,用 0.01 mol·$L^{-1}$ EDTA 标准溶液滴定至溶液由紫红色变为棕红色,再加 1 滴,突变为亮黄色,即为终点,记下粗略读数。然后开始正式滴定。另取一份 25.00 mL 试液,加入初步滴定中调节溶液酸度时所需的同样体积的 0.1 mol·$L^{-1}$ NaOH 溶液,再加入 10 mL 0.1 mol·$L^{-1}$ $HNO_3$ 溶液及 2 滴 0.2% 二甲酚橙指示剂,用 EDTA 标准溶液滴定,终点时溶液颜色变化同上。由于调节溶液酸度时要以精密 pH 试纸检验,检验次数必然较多,为了消除因试液损失而产生误差,故采用初步滴定的方法。但有人主张将 pH 试纸放入锥形瓶中贴在瓶的内壁上进行检验,这样也可以消除溶液的损失。实验时可结合实际情况采用适当的方法。

(2) 被滴定的溶液中首先加入 2 滴二甲酚橙指示剂,由于滴定中加入 EDTA 标准溶液后使体积增大等原因,在第二步滴定时,指示剂的量有些不足(由溶液的颜色可以看出),所以需要再补加 3 滴。

(3) 调节滴定 $Bi^{3+}$ 后的溶液 pH 为 5.0~6.0,可滴加 1∶1 氨水至溶液由黄色变为橙色后,再加 20% 六次甲基四胺至稳定的红色并过量 5 mL。该方法较快,但氨水不能多加,否则生成 $Pb(OH)_2$ 沉淀,影响滴定。

(4) 如果试样是铅铋合金,其溶样方法如下:称 0.5~0.6 g 合金试样于小烧杯中,加入 7 mL $HNO_3$(1∶2),盖上表面皿,微沸溶解,然后用洗瓶吹洗表面皿与杯壁,将溶液转入 100 mL 容量瓶中,用 1 mol·L$^{-1}$ $HNO_3$ 稀释至刻度,摇匀。

(5) $Bi^{3+}$ 与 EDTA 反应速率较慢,因而滴定 $Bi^{3+}$ 时速度不易过快,且要剧烈摇动。

(6) 通常铋铅合金是用 $HNO_3$ 溶解后,以 0.1 mol·L$^{-1}$ $HNO_3$ 稀释制备成待测样品,因而在测定铋时可不必调节 pH 或再加 0.1 mol·L$^{-1}$ $HNO_3$。

(7) 移取 $Bi^{3+}$、$Pb^{2+}$ 混合液时,使用实验指导教师预先准备好并润洗过的公用移液管,不要用其他的移液管取用混合液,以免造成混合液的稀释和污染。

## 七、实验思考题

(1) 本实验能否先在 pH=5.0~6.0 的溶液中滴定 $Pb^{2+}$、$Bi^{3+}$ 的含量,然后调节溶液 pH=1.0 时,再滴定 $Bi^{3+}$ 的含量?

(2) 用于滴定 $Bi^{3+}$、$Pb^{2+}$ 的 EDTA 标准溶液应用何种基准物标定比较合适?为什么?

(3) 在滴定 $Bi^{3+}$ 时,应怎样调节溶液的 pH 才能既消除溶液的损失,减少误差,又能不影响终点的观察?

(4) 滴定时若 25.00 mL 试液中 $Bi^{3+}$、$Pb^{2+}$ 的总质量为 $G$ g,试列出 $Bi^{3+}$ 和 $Pb^{2+}$ 的质量分数的计算式。若以 g·L$^{-1}$ 表示 $Bi^{3+}$ 和 $Pb^{2+}$ 的含量时,其计算式又如何表达?

(5) 本实验测定 $Pb^{2+}$ 时,用六次甲基四胺调节控制溶液 pH=5.0~6.0,能否用 HAc、$NH_3·H_2O$、NaOH 等代替六次甲基四胺?为什么?

(6) 试描述本实验 $Bi^{3+}$、$Pb^{2+}$ 混合液的连续滴定过程中锥形瓶中溶液的颜色变化过程,并解释其变色原因。

## 附 1 铋、铅合金中铋、铅含量的测定

**实验步骤**

(1) 样品的预处理。准确称取所需量的铋、铅合金样品于小烧杯中,加入 20 mL 5 mol·L$^{-1}$ $HNO_3$,盖上表面皿,加热微沸,使样品溶解。用蒸馏水冲洗表面皿和烧杯内壁,然后过滤,滤液及 0.1 mol·L$^{-1}$ $HNO_3$ 洗涤液收集于 250 mL 容量瓶中,再用 0.1 mol·L$^{-1}$ $HNO_3$ 稀释至刻度,摇匀,即为待测试液。

(2) 合金试样中铋、铅含量的连续测定。同上。

## 附 2 EDTA Titration of Zinc and Copper

**实验要求**

以下文献材料是关于 EDTA 测定铜和锌的实验方案,通过阅读并结合课堂所学的有关理论知识,

给出 EDTA 测定铜、锌混合液各组分含量的实验方案,并独立完成实验。

**实验内容**

(1) Introduction.

Xylenol orange and PAN are useful indicators for the EDTA titration of some metals. This experiment illustrates the use of these two indicators.

(2) Procedure.

Standardization of 0.02 mol·L$^{-1}$ EDTA:

Weigh accurately 0.3 g metal zinc(more than 99.9%)in a 100 mL beaker, add 10 mL 1∶1 HCl solution. After the metal is dissolved, the solution is transferred quantitatively into a 250 mL volumetric flask.

Pipet 25.00 mL Zn$^{2+}$ standard solution in a 250 mL conical flask, 1~2 drops XO indicator are added, then 20% hexamine is added to a stable red color. Titrate with EDTA to a stable red color. Titrate with EDTA to a color change of red to yellow.

Titration of Zinc and Copper Unknown:

The titration of zinc solution unknown is the same as the standardization of EDTA.

The similar procedures are performed in titration of copper by adding 10 mL of pH=4 NaAc-HAc buffer and PAN indicator. The end point is further improved by heating the solution to 80~90℃ before titration.

(3) Question.

In the standardization of EDTA with Zn$^{2+}$ standard solution, what is the effect of hexamine?

## 实验三十七  复方氢氧化铝药片中铝和镁的测定

### 一、实验目的

(1) 学习药片分析的样品前处理过程。
(2) 掌握返滴定法测定铝的实验原理及操作方法。
(3) 了解沉淀分离的操作过程及应用。

### 二、实验原理

复方氢氧化铝(胃舒平)是一种常用的胃药,主要用于治疗胃酸过多引起的胃溃疡以及十二指肠溃疡等。该药片的主要成分为氢氧化铝、三硅酸镁($Mg_2Si_3O_8·5H_2O$)和少量中药颠茄流浸膏等以及成形剂糊精等辅料。

胃舒平药片中的铝和镁的含量可用络合滴定法测定。药片经酸溶解后,过滤分离除去不溶物,制得待测试液。返滴定法测定铝,即向待测试液中加入已知量的过量的 EDTA 标准溶液,在 pH 为 3~4 时加热煮沸使铝和 EDTA 反应完全。在 pH 为 5~6 时以 Zn$^{2+}$ 标准溶液返滴定过量的 EDTA。另取试液,调节 pH 为 8~9,使铝沉淀,再过滤分离,滤液在 pH 为 10 的氨性缓冲溶液中,以 EDTA 标准溶液滴定镁的含量。该方法测定准确度高,药片中的其他组分不干扰测定。

## 三、实验仪器与试剂

1. 仪器

分析天平（0.1 mg 精度）、酸式滴定管（50 mL）、容量瓶（100 mL）、吸量管（5 mL、10 mL）、锥形瓶（250 mL）、研钵、烧杯、试剂瓶。

2. 试剂

（1）EDTA 标准溶液（0.01 mol·L$^{-1}$）：称取 2.0 g EDTA 二钠盐于烧杯中，加去离子水溶解后转入 500 mL 聚乙烯塑料瓶中，稀释至 500 mL，充分摇匀，待标定。

（2）氨性缓冲溶液（pH=10）：称取 20 g NH$_4$Cl 固体溶解于蒸馏水中，加 100 mL 浓氨水，用水稀释至 1 L。

（3）六次甲基四胺（200 g·L$^{-1}$）。

（4）金属锌（99.99%）：取适量锌片或锌粒置于小烧杯中，用 0.1 mol·L$^{-1}$ HCl 清洗 1 min，以除去表面的氧化物，再用自来水和蒸馏水洗净，将水沥干，放入干燥箱中 100℃ 烘干（不要过分烘烤），冷却。

（5）铬黑 T 溶液（5 g·L$^{-1}$）：称取 0.5 g 铬黑 T 溶于含有 25 mL 三乙醇胺、75 mL 无水乙醇溶液中，加入少量盐酸羟胺，低温保存，有效期约 100 天。

（6）二甲酚橙水溶液（2 g·L$^{-1}$）：低温保存，有效期半年。

（7）NH$_4$Cl 固体。

（8）三乙醇胺溶液（1∶2）。

（9）HCl 溶液（6 mol·L$^{-1}$）。

（10）氨水（1∶1）。

（11）甲基红（2 g·L$^{-1}$）：60% 的乙醇溶液。

## 四、实验步骤

1. 0.01 mol·L$^{-1}$ EDTA 标准溶液的标定

见实验三十三。

2. 药片中铝和镁的测定

1）药片的前处理

准确称取 1 瓶胃舒平药片的质量，之后放入研钵中研碎成粉末状，并混合均匀。准确称取该药粉 0.4 g，加入 5 mL 6 mol·L$^{-1}$ HCl 溶液和 20 mL 蒸馏水，盖上表面皿，煮沸 3 min，冷却后过滤。收集滤液和水洗涤液于 100 mL 容量瓶中，稀释至刻度，摇匀，即为待测试液。

2）铝的测定

准确移取上述试液 5.00 mL 于 250 mL 锥形瓶中，加入 21 mL 水，用移液管准确加入 25.00 mL 0.01 mol·L$^{-1}$ EDTA 标准溶液，摇匀。加入 2 滴二甲酚橙指示剂，滴加 1∶1

氨水至溶液恰好呈现紫红色,再加入 2 滴 6 mol·L$^{-1}$ HCl 溶液,将溶液煮沸 3 min。冷却后,加入 10 mL 200 g·L$^{-1}$ 的六次甲基四胺溶液,补加 2 滴二甲酚橙,用锌标准溶液滴定至溶液由黄色突变为红色,即为终点。平行测定 3 份。计算药片中 Al(OH)$_3$ 的含量(g·片$^{-1}$)及其质量分数。

3) 镁的测定

另准确移取上述试液 10.00 mL 于 100 mL 烧杯中,滴加 1∶1 氨水至溶液刚好产生沉淀,再用 6 mol·L$^{-1}$ HCl 溶液调至沉淀恰好溶解,加入 0.8 g NH$_4$Cl 固体,摇匀使之溶解,滴加 200 g·L$^{-1}$ 六次甲基四胺溶液至溶液刚好出现沉淀并过量 6 mL,摇匀后,加热至 80℃并保持 10~15 min,冷却后过滤,用少量水洗涤沉淀。收集滤液及洗涤液于 250 mL 锥形瓶中,加入 4 mL 三乙醇胺、4 mL 氨性缓冲溶液、1 滴甲基红和少量铬黑 T 指示剂,用 EDTA 标准溶液滴定至溶液由红色突变为蓝绿色即为终点。平行测定 3 份,计算三硅酸镁(2MgO·3SiO$_2$)的含量(g·片$^{-1}$)及其质量分数。

**五、实验数据记录与处理**

自行设计表格,记录并计算实验结果。

**六、实验注意事项**

(1) 取药片时可以多取一些,研碎成粉末后,再取样分析,以使测定结果更有代表性,避免因药片中各组分的含量不一致而造成较大误差。

(2) 药粉的取样量应根据实际药片主成分的含量多少而定。

(3) 在滴定镁时,加入甲基红能够使终点的变色更敏锐。

**七、实验思考题**

(1) 为什么不用直接滴定法测定铝?铬黑 T 为什么不能用作测定铝的指示剂?在络合滴定中,对所用指示剂有什么要求?

(2) 在镁的测定中,为什么加入三乙醇胺?

(3) 能否采用掩蔽法在将铝掩蔽后的溶液中直接测定镁?应选择什么掩蔽剂?

## 附 1　微型滴定法测定复方氢氧化铝药片中铝和镁

**实验步骤**

(1) 药片的前处理。

准确称取 1 瓶胃舒平药片的质量,之后放入研钵中研碎成粉末状,并混合均匀。准确称取该药粉 0.2 g 于 50 mL 小烧杯中,加入 10 mL 8 mol·L$^{-1}$ HNO$_3$ 溶液以及少量蒸馏水使药粉溶解,盖上表面皿,煮沸 5 min,冷却后过滤。收集滤液和水洗涤液于 100 mL 容量瓶中,稀释至刻度,摇匀,即为待测试液。

(2) 铝的测定。

准确移取上述试液 1.00 mL 于 25 mL 锥形瓶中,用吸量管准确加入 3.00 mL 0.01 mol·L$^{-1}$ EDTA

标准溶液,摇匀。加入1滴二甲酚橙指示剂,滴加1∶1氨水至溶液恰好呈现紫红色,再加入 3 mol·L$^{-1}$ HCl 溶液至溶液刚好呈现黄色,将溶液煮沸 3 min。冷却后,加入 2 mL 200 g·L$^{-1}$ 六次甲基四胺溶液,此时溶液应该呈黄色,如不呈现黄色,应用 3 mol·L$^{-1}$ HCl 溶液调至黄色,再补加1滴二甲酚橙,用锌标准溶液滴定至溶液由黄色突变为红色,即为终点。平行测定 3 份。计算药片中 Al(OH)$_3$ 的含量(g·片$^{-1}$)及其质量分数。

(3) 镁的测定。

另准确移取上述试液 25.00 mL 于 50 mL 烧杯中,加 1 滴甲基红,并滴加 1∶1 氨水至溶液刚好产生沉淀,溶液恰好变成黄色。电炉上煮沸 5 min,趁热过滤,沉淀用 2% NH$_4$Cl 溶液少量多次洗涤。收集滤液及洗涤液于已装少量水的 100 mL 容量瓶中,稀释至刻度,摇匀。

准确移取上述试液 5.00 mL 于 25 mL 锥形瓶中,加入 2 mL 30 g·L$^{-1}$ 三乙醇胺、5 mL 氨性缓冲溶液和 1 滴铬黑 T 指示剂,用 EDTA 标准溶液滴定至溶液由紫红色突变为蓝色即为终点。平行测定 3 份,计算三硅酸镁(2MgO·3SiO$_2$)的含量(g·片$^{-1}$)及其质量分数。

## 附 2 胃药硫糖铝中铝和硫含量的测定

**实验原理**

硫糖铝是一类抗酸药,是蔗糖硫酸酯的碱式铝盐,易溶于稀盐酸和稀硫酸,其制剂有硫糖铝片和硫糖铝胶囊。常用配位滴定法测定其铝和硫的含量,以检测硫糖铝及其制剂的质量。由于铝离子与铬黑T形成的配合物较稳定,而且铝离子与 EDTA 配位反应速率较慢,故采用返滴定法测定铝含量,即先准确加入过量的 EDTA 标准溶液,加热促使配位反应完全,冷却后,以二甲酚橙为指示剂,六亚甲基四胺或乙酸-乙酸铵为缓冲溶液,控制 pH 为 5~6,用锌标准溶液回滴剩余的 EDTA,测出铝含量。

硫糖铝中硫含量可用间接 EDTA 配位滴定法测定。即样品加硝酸煮沸,将硫转变为硫酸盐,加入过量的氨试液使铝沉淀,过滤,滤液中准确加入一定量的氯化钡-氯化镁溶液,硫酸盐成为硫酸钡沉淀。过量的氯化钡-氯化镁溶液,在氨-氯化铵缓冲溶液中,以铬黑T为指示剂、三乙醇胺为掩蔽剂,用标准 EDTA 溶液回滴,测出硫的含量。

**实验步骤**

(1) 铝含量的测定。准确称取硫糖铝样品约 0.4 g 于 100 mL 烧杯中,加 50 mL 稀盐酸(1∶10)溶解后,定量转移至 100 mL 容量瓶中。加水稀释至刻度,摇匀。准确吸取该溶液 25.00 mL 三份于三个 250 mL 锥形瓶中,滴加氨水(1∶1)中和至恰好析出沉淀,再滴加稀盐酸至沉淀恰好溶解为止,加 300 g·L$^{-1}$ 六次甲基四胺 5 mL,使溶液 pH=5~6,再准确加入 25.00 mL 已标定的 EDTA(0.05 mol·L$^{-1}$)溶液,煮沸 3~5 min,放冷至室温,加二甲酚橙指示剂 2~3 滴,用锌标准溶液(0.05 mol·L$^{-1}$)滴定至溶液由黄色转变为红色,同时以同样的步骤进行空白实验,计算经空白校正后的测定结果,以质量分数表示。

(2) 硫含量的测定。准确称取硫糖铝样品 1 g 左右于 100 mL 烧杯中,加 10 mL 硝酸(1∶2)和 10 mL 水,缓缓煮沸 10 min,滴加氨水至碱性后再多加 5 mL,煮沸 1 min,放冷转至 100 mL 容量瓶中,加水稀释至刻度,摇匀,进行干过滤(用干漏斗、干滤纸进行过滤),弃去初滤液,准确量取续滤液 10.00 mL 三份于三个 250 mL 锥形瓶中,加稀盐酸(1∶10)至呈酸性后,再多加 3 滴,准确加入 10.00 mL 氯化钡-氯化镁溶液,摇匀,放置片刻,加 15 mL 氨-氯化铵缓冲溶液(pH=10)、5 mL 三乙醇胺(1∶2)与少量铬黑 T 指示剂,加蒸馏水至 80 mL,用标定的 EDTA(0.05 mol·L$^{-1}$)滴定,同时进行空白实验,计算测定结果,以质量分数表示。

# 实验三十八　双氧水(或消毒液)中 $H_2O_2$ 含量的测定

## 一、实验目的

(1) 掌握高锰酸钾标准溶液的配制方法和保存条件。
(2) 了解用 $Na_2C_2O_4$ 作基准物标定高锰酸钾溶液的原理、方法及滴定条件。
(3) 掌握应用高锰酸钾法测定双氧水中 $H_2O_2$ 含量的原理和方法。

## 二、实验原理

双氧水是工业、医药、卫生行业上广泛使用的漂白剂、消毒剂、氧化剂,常需要测定它的含量。室温条件下,$H_2O_2$ 在稀硫酸溶液中能定量地被 $KMnO_4$ 氧化而生成氧气和水,因此可用高锰酸钾法测定过氧化氢含量,反应式如下:

$$5H_2O_2 + 2MnO_4^- + 6H^+ = 2Mn^{2+} + 5O_2\uparrow + 8H_2O$$

开始时反应速率慢,滴入第一滴溶液不易褪色,待 $Mn^{2+}$ 生成之后,由于 $Mn^{2+}$ 的自动催化作用,加快了反应速率,故能顺利地滴定到溶液呈现稳定的微红色($KMnO_4$ 自身指示剂,稍过量 $2\times10^{-6}$ mol·$L^{-1}$ 即可呈现出微红色)即为终点。根据 $KMnO_4$ 溶液的浓度和滴定消耗的体积,即可计算溶液中 $H_2O_2$ 的含量。

在生物化学中,常利用该方法间接测定过氧化氢酶的活性。在血液中加入一定量的 $H_2O_2$,由于过氧化氢酶能使 $H_2O_2$ 分解,作用完后,在酸性条件下用标准 $KMnO_4$ 溶液滴定剩余的 $H_2O_2$,就可以了解酶的活性。

## 三、实验仪器与试剂

1. 仪器

台秤、试剂瓶(棕色)、酸式滴定管(50 mL)、移液管(25 mL)、锥形瓶(250 mL)、玻璃砂芯漏斗(4号,25~30 mL)。

2. 试剂

(1) $KMnO_4$ 固体(A.R.)或 $KMnO_4$ 标准溶液(0.02 mol·$L^{-1}$)。
(2) $Na_2C_2O_4$(A.R.或基准试剂)。
(3) $H_2SO_4$ 溶液(3 mol·$L^{-1}$):在搅拌下慢慢将 167 mL 分析纯的浓 $H_2SO_4$ 加入 833 mL 水中。
(4) $H_2O_2$ 样品:市售约为 30% $H_2O_2$ 水溶液。

## 四、实验步骤

1. 0.02 mol·$L^{-1}$ $KMnO_4$ 溶液的配制

在台秤上称取约 1.6 g $KMnO_4$ 固体于大烧杯中,加 500 mL 的蒸馏水,盖上表面皿,加热至沸并保持微沸状态 1 h,冷却后,放置一周后,用微孔玻璃漏斗(3 号或 4 号)过滤,或用倾析法过滤。倒掉残渣和沉淀,把试剂瓶洗净,再将滤液倒回棕色试剂瓶中,摇匀后待标定。

2. $KMnO_4$ 溶液的标定

准确称取 3 份 0.15~0.20 g 经烘干过的分析纯 $Na_2C_2O_4$,分别置于已编号的 250 mL 锥形瓶中,加 40 mL 水使其溶解。加入 10 mL 3 mol·$L^{-1}$ $H_2SO_4$ 溶液,加热到 75~85℃(大量冒蒸气时的温度),趁热用待标定的 $KMnO_4$ 溶液进行滴定。滴定速度宜慢,在第一滴 $KMnO_4$ 溶液滴入后,不断摇动锥形瓶,当紫红色褪去后再滴加第二滴。待溶液中产生 $Mn^{2+}$ 后,反应速率加快,滴定速度稍快,但滴定时仍必须是逐滴加入。近终点时,紫红色褪去很慢,应逐滴或半滴加入,同时充分摇动溶液,如此小心滴定至溶液呈微红色,30 s 内不褪色即为终点。注意滴定结束时的温度不应低于 60℃。根据每份滴定中所称取的 $Na_2C_2O_4$ 质量和用去的 $KMnO_4$ 溶液的体积,计算出 $KMnO_4$ 溶液的浓度,相对平均偏差不应大于 0.2%。

3. $H_2O_2$ 含量的测定

用吸量管移取 1.00 mL 30% 原装双氧水样品(或移取 10.00 mL 3% 双氧水样品),置于 250 mL 容量瓶中,加水稀释至刻度,充分摇匀。用移液管移取 25.00 mL 置于 250 mL 锥形瓶中,加 3 mol·$L^{-1}$ $H_2SO_4$ 5 mL,用 0.02 mol·$L^{-1}$ $KMnO_4$ 标准溶液滴定至呈微红色,30 s 内不褪色即为终点。由 $KMnO_4$ 标准溶液的浓度和滴定过程中消耗的体积,计算试样中 $H_2O_2$ 的含量(g·$L^{-1}$)。

**五、实验数据记录与处理**

自行设计表格,记录并计算实验结果。

**六、实验注意事项**

(1) 蒸馏水中常含有少量的还原性物质,使 $KMnO_4$ 还原为 $MnO_2·nH_2O$。细粉状的 $MnO_2·nH_2O$ 能加速 $KMnO_4$ 的分解,故通常将 $KMnO_4$ 溶液煮沸一段时间,冷却后,滤去 $MnO_2·nH_2O$ 沉淀,再保存于棕色瓶中。

(2) 在室温下,$KMnO_4$ 与 $C_2O_4^{2-}$ 之间反应速率缓慢,需将溶液加热,但温度不能太高,否则引起 $H_2C_2O_4$ 分解,反应式如下:

$$H_2C_2O_4 = CO_2\uparrow + CO\uparrow + H_2O$$

(3) $KMnO_4$ 颜色较深,液面弯月面不易看出,读数时应以液面的最高线为准(读液面的边缘)。

(4) 若滴定速度过快,部分 $KMnO_4$ 在热溶液中按下式分解:

$$4KMnO_4 + 2H_2SO_4 = 4MnO_2 + 2K_2SO_4 + 2H_2O + 3O_2\uparrow$$

(5) 用 $KMnO_4$ 法测定还原性无机物时,通常是在强酸性介质中进行,其反应产物为

$Mn^{2+}$,若滴定过程中溶液中出现棕色混浊($MnO_2 \cdot nH_2O$),而且摇动后仍不消失,说明溶液的酸度不够,此时应补加 $H_2SO_4$,使混浊的溶液澄清。如果仍不能够澄清,应该重新补做。

(6) $KMnO_4$ 滴定终点不太稳定,这是由于空气中含有还原性气体及尘埃等杂质,能使 $KMnO_4$ 慢慢分解,而使微红色消失,所以经过 30 s 不褪色即可认为已到达终点。

(7) 若试样为工业产品,用高锰酸钾法测定误差较大,因为产品中常加入有少量的乙酰苯胺等有机物质作稳定剂,此类有机物也会消耗 $KMnO_4$,引起方法误差。此种情况应采用碘量法或铈量法进行测定,即利用 $H_2O_2$ 和 KI 作用生成 $I_2$,然后用 $Na_2S_2O_3$ 标准溶液滴定,反应式如下:

$$H_2O_2 + 2H^+ + 2I^- = 2H_2O + I_2$$

$$I_2 + 2S_2O_3^{2-} = S_4O_6^{2-} + 2I^-$$

## 七、实验思考题

(1) 配制 $KMnO_4$ 标准溶液时,为什么要将 $KMnO_4$ 的水溶液煮沸一定时间(或放置数天)?配好的 $KMnO_4$ 溶液,为什么要过滤后才能保存?滤器上的沉淀物是什么?应选用什么物质清洗干净?过滤时是否可以使用滤纸?

(2) 配制好的 $KMnO_4$ 溶液为什么要装在棕色玻璃瓶中(如果没有棕色瓶应怎么办?)放置暗处保存?

(3) 用 $Na_2C_2O_4$ 标定 $KMnO_4$ 溶液的浓度时,为什么必须在过量 $H_2SO_4$ 存在下进行?可以用硝酸或盐酸代替吗?酸度过高或过低有无影响?为什么要加热到 75~85℃ 后才能进行滴定?溶液温度过高或过低有什么影响?

(4) 标定 $KMnO_4$ 溶液时,$KMnO_4$ 溶液为什么一定要装在具有玻璃塞的滴定管中?为什么第一滴 $KMnO_4$ 溶液加入后红色褪去很慢,以后褪色较快?

(5) 装 $KMnO_4$ 溶液的烧杯或锥形瓶等放置较久后,其壁上常有棕色沉淀物不容易洗净,这些沉淀物是什么?应怎样洗涤才能除去此棕色沉淀物?

(6) 用 $Na_2C_2O_4$ 为基准物质标定 $KMnO_4$ 溶液时,应注意哪些反应条件?

## 附 双氧水中 $H_2O_2$ 含量的微型滴定法测定

**实验步骤**

(1) 0.02 mol·L$^{-1}$ $KMnO_4$ 标准溶液的标定。准确称取 0.3~0.4 g 经烘干过的分析纯 $Na_2C_2O_4$ 于 50 mL 小烧杯中,加水使其溶解,定量转移至 50 mL 容量瓶中,稀释至刻度,摇匀。准确移取该溶液 2.00 mL 于 25 mL 锥形瓶中,加入 1 mL 3 mol·L$^{-1}$ $H_2SO_4$ 溶液,加热到 75~85℃(大量冒蒸气时的温度),趁热用待标定的 $KMnO_4$ 溶液滴定至溶液呈微红色,30 s 内不褪色即为终点。根据每份滴定中所称取的 $Na_2C_2O_4$ 质量和用去的 $KMnO_4$ 溶液的体积,计算出 $KMnO_4$ 溶液的浓度。

(2) $H_2O_2$ 含量的测定。用吸量管移取 2.00 mL 双氧水样品于 50 mL 容量瓶中,加水稀释至刻度,充分摇匀。用吸量管移取 2.00 mL 该溶液于 25 mL 锥形瓶中,加 3~5 mL 水、1 mL 3 mol·L$^{-1}$ $H_2SO_4$,用 0.02 mol·L$^{-1}$ $KMnO_4$ 标准溶液滴定至呈微红色,30 s 内不褪色即为终点。由 $KMnO_4$ 标准溶液的浓度和滴定过程中消耗的体积,计算试样中 $H_2O_2$ 的含量$(g \cdot L^{-1})$。

## 实验三十九　石灰石或碳酸钙中钙含量的测定

### 一、实验目的

（1）学习沉淀分离的基本知识和操作（沉淀、过滤及洗涤等）。
（2）熟悉用高锰酸钾法间接测定石灰石中钙含量的原理和方法,尤其是结晶型乙二酸钙沉淀和分离的条件及洗涤 $CaC_2O_4$ 沉淀物的方法。
（3）学习石灰石样品的溶样操作方法。
（4）进一步熟悉高锰酸钾滴定法的滴定条件。

### 二、实验原理

石灰石是重要的工业生产原材料之一,其主要成分是 $CaCO_3$,较好的石灰石含 CaO $45\%\sim53\%$,此外还含有 $SiO_2$、$Fe_2O_3$、$Al_2O_3$ 及 MgO 等杂质。

测定钙的方法很多,快速的方法是络合滴定法,方法简便,但干扰较多；较精确的方法是本实验采用的高锰酸钾法,只是此方法比较费时。后一种方法是将试样溶解,然后将 $Ca^{2+}$ 沉淀为 $CaC_2O_4$,将沉淀滤出并洗净后,溶于稀 $H_2SO_4$ 溶液中,再用 $KMnO_4$ 标准溶液滴定溶液中的 $C_2O_4^{2-}$,根据所消耗 $KMnO_4$ 的体积和浓度计算试样中钙或氧化钙的含量。主要反应式如下：

$$Ca^{2+} + C_2O_4^{2-} = CaC_2O_4 \downarrow$$
$$CaC_2O_4 + H_2SO_4 = CaSO_4 + H_2C_2O_4$$
$$5H_2C_2O_4 + 2MnO_4^- + 6H^+ = 2Mn^{2+} + 10CO_2 \uparrow + 8H_2O$$

此法用于含 $Mg^{2+}$ 及碱金属的试样时,其他金属阳离子不应存在,因为它们与 $C_2O_4^{2-}$ 容易生成沉淀或共沉淀而形成正误差。

当 $[Na^+] > [Ca^{2+}]$ 时（$K^+$ 的共沉淀不明显,通常不考虑）,$Na_2C_2O_4$ 共沉淀形成正误差。若 $Mg^{2+}$ 存在,往往产生后沉淀。如果溶液中含 $Ca^{2+}$ 和 $Mg^{2+}$ 量相近,也产生共沉淀；如果过量的 $C_2O_4^{2-}$ 浓度足够大,则形成可溶性乙二酸镁络合物 $[Mg(C_2O_4)_2]^{2-}$；若在沉淀完毕后即进行过滤,则此干扰可减小。当 $[Mg^{2+}] > [Ca^{2+}]$ 时,共沉淀影响很严重,需要进行再沉淀。按照经典方法,需用碱性熔剂熔融分解试样,制成溶液,分离除去 $SiO_2$ 和 $Fe^{3+}$、$Al^{3+}$,然后测定钙。但是其步骤太繁琐。若试样中含酸不溶物(硅酸盐)较少,可以用酸溶样,$Fe^{3+}$、$Al^{3+}$ 可用柠檬酸铵掩蔽,不必沉淀分离,这样就可简化分析步骤。

$CaC_2O_4$ 是弱酸盐沉淀,其溶解度随溶液酸度增大而增加,在 pH ≈ 4 时,$CaC_2O_4$ 的溶解损失可以忽略。一般采用在酸性溶液中加入 $(NH_4)_2C_2O_4$,再滴加氨水逐渐中和溶液中的 $H^+$,使 $[C_2O_4^{2-}]$ 缓缓增大,$CaC_2O_4$ 沉淀完全,又不致生成 $Ca(OH)_2$ 或 $Ca_2(OH)_2C_2O_4$ 沉淀。该沉淀方法称为均相沉淀法,如此可以得到吸附杂质量少、便于洗涤的大颗粒晶形沉淀。其他矿石中的钙也可用本法测定。

### 三、实验仪器与试剂

1. 仪器

分析天平、酸式滴定管(50 mL)、移液管(25 mL)、锥形瓶(250 mL)、烧杯、漏斗。

2. 试剂

(1) $KMnO_4$ 标准溶液($0.02\ mol \cdot L^{-1}$)。

(2) HCl 溶液($6\ mol \cdot L^{-1}$)。

(3) $(NH_4)_2C_2O_4$ 溶液($0.25\ mol \cdot L^{-1}$、$0.1\%$)。

(4) $H_2SO_4$ 溶液($1\ mol \cdot L^{-1}$)。

(5) $HNO_3$ 溶液($2\ mol \cdot L^{-1}$)。

(6) 甲基橙($0.1\%$)。

(7) $AgNO_3$ 溶液($0.1\ mol \cdot L^{-1}$)。

(8) 氨水($3\ mol \cdot L^{-1}$)。

(9) 柠檬酸铵($10\%$)。

### 四、实验步骤

1. 试样的溶解

准确称取石灰石试样 0.5~1 g,置于 250 mL 烧杯中,滴加少量水使试样润湿(只是润湿,不可加水太多),盖上表面皿,从烧杯嘴处缓缓滴加 10 mL $6\ mol \cdot L^{-1}$ HCl 溶液,同时不断摇动烧杯。待停止发泡后,小心加热煮沸 2 min,冷却后,仔细将全部物质转入 250 mL 容量瓶中,加水至刻度,充分摇匀,静置使其中酸不溶物沉降(也可以称取 0.1~0.2 g 试样,用 7~8 mL $6\ mol \cdot L^{-1}$ HCl 溶液溶解,得到的溶液不再加 HCl 溶液,直接按下述条件沉淀 $CaC_2O_4$)。

2. 沉淀的制备

准确吸取 50.00 mL 上层清液(必要时将溶液用干滤纸过滤到干烧杯中后再吸取)2 份,分别放入 500 mL 烧杯中,加入 5 mL 10% 柠檬酸铵溶液和 120 mL 水,加入 2 滴甲基橙,加 5~10 mL $6\ mol \cdot L^{-1}$ HCl 溶液至溶液显红色(用盐酸调至溶液呈现红色即可,不可多加 HCl,否则下一步用氨水调节溶液酸度时用量太大!),加入 15~20 mL $0.25\ mol \cdot L^{-1}$ $(NH_4)_2C_2O_4$ 溶液(若此时有沉淀生成,应在搅拌下滴加 $6\ mol \cdot L^{-1}$ HCl 溶液至沉淀溶解,注意勿多加)。加热至 70~80℃,在不断搅拌下以每秒 1~2 滴的速度滴加 $3\ mol \cdot L^{-1}$ 氨水至溶液由红色变为橙黄色,盖上表面皿,静置过夜,陈化(或者继续保温 70~80℃ 约 30 min 并随时搅拌,放置冷却)。

3. 沉淀的过滤和洗涤

用中速滤纸(或玻璃砂芯漏斗)以倾析法过滤。用冷的 $0.1\%$ $(NH_4)_2C_2O_4$ 溶液用倾析法将沉淀洗涤三四次,再用冷水洗涤至洗液不含 $Cl^-$ 为止。

4. 沉淀的溶解和测定

将带有沉淀的滤纸贴在原储沉淀的烧杯内壁(沉淀向杯内,滤纸不要接触溶液)。用 50 mL 1 mol·$L^{-1}$ $H_2SO_4$ 溶液仔细将滤纸上沉淀洗入烧杯,用水稀释至 100 mL,加热至 75~85℃,用 0.02 mol·$L^{-1}$ $KMnO_4$ 标准溶液滴定至溶液呈粉红色。然后将滤纸浸入溶液中,用玻璃棒搅拌,若溶液褪色,再滴入 $KMnO_4$ 溶液,直至粉红色经 30 s 不褪色即为终点。

根据 $KMnO_4$ 的用量和试样质量,计算试样中钙的质量分数。

**五、实验数据记录与处理**

自行设计表格,记录并计算实验结果。

**六、实验注意事项**

(1) 为确保测定结果的准确性,本实验沉淀与洗涤 $CaC_2O_4$ 时,应注意以下方面:

(i) 控制沉淀时溶液的酸度 pH 为 4,以保证 $Ca^{2+}$ 与 $C_2O_4^{2-}$ 的 1∶1 计量关系。

(ii) 在酸性溶液中加入 $(NH_4)_2C_2O_4$ 后,再慢慢滴加氨水,均相沉淀法沉淀 $CaC_2O_4$,以获得纯度高、便于洗涤和过滤的大颗粒沉淀物。

(iii) 少量多次洗涤,洗去沉淀表面吸附的 $C_2O_4^{2-}$ 和 $Cl^-$。

(2) 样品溶解时,先用少量水润湿,以免加 HCl 溶液时产生的 $CO_2$ 将试样粉末冲出。

(3) 柠檬酸铵络合掩蔽 $Fe^{3+}$ 和 $Al^{3+}$,以免生成胶体和共沉淀,其用量要根据铁和铝的含量多少而定。

(4) 在酸性溶液中加 $(NH_4)_2C_2O_4$,再调 pH,但盐酸只能稍过量,否则用氨水调 pH 时用量较大。

(5) 调节 pH 至 3.5~4.5,使 $CaC_2O_4$ 沉淀完全,$MgC_2O_4$ 不沉淀。同时不会产生 $Ca(OH)_2$ 或碱式乙二酸钙沉淀。

(6) 保温是为了使沉淀陈化。若沉淀完毕后,要放置过夜则不必保温。但对 Mg 含量高的试样,不宜久放,以免后沉淀。这时应将沉淀置水浴上保温 30 min,并随时搅拌,用这种方法可以代替放置,使沉淀陈化。

(7) 洗涤沉淀物时,先用沉淀剂稀溶液洗涤,利用同离子效应,降低沉淀的溶解度,以减小溶解损失,并且洗去大量杂质。再用水洗的目的主要是洗去 $C_2O_4^{2-}$。洗至洗液中无 $Cl^-$,即表示沉淀中杂质已洗净。洗涤时应注意吹水洗去滤纸上部的 $C_2O_4^{2-}$。检查 $Cl^-$ 的方法是滴加 $AgNO_3$ 溶液,根据下列反应来判断:

$$Cl^- + Ag^+ = AgCl \downarrow (白色)$$

但是 $C_2O_4^{2-}$ 也有类似反应:

$$C_2O_4^{2-} + 2Ag^+ = Ag_2C_2O_4 \downarrow (白色)$$

因此,如果洗液中加入 $AgNO_3$ 溶液,没有沉淀生成,表示 $Cl^-$ 和 $C_2O_4^{2-}$ 都已洗净。如果

加入 $AgNO_3$ 溶液,产生白色沉淀或混浊,则说明有 $C_2O_4^{2-}$ 或 $Cl^-$;若用稀 $HNO_3$ 溶液酸化,沉淀减少或消失,则 $C_2O_4^{2-}$ 未洗净。因为 $Cl^-$ 与 $Ag^+$ 的反应很灵敏,同时 $Cl^-$ 较难洗去,故一般滤液中如无 $Cl^-$,则说明杂质已洗去。注意洗涤次数和洗涤液体积不可太多。

(8) 在酸性溶液中滤纸消耗 $KMnO_4$,接触时间越长,消耗越多,因此只能在滴定至终点前才能将滤纸浸入溶液中。

(9) 本实验也适合于钙制剂中钙含量的测定。根据制剂中钙含量的大致范围估算取样量,其他步骤相同。

## 七、实验思考题

(1) 用 $(NH_4)_2C_2O_4$ 沉淀 $Ca^{2+}$ 前,为什么要先加入柠檬酸铵?是否可用其他试剂?

(2) 沉淀 $CaC_2O_4$ 时,为什么要先在酸性溶液中加入沉淀剂 $(NH_4)_2C_2O_4$,然后在 70~80 ℃时滴加氨水至甲基橙显橙黄色而使 $CaC_2O_4$ 沉淀?中和时为什么选用甲基橙指示剂来指示酸度?

(3) 洗涤 $CaC_2O_4$ 沉淀时,为什么先要用稀 $(NH_4)_2C_2O_4$ 溶液作洗涤液,然后再用冷水洗?怎样判断 $C_2O_4^{2-}$ 是否洗净?怎样判断 $Cl^-$ 是否洗净?

(4) 滴定过程中,高锰酸钾标准溶液能否直接滴到滤纸上?若滴到滤纸上将可能产生什么后果?能否在滴定一开始就把滤纸连同沉淀一起浸入硫酸溶液中?滤纸上的沉淀如何正确处理?

(5) $CaC_2O_4$ 沉淀生成后为什么要陈化?

(6) $KMnO_4$ 法与络合滴定法测定钙,各自的优缺点是什么?

(7) 若试样含 $Ba^{2+}$ 或 $Sr^{2+}$,它们对用 $(NH_4)_2C_2O_4$ 沉淀分离 $CaC_2O_4$ 有无影响?若有影响,应如何消除?

(8) 白云石(主要成分是 $CaCO_3 \cdot MgCO_3$)中 Ca 可用什么方法分析?若用 $KMnO_4$ 法,与分析石灰石有无不同之处?为什么?

(9) 什么叫倾析法过滤?其优点是什么?

## 附 补钙制剂中钙含量的测定

**实验步骤**

准确称取补钙制剂(0.5~0.6 g,每份含钙约 0.05 g)2 份,分别置于 250 mL 烧杯中,加入少量蒸馏水和 6 mL 1∶1HCl 溶液,加热 75~85 ℃使其溶解。加入 25 mL 去离子水,滴加 2~3 滴甲基橙指示剂,以 10% 氨水逐滴中和溶液由红色转变为黄色,趁热滴加约 50 mL 5 g·$L^{-1}$ $(NH_4)_2C_2O_4$ 溶液,水浴加热(75~85 ℃),陈化 30 min。冷却,倾泻法过滤,用冷的 0.1% $(NH_4)_2C_2O_4$ 溶液洗涤沉淀三四次,每次 5 mL,再用冷水洗涤至洗液不含 $Cl^-$ 为止。

将带有沉淀的滤纸贴在原烧杯内壁(沉淀向杯内)。用 50 mL 1 mol·$L^{-1}$ $H_2SO_4$ 溶液仔细将滤纸上沉淀洗入烧杯,再用水洗 2 次,用水稀释至 100 mL,加热至 75~85 ℃,用 0.02 mol·$L^{-1}$ $KMnO_4$ 标准溶液滴定至溶液呈粉红色。然后将滤纸浸入溶液中,用玻璃棒搅拌,若溶液褪色,再滴入 $KMnO_4$ 溶液,直至粉红色经 30 s 不褪色即为终点。

## 实验四十　水中化学耗氧量的测定

### 一、实验目的

(1) 了解测定水中化学耗氧量(COD)的意义。
(2) 掌握高锰酸钾法和重铬酸钾法测定化学耗氧量的原理和方法。

### 二、实验原理

水样的耗氧量是水质污染程度的主要指标,分为生物耗氧量(biologic oxygen demand,BOD)和化学耗氧量(chemical oxygen demand,COD)两种。BOD 是指水中有机物质发生生物过程所需要氧的量。COD 是量度水体受还原性物质(主要是有机物)污染程度的综合指标,它是指水体中易被强氧化剂氧化的还原性物质所消耗的氧化剂的量换算为氧的含量(以 $mg \cdot L^{-1}$ 计)。COD 值越高,说明水体受污染越严重。水样中的化学耗氧量与测试条件有关,因此应严格控制反应条件,按规定的操作步骤进行测定。

测定化学耗氧量的方法有重铬酸钾法、酸性高锰酸钾法和碱性高锰酸钾法。重铬酸钾法是指在酸性条件下,向水样中加入过量的 $K_2Cr_2O_7$,使其与水样中的还原性物质充分反应,剩余的 $K_2Cr_2O_7$ 以邻菲罗啉为指示剂,用硫酸亚铁铵标准溶液返滴定。根据消耗 $K_2Cr_2O_7$ 的溶液的体积和浓度,计算水样的耗氧量。氯离子干扰测定,可在回流前加硫酸银除去。该法适用于工业污水及生活污水等含有较多污染物的水样的测定。滴定反应式如下:

$$Cr_2O_7^{2-} + 6Fe^{2+} + 14H^+ = 2Cr^{3+} + 6Fe^{3+} + 7H_2O$$

酸性高锰酸钾法测定水样的化学耗氧量是指在酸性条件下,向水样中加入过量的 $KMnO_4$ 溶液,并加热溶液使其充分反应,然后向溶液中加入过量的 $Na_2C_2O_4$ 标准溶液还原多余的 $KMnO_4$,剩余的 $Na_2C_2O_4$ 再用 $KMnO_4$ 溶液返滴定。根据 $KMnO_4$ 的浓度和水样所消耗的 $KMnO_4$ 溶液体积,计算水样的耗氧量。该法适用于污染不十分严重的地面水和河水等的化学耗氧量的测定。若水样中 $Cl^-$ 含量较高,可加入 $Ag_2SO_4$ 消除干扰,也可改用碱性高锰酸钾法进行测定。有关反应式如下:

$$4MnO_4^- + 5C + 12H^+ = 4Mn^{2+} + 5CO_2\uparrow + 6H_2O$$
$$2MnO_4^- + 5C_2O_4^{2-} + 12H^+ = 2Mn^{2+} + 10CO_2\uparrow + 8H_2O$$

这里 C 泛指水中的还原性物质或耗氧物质,主要为有机物。

根据上述化学反应及计量关系,测定结果的计算式为

$$COD = \frac{\left[\frac{5}{4}c_{KMnO_4}(V_1+V_2)_{KMnO_4} - \frac{1}{2}(cV)_{C_2O_4^{2-}}\right] \times 32.00 \times 1000}{V_{水样}}$$

碱性高锰酸钾法是指在 NaOH 碱性溶液条件下,将待测液与 $KMnO_4$ 标准溶液混合后加热煮沸数分钟,待反应完成后,以适量的 $H_2SO_4$ 调节酸度,再加入一定量的 $Na_2C_2O_4$ 标准溶液,用 $KMnO_4$ 标准溶液滴定过量的 $Na_2C_2O_4$,从而获得样品中化学耗氧量。

计算公式同酸性溶液。

### 三、实验仪器与试剂

1. 仪器

分析天平、酸式滴定管(50 mL)、移液管(25 mL)、锥形瓶(250 mL)、回流装置、800 W 电炉或其他加热器件。

2. 试剂

(1) $KMnO_4$ 标准溶液($0.002$ mol·$L^{-1}$):移取 25.00 mL(约 0.02 mol·$L^{-1}$)$KMnO_4$ 标准溶液于 250 mL 容量瓶中,加水稀释至刻度,摇匀即可。

(2) $Na_2C_2O_4$ 溶液(约 0.005 mol·$L^{-1}$):准确称取 0.16~0.18 g 在 105℃烘干 2 h 并冷却的基准物质,置于小烧杯中,用适量水溶解后,定量转移至 250 mL 容量瓶中,加水稀释至刻度,摇匀。按实际称取质量计算其准确浓度。

(3) $K_2Cr_2O_7$ 溶液(0.040 mol·$L^{-1}$):准确称取 2.9 g 在 150~180℃烘干过的 $K_2Cr_2O_7$ 基准物质,置于小烧杯中,用少量水溶解后,定量转移至 250 mL 容量瓶中,加水稀释至刻度,摇匀。按实际称取质量计算其准确浓度。

(4) 邻菲罗啉指示剂:称取 1.485 g 邻菲罗啉和 0.695 g $FeSO_4·7H_2O$,溶于 100 mL 水中,摇匀,储存于棕色瓶中。

(5) 硫酸亚铁溶液(0.1 mol·$L^{-1}$):用小烧杯称取 9.8 g 六水硫酸亚铁铵,加 10 mL 溶液和少量水,溶解后加水稀释至 250 mL,储存于试剂瓶内,待标定。

(6) $Ag_2SO_4$ 溶液(固体)。

(7) $H_2SO_4$ 溶液(6 mol·$L^{-1}$)。

(8) $HNO_3$ 溶液(2 mol·$L^{-1}$)(滴瓶装)。

### 四、实验步骤

1. 水样中化学耗氧量的测定(酸性高锰酸钾法)

在 250 mL 锥形瓶中加入 100.0 mL 水样和 5 mL 6 mol·$L^{-1}$ $H_2SO_4$ 溶液,再用滴定管或移液管加入 10.00 mL(0.002 mol·$L^{-1}$)$KMnO_4$ 标准溶液,然后尽快加热溶液至沸,并准确煮沸 10 min(紫红色不应褪去,否则应增加 $KMnO_4$ 标准溶液的体积)。取下锥形瓶,冷却 1 min 后,准确加入 10.00 mL 0.005 mol·$L^{-1}$ $Na_2C_2O_4$ 标准溶液,充分摇匀(此时溶液应为无色,否则应增加 $Na_2C_2O_4$ 标准溶液的用量)。趁热用 $KMnO_4$ 标准溶液滴定至溶液呈微红色,记下 $KMnO_4$ 溶液的体积。平行测定 3 份。另取 100.0 mL 蒸馏水代替水样进行实验,求空白值。计算水样的化学耗氧量。

2. 水样中化学耗氧量的测定(重铬酸钾法)

1) 硫酸亚铁铵溶液的标定

准确移取 10.00 mL 0.040 mol·$L^{-1}$ $K_2Cr_2O_7$ 溶液 3 份,分别置于 250 mL 锥形瓶中,加入 30 mL 水、20 mL 浓 $H_2SO_4$ 溶液(注意应慢慢加入,并随时摇匀)、3 滴邻菲罗啉

指示剂,然后用硫酸亚铁铵溶液滴定,溶液由黄色变为红褐色即为终点,记下硫酸亚铁铵溶液的体积。平行测定 3 份,计算硫酸亚铁铵的浓度。

2) 化学耗氧量的测定

取 50.00 mL 水样于 250 mL 回流锥形瓶中,准确加入 15.00 mL 0.040 mol·L$^{-1}$ $K_2Cr_2O_7$ 标准溶液、20 mL 浓 $H_2SO_4$ 溶液、1 g $Ag_2SO_4$ 固体和数粒玻璃珠,轻轻摇匀后,加热回流 2 h(若水样中氯含量较高,则先往水样中加 1 g $HgSO_4$ 固体和 5 mL 浓 $H_2SO_4$,待 $HgSO_4$ 溶解后,再加入 25.00 mL $K_2Cr_2O_7$ 溶液、20 mL 浓 $H_2SO_4$ 溶液、1 g $Ag_2SO_4$,加热回流)。冷却后用适量蒸馏水冲洗冷凝管,取下锥形瓶,用水稀释至约 150 mL。加 3 滴邻菲罗啉指示剂,用硫酸亚铁铵标准溶液滴定至溶液呈红褐色即为终点,记下所用硫酸亚铁铵的体积。以 50.00 mL 蒸馏水代替水样进行上述实验,测定空白值。计算水样的化学耗氧量。

## 五、实验数据记录与处理

自行设计表格,记录并计算实验结果。

## 六、实验注意事项

(1) 水样取样体积可根据实际水质情况增减。

(2) 高锰酸钾法测定的 COD 值又称为"高锰酸钾指数",记以 $COD_{Mn}$(酸性或碱性);重铬酸钾法记以 $COD_{Cr}$。目前,国内在废水监测中主要采用 $COD_{Cr}$ 法,而 $COD_{Mn}$ 法主要用于地面水、地表水、饮用水和生活污水的测定。

(3) 水样采集后,应加入 $H_2SO_4$ 使 pH<2,抑制微生物繁殖。试样应尽快分析,必要时保存于 0~5℃ 冰箱中,并应在 48 h 内测定。

(4) 重铬酸钾法测定中,使用 1 g 硫酸汞络合氯离子的最高量可达 100 mg,如取用 20.00 mL 水样,即最高可络合 2 g·L$^{-1}$ 氯离子浓度的水样。若氯离子的浓度较低,也可少加硫酸汞,使保持硫酸汞:氯离子=10:1(质量比)。若出现少量氯化汞沉淀,并不影响测定。

(5) 重铬酸钾法测定中,水样取用体积可为 10.00~50.00 mL,但试剂用量及浓度需按表 2-34 进行相应调整,也可得到满意的结果。

表 2-34 水样取用量和试剂用量表

| 水样体积 /mL | 0.2500 mol·L$^{-1}$ $K_2Cr_2O_7$ 溶液的体积/mL | $H_2SO_4$-$Ag_2SO_4$ 溶液的体积/mL | $HgSO_4$ 的质量/g | [$(NH_4)_2Fe(SO_4)_2$] /(mol·L$^{-1}$) | 滴定前总体积 /mL |
|---|---|---|---|---|---|
| 10.0 | 5.0 | 15 | 0.2 | 0.050 | 70 |
| 20.0 | 10.0 | 30 | 0.4 | 0.100 | 140 |
| 30.0 | 15.0 | 45 | 0.6 | 0.150 | 210 |
| 40.0 | 20.0 | 60 | 0.8 | 0.200 | 280 |
| 50.0 | 25.0 | 75 | 1.0 | 0.250 | 350 |

(6) 对于化学需氧量小于 50 mg·L$^{-1}$ 的水样,应改用 0.0250 mol·L$^{-1}$ 重铬酸钾标准溶液。回滴时用 0.01 mol·L$^{-1}$ 硫酸亚铁铵标准溶液。

(7) 水样加热回流后,溶液中重铬酸钾剩余量应为加入量的 1/5～4/5 为宜。

(8) $COD_{Cr}$ 的测定结果应保留三位有效数字。

(9) 每次实验时,应对硫酸亚铁铵标准滴定溶液进行标定,室温较高时尤其注意其浓度的变化。

(10) 高锰酸钾法适合用测定地表水,饮用水和生活污水。

(11) 超过 85℃时,乙二酸钠会分解,使测量的结果偏高。

### 七、实验思考题

(1) 水样中加入 $KMnO_4$ 溶液煮沸后,若紫红色褪去,说明什么?应怎样处理?

(2) 用重铬酸钾法测定时,若在加热回流后溶液变绿,是什么原因?应如何处理?

(3) 水样中氯离子的含量高时,为什么对测定有干扰?如何消除?

(4) 测定水样的化学耗氧量有什么意义?

## 实验四十一 铁矿中铁含量的测定(无汞定铁法)

### 一、实验目的

(1) 掌握 $K_2Cr_2O_7$ 标准溶液的配制及使用。

(2) 学习矿石试样的酸溶方法。

(3) 了解预氧化还原的目的和方法。

(4) 了解 $K_2Cr_2O_7$ 法的无汞定铁的原理和方法,增强环保意识。

(5) 熟悉二苯胺磺酸钠指示剂的作用原理和颜色的变化。

### 二、实验原理

铁矿石种类很多,用来炼铁的矿石主要有磁铁矿($Fe_3O_4$)、赤铁矿($Fe_2O_3$)和菱铁矿($FeCO_3$)等。

常量铁的测定通常采用 $K_2Cr_2O_7$ 法。试样(如赤铁矿)一般用 HCl 溶解,反应式如下:

$$Fe_2O_3 + 6H^+ + 8Cl^- = 2FeCl_4^- + 3H_2O$$

生成的 $Fe^{3+}$ 在热、浓 HCl 介质中,用 $SnCl_2$ 还原,过量的 $SnCl_2$ 用 $HgCl_2$ 氧化除去(此时,溶液中有白色丝状氯化亚汞沉淀生成)。然后在硫酸-磷酸混合酸介质中,以二苯胺磺酸钠为指示剂,用 $K_2Cr_2O_7$ 标准溶液滴定至溶液呈现紫色,即达终点。主要反应式如下:

$$2FeCl_4^- + SnCl_6^{2-} + 2Cl^- = 2FeCl_4^{2-} + SnCl_6^{2-}$$

$$SnCl_4^{2-} + 2HgCl_2 = SnCl_6^{2-} + Hg_2Cl_2 \downarrow (白色)$$

$$6Fe^{2+} + Cr_2O_7^{2-} + 14H^+ = 6Fe^{3+} + 2Cr^{3+} + 7H_2O$$

随着滴定反应的进行,$Fe^{3+}$ 越来越多,黄色越来越深,不利于终点的观察,而溶液中的 $H_3PO_4$ 与 $Fe^{3+}$ 生成无色的 $[Fe(HPO_4)_2]^-$ 配离子而消除影响。同时,由于 $[Fe(HPO_4)_2]^-$ 的生成,从而降低 $Fe^{3+}/Fe^{2+}$ 电对的电位,使等当点的电位突跃增大,避免二苯胺磺酸钠指示剂过早变色,提高了滴定的准确度。$Cu(Ⅱ)$、$Mo(Ⅵ)$、$V$、$W$、$As(Ⅴ)$ 和 $Sb(Ⅴ)$ 等离子存在时,都可被 $SnCl_2$ 还原,同时其还原产物又会被 $K_2Cr_2O_7$ 氧化,干扰铁的测定。大量的偏硅酸存在时,由于吸附作用,$Fe^{3+}$ 还原不完全,故试样中硅量较高时,宜用 $HF-H_2SO_4$ 分解以除去 $Si$ 的干扰。同时在测定体系中不能有 $NO_3^-$ 存在,如有 $NO_3^-$,可加 $H_2SO_4$ 并加热至冒浓厚的雾状 $SO_3$ 白烟,这时 $NO_3^-$ 已赶尽,可消除其影响。

上述方法为经典的有汞测铁法(氯化亚锡-氯化汞法),方法准确、简便,但所用的氯化汞是剧毒物质,会严重污染环境。本实验采用的是无汞测铁法,即以甲基橙指示剂指示 $SnCl_2$ 与 $Fe^{3+}$ 的等量反应(过量的 $SnCl_2$ 能使甲基橙还原为无色的氢化甲基橙),而且甲基橙的还原反应不可逆,不会消耗 $K_2Cr_2O_7$。除此之外,还有新 $K_2Cr_2O_7$ 法、硫酸铈法和 EDTA 法等。

### 三、实验仪器与试剂

1. 仪器

分析天平、酸式滴定管(50 mL)、锥形瓶(250 mL)。

2. 试剂

(1) 浓 HCl(密度为 1.19 $g \cdot cm^{-3}$,A.R.)。

(2) $SnCl_2$ 溶液(5%):称取 5 g $SnCl_2 \cdot 2H_2O$ 溶于 100 mL 1:1 HCl 中。此溶液临用前一天配制。或者将金属 Sn 溶于浓 HCl 中,使用时,再加入等体积水稀释(或在配好的 $SnCl_2$ 溶液中加入 5~6 mL 甘油,可以减缓空气中氧对 $Sn^{2+}$ 的氧化)。

(3) 甲基橙溶液(2 $g \cdot L^{-1}$)。

(4) 硫酸-磷酸混合酸溶液:将 150 mL 浓 $H_2SO_4$ 缓缓加入 700 mL 水中,冷却后再加入 150 mL 浓 $H_3PO_4$,混匀。

(5) 二苯胺磺酸钠指示剂(0.2%水溶液)。

(6) $K_2Cr_2O_7$ 标准溶液(0.02 $mol \cdot L^{-1}$):准确称取 140~150℃下烘干 2 h 的 $K_2Cr_2O_7$(基准试剂)1.2~1.3 g 于烧杯中,加适量水溶解后定量地转入 250 mL 容量瓶中,用水稀释至刻度,摇匀。计算其准确浓度。

(7) 浓 $HNO_3$(A.R.)。

### 四、实验步骤

准确称取 0.15~0.20 g 铁矿石(或烧结矿)2 份,分别置于两个锥形瓶中,用少量水润湿,加入 10 mL 浓 HCl,盖上表面皿,在通风橱内用小火于沸腾以下温度加热(或在水浴上加热),至残渣变为白色($SiO_2 \cdot nH_2O$)时,试样溶解完全。若溶液带有不溶的深色残渣,可滴加几滴 $SnCl_2$(不可滴加太多)助溶。此时溶液呈橙黄色,用少量水吹洗表面皿和杯壁,加 6 滴甲基橙,趁热边摇动锥形瓶边逐滴加入 100 g·L$^{-1}$ SnCl$_2$ 还原 Fe$^{3+}$。溶液由橙色变为红色,再慢慢滴加 50 g·L$^{-1}$ SnCl$_2$ 至溶液变为淡红色,若再摇几下粉红色褪去,说明 SnCl$_2$ 已过量,可补加 1 滴甲基橙,以除去稍微过量的 SnCl$_2$,此时溶液呈浅粉色为最好,不会影响滴定终点。然后,立即用流水冷却,加 50 mL 蒸馏水,20 mL 硫酸-磷酸混合酸,加入 4 滴 0.2% 二苯胺磺酸钠指示剂,立即用 0.02 mol·L$^{-1}$ K$_2$Cr$_2$O$_7$ 标准溶液滴定至溶液呈稳定紫色,即为终点。记下体积读数。平行测定 3 份,计算铁矿石中 Fe 的含量(质量分数)。

**五、实验数据记录与处理**

自行设计表格,记录并计算实验结果。

**六、实验注意事项**

(1) 溶解铁矿所用的溶剂随矿样组成不同而异,易分解的铁矿可用浓 HCl 溶解;若为低铁高硅铁矿,则需加入 NaF 或 KF 以加快分解,或滴加 SnCl$_2$ 溶液助溶。

(2) 二苯胺磺酸钠指示剂若配制过久,呈深绿色时不能继续使用,由于二苯胺磺酸钠消耗一定量的 K$_2$Cr$_2$O$_7$,所以不能多加。

(3) 在酸性溶液中,Fe$^{2+}$ 易被氧化,故加入硫酸-磷酸混合酸后,应立即滴定。

(4) 特别注意,用 SnCl$_2$ 还原 Fe$^{3+}$ 至 Fe$^{2+}$ 后,预处理一份就立即滴定一份,而不能同时预处理几份后,再一份一份地滴定(为什么?)

**七、实验思考题**

(1) K$_2$Cr$_2$O$_7$ 法测定铁矿石中的铁含量时,滴定前为什么要加入 H$_3$PO$_4$?加入 H$_3$PO$_4$ 后为什么要立即滴定?

(2) 用 SnCl$_2$ 还原 Fe$^{3+}$ 时,为什么要在加热条件下进行?加入的 SnCl$_2$ 量不足或过量会给测试结果带来什么影响?

(3) 为什么 K$_2$Cr$_2$O$_7$ 可以准确称量后,准确定容直接配制准确浓度的标准溶液?

## 附 1 铁矿中铁含量的微型滴定法测定

**实验步骤**

准确称取 0.15~0.20 g 铁矿石 1 份,置于 50 mL 小烧杯中,用少量水润湿,加入 10 mL 浓 HCl,盖上表面皿,在通风橱内用小火加热,不能暴沸,至残渣变为白色时,试样溶解完全。若溶液带有不溶的深色残渣,可滴加几滴 SnCl$_2$(不可滴加太多)助溶。此时溶液呈橙黄色,用少量水吹洗表面皿和烧杯内壁,冷却至室温,定量转移至 50 mL 容量瓶中,并稀释定容。

定量移取 5.00 mL 上述溶液于 25 mL 锥形瓶中,适当加热,加入 2 滴甲基橙指示剂,趁热用滴管小心滴加 SnCl$_2$ 溶液,边加边摇动,直至溶液由橙色变为淡红色(若多次摇动后,溶液褪色,可补加半滴甲基橙使呈浅粉色,以除去过量的 SnCl$_2$)。立即流水冷却,加入 5 mL 硫酸-磷酸混合酸和 2 滴 0.2% 二苯胺磺酸钠指示剂,立即用 0.02 mol·L$^{-1}$ K$_2$Cr$_2$O$_7$ 标准溶液滴定至溶液呈稳定紫色,即为终点。平行测定 3 份。

## 附 2 $SnCl_2$-$HgCl_2$ 测铁法

**实验步骤**

准确称取 0.15～0.20 g 铁矿石（或烧结矿）2 份，分别置于 2 个锥形瓶中，用少量水润湿，加入 10 mL 浓 HCl，盖上表面皿，在通风橱内用小火于沸腾以下温度加热（或在水浴上加热），至残渣变为白色（$SiO_2 \cdot nH_2O$）时，试样溶解完全。若溶液带有不溶的深色残渣，可滴加几滴 $SnCl_2$（不可滴加太多）助溶。此时溶液呈橙黄色，用少量水吹洗表面皿和杯壁，加热近沸。用滴管小心滴加 $SnCl_2$，边加边摇动，直到溶液浅黄色褪去（或呈微黄色），多加 1～2 滴。

上述溶液加入 20 mL 水，冷却后，立刻一次加入 10 mL 5% $HgCl_2$ 溶液。静置 2～3 min，使其反应完全，此时应有白色丝状沉淀（$Hg_2Cl_2$，俗称甘汞）生成，若为黑灰色沉淀或不生成沉淀均需重做。

将试液加水稀释至 150 mL，加入 15 mL 硫酸-磷酸混合酸，加入 5～6 滴 0.2% 二苯胺磺酸钠指示剂，立即用 0.02 mol·$L^{-1}$ $K_2Cr_2O_7$ 标准溶液滴定至溶液呈稳定紫色，即达滴定终点。记下体积读数。计算铁矿石中 Fe 的质量分数。

## 附 3 新 $K_2Cr_2O_7$ 测铁法

**实验步骤**

准确称取 0.15～0.20 g 铁矿石（或烧结矿）2 份，分别置于 2 个锥形瓶中，用少量水润湿，加入 10 mL 硫酸-磷酸混合酸（如试样含硫化物较高时，则同时加入约 1 mL 浓 $HNO_3$），置电炉（或煤气灯）上加热分解试样，先小火或低温加热，然后提高温度，加热至冒 $SO_3$ 白烟（开始冒白烟即可，不宜过久）。此时，试液应清亮，残渣为白色或浅色时，表示试样分解完全。稍冷却后，加入 30 mL 已预热的 1∶3 HCl 溶液，如温度太低，应将试液加热近沸，趁热滴加 10% $SnCl_2$ 溶液，使大部分 $Fe^{3+}$ 还原为 $Fe^{2+}$，此时溶液由黄色变为浅黄色，加入 1 mL 10% $Na_2WO_4$，滴加 1.5% $TiCl_3$ 溶液至出现稳定的"钨蓝"（30 s 内不褪色及为稳定的蓝色）为止，加入约 60 mL 新鲜蒸馏水，放置 10～20 s，用 $K_2Cr_2O_7$ 标准溶液滴定至"钨蓝"刚好褪尽，然后加入 5～6 滴 0.5% 二苯胺磺酸钠指示剂，立即用 $K_2Cr_2O_7$ 标准溶液滴定至溶液呈现稳定的紫色，即为终点。计算铁的含量。

## 实验四十二 铜合金或铜盐中铜含量的测定

### 一、实验目的

（1）掌握 $Na_2S_2O_3$ 溶液的配制与标定方法。
（2）学习间接碘量法测定铜的原理和方法。
（3）了解淀粉指示剂的作用原理及使用方法。

### 二、实验原理

铜矿石、铜合金以及胆矾等铜盐中铜的测定一般采用间接碘量法。
在弱酸溶液中，$Cu^{2+}$ 与过量的 KI 发生下列反应：

$$2Cu^{2+} + 4I^- \rightleftharpoons 2CuI\downarrow + I_2$$

或

$$2Cu^{2+} + 5I^- = 2CuI\downarrow + I_3^-$$

析出的 $I_2$ 以淀粉为指示剂，用 $Na_2S_2O_3$ 标准溶液滴定，由此可以计算出铜的含量，反应式如下：

$$I_2 + 2S_2O_3^{2-} = 2I^- + S_4O_6^{2-}$$

$Cu^{2+}$ 与 $I^-$ 的反应是可逆的，为了促使反应实际上能趋于完全，必须加入过量的 KI。但是由于 CuI 沉淀强烈地吸附 $I_3^-$，测定结果偏低。向反应溶液中加入 KSCN，使 CuI（$K_{sp} = 5.06 \times 10^{-12}$）转化为溶解度更小的 CuSCN（$K_{sp} = 4.8 \times 10^{-15}$），反应式如下：

$$CuI + SCN^- = CuSCN\downarrow + I^-$$

这样不但可释放出被吸附的 $I_3^-$，而且反应时再生出来的 $I^-$ 可与未反应的 $Cu^{2+}$ 发生作用。在这种情况下，可以使用较少的 KI 而能使反应进行得更完全。但是 KSCN 只能在接近终点时加入，否则因为 $I_2$ 的量较多，会明显地被 KSCN 还原而使结果偏低，反应式如下：

$$SCN^- + 4I_2 + 4H_2O = SO_4^{2-} + 7I^- + ICN + 8H^+$$

为了防止铜盐水解，反应必须在酸性溶液中进行。酸度过低，$Cu^{2+}$ 氧化 $I^-$ 的反应进行不完全，结果偏低，而且反应速率慢，终点拖长；酸度过高，则 $I^-$ 被空气氧化为 $I_2$ 的反应为 $Cu^{2+}$ 催化，使结果偏高，溶液的 pH 一般应控制在 3.0～4.0。

大量 $Cl^-$ 能与 $Cu^{2+}$ 络合，$I^-$ 不易从 Cu(Ⅱ) 的氯络合物中将 Cu(Ⅱ) 定量地还原，因此最好用硫酸而不用盐酸（少量盐酸不干扰）。

矿石或合金中的铜也可以用碘量法测定。但必须设法防止其他能氧化 $I^-$ 的物质（如 $NO_3^-$、$Fe^{3+}$ 等）的干扰。防止的方法是加入掩蔽剂以掩蔽干扰离子（如使 $Fe^{3+}$ 生成 $[FeF_6]^{3-}$ 络离子而掩蔽），或在测定前将它们分离除去。若有 As(Ⅴ)、Sb(Ⅴ) 存在，应将 pH 调至 4，以免它们氧化 $I^-$。

### 三、实验仪器与试剂

1. 仪器

分析天平、碱式滴定管（50 mL）、锥形瓶（250 mL）、试剂瓶等。

2. 试剂

（1）$Na_2S_2O_3$ 标准溶液（0.1 mol·L$^{-1}$）。

（2）$H_2SO_4$ 溶液（1 mol·L$^{-1}$）。

（3）KSCN 溶液（10%）。

（4）KI 溶液（20%）。

（5）淀粉溶液（0.5%）：称取 0.5 g 可溶性淀粉，用少量水搅匀，慢慢加入 100 mL 沸水中，搅拌均匀，继续煮沸至溶液透明为止。若需放置，可加入少量 $HgI_2$ 或 $H_3BO_3$ 作防腐剂。

（6）HCl 溶液（6 mol·L$^{-1}$）。

（7）$K_2Cr_2O_7$ 标准溶液：配制方法见实验四十。

（8）纯铜（$w > 99.9\%$）。

（9）$KIO_3$（基准试剂）。

（10）$Na_2CO_3$ 固体（A.R.）。

（11）$NH_4HF_2$（200 g·$L^{-1}$）。

（12）铜盐或铜合金试样。

### 四、实验步骤

1. 0.1 mol·$L^{-1}$ $Na_2S_2O_3$ 溶液的配制

称取 12.5 g $Na_2S_2O_3$·$5H_2O$ 于烧杯中，加入 200 mL 新煮沸并冷却的蒸馏水，溶解后，加入约 0.1 g $Na_2CO_3$（固体），然后用新煮沸且已冷却的蒸馏水稀释至 500 mL。储存于棕色试剂瓶中，在暗处放置 3~5 d 后标定。

2. $Na_2S_2O_3$ 溶液的标定

1）用 $K_2Cr_2O_7$ 标定

准确移取 25.00 mL $K_2Cr_2O_7$ 标准溶液于 250 mL 锥形瓶中，加入 5 mL 6 mol·$L^{-1}$ HCl 溶液、50 mL 20% KI 溶液，摇匀放在暗处 5 min，待反应完全后，加入 100 mL 蒸馏水，用待标定的 $Na_2S_2O_3$ 溶液滴定至淡黄色，然后加入 2 mL 0.5%淀粉指示剂，继续滴定至溶液呈现亮绿色为终点，记下消耗的 $Na_2S_2O_3$ 溶液体积。平行标定 3 份，计算 $Na_2S_2O_3$ 溶液的浓度。

2）用纯铜标定

准确称取约 0.2 g 纯铜，置于 250 mL 烧杯中，加入约 10 mL 1:1 HCl 溶液，在摇动条件下，逐滴加入 2~3 mL 30% $H_2O_2$，至金属铜分解完全（$H_2O_2$ 不应过量太多）。加热，将多余的 $H_2O_2$ 分解赶尽，然后定量转入 250 mL 容量瓶中，加水稀释至刻度，充分摇匀。

准确移取上述溶液 25.00 mL 于 250 mL 锥形瓶中，滴加 1:1 氨水至沉淀刚刚生成，然后加入 8 mL 1:1 HAc 溶液、10 mL KI 溶液，用待标定的 $Na_2S_2O_3$ 溶液滴定至淡黄色，再加入 2 mL 0.5%淀粉指示剂，继续滴定至溶液呈现浅蓝色。再加入 5 mL 10% KSCN（可否用 $NH_4SCN$ 代替?）溶液，摇匀后溶液蓝色转深，再继续滴定到蓝色恰好消失即为终点，记下消耗的 $Na_2S_2O_3$ 溶液体积。平行标定 3 份，计算 $Na_2S_2O_3$ 溶液的浓度。

3）用 $KIO_3$ 基准物质标定

准确称取 0.8917 g $KIO_3$ 基准物质于 50 mL 干燥的烧杯中，加适量水溶解后，定量转入 250 mL 容量瓶中，用水稀释至刻度，摇匀。

准确移取上述 $KIO_3$ 溶液 25.00 mL 于 250 mL 锥形瓶中，加入 10 mL 20% KI 溶液、5 mL 1 mol·$L^{-1}$ $H_2SO_4$ 溶液，加水稀释至约 100 mL，立即用待标定的 $Na_2S_2O_3$ 溶液滴定至淡黄色，然后加入 5 mL 0.5%淀粉指示剂，继续滴定至溶液由蓝色变为无色即为终点，记下消耗的 $Na_2S_2O_3$ 溶液体积。平行标定 3 份，计算 $Na_2S_2O_3$ 溶液的浓度。

3. 铜含量的测定

1）铜盐中铜含量的测定

准确称取硫酸铜试样 0.5~0.75 g（每份质量相当于 20~30 mL 0.1 mol·$L^{-1}$

$Na_2S_2O_3$ 溶液)于 250 mL 碘量瓶中,加 1 mol·$L^{-1}$ $H_2SO_4$ 溶液 3 mL 和水 30 mL 使之溶解。加入 5 mL 20% KI 溶液,立即用 $Na_2S_2O_3$ 标准溶液滴定至呈浅黄色。然后加入 1 mL 0.5%淀粉溶液,继续滴定到呈浅蓝色。再加入 5 mL 10% KSCN(可否用 $NH_4SCN$ 代替?)溶液,摇匀后溶液蓝色转深,再继续滴定到蓝色恰好消失,此时溶液为米色 CuSCN 悬浮液。由实验结果计算出硫酸铜的含铜量。

2) 铜合金中铜含量的测定

准确称取黄铜试样(质量分数为 80%～90%)0.10～0.15 g,置于 250 mL 锥形瓶中,10 mL 1∶1 HCl 溶液,滴加 2 mL 30% $H_2O_2$,加热使试样溶解完全后,将多余的 $H_2O_2$ 分解赶尽,然后煮沸 1～2 min。冷却后,加 60 mL 水,滴加 1∶1 氨水直到溶液中刚刚有稳定的沉淀出现,然后加入 8 mL 1∶1 HAc、10 mL $NH_4HF_2$ 缓冲溶液、10 mL KI 溶液,用 $Na_2S_2O_3$ 溶液滴定至淡黄色,然后加入 2 mL 0.5%淀粉指示剂,继续滴定至溶液由蓝色变为浅蓝色。再加入 5 mL 10% KSCN(可否用 $NH_4SCN$ 代替?)溶液,摇匀后溶液蓝色转深,再继续滴定到蓝色恰好消失即为终点,记下消耗的 $Na_2S_2O_3$ 溶液体积,计算铜合金中铜的含量。

### 五、实验数据记录与处理

自行设计表格,记录并计算实验结果。

### 六、实验注意事项

(1) 用纯铜标定 $Na_2S_2O_3$ 溶液时,所加入的 $H_2O_2$ 一定要赶尽(根据实践经验,开始冒小气泡,然后冒大气泡,表示 $H_2O_2$ 已赶尽),否则结果无法测准。

(2) 加淀粉不能太早,因滴定反应中产生大量 CuI 沉淀,若淀粉与 $I_2$ 过早形成蓝色络合物,大量 $I_3^-$ 被 CuI 沉淀吸附,终点呈较深的灰色,不好观察。

(3) 碘化钾在酸性溶液中容易被空气氧化成碘,碘易挥发,放置时间长时会造成误差,所以碘化钾应在滴定前加入。

(4) $Na_2S_2O_3$ 滴定 $Cu^{2+}$ 时,加入 KSCN 不能太早,而且加入后要剧烈摇动,有利于沉淀的转化和释放出吸附的 $I_3^-$。

### 七、实验思考题

(1) 硫酸铜易溶于水,为什么溶解时要加硫酸?

(2) 用碘量法测定铜含量时,为什么要加入 KSCN 溶液?如果在酸化后立即加入 KSCN 溶液,会产生什么影响?

(3) 已知 $E^{\ominus}_{Cu^{2+}/Cu^+}=0.158$ V, $E^{\ominus}_{I_2/I^-}=0.54$ V,为什么本法中 $Cu^{2+}$ 却能使 $I^-$ 氧化为 $I_2$?

(4) 滴定反应为什么一定要在弱酸性溶液中进行?

(5) 如果分析矿石或合金中的铜,应怎样分解试样?试液中含有干扰性杂质如 $Fe^{3+}$、$NO_3^-$ 等离子,应如何消除它们的干扰?

(6) 如果用 $Na_2S_2O_3$ 标准溶液测定铜矿或铜合金中的铜,用什么基准物标定

$Na_2S_2O_3$ 溶液的浓度最好？

(7) 碘量法测定铜时，为什么常要加入 $NH_4HF_2$？

## 实验四十三　维生素 C 药片或果蔬中维生素 C 含量的测定

### 一、实验目的

(1) 掌握碘标准溶液的配制和标定方法。
(2) 了解直接碘量法测定维生素 C 含量的原理和实验操作。

### 二、实验原理

维生素 C 又称抗坏血酸，化学名称为 3-氧代-L-古龙糖酸呋喃内酯，分子式为 $C_6H_8O_6$，是一种对生物体具有重要的营养、调节和医疗作用的生物活性物质。维生素 C 具有强还原性，可被 $I_2$ 定量氧化，因而可用 $I_2$ 标准溶液直接法测定，滴定反应式如下：

$$C_6H_8O_6 + I_2 == C_6H_6O_6 + 2HI$$

用直接碘量法可测定药片、注射液、饮料、蔬菜、水果等中维生素 C 的含量。

由于维生素 C 的还原性很强，较易被溶液和空气中的氧氧化，在碱性介质中这种氧化作用更强，因此滴定宜在酸性介质中进行，以减少副反应的发生。考虑到 $I^-$ 在强酸性溶液中也易被氧化，故一般选在 pH = 3~4 的弱酸性溶液中进行滴定。

维生素 C 在医药和化学上应用非常广泛。在分析化学中常在光度法和络合滴定法中作还原剂，如使 $Fe^{3+}$ 还原为 $Fe^{2+}$、$Cu^{2+}$ 还原为 $Cu^+$、Sn(Ⅳ) 还原为 Sn(Ⅱ) 等。

### 三、实验仪器与试剂

1. 仪器

分析天平、台秤、称量瓶、研钵、容量瓶(250 mL)、碘量瓶或具塞锥形瓶(250 mL)、移液管(25 mL)、酸式滴定管(50 mL)、试剂瓶。

2. 试剂

(1) $I_2$ 储备液(约 0.05 mol·$L^{-1}$)：称取 3.3 g $I_2$ 和 5 g KI 置于研钵中，加少量水(约 30 mL)，在通风橱中研磨。待 $I_2$ 全部溶解后，将溶液转入棕色试剂瓶中，加水稀释至 250 mL，充分摇匀，放暗处保存。
(2) $I_2$ 标准溶液(0.005 mol·$L^{-1}$)：将 $I_2$ 储备液稀释 10 倍即可。
(3) $Na_2S_2O_3$ 标准溶液(约 0.01 mol·$L^{-1}$)。
(4) HAc 溶液(2 mol·$L^{-1}$)。
(5) KI 溶液(20%)。
(6) 淀粉溶液(0.5%)。
(7) NaOH 溶液(6 mol·$L^{-1}$)。
(8) 酚酞指示剂(0.2%)。

（9）HCl 溶液（6 mol·L$^{-1}$）。
（10）NaHCO$_3$ 固体（A.R.）。
（11）维生素 C 片剂。
（12）果蔬样品（橙子、橘子或西红柿）。

## 四、实验步骤

### 1. I$_2$ 标准溶液的标定

1）用 Na$_2$S$_2$O$_3$ 标准溶液标定

用移液管准确移取 25.00 mL Na$_2$S$_2$O$_3$ 标准溶液 3 份，分别置于 250 mL 锥形瓶中，加入 50 mL 蒸馏水、2 mL 淀粉溶液，用 I$_2$ 标准溶液滴定至呈稳定的蓝色，30 s 内不褪色即为终点。计算 I$_2$ 溶液的浓度。

2）用 As$_2$O$_3$ 标准溶液标定

准确称取 1.1～1.4 g As$_2$O$_3$，置于 100 mL 烧杯中，加入 10 mL 6 mol·L$^{-1}$ NaOH 溶液，温热溶解，然后加 2 滴酚酞指示剂，用 6 mol·L$^{-1}$ HCl 溶液中和至刚好无色，然后加入 2～3 g NaHCO$_3$，搅拌使之溶解。定量转移至 250 mL 容量瓶中，加水稀释至刻度，摇匀。移取 25.00 mL 溶液 3 份，分别置于 250 mL 锥形瓶中，加 50 mL 水、5 g NaHCO$_3$、2 mL 淀粉指示剂，用待标定的 I$_2$ 溶液滴定至溶液呈稳定的浅蓝色，而且在 30 s 内不褪色即为终点。计算 I$_2$ 溶液的浓度。

### 2. 维生素 C 含量的测定

1）维生素 C 药片中维生素 C 含量的测定

准确称取约 0.2 g 研碎的维生素 C 药片，置于 250 mL 锥形瓶中，加入 100 mL 新煮沸并冷却的蒸馏水、10 mL 2 mol·L$^{-1}$ HAc 溶液、2 mL 淀粉溶液，立即用 I$_2$ 标准溶液滴定至溶液呈稳定的浅蓝色，而且在 30 s 内不褪色即为终点。平行测定 3 份，计算维生素 C 药片中维生素 C 的含量。

2）水果中维生素 C 含量的测定

用 100 mL 干燥小烧杯准确称取 30～50 g 新捣碎的果浆（橙、橘或番茄等），立即加入 10 mL 2 mol·L$^{-1}$ HAc 溶液，定量转入 250 mL 锥形瓶中，加入 2 mL 淀粉溶液，立即用 I$_2$ 标准溶液滴定至溶液呈稳定的浅蓝色，而且在 30 s 内不褪色即为终点。平行测定 3 份，计算果浆中维生素 C 的含量。

## 五、实验数据记录与处理

自行设计表格，记录并计算实验结果。

## 六、实验注意事项

（1）As$_2$O$_3$ 为剧毒药品，应严格管理。
（2）蒸馏水中含有溶解氧，在样品测定中使用蒸馏水时，一定要煮沸赶去大部分的氧。因维生素 C 是还原剂,极易被空气中的氧氧化,使结果偏低。

(3) 维生素 C 的标准电位为 0.18 V,凡能被 $I_2$ 直接氧化的物质均有干扰。此试样平行测定的精密度不高,故本实验的要求可适当放宽。

### 七、实验思考题

(1) 溶解 $I_2$ 时,加入过量 KI 的作用是什么?
(2) 维生素 C 固体试样溶解时,为什么要加入新煮沸并冷却的蒸馏水?
(3) 碘量法的误差来源主要有哪些?应采取哪些措施减少误差?
(4) $As_2O_3$ 标定 $I_2$ 溶液时,为什么要加入固体 $NaHCO_3$?能否改用 $Na_2CO_3$?为什么?
(5) 果浆中加入 HAc 的作用是什么?

附　维生素 C 含量的微型滴定法测定

**实验步骤**

(1) $I_2$ 溶液的配制和标定。

称取 0.7 g $I_2$ 和 1 g KI 置于研钵中,加少量水,在通风橱中研磨。待 $I_2$ 全部溶解后,将溶液转入棕色试剂瓶中,加水稀释至 50 mL,充分摇匀,放暗处保存。

用移液管准确移取 5.00 mL $Na_2S_2O_3$ 标准溶液 3 份,分别置于 50 mL 锥形瓶中,加入 10 mL 蒸馏水,8 滴淀粉溶液,用 $I_2$ 标准溶液滴定至呈稳定的蓝色,30 s 内不褪色即为终点。计算 $I_2$ 溶液的浓度。

(2) 维生素 C 含量的测定。

准确称取约 0.04 g 研碎的维生素 C 药片,置于 50 mL 锥形瓶中,加入 20 mL 新煮沸并冷却的蒸馏水,2 mL 2 mol·$L^{-1}$ HAc 溶液、8 滴淀粉溶液,立即用 $I_2$ 标准溶液滴定至溶液呈稳定的浅蓝色,而且在 30 s 内不褪色即为终点。平行测定 3 份,计算维生素 C 药片中维生素 C 的含量。

## 实验四十四　碘量法测定水中溶解氧

### 一、实验目的

(1) 了解水中溶解氧测定的意义。
(2) 掌握碘量法测定水中溶解氧的实验原理和实验方法。
(3) 熟悉干扰物质的检验和处理方法,掌握本法测定溶解氧的条件。

### 二、实验原理

地面水与大气接触以后及某些含叶绿素的水生植物在其中进行生化作用,结果使水中常溶解一些氧称为"溶解氧"。水质分析中溶解氧的测定有碘量法(ISO 5813—1983)和电化学探头法(ISO 5814—1984)。碘量法简单、准确,适用于溶解氧浓度为 0.2 mg·$L^{-1}$ 至小于饱和度两倍(约 20 mg·$L^{-1}$)的水样,但干扰多,易氧化有机物、碘化物等,而且水样颜色较深也干扰测定。电化学探头法选择性高,速度快,可连续测定等,适用于测定水中饱和度 0~100% 的溶解氧,但该方法的仪器价格高,而且仪器的稳定性和探头寿命都不够理想，$Cl_2$、$SO_2$、$H_2S$、$I_2$ 等都能透过探头薄膜的气体分子或阻塞、腐蚀薄膜的物质都干扰测定。

水中溶解氧的含量随水的深度而减小，也与大气压力、水温、含盐量等因素有关，大气压力低、水温高、含盐量大等都会降低水中氧的溶解度。常温常压下，水中溶解氧一般为 $8\sim10\ mg\cdot L^{-1}$。然而，水的污染程度对水中氧的浓度影响最大，许多污染物（如 $H_2S$、$NO_2^-$、$NH_4^+$ 及某些有机物等耗氧物质）都与氧的浓度相互制约。同时，还原性污染物浓度高时，氧的浓度就会降低。如果溶解氧含量低于 $4\ mg\cdot L^{-1}$，水生动物有可能因窒息而死亡。所以，水中溶解氧的测定对于水质监测、环境评价以及水产养殖等有重要意义。

本实验采用碘量法测定湖水或与空气平衡的自来水中溶解氧的含量。

水样中加入硫酸锰和碱性碘化钾，水中溶解氧将低价锰氧化成高价锰，生成四价锰的氢氧化物棕色沉淀，反应式如下：

$$Mn^{2+} + 2OH^- =\!=\!= Mn(OH)_2 \downarrow （白色）$$

$$2Mn(OH)_2 + O_2 =\!=\!= 2MnO(OH)_2 \downarrow （棕色）$$

加酸（$pH=1.0\sim2.5$）后，氢氧化物沉淀溶解，并与碘离子反应而释放出游离碘，反应式如下：

$$MnO(OH)_2 + 2I^- + 4H^+ =\!=\!= Mn^{2+} + I_2 + 3H_2O$$

以淀粉为指示剂，用硫代硫酸钠标准溶液滴定释放出的碘，据滴定溶液消耗量计算溶解氧含量，反应式如下：

$$2S_2O_3^{2-} + I_2 =\!=\!= S_4O_6^{2-} + 2I^-$$

$$溶解氧(O_2,mg\cdot L^{-1}) = \frac{(cV)_{Na_2S_2O_3}\times 8}{V_{水样}}$$

如果怀疑水样中含有干扰测定的还原性物质或含有除氧以外的氧化性物质，应进行检验，并消除干扰。亚硝酸态氮的含量大于 $0.05\ mg\cdot L^{-1}$ 时，会干扰测定，可加入叠氮化钠（$NaN_3$）予以消除。因叠氮化钠有剧毒，若已知亚硝酸态氮含量小于 $0.05\ mg\cdot L^{-1}$，则不要加叠氮化钠。

### 三、实验试剂与仪器

1. 仪器

（1）水样瓶：250 mL 细口瓶，容量校准至 $\pm1$ mL，在标签上标明实际全容量及编号，并涂蜡防水。

（2）碱式滴定管：50 mL。

（3）移液管：25 mL、100 mL。

（4）吸量管：5 mL。

（5）锥形瓶：250 mL。

（6）尖头滴管 3 支：分别做出 1.0 mL、1.7 mL、2.0 mL 标线。

2. 试剂

（1）$MnSO_4$ 溶液（$2\ mol\cdot L^{-1}$）：称取 170 g 硫酸锰（$MnSO_4\cdot H_2O$）溶于水，用水稀释

至 500 mL。如有不溶物,应过滤。

(2) 碱性碘化钾溶液:称取 180 g 氢氧化钠溶解于 200 mL 水中,另称取 150 g 碘化钾溶于 200 mL 水中,待氢氧化钠溶液冷却后,将两溶液合并,混匀,用水稀释至 500 mL。如有沉淀,则放置过夜后,倾出上层清液,储于棕色瓶中,用橡皮塞塞紧,避光保存。

(3) 硫酸溶液(Ⅰ):1∶1;硫酸溶液(Ⅱ):1 mol·L$^{-1}$。

(4) 淀粉溶液(0.5%):称取 5 g 可溶性淀粉,用少量水调成糊状,再用刚煮沸的水稀释至 1 L。冷却后,加入 0.1 g 水杨酸或 0.4 g 氯化锌防腐。

(5) $KIO_3$ 标准溶液(0.01 mol·L$^{-1}$):准确称取 3.567 g 于 180℃烘干 1 h 的 $KIO_3$,以水溶解后定量转入 1 L 容量瓶中,稀释至刻度,摇匀。使用前,移取该溶液 100 mL 于 1 L 容量瓶中,加水定容,并摇匀。

(6) $Na_2S_2O_3$ 溶液(0.01 mol·L$^{-1}$):称取 2.5 g 硫代硫酸钠($Na_2S_2O_3·5H_2O$)溶于煮沸放冷的水中,加 0.2 g 碳酸钠,用水稀释至 1000 mL,储于棕色瓶中。

(7) $I_2$ 溶液:将 10 g KI 溶于 50 mL 水中,加入 0.6 g $I_2$,搅拌溶解后转入棕色细口瓶中,稀释至 500 mL,摇匀。

(8) NaClO 溶液(含游离氯 4 g·L$^{-1}$):市售 NaClO 水溶液试剂含量约为 5%,稀释 12 倍后用碘标定。即量取 2.00 mL 稀释液于碘量瓶中,加 30 mL 水、10 mL $H_2SO_4$ 溶液(Ⅱ)、2 g KI,盖上瓶塞,摇动至溶解完全,用 $Na_2S_2O_3$ 溶液滴定至浅黄色,加 2 mL 淀粉溶液,继续滴定至蓝色消失即为终点,计算稀释液中游离氯(ClO$^-$)浓度(g·L$^{-1}$)。

(9) KI 固体(A.R.)。

**四、实验步骤**

1. $Na_2S_2O_3$ 溶液的标定

移取 25.00 mL $KIO_3$ 标准溶液于 250 mL 锥形瓶中,加水 100 mL、1 g KI、5 mL $H_2SO_4$ 溶液(Ⅱ),立即用 $Na_2S_2O_3$ 溶液滴定至浅黄色,加入 3 mL 淀粉溶液,继续滴定至蓝色消失,平行测定 3 份,计算 $Na_2S_2O_3$ 溶液的浓度。

2. 水样中溶解氧的固定

将水样注入水样瓶中并使水溢流,迅速盖上瓶塞,然后打开塞子,用带有标线的滴管插入溶解氧瓶的液面 5 cm 以下,加入 1 mL 硫酸锰溶液,2 mL 碱性碘化钾溶液,盖好瓶塞,颠倒混合 10 次,静置 5 min,再颠倒混合 10 次。一般在取样现场固定。平行固定 3 份水样中的氧。

3. 水样中溶解氧含量的测定

待水样中的沉淀物下降到瓶口以下约 1/3 距离时,打开瓶塞,立即用吸管插入液面下缓缓加入 1.7 mL $H_2SO_4$ 溶液(Ⅰ)。盖好瓶塞,颠倒混合摇匀,至沉淀物全部溶解,放于暗处静置 5 min。此时溶液中因碘释放而呈黄色。移取 100.0 mL 至锥形瓶中,立即用 $Na_2S_2O_3$ 溶液滴定至浅黄色,加 3 mL 淀粉溶液,继续滴定至蓝色消失,计算水样中氧的浓度(mg·L$^{-1}$)。

**4. 氧化性或还原性干扰物质的检验**

取 50 mL 水样于锥形瓶中,加入 0.5 mL H$_2$SO$_4$ 溶液(Ⅱ)、0.5 g KI 和几滴淀粉溶液,混匀。若溶液变蓝,说明水样中存在氧化性干扰物质。若溶液仍为无色,则再加入 0.2 mL I$_2$ 溶液,混匀。30 s 后,若蓝色消失,说明有还原性干扰物质存在(随后继续加入 I$_2$ 溶液,可以估计下面消除还原性物质干扰时所需 NaClO 溶液体积)。

**5. 氧化性物质干扰的校正**

如水样中存在氧化性物质的干扰,在测定溶解氧的同时,另取 200 mL 水样于锥形瓶中,加入 1.7 mL H$_2$SO$_4$ 溶液(Ⅰ),再加 2.0 mL 碱性碘化钾溶液和 1 mL 硫酸锰溶液,混匀后,放置 5 min,用 Na$_2$S$_2$O$_3$ 溶液滴定。

将氧化性干扰物质的滴定结果换算为氧的浓度(mg·L$^{-1}$),并从水样测定结果中扣除。

**6. 还原性物质干扰的校正**

用水样瓶取两份水样,分别加入 1.0 mL NaClO 溶液至水样液面以下 5 cm 处,立即盖上瓶塞,颠倒振摇 10 次以上。其中一瓶按照实验步骤 2 和 3 的操作测定氧含量,另一瓶按照实验步骤 5 的操作测定过量的游离氯。其差值即为水样中溶解氧的含量。平行测定 2 份。

**五、实验数据记录与处理**

自行设计表格,并记录实验数据,计算水样中溶解氧的含量(mg·L$^{-1}$)。

**六、实验注意事项**

(1) 当水样中含有亚硝酸盐时会干扰测定,可加入叠氮化钠使水中的亚硝酸盐分解而消除干扰。其加入方法是预先将叠氮化钠加入碱性碘化钾溶液中。

(2) 如水样中含 Fe$^{3+}$ 达 100~200 mg·L$^{-1}$ 时,可加入 1 mL 40% 氟化钾溶液消除干扰。

(3) 如水样中含氧化性物质(如游离氯等),应预先加入相当量的硫代硫酸钠去除。

(4) 实验步骤 4~6 为选做实验,若选做该部分,则先不做实验步骤 2 和 3,根据实验步骤 4 的检验结果决定如何往下做。

(5) 实际测定中,应用专用的采样器在现场采集水样并随时固定氧,再到实验室进行测定。固定的水样在暗处可保存 24 h。

(6) 由于加入试剂,样品会由瓶中溢出,但由于损失量很小,而且在只吸取一部分溶液滴定的情况下影响很小,在一般工业分析中,可不必进行样品体积的校正,计算中可忽略此影响。

## 七、实验思考题

（1）酸化水样时，为什么要待沉淀物下降到一定程度后再加入 $H_2SO_4$？

（2）处理水样时，所加试剂中若含有少量的氧或其他氧化性干扰物质，应测定试剂空白，如何测定？

（3）实验步骤 5 中，加入试剂的顺序为什么和实验步骤 2 不同？

## 实验四十五　碘量法测定葡萄糖

### 一、实验目的

（1）熟悉碘量法测定葡萄糖的原理和方法。

（2）进一步学习 $Na_2S_2O_3$ 标准溶液的配制和标定方法

### 二、实验原理

碘量法在有机分析中的应用比无机分析广泛，具有能够直接氧化 $I^-$ 或还原 $I_2$ 的官能团的有机物，或通过取代、加成、置换等化学反应之后能与碘定量反应的有机物都可以采用直接或间接碘量法进行测定。

在碱性溶液中，$I_2$ 可被歧化成 $IO^-$ 和 $I^-$，$IO^-$ 能定量地将葡萄糖（$C_6H_{12}O_6$）氧化成葡萄糖酸（$C_6H_{12}O_7$），未与 $C_6H_{12}O_6$ 作用的 $IO^-$ 进一步歧化为 $IO_3^-$ 和 $I^-$，溶液酸化后，$IO_3^-$ 又与 $I^-$ 作用析出 $I_2$，用 $Na_2S_2O_3$ 标准溶液滴定析出的 $I_2$，便可计算出 $C_6H_{12}O_6$ 的含量。相关的反应式如下：

$$I_2 + 2OH^- = IO^- + I^- + H_2O$$

$$C_6H_{12}O_6 + IO^- = I^- + C_6H_{12}O_7$$

总反应式为

$$I_2 + C_6H_{12}O_6 + 2OH^- = 2I^- + C_6H_{12}O_7 + 2H_2O$$

与 $C_6H_{12}O_6$ 作用完后，剩下未作用的 $IO^-$ 在碱性条件下发生歧化反应，反应式如下：

$$3IO^- = 2I^- + IO_3^-$$

在酸性条件下：

$$IO_3^- + 5I^- + 6H^+ = 3I_2 + 3H_2O$$

$$IO^- + I^- + 2H^+ = I_2 + H_2O$$

滴定反应为

$$I_2 + 2S_2O_3^{2-} = S_4O_6^{2-} + 2I^-$$

由此可见，一分子葡萄糖与一分子 $I_2$ 相当。本法适用于葡萄糖注射液中葡萄糖的含量分析。

### 三、实验仪器与试剂

1. 仪器

台秤、容量瓶（250 mL）、移液管（25 mL）、锥形瓶（250 mL）、碱式滴定管（50 mL）等。

2. 试剂

(1) HCl 溶液(2 mol·L$^{-1}$)。

(2) NaOH 溶液(0.2 mol·L$^{-1}$)。

(3) Na$_2$S$_2$O$_3$ 标准溶液(约 0.05 mol·L$^{-1}$):称取 3 g 溶解于 250 mL 水中,具体配制与标定方法见实验四十二。

(4) I$_2$ 溶液(约 0.05 mol·L$^{-1}$):称取 3.3 g I$_2$ 和 5 g KI 置于研钵中,加少量水(约 30 mL),在通风橱中研磨。待 I$_2$ 全部溶解后,将溶液转入棕色试剂瓶中,加水稀释至 250 mL,充分摇匀,放暗处保存。

(5) 淀粉溶液(0.5%):称取 0.5 g 可溶性淀粉,用少量水搅匀,慢慢加入 100 mL 沸水中,搅拌均匀,继续煮沸至溶液透明为止。若需放置,可加入少量 HgI$_2$ 或 H$_3$BO$_3$ 作防腐剂。

(6) KI 固体(A.R.)。

(7) 葡萄糖注射液(0.5%):将 5% 的葡萄糖注射液稀释 10 倍。

## 四、实验步骤

1. I$_2$ 溶液的标定

用移液管准确移取 25.00 mL I$_2$ 溶液,置于 250 mL 锥形瓶中,加入 50 mL 蒸馏水,用 Na$_2$S$_2$O$_3$ 标准溶液滴定至浅黄色,再加入 2 mL 淀粉溶液,继续滴定至溶液蓝色刚好消失即为终点。记下消耗的 Na$_2$S$_2$O$_3$ 溶液体积。平行标定 3 份,计算 I$_2$ 溶液的浓度。

2. 葡萄糖含量的测定

移取 25.00 mL 葡萄糖注射液于 250 mL 容量瓶中,加水至刻度,充分摇匀。移取 25.00 mL 稀释后的葡萄糖溶液于 250 mL 锥形瓶中,准确加入 25.00 mL I$_2$ 标准溶液,慢慢滴加 0.2 mol·L$^{-1}$ NaOH 溶液,边加边摇,直至溶液呈淡黄色(加碱的速度不能过快,否则生成的 IO$^-$ 来不及氧化,使结果偏低)。用小表面皿将锥形瓶盖好,放置 10~15 min,然后加 6 mL 2 mol·L$^{-1}$ HCl 使溶液成酸性,并立即用 Na$_2$S$_2$O$_3$ 标准溶液滴定,至溶液呈浅黄色时,加入 3 mL 淀粉指示剂,继续滴至蓝色消失,记下滴定消耗 Na$_2$S$_2$O$_3$ 标准溶液的体积。平行测定 3 份,计算样品中葡萄糖的含量。

## 五、实验数据记录与处理

自行设计表格,记录并计算实验结果。

## 六、实验注意事项

(1) 配制 I$_2$ 溶液时,一定要等固体 I$_2$ 完全溶解后再转移,做完实验后将剩余的 I$_2$ 溶液倒入回收瓶中。

(2) 氧化葡萄糖时,加稀 NaOH 溶液的速度要慢,否则,暂时过量的 IO$^-$ 来不及和葡

萄糖反应就歧化为 $IO_3^-$，致使葡萄糖氧化不完全。

### 七、实验思考题

（1）配制 $I_2$ 溶液时为什么要加入过量的 KI？为什么先用很少量的水进行溶解后再稀释至所需的体积？

（2）计算葡萄糖含量时，是否需要 $I_2$ 溶液的浓度值？

（3）$I_2$ 溶液可否装在碱式滴定管中？为什么？

## 实验四十六　沉淀滴定法测定氯的含量

# A　莫尔法

### 一、实验目的

（1）学习 $AgNO_3$ 标准溶液的配制和标定方法。

（2）掌握沉淀滴定法中以 $K_2CrO_4$ 为指示剂测定氯离子的莫尔(Mohr)法基本原理及实验操作。

### 二、实验原理

某些可溶性氯化物中氯含量的测定常采用莫尔法。此方法是在中性或弱碱性溶液中，以 $K_2CrO_4$ 为指示剂，用 $AgNO_3$ 标准溶液进行滴定。由于 AgCl 的溶解度比 $Ag_2CrO_4$ 的小，因此溶液中首先析出 AgCl 沉淀，当 AgCl 定量沉淀后，过量 $AgNO_3$ 溶液即与 $CrO_4^{2-}$ 生成砖红色 $Ag_2CrO_4$ 沉淀，指示终点的到达。主要反应式如下：

$$Ag^+ + Cl^- \rightleftharpoons AgCl\downarrow (白色, K_{sp} = 1.8 \times 10^{-10})$$

$$2Ag^+ + CrO_4^{2-} \rightleftharpoons Ag_2CrO_4\downarrow (砖红色, K_{sp} = 2.0 \times 10^{-12})$$

滴定必须在中性或弱碱性溶液中进行，最适宜的 pH 范围为 6.5～10.5。酸度过高，不产生 $Ag_2CrO_4$ 沉淀，过低，则形成 $Ag_2O$ 沉淀。

指示剂的用量不当对滴定终点的准确判断有影响，一般用量以 $5 \times 10^{-3}$ mol·$L^{-1}$ 为宜。凡是能与 $Ag^+$ 生成难溶化合物或络合物的阴离子均干扰滴定，如 $PO_4^{3-}$、$AsO_4^{3-}$、$SO_3^{2-}$、$S^{2-}$、$CO_3^{2-}$ 及 $C_2O_4^{2-}$ 等离子，其中 $S^{2-}$ 可生成 $H_2S$，经加热煮沸而除去，$SO_3^{2-}$ 可经氧化成 $SO_4^{2-}$ 而不发生干扰。大量 $Cu^{2+}$、$Ni^{2+}$、$Co^{2+}$ 等有色离子将影响终点的观察。凡是能与 $CrO_4^{2-}$ 生成难溶化合物的阳离子也干扰测定，如 $Ba^{2+}$、$Pb^{2+}$ 与 $CrO_4^{2-}$ 分别生成 $BaCrO_4$ 和 $PbCrO_4$ 沉淀，但 $Ba^{2+}$ 的干扰可借加入过量 $Na_2SO_4$ 而消除。$Al^{3+}$、$Fe^{3+}$、$Bi^{3+}$、$Zr^{4+}$ 等高价金属离子在中性或弱碱性溶液中易水解产生沉淀，也不应存在。若存在，改用福尔哈德(Volhard)法测定氯含量。

### 三、实验仪器与试剂

1. 仪器

分析天平、台秤、容量瓶(250 mL)、移液管(50 mL)、吸量管(1 mL)、锥形瓶(250 mL)、酸式滴定管(50 mL)。

2. 试剂

(1) $AgNO_3$(A.R.)。

(2) NaCl(基准试剂):在 500~600 ℃高温炉中灼烧 0.5 h 后,置于干燥器中冷却。也可将 NaCl 置于带盖的瓷坩埚中,加热,并不断搅拌,待爆炸声停止后,继续加热 15 min,将坩埚放入干燥器中冷却后使用。

(3) $K_2CrO_4$(5%)。

### 四、实验步骤

1. $0.05\ mol·L^{-1}\ AgNO_3$ 溶液的配制

用台秤称取配制 500 mL $0.05\ mol·L^{-1}\ AgNO_3$ 溶液所需固体 $AgNO_3$(约 4.0 g),溶于 500 mL 不含 $Cl^-$ 的水中,将溶液转入带玻璃塞的棕色细口瓶中,置暗处保存,以减缓光分解。

2. $0.05\ mol·L^{-1}\ AgNO_3$ 溶液的标定

准确称取 0.6~0.9 g NaCl 基准试剂置于烧杯中,用水溶解,转入 250 mL 容量瓶中,加水稀释至刻度,摇匀。

准确移取 25.00 mL 上述 NaCl 标准溶液(也可以直接称取一定量 NaCl 基准试剂)于 250 mL 锥形瓶中,加 25 mL 水,用吸量管加入 1.00 mL 5% $K_2CrO_4$ 溶液,在不断摇动下用 $AgNO_3$ 溶液滴定,至白色沉淀中出现砖红色,即为终点。平行测定 3 份,根据 NaCl 标准溶液的浓度和滴定所消耗的 $AgNO_3$ 标准溶液体积,计算 $AgNO_3$ 标准溶液的浓度。

3. 试样分析

1) 可溶性氯化物中氯含量的测定

准确称取一定量(学生自行计算)氯化物试样于烧杯中,加水溶解后,转入 250 mL 容量瓶中,加水稀释至刻度,摇匀。

准确移取 25.00 mL 氯化物试液于 250 mL 锥形瓶中,加入 25 mL 水,用吸量管加入 1.00 mL 5% $K_2CrO_4$ 溶液,在不断摇动下,用 $AgNO_3$ 标准溶液滴定,至白色沉淀中呈现砖红色即为终点。平行测定 3 份,计算试样中氯的含量。

实验完毕后,将盛装 $AgNO_3$ 溶液的滴定管先用蒸馏水冲洗两三次后,再用自来水洗净,以免 AgCl 残留于管中。

2) 液体试样(如生理盐水)中 NaCl 含量的测定

先粗测试液中氯的大致含量,再决定如何取样滴定。测定结果以 $g·L^{-1}$ 表示。

### 五、实验数据记录与处理

自行设计表格,记录并计算实验结果。

## 六、实验注意事项

（1）如待测液中有 $NH_4^+$ 存在，pH 应保持在 6.5～7.2。

（2）沉淀滴定中，为减少沉淀对被测离子的吸附，一般滴定的体积较大为好，故标定及测定时均应加水稀释后再滴定。

（3）指示剂用量大小对测定有影响，必须定量加入。溶液较稀时，须做指示剂空白校正，方法如下：取 1 mL $K_2CrO_4$ 指示剂溶液加入适量水，然后加入无 $Cl^-$ 的 $CaCO_3$ 固体（相当于滴定时 AgCl 的沉淀量），制成相似于实际滴定的混浊溶液。逐渐滴入 $AgNO_3$ 溶液，至与终点颜色相同为止，记录读数，从滴定所消耗的 $AgNO_3$ 体积中扣除此读数。

（4）银为贵金属，含 AgCl 的废液应回收处理。

（5）滴定过程中，应不断摇动锥形瓶，减少 AgCl 对 $Cl^-$ 的吸附。

## 七、实验思考题

（1）$AgNO_3$ 溶液应装在酸式滴定管还是碱式滴定管中？为什么？

（2）滴定中对 $K_2CrO_4$ 指示剂的量是否要控制？为什么？

（3）滴定中试液的酸度为什么要控制在 pH 为 6.5～10.5？应怎样调节？如有 $NH_4^+$ 存在时，在酸度控制上为什么要有所不同？

（4）滴定过程中为什么要充分摇动溶液？

（5）试将沉淀滴定指示剂的用量与酸碱指示剂、氧化还原指示剂及金属指示剂的用量作比较，并说明其差别的原因。

（6）NaCl 基准物为什么要经电炉在 250～350℃ 加热处理？如用未经处理的 NaCl 来标定 $AgNO_3$ 溶液，将产生什么影响？

（7）能否用福尔哈德法或法扬司（Fajan's）法测定氯化铵中氯的含量？为什么？

### 附1 自来水中氯含量的微型滴定法测定

**实验步骤**

（1）0.005 mol·$L^{-1}$ $AgNO_3$ 标准溶液的配制与标定。

称取配制 100 mL 0.005 mol·$L^{-1}$ $AgNO_3$ 溶液所需固体 $AgNO_3$（约 0.085 g），溶于 100 mL 不含 $Cl^-$ 的水中，将溶液转入带玻璃塞的棕色细口瓶中，置暗处保存，以减缓光分解。

准确称取 0.07～0.08 g NaCl 基准试剂于小烧杯中，用蒸馏水溶解，定量转入 250 mL 容量瓶中，加水稀释至刻度，摇匀。

准确移取 10.00 mL 上述 NaCl 标准溶液于 150 mL 锥形瓶中，加入 1 滴 0.5% $K_2CrO_4$ 溶液作指示剂，在不断摇动下用 $AgNO_3$ 溶液滴定，至白色沉淀中出现砖红色，即为终点。平行测定 3 份，根据 NaCl 标准溶液的浓度和滴定所消耗的 $AgNO_3$ 标准溶液体积，计算 $AgNO_3$ 标准溶液的浓度。

（2）自来水中 $Cl^-$ 含量的测定。

准确移取 10.00 mL 水样于 50 mL 锥形瓶中，加入 1～2 滴 0.5% $K_2CrO_4$ 溶液，在不断摇动下，用 $AgNO_3$ 标准溶液滴定，至溶液由黄色混浊（$K_2CrO_4$ 在 AgCl 沉淀中）呈现砖红色即为终点。平行测定 3 份，计算自来水试样中 $Cl^-$ 的含量。

## 附2 生理盐水中氯化钠含量的测定

**实验步骤**

(1) 0.1 mol·L$^{-1}$ AgNO$_3$ 标准溶液的配制与标定。

AgNO$_3$ 标准溶液可直接用分析纯的 AgNO$_3$ 结晶配制,而 AgNO$_3$ 不稳定,见光易分解,所以,需要精确测定时,要用间接法配制,即应用基准物质(如 NaCl)标定。

(i) 直接配制。

精确称取 100 mL 0.1 mol·L$^{-1}$ AgNO$_3$ 溶液所需 AgNO$_3$ 固体于小烧杯中,加适量水溶解完全后,定量转移至 100 mL 容量瓶中,以水稀释定容,摇匀,计算其准确浓度。

(ii) 间接配制。

称取配制 100 mL 0.1 mol·L$^{-1}$ AgNO$_3$ 溶液所需固体 AgNO$_3$(约 1.7 g)溶于 100 mL 不含 Cl$^-$ 的水中。

准确称取 0.15~0.2 g 已于 500~600℃ 干燥并冷却的 NaCl 基准试剂于 250 mL 锥形瓶中,用 25 mL 蒸馏水溶解,加入 1 mL 5% K$_2$CrO$_4$ 溶液,在充分摇动下,用 AgNO$_3$ 溶液滴定至白色沉淀中出现稳定的砖红色即为终点。平行测定 3 份,计算 AgNO$_3$ 标准溶液的浓度。

(2) 生理盐水中 NaCl 含量的测定。

将生理盐水稀释 1 倍后,用移液管准确移取 25.00 mL 已稀释的生理盐水于 250 mL 锥形瓶中,加入 1 mL 5% K$_2$CrO$_4$ 溶液,在不断摇动下,用 AgNO$_3$ 标准溶液滴定,至溶液刚呈现稳定的砖红色即为终点。平行测定 3 份,计算 NaCl 的含量。

## B 福尔哈德法

### 一、实验目的

(1) 掌握沉淀滴定法中福尔哈德法的方法、原理及其应用。
(2) 练习 NH$_4$SCN 标准溶液的配制和标定。
(3) 熟悉福尔哈德法判别终点的方法。

### 二、实验原理

沉淀滴定法终点的测定有各种不同的方法,除莫尔法外,还有福尔哈德法、法扬司法和等浊度法。福尔哈德法是指以铁铵矾[NH$_4$Fe(SO$_4$)$_2$]为指示剂的银量法,可直接测定银和返滴定氯。福尔哈德法最大的优点是可以在酸性溶液中进行滴定,许多弱酸根离子不干扰测定,因而方法的选择性高。返滴定氯时,首先向溶液中加入已知过量的 Ag$^+$ 标准溶液,定量生成 AgCl 沉淀后,以铁铵矾为指示剂,用 NH$_4$SCN 标准溶液返滴定过量的 AgNO$_3$,微过量的 SCN$^-$ 与指示剂 Fe$^{3+}$ 形成血红色的络合物[Fe(SCN)]$^{2+}$(在浓度稀时为肉色),以指示终点的到达,从而求出 Cl$^-$ 的含量。有关反应式如下:

$$Cl^- + Ag^+ \Longrightarrow AgCl\downarrow (白色)$$
$$Ag^+ + SCN^- \Longrightarrow AgSCN\downarrow (白色)$$
$$Fe^{3+} + SCN^- \Longrightarrow [Fe(SCN)]^{2+} (血红色)$$

福尔哈德法适用于酸性溶液([H$^+$]为 0.1~1 mol·L$^{-1}$),因为在中性或碱性溶液中

指示剂 $Fe^{3+}$ 将生成沉淀。滴定时剧烈振摇溶液,并加入硝基苯(有毒!)或石油醚保护 AgCl 沉淀,使其与溶液隔开,防止 AgCl 沉淀与 $SCN^-$ 发生交换反应而消耗滴定剂。

指示剂用量大小对滴定有影响,一般控制 $Fe^{3+}$ 浓度为 $0.015 \ mol \cdot L^{-1}$ 为宜。

测定时能与 $SCN^-$ 生成沉淀、络合物或能够氧化 $SCN^-$ 的物质均有干扰。$PO_4^{3-}$、$AsO_4^{3-}$、$CrO_4^{2-}$ 等离子由于酸效应的作用而不影响测定。

福尔哈德法常用于直接测定银合金和矿石中的银的含量。

### 三、实验仪器与试剂

1. 仪器

分析天平、台秤、酸式滴定管(50 mL)、移液管(50 mL)、容量瓶(250 mL)、烧杯、量筒。

2. 试剂

(1) $AgNO_3$ 标准溶液($0.05 \ mol \cdot L^{-1}$)。
(2) NaCl 基准试剂。
(3) $NH_4SCN$(A.R.)。
(4) $HNO_3$ 溶液($6 \ mol \cdot L^{-1}$):量取 375 mL 浓 $HNO_3$,缓缓加入约 600 mL 水中,再稀释至 1000 mL,煮沸并冷却,以除去其中可能含有的氮的低价氧化物,因其能与 $Fe^{3+}$ 形成红色亚硝基化合物而影响终点的观察。
(5) 硫酸铁铵(也称铁铵矾)溶液(40% 的 $1 \ mol \cdot L^{-1} HNO_3$ 溶液)。
(6) 硝基苯。
(7) NaCl 试样。

### 四、实验步骤

1. $0.05 \ mol \cdot L^{-1} \ AgNO_3$ 标准溶液的配制和标定

见莫尔法。

2. $0.05 \ mol \cdot L^{-1} \ NH_4SCN$ 标准溶液的配制及其与 $AgNO_3$ 标准溶液浓度的比较

用台秤称取 1.9 g $NH_4SCN$ 于小烧杯中,加入少量蒸馏水中使其溶解并稀释至 500 mL,转入玻璃塞细口瓶中,摇匀,待标定。

用移液管准确移取 25.00 mL $AgNO_3$ 标准溶液于 250 mL 锥形瓶中,加 50 mL 水、5 mL $6 \ mol \cdot L^{-1}$ 新煮沸并冷却的 $HNO_3$ 溶液及 1 mL 铁铵矾指示剂,然后用 $NH_4SCN$ 标准溶液滴定至溶液呈淡红棕色在摇动后也不消失为止。废液回收。

3. 氯含量的测定

准确称取一定量的氯化物试样(根据实际样品类型计算所需量)于 50 mL 烧杯中,加水溶解后,定量转入 250 mL 容量瓶中,稀释至刻度,充分摇匀。

用移液管移取 25.00 mL 上述试样溶液于 250 mL 锥形瓶中，并加 25 mL 水、7 mL 6 mol·L$^{-1}$ HNO$_3$ 溶液，在不断摇动下，从滴定管中（精确地量度）逐滴滴入 AgNO$_3$ 标准溶液至过量 5～10 mL（加入 AgNO$_3$ 溶液时，生成白色的 AgCl 沉淀，接近计量点时，氯化银要凝聚，振荡溶液，再让其静置片刻，使沉淀沉降，然后加入几滴 AgNO$_3$ 到清液层，如不生成沉淀，说明 AgNO$_3$ 已过量，这时再适当过量 5～10 mL AgNO$_3$ 即可），然后加入 2 mL 硝基苯，用橡皮塞塞住瓶口，剧烈振荡半分钟，使 AgCl 沉淀进入硝基苯层而与溶液隔开。再加 1 mL 铁铵矾指示剂，用 NH$_4$SCN 标准溶液滴定至溶液出现呈淡红色的 [Fe(SCN)]$^{2+}$ 络合物并稳定不变时即为终点。平行测定 3 份。计算样品中氯的含量。

### 五、实验数据记录与处理

自行设计表格，记录并计算实验结果。

### 六、实验注意事项

（1）因为银的化合物很贵，所以用过的银盐溶液及沉淀不要任意弃去，须倒在指定的容器内。

（2）硝基苯或石油醚均有毒，也可以将 AgCl 沉淀过滤除去，但此法误差较大。

### 七、实验思考题

（1）福尔哈德法测定可溶性氯化物中氯含量的主要误差来源是什么？用哪些方法可加以防止？本实验中如何防止？

（2）福尔哈德法测定可溶性氯化物中氯含量的条件是什么？

（3）福尔哈德法测定氯时，为什么要加入硝基苯或石油醚？用此法测定 Br$^-$、I$^-$ 时，还需要加入硝基苯或石油醚吗？

（4）福尔哈德法测定 Cl$^-$ 时，为什么要用 HNO$_3$ 酸化溶液？可用 HCl 或 H$_2$SO$_4$ 溶液吗？为什么？

（5）用福尔哈德法测定 Br$^-$ 或 I$^-$ 的含量时，临近滴定终点时用力摇动溶液，AgBr、AgI 能否转化为 AgCNS 沉淀？为什么？

## 附 1　可溶性氯化物中氯含量的微型滴定法测定

**实验步骤**

（1）0.05 mol·L$^{-1}$ AgNO$_3$ 标准溶液的配制与标定。

称取配制 100 mL 0.05 mol·L$^{-1}$ AgNO$_3$ 溶液所需固体 AgNO$_3$（约 0.8 g），溶于 100 mL 不含 Cl$^-$ 的水中，将溶液转入带玻璃塞的棕色细口瓶中，置暗处保存，以减缓光分解。

准确称取 0.12 g 左右的 NaCl 基准试剂于小烧杯中，用蒸馏水溶解，定量转入 50 mL 容量瓶中，加水稀释至刻度，摇匀。

准确移取 5.00 mL 上述 NaCl 标准溶液于 50 mL 锥形瓶中，加入 4 滴 5% K$_2$CrO$_4$ 溶液作指示剂，

在不断摇动下用 $AgNO_3$ 溶液滴定,至白色沉淀中出现砖红色即为终点。平行测定 3 份,根据 NaCl 标准溶液的浓度和滴定所消耗的 $AgNO_3$ 标准溶液体积,计算 $AgNO_3$ 标准溶液的浓度。

(2) $0.05 \; mol \cdot L^{-1} \; NH_4SCN$ 标准溶液的配制及其与 $AgNO_3$ 标准溶液浓度的比较。

用台秤称取 $0.4 \; g \; NH_4SCN$ 于小烧杯中,加入少量蒸馏水中使其溶解并稀释至 100 mL,转入玻璃塞细口瓶中,摇匀,待标定。

用移液管准确移取 5.00 mL $AgNO_3$ 标准溶液于 50 mL 锥形瓶中,加 1.5 mL $6 \; mol \cdot L^{-1}$ 新煮沸并冷却的 $HNO_3$ 溶液及 4 滴铁铵矾指示剂,然后用 $NH_4SCN$ 标准溶液滴定至溶液呈淡红色即为终点。平行测定 3 份,计算 $NH_4SCN$ 溶液的浓度。

(3) 氯含量的测定。

准确称取粗食盐样品 0.12 g 左右于 50 mL 烧杯中,加水溶解后,定量转入 50 mL 容量瓶中,稀释至刻度,充分摇匀。

用移液管移取 5.00 mL 上述试样溶液于 50 mL 碘量瓶中,加 1.5 mL $6 \; mol \cdot L^{-1} \; HNO_3$ 溶液,在不断摇动下,从滴定管中(精确地量度)逐滴滴入 $AgNO_3$ 标准溶液至过量 2~3 mL(加入 $AgNO_3$ 溶液时,生成白色的 AgCl 沉淀,接近计量点时,氯化银要凝聚,振荡溶液,再让其静置片刻,使沉淀沉降,然后加入几滴 $AgNO_3$ 到清液层,如不生成沉淀,说明 $AgNO_3$ 已过量,这时再适当过量 2~3 mL $AgNO_3$ 即可),然后加入 5 滴硝基苯或 1,2-二氯乙烷,用橡皮塞塞住瓶口,剧烈振荡半分钟,使 AgCl 沉淀进入硝基苯层而与溶液隔开。再加 4 滴铁铵矾指示剂,用 $NH_4SCN$ 标准溶液滴定至溶液出现呈淡红色的 $[Fe(SCN)]^{2+}$ 络合物并稳定不变时即为终点。平行测定 3 份。计算样品中氯的含量。

## 附 2　银合金中银含量的测定

**实验步骤**

准确称取银合金试样 0.3 g 2 份,分别置于 250 mL 锥形瓶中,加入 10 mL $5 \; mol \cdot L^{-1} \; HNO_3$ 溶液,慢慢加热溶解;加水 50 mL,煮沸除去氮的氧化物,冷却。加 2 mL 铁铵矾指示剂,在充分振摇下,用 $NH_4SCN$ 标准溶液滴定至溶液出现淡红色的 $[Fe(SCN)]^{2+}$ 络合物并稳定不变时即为终点。

根据试样质量和 $NH_4SCN$ 标准溶液的浓度及滴定用去的体积,计算试样中银的质量分数。

说明:

(1) 银币为最理想的试样,如用其他银合金作试样,含铜量不应超过 60%,不应含有汞,以免生成 $Cu(SCN)_2$、$Hg(SCN)_2$ 沉淀。钴、镍过多时,影响终点的观察。

(2) 如有氮的低价氧化物存在,与 $SCN^-$ 形成红色 NOSCN 化合物,与 $Fe^{3+}$ 也可形成红色的亚硝基化合物,影响终点的观察。

## 附 3　酱油中氯化钠的测定

移取酱油 5.00 mL 于 100 mL 容量瓶中,加水至刻度摇匀,吸取酱油稀释液 10.00 mL 于具塞锥形瓶中,加 50 mL 水,混匀。加入 5 mL $HNO_3$、25.00 mL $0.1 \; mol \cdot L^{-1} \; AgNO_3$ 标准溶液和 5 mL 硝基苯,摇匀。加入 5 mL $FeNH_4(SO_4)_2$,用 $0.1 \; mol \cdot L^{-1} \; NH_4SCN$ 标准溶液滴定至刚有血红色即为终点。计算酱油中氯化钠含量。

## C　法扬司法

### 一、实验目的

(1) 掌握法扬司法的实验原理和方法。

（2）了解吸附指示剂的使用和应用。

## 二、实验原理

法扬司法是利用荧光黄、二氯荧光黄等吸附指示剂指示终点的沉淀滴定法。

当以 $AgNO_3$ 标准溶液滴定 $Cl^-$ 时,生成凝乳状的 $AgCl$ 沉淀。在化学计量点前,由于 $Cl^-$ 过量,沉淀吸附 $Cl^-$,表面带负电荷。化学计量点后由于 $Ag^+$ 过量,沉淀则吸附 $Ag^+$,因而表面带正荷。带正电荷的沉淀能吸附指示剂解离出的阴离子,从而使指示剂发生颜色的转变。例如,荧光黄的阴离子呈黄绿色,而吸附了荧光黄阴离子的 $AgCl$ 沉淀则呈粉红色。溶液由黄绿色转变为粉红色时,指示终点的到达。有关反应式如下:

$$Cl^- + Ag^+ =\!=\!= AgCl\downarrow(白色)$$

终点时:

$$AgCl + Ag^+ =\!=\!= AgCl \cdot Ag^+$$

$$AgCl \cdot Ag^+ + Fin^-(黄绿色) =\!=\!= AgCl \cdot Ag^+ \cdot FIn^-(粉红色)$$

吸附作用随着沉淀的表面积增大而加强,因此将指示剂配成糊精(或淀粉)溶液(因为高分子溶液有保护胶体的作用,可减少 $AgCl$ 沉淀的聚沉作用而使它保持胶体状态,有利于吸附)。由于电解质的存在能促使胶体聚沉,所以此法不适用于有大量电解质存在的试样。

由于荧光黄是弱酸,若溶液酸度过大,将抑制其解离,因而没有足够的指示剂阴离子被吸附,致使终点不敏锐,若溶液碱性强,则产生 $Ag_2O$ 沉淀。所以法扬司法测定时的溶液酸度主要由吸附指示剂的酸式解离常数决定。若试液为碱性,用酚酞作指示剂,滴加稀 $HNO_3$ 至红色刚消失;若试液为酸性,滴加稀 $NaOH$ 溶液至粉红色,再滴加稀 $HNO_3$ 至红色刚消失。

此法不适用于 $Cl^-$ 浓度太稀的溶液,因为这时产生的 $AgCl$ 沉淀量较少,所以吸附作用也弱,终点不够敏锐。

## 三、实验仪器与试剂

1. 仪器

分析天平、台秤、酸式滴定管(50 mL)、移液管(50 mL)、容量瓶(250 mL)、烧杯、量筒。

2. 试剂

（1）$AgNO_3$ 标准溶液(0.02 $mol \cdot L^{-1}$)。

（2）荧光黄溶液(0.1%):称取 0.10 g 荧光黄,溶于 10 mL 0.1 $mol \cdot L^{-1}$ NaOH 溶液中,用 0.1 $mol \cdot L^{-1}$ $HNO_3$ 溶液中和至中性(用 pH 试纸检验),然后用水稀释至 100 mL。

（3）淀粉溶液(1%):称取糊精 1 g,用少量水调成糊状。另取 100 mL 蒸馏水于 250 mL 烧杯中,加热至沸,在搅拌下注入已调好的糊精,煮沸,冷却后,储存于试剂瓶中。

（4）荧光黄-淀粉指示液:临用前将 0.1% 荧光黄溶液和 1% 淀粉溶液以 5∶100 的比

例混合即得。

（5）粗食盐或其他可溶性氯化物试样。

## 四、实验步骤

1. $0.02\ mol \cdot L^{-1}\ AgNO_3$ 溶液的配制

称取需要量的 $AgNO_3$，溶于 500 mL 不含 $Cl^-$ 的水中。将溶液转入棕色细口瓶中，摇匀置暗处，以减缓 $AgNO_3$ 的光分解作用。

2. $0.02\ mol \cdot L^{-1}\ AgNO_3$ 溶液的标定

准确称取约 0.3 g NaCl 基准物，置于 100 mL 烧杯中，用不含 $Cl^-$ 的水溶解后移入 100 mL 容量瓶中定容，移取此溶液 10.00 mL 于 100 mL 的锥形瓶中，加入 2 mL 荧光黄-淀粉指示液，摇匀后以 $AgNO_3$ 标准溶液滴定至绿色荧光消失，变为粉红色，此时即达终点。

3. 试样的滴定

准确称取 0.7～1.0 g 试样于 250 mL 烧杯中，以蒸馏水溶解后转入 250 mL 容量瓶中定容。移取此溶液 10.00 mL 于 100 mL 锥形瓶中，加入 2 mL 荧光黄-淀粉指示剂溶液，以 $0.02\ mol \cdot L^{-1}\ AgNO_3$ 标准溶液滴定至黄绿色消失，变为粉红色，即为终点。

## 五、实验数据记录与处理

自行设计表格，记录并计算实验结果。

## 六、实验注意事项

AgCl 易感光而析出灰色金属银，影响终点的观察，所以滴定时应避免日光照射。

## 七、实验思考题

（1）试述本实验中糊精的作用。
（2）如果用二氯荧光黄指示剂代替荧光黄指示剂，溶液的 pH 范围应为多少？
（3）试比较法扬司法、莫尔法及福尔哈德法滴定条件的异同。
（4）试比较法扬司法、莫尔法及福尔哈德法的优缺点。
（5）试述荧光黄作为吸附指示剂的变色原理及应用条件。

## 附　Titration of Chloride with Silver Nitrate

**实验目的**

通过阅读和独立进行文献实验，培养学生查阅文献的能力，提高学生的专业英语水平。

**实验内容**

(1) Introduction.

There are several methods that are routinely used for the determination of chloride. This experiment is routinely used to calibrate and check the accepted procedures because of its accuracy.

This experiment is a typical precipitation titration and a chemical way for detection its end point. In this procedure the indicator is dichlorofluorescein, and dextrin is added to retard coagulation of the precipitate and promote surface adsorption on the precipitate.

(2) Procedure.

Prepare and standardize a solution of silver nitrate as follows. Dissolve about 4.3 g of silver nitrate in 250 mL of distilled water and store in a dark bottle. Weigh accurately three 0.2 g portions of dried NaCl into 250 mL conical flasks and dissolve in 50 mL of distilled water. Add 10 drops of dichlorofluorescein solution and 0.1 g of solid dextrin to each flask. The solution should be neutral to slightly acidic. Titrate each of the three samples to the indicator end point(solid, white-pink) and calculate the concentration of the standard solution.

Obtain an unknown chloride sample from instructor. Weigh three 0.4 g samples accurately and dissolve each in 50 mL of distilled water. Add the indicator and dextrin in these solutions, and titrate with the silver nitrate solution.

Calculate the percent Cl in the original sample.

(3) Questions.

(i) What's the theory of the action of adsorption indicators?

(ii) Describe the theory of Volhard, Fajan's and Mohr methods, respectively. What's the suitable pH in individual method?

## 实验四十七  可溶性钡盐中钡含量的测定

### A  灼烧干燥恒量重量分析法

#### 一、实验目的

(1) 了解晶形沉淀的沉淀条件、原理和沉淀方法。

(2) 练习沉淀的过滤、洗涤和灼烧的操作技术。

(3) 测定氯化钡中钡的含量,并用换算因数计算测定结果。

#### 二、实验原理

$Ba^{2+}$ 能生成一系列的微溶化合物,如 $BaCO_3$、$BaCrO_4$、$BaC_2O_4$、$BaHPO_4$、$BaSO_4$ 等,其中以 $BaSO_4$ 的溶解度最小[25℃时 0.25 mg·(100 mL)$^{-1}$],$BaSO_4$ 性质非常稳定,组成又与化学式相符合,因此常以 $BaSO_4$ 为沉淀形式进行重量分析法测定 Ba 含量。虽然 $BaSO_4$ 的溶解度较小,但还不能满足重量法对沉淀溶解损失的要求,必须以加入过量的沉淀剂的办法降低 $BaSO_4$ 的溶解度。$H_2SO_4$ 在灼烧时能挥发,是沉淀 $Ba^{2+}$ 的一种理想沉淀剂,使用时可过量 50%～100%,$BaSO_4$ 沉淀初生成时,一般形成细小的晶体,过滤时易穿过滤纸,为了得到纯净而颗粒较大的晶形沉淀,应当在热的酸性稀溶液中,在不断搅拌下逐滴加入热的稀 $H_2SO_4$,溶液的酸度一般用 0.05 mol·L$^{-1}$ 盐酸控制,加热温度以近沸较好,在酸性条件下沉淀 $BaSO_4$ 还能防止 $BaCO_3$、$BaHPO_4$、$BaCrO_4$、$BaC_2O_4$ 沉淀以及防止生成 $Ba(OH)_2$ 共沉淀。将所得的 $BaSO_4$ 沉淀经过陈化、过滤、洗涤、灼烧,最后称量,

即可求得试样中 $Ba^{2+}$ 的含量。

$PbSO_4$、$SrSO_4$ 的溶解度均较小，$Pb^{2+}$、$Sr^{2+}$ 对钡的测定有干扰。$NO_3^-$、$ClO_3^-$、$Cl^-$ 等阴离子和 $K^+$、$Na^+$、$Ca^{2+}$、$Fe^{3+}$ 等阳离子均可以引起共沉淀现象，故应严格控制沉淀条件，减少共沉淀的产生，以获得纯净的 $BaSO_4$ 晶形沉淀。

重量分析法既可以用于测定 $Ba^{2+}$ 的含量，也可以用于测定 $SO_4^{2-}$ 的含量。但用 $BaSO_4$ 重量法测定 $SO_4^{2-}$ 时，沉淀剂 $BaCl_2$ 只允许过量 20%～30%，因为灼烧时过量的 $BaCl_2$ 不易挥发除去。

### 三、实验仪器与试剂

1. 仪器

瓷坩埚（25 mL，两三个）、定量滤纸（慢速或中速）、淀帚（1 把）、长颈玻璃漏斗（2 个）等。

2. 试剂

$HCl$（2 mol·$L^{-1}$）、$H_2SO_4$（1 mol·$L^{-1}$，0.1 mol·$L^{-1}$）、$HNO_3$（2 mol·$L^{-1}$）、$AgNO_3$（0.1 mol·$L^{-1}$）、$BaCl_2·2H_2O$（A.R.）。

### 四、实验步骤

1. 空坩埚恒量

洗净两个带盖的瓷坩埚，晾干后放入高温炉，在 800～850℃ 下灼烧，第一次灼烧 30 min，取出稍冷片刻，放入干燥器中冷至室温（约 30 min），称量，第二次灼烧 15～20 min，冷至室温，再称量，如此操作，直到两次称量相差不超过 0.4 mg，即为已达恒量。

2. 称样及沉淀的制备

准确称取 0.4～0.6 g $BaCl_2·2H_2O$ 试样两份，分别置于 250 mL 烧杯中，加约 70 mL 水、2～3 mL 2 mol·$L^{-1}$ 盐酸，盖上表面皿，加热近沸，但勿使溶液沸腾，以防溅失。

与此同时，再取 3～4 mL 1 mol·$L^{-1}$ $H_2SO_4$ 两份，分别置于两个 100 mL 小烧杯中，各加水稀释至 30 mL，加热近沸，然后将两份热的 $H_2SO_4$ 溶液用滴管逐滴分别滴入两份热的钡盐溶液中，并用玻璃棒不断搅拌。搅拌时玻璃棒不要碰烧杯底或内壁，以免划损烧杯，勿使沉淀黏附在烧杯壁上，难以洗掉。沉淀完毕待溶液澄清后，于上层清液中加入 1～2 滴稀 $H_2SO_4$，以检验其沉淀是否完全。如果上层清液中有混浊出现，必须再加入 $H_2SO_4$ 溶液，直到沉淀完全为止。盖上表面皿，将玻璃棒靠在烧杯嘴边（切勿将玻璃棒拿出杯外，为什么？）置于水浴上加热，陈化 0.5～1 h，并不时搅拌（也可在室温下放置过夜作为陈化）。

3. 沉淀的过滤和洗涤

溶液放置冷却后（为什么要冷却？），用慢速或中速定量滤纸倾析法过滤（为什么要用倾析法过滤?),先将上层清液倾注在滤纸上,再以稀 $H_2SO_4$ 洗涤液(2~4 mL 1 mol·$L^{-1}$ $H_2SO_4$ 稀释至 200 mL)用倾析法洗涤沉淀三四次,每次约 10 mL。然后将沉淀小心转移至滤纸上,并用一小片滤纸擦净杯壁,将滤纸片放在漏斗内的滤纸上,用水洗涤沉淀至无氯离子为止(用 $AgNO_3$ 溶液检查:用试管收集 2 mL 滤液,加 1 滴 2 mol·$L^{-1}$ $HNO_3$ 酸化,加入 2 滴 $AgNO_3$,若无白色混浊产生,表示 $Cl^-$ 已洗净)。

4. 沉淀的灼烧和恒量

将盛有沉淀的滤纸折成小包,放入已恒量的坩埚中,在电炉上烘干、炭化和灰化后,放入 800~850℃ 的高温炉中灼烧 1 h,取出置于干燥器内冷却至室温;第二次灼烧 15~20 min,冷却,称量。如此操作,直至恒量。

### 五、实验数据记录与处理

自行设计表格,记录并计算实验结果。

### 六、实验注意事项

(1)滤纸灰化时空气要充足,否则硫酸盐易被滤纸的碳还原,反应式如下:

$$BaSO_4 + 4C == BaS + 4CO \uparrow$$
$$BaSO_4 + 4CO == BaS + 4CO_2 \uparrow$$

(2)灼烧温度不能太高,如超过 900℃,$BaSO_4$ 也会被碳还原。如超过 950℃,$BaSO_4$ 将按下式分解:

$$BaSO_4 == BaO + SO_3 \uparrow$$

(3)$BaCl_2·2H_2O$ 是毒品,剩余样品应倒入回收瓶中。

(4)练习做水柱时,用定性滤纸和自来水;过滤沉淀时,要用慢速定量滤纸和纯水。

(5)检查滤液中的 $Cl^-$ 时,也可以用小表面皿接取 10 滴滤液,加入 2 滴 $AgNO_3$ 溶液,混匀后放置 1 min。观察是否出现混浊,并与纯水对照。

### 七、实验思考题

(1)$BaCl_2·2H_2O$ 试样称取 0.4~0.6 g 是怎样计算出来的?

(2)为什么要在稀盐酸介质中进行沉淀?

(3)为什么试液和沉淀剂都要预先稀释,而且试液要预先加热?

(4)如何检查沉淀是否完全?

(5)沉淀完毕后,为什么要保温放置一段时间才进行过滤?

(6)$H_2SO_4$ 为沉淀剂沉淀 $Ba^{2+}$ 时,可以过量多少?为什么?

(7)为什么要用无灰、慢速或中速的定量滤纸过滤 $BaSO_4$ 沉淀?

(8)如何检查 $BaSO_4$ 沉淀已经洗净?什么叫倾析法过滤?倾析法过滤和洗涤沉淀有什么优点?为什么在使用洗涤液或水洗涤沉淀时都要少量多次?

(9) 烘干和灰化滤纸时应注意些什么?

(10) 为什么要在热溶液中沉淀 $BaSO_4$,但要在冷却后过滤?晶形沉淀为什么要陈化?

## B 微波干燥恒量重量分析法

### 一、实验目的

(1) 练习重量分析的基本操作,包括沉淀、陈化、过滤、洗涤、转移、烘干及恒量等。
(2) 学习晶形沉淀的性质、沉淀的条件及制备方法。
(3) 熟悉微波技术在样品干燥方面的应用。

### 二、实验原理

实验原理及沉淀操作条件与上述灼烧干燥恒量重量分析法基本相同,但本实验采用微波炉干燥恒量 $BaSO_4$ 沉淀,样品内外同时加热,不需要传热过程。加热迅速、均匀、瞬时可达较高温度;同时,设备对环境几乎不辐射热量。此方法改善了工作条件,节省大量时间,结果也有很好的准确度和精密度。

若沉淀中包藏有 $H_2SO_4$ 等高沸点杂质,利用微波加热技术干燥 $BaSO_4$,则沉淀过程中的杂质难以分解或挥发。因此,对沉淀条件和洗涤操作等的要求更高,主要包括将含 $Ba^{2+}$ 试液进一步稀释,过量沉淀剂($H_2SO_4$)控制在 20%~50% 等。另外,滴加沉淀剂的速度要缓慢,减少 $BaSO_4$ 沉淀中包藏 $H_2SO_4$ 及其他杂质,可使测定结果的准确度与传统的灼烧法相同。

### 三、实验仪器与试剂

1. 仪器

微波炉、微孔玻璃坩埚($G_4$ 号或 $P_{16}$ 号)、循环水真空泵(配抽滤瓶)、淀帚(1 把)。

2. 试剂

$HCl(2\ mol·L^{-1})$、$H_2SO_4(1\ mol·L^{-1}、0.1\ mol·L^{-1})$、$AgNO_3(0.1\ mol·L^{-1})$、$BaCl_2·2H_2O(A.R.)$。

### 四、实验步骤

1. 玻璃坩埚的准备

两个洁净的 $G_4$ 号(或 $P_{16}$ 号)微孔玻璃坩埚用真空泵抽 2 min 以除去玻璃砂板微孔中的水分,便于干燥。置于微波炉中,于 500 W(中高火)的输出功率下进行干燥,第一次 10 min,第二次 4 min。每次干燥后置于干燥器中冷却 10~15 min(刚放进时留一小缝隙,约 30 s 后再盖严),然后在电子分析天平上快速称量。要求两次干燥后称量的质量差值小于 0.4 mg,即为恒量。否则,还要再次干燥 4 min,冷却,称量,直至恒量。

2. 称样及沉淀的制备

同上。

3. 沉淀的过滤、洗涤及微波干燥

新制备的 $BaSO_4$ 沉淀陈化后,用在微波炉中恒量的 $G_4$ 号(或 $P_{16}$ 号)微孔玻璃坩埚在减压下过滤和洗涤。然后将盛沉淀的坩埚在微波炉内进行干燥(第一次 10 min,第二次 4 min),转入干燥器中冷却至室温(10~15 min),称量,重复操作直至恒量。计算试样中钡的含量。

### 五、实验数据记录与处理

自行设计表格,记录并计算实验结果。

### 六、实验注意事项

(1) 不要将进行第一次干燥的坩埚(湿样品)与第二次干燥的坩埚放在同一个微波炉中。

(2) 熟悉循环水真空泵及微波炉的使用方法与注意事项之后,才能进行抽滤及微波加热操作,以保证安全。

### 七、实验思考题

(1) 微波加热技术在分析化学(如分解试样和烘干样品等)中应用有哪些优越性?

(2) 如何科学、合理地进行本实验,以充分体现微波加热技术在重量分析中的应用特点?

## 实验四十八　丁二酮肟重量法测定合金钢中的镍

### 一、实验目的

(1) 了解有机沉淀剂在重量分析中的应用。
(2) 学习烘干重量法的实验操作。
(3) 熟悉微波炉用于干燥样品方面的特点。

### 二、实验原理

镍铬合金钢中含有百分之几至百分之几十的镍,可以用丁二酮肟重量法或 EDTA 络合滴定法进行测定。EDTA 滴定法比较简便,但必须事先分离大量的铁,因此,在测定钢铁中高含量的镍时,经常使用丁二酮肟重量法。

丁二酮肟是最早使用的有机试剂之一。该试剂对镍的反应选择性较高,在氨性溶液中与镍生成红色络合物,溶解度很小($K_{sp}=2.3\times10^{-25}$),易沉淀,其结构式如下:

$$\begin{array}{c}
\text{H}_3\text{C} \quad \text{C=N} \quad \text{Ni} \quad \text{N=C} \quad \text{CH}_3 \\
\text{H}_3\text{C} \quad \text{C=N} \quad \quad \text{N=C} \quad \text{CH}_3
\end{array}$$

(结构式：丁二酮肟镍络合物)

该络合物组成恒定,烘干后即可直接称量。

丁二酮肟是二元弱酸(以 $H_2D$ 表示),它以 $HD^-$ 形式与 $Ni^{2+}$ 络合,通常在 pH 为 7.0～9.0 的氨性溶液中进行沉淀,若 pH 过高,生成 $D^{2-}$ 较多,而且 $Ni^{2+}$ 与氨形成络合物,都会造成丁二酮肟镍沉淀不完全。若溶液 pH 过低,由于生成 $H_2D$,沉淀的溶解度加大。同样,氨的浓度不能过高,否则 $Ni^{2+}$ 生成氨络合物,也会使沉淀的溶解度加大。

在酸性溶液中,丁二酮肟与钯生成沉淀,在氨性溶液中与镍、亚铁离子生成红色沉淀,故当亚铁离子存在时,必须预先氧化以除干扰。铁(Ⅲ)、铝、铬(Ⅲ)、钛(Ⅳ)等虽不与丁二酮肟反应,但在氨性溶液中生成氢氧化物沉淀,干扰测定,故在溶液调至氨性前,需加入柠檬酸或酒石酸等络合剂,使其生成水溶性的络合物。$Co^{2+}$、$Cu^{2+}$ 与丁二酮肟生成水溶性络合物,消耗试剂,而且严重沾污沉淀。加大试剂用量,增大溶液体积,在一定程度上可减少其干扰。但 $Cu^{2+}$、$Co^{2+}$ 含量高时,最好进行二次沉淀。

## 三、实验仪器与试剂

1. 仪器

玻璃坩埚($P_{16}$ 或 $G_4A$)、电动循环水泵及抽滤瓶(2 个)、电热恒温水浴、微波炉或电热恒温干燥箱。

2. 试剂

(1) 混合酸 $HCl:HNO_3:H_2O=3:1:2$。
(2) 酒石酸或柠檬酸溶液(50%)。
(3) 丁二酮肟乙醇溶液(1%)。
(4) 氨水(1:1)。
(5) 氨-氯化铵洗涤液:100 mL 水中加 1 mL 氨水和 1 g 氯化铵。

## 四、实验步骤

准确称取适量合金钢试样(含镍 30～80 mg)于 500 mL 烧杯中,加入 20～40 mL 混合酸,低温加热溶解后,煮沸溶液以除去低价氮的氧化物。在试液中加入 5～10 mL 50% 酒石酸(或柠檬酸)溶液(每克试样加 10 mL),在不断搅动下,滴加 1:1 氨水至溶液呈弱碱性,此时溶液转变为蓝绿色。如有不溶物,应将沉淀过滤,并用热的氨-氯化铵洗涤液洗涤沉淀数次。

滤液用 1∶1 盐酸酸化,用热水稀释至约 300 mL,加热至 70~80℃,在不断搅动下,加入 1%丁二酮肟乙醇溶液沉淀 $Ni^{2+}$(1 mg 镍约需 1 mL 丁二酮肟溶液,最后再多加 20~30 mL,但所加试剂总量不得超过试液体积的 1/3,以免增大沉淀的溶解度),然后在不断搅动下,滴加 1∶1 氨水,使溶液的 pH 为 8~9。在 60~70℃ 保温 30~40 min。稍冷后,用已恒量的 $G_4$ 微孔玻璃坩埚过滤,用微氨性的 2%的酒石酸溶液洗涤烧杯和沉淀 8~10 次,再用温水洗涤沉淀至无 $Cl^-$ 为止(滤液以稀 $HNO_3$ 酸化后用 $AgNO_3$ 检验)。

将微孔玻璃坩埚连同沉淀在 130~150℃ 下烘干 1 h,冷却、称量,再烘干至恒量。根据丁二酮肟镍沉淀物的质量,计算试样中镍的质量分数(%)。

### 五、实验数据记录与处理

自行设计表格,记录并计算实验结果。

### 六、实验注意事项

(1) 称样量以含镍 50~80 mg 为宜。丁二酮肟的用量以过量 40%~80%为宜,太少沉淀不完全,太多则在沉淀冷却过程中析出而造成结果严重偏高。

(2) 丁二酮肟的缺点之一是试剂本身在水中的溶解度较小,必须使用乙醇溶液。在沉淀时,溶液要充分稀释,并要使乙醇的浓度控制在 20%左右,以防止过量试剂沉淀出来。但乙醇不可过量太多,否则会增大丁二酮肟镍的溶解度。沉淀在热溶液中进行,且趁热过滤,用热水洗涤,可减少试剂的共沉淀,同时也可减少其他杂质的共沉淀。由于丁二酮肟镍在水中的溶解度很小,约为 $4×10^{-9}$ mol·$L^{-1}$,故用热水洗涤沉淀时,不致引起太大的损失。

(3) 用电热恒温干燥箱进行干燥的步骤:控制温度为 145℃±5℃。第一次加热 1 h,第二次加热 30 min,在干燥器中冷却时间均为 30 min。两次称得质量之差若不超过 0.4 mg,即已恒量。也可用微波炉进行干燥,即用水洗净坩埚,抽滤 2 min 以上,至无水雾产生。用 500 W 输出功率,第一次加热 8 min(有沉淀时加热 10 min),第二次加热 3 min,在干燥器中冷却时间均为 10~12 min。两次称得质量之差若不超过 0.4 mg,即已恒量。否则应再次加热、冷却、称量,直至恒量。

(4) 调节试液的 pH 时,可用 pH 试纸检验,但要尽量减少试液的损失。

(5) 不要将进行第一次干燥的坩埚(湿的)与第二次干燥的坩埚放入同一个微波炉或电热干燥箱中。

### 七、实验思考题

(1) 如果称取含镍 35%的钢样 0.15 g,沉淀时应加多少毫升 1%丁二酮肟溶液?
(2) 溶解钢样时,加入 $HNO_3$ 的作用是什么?沉淀前加入酒石酸的作用是什么?
(3) 为什么要先用 20%乙醇溶液洗涤烧杯和沉淀两次?
(4) 如何检查 $Cl^-$ 是否洗尽?
(5) 丁二酮肟镍沉淀属于哪种类型的沉淀?沉淀镍时为什么要在氨性溶液中进行?氨浓度太大对沉淀有什么影响?

(6) 本实验与硫酸钡重量法有哪些异同？试总结有机沉淀剂的特点。

## 实验四十九　邻二氮菲吸光光度法测定微量铁

**一、实验目的**

(1) 掌握吸光光度法中分析条件和仪器检测条件的选择方法。
(2) 掌握微量铁的吸光光度法测定原理及方法。
(3) 练习分光光度计的正确操作。

**二、实验原理**

采用可见吸光光度法对无机离子进行定量分析时，显色是一个关键步骤。显色剂用量、溶液酸度和显色时间等显色条件将直接影响显色反应能否进行完全。显色条件、测量波长是分光光度分析的重要实验条件。通过邻二氮菲吸光光度法测定铁的条件实验，可以掌握某些显色条件的选择和实验方法。

邻二氮菲是测定微量铁的高灵敏度、高选择性试剂。在 pH $=2\sim 9$ 的溶液中，$Fe^{2+}$ 与邻二氮菲生成稳定的橙红色络合物，反应式如下：

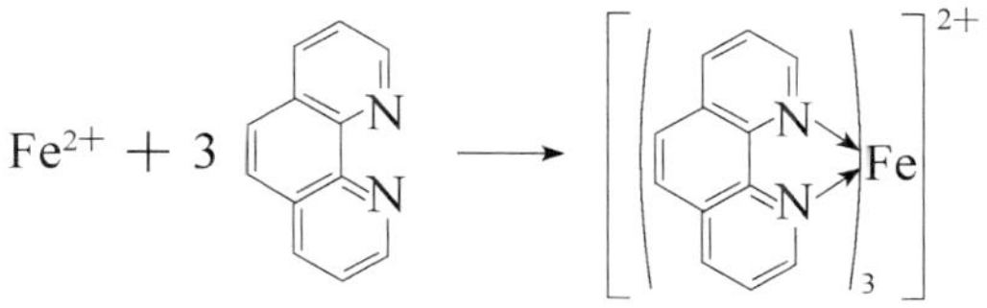

$$Fe^{2+} + 3 \text{ (邻二氮菲)} \longrightarrow [\text{Fe(邻二氮菲)}_3]^{2+}$$

该络合物的 $\lg K_{稳}=21.3$，$\lambda_{max}=510$ nm，$\varepsilon_{510}=1.1\times 10^4$ L·mol$^{-1}$·cm$^{-1}$。

铁为 +3 价时，在显色之前需用盐酸羟胺将 $Fe^{3+}$ 还原为 $Fe^{2+}$。

**三、实验仪器与试剂**

1. 仪器

721 型分光光度计、吸量管(1 mL、2 mL、5 mL、10 mL)、碱式滴定管(50 mL)、容量瓶(50 mL)。

2. 试剂

(1) Fe 标准溶液(0.1 mg·mL$^{-1}$)：准确称取 0.8634 g NH$_4$Fe(SO$_4$)$_2$·12H$_2$O 于烧杯中，加少量水和 20 mL 6 mol·L$^{-1}$ HCl 使之溶解，然后转移至 1000 mL 容量瓶中，用水稀释至刻度，摇匀。

(2) 邻二氮菲(0.15%)。

(3) 盐酸羟胺(10%，临用时配制)。

(4) 乙酸钠溶液(1 mol·L$^{-1}$)。

(5) NaOH 溶液(0.1 mol·L$^{-1}$)。

（6）HCl 溶液（6 mol·L$^{-1}$）。

## 四、实验步骤

1. 条件实验

1）吸收曲线的绘制和测量波长的选择

用吸量管吸取 0.00、1.00 mL Fe 标准溶液，分别注入两个 50 mL 容量瓶中，各加入 1.00 mL 盐酸羟胺溶液、2.00 mL 邻二氮菲溶液和 5.00 mL 乙酸钠溶液，用水稀释至刻度，摇匀。放置 10 min 后，将一部分溶液转移至 1 cm 比色皿中，以试剂空白为参比，在 440~560 nm，每隔 10 nm 测一次吸光度，在最大吸收波长附近，每隔 5 nm 测一次吸光度。在坐标纸上以波长（λ）为横坐标、吸光度（A）为纵坐标绘制吸收曲线。从吸收曲线上选择测定 Fe 的适宜波长，一般选最大吸收波长 $\lambda_{max}$。

2）溶液酸度的选择

取 8 个 50 mL 容量瓶，分别加入 1.00 mL Fe 标准溶液、1.00 mL 盐酸羟胺、2.00 mL 邻二氮菲溶液，摇匀。然后，用滴定管分别加入 0.00 mL、2.00 mL、5.00 mL、10.00 mL、15.00 mL、20.00 mL、30.00 mL、35.00 mL 0.1 mol·L$^{-1}$ NaOH 溶液，用水稀释至刻度，摇匀，放置 10 min。以蒸馏水为参比，在选择的波长下测定各溶液的吸光度。同时，用 pH 计测量各溶液的 pH。以 pH 为横坐标、吸光度（A）为纵坐标，绘制酸度影响曲线，得出测定铁的适宜酸度范围。也可用加入 NaOH 的体积（V）为横坐标、吸光度（A）为纵坐标，绘制 A-V 关系曲线，再换算为 pH。

3）显色剂用量的选择

取 7 个 50 mL 容量瓶，各加入 1.00 mL Fe 标准溶液、1.00 mL 盐酸羟胺，摇匀。再分别加入 0.10 mL、0.30 mL、0.50 mL、0.80 mL、1.00 mL、2.00 mL、4.00 mL 邻二氮菲溶液和 5.00 mL 乙酸钠溶液，用水稀释至刻度，摇匀，放置 10 min。以蒸馏水为参比，在选择的波长下测定各溶液的吸光度。以邻二氮菲的用量（V）为横坐标、吸光度（A）为纵坐标，绘制显色剂用量影响曲线，确定测定铁的最适宜显色剂用量。

4）显色时间的影响

在 1 个 50 mL 容量瓶中加入 1.00 mL Fe 标准溶液、1.00 mL 盐酸羟胺，摇匀。再加入 2.00 mL 邻二氮菲、5.00 mL 乙酸钠溶液，用水稀释至刻度，摇匀。以蒸馏水为参比，在选择的波长下依次测量放置 5 min、10 min、30 min、60 min、120 min、…的吸光度。然后以时间（t）为横坐标、吸光度（A）为纵坐标，绘制 A-t 关系曲线，得出显色反应完全所需要的适宜时间。

2. 铁含量测定

1）标准曲线的制作

用移液管吸取 10.00 mL 浓度为 0.1 mg·mL$^{-1}$ 的 Fe 标准溶液于 100 mL 容量瓶中，加入 2 mL 2 mol·L$^{-1}$ HCl，用水稀释至刻度，摇匀，得到浓度为 10 μg·mL$^{-1}$ 的 Fe 标准溶液。

在 6 个 50 mL 容量瓶中分别加入 0.00 mL、2.00 mL、4.00 mL、6.00 mL、8.00 mL、10.00 mL 浓度为 10 $\mu g \cdot mL^{-1}$ 的 Fe 标准溶液，再分别加入 1.00 mL 盐酸羟胺、2.00 mL 邻二氮菲、5 mL 乙酸钠溶液，每加一种试剂后摇匀。最后用水稀释至刻度，摇匀，放置 10 min。以试剂空白（未加铁的溶液）为参比，在所选择的波长下，测量各溶液的吸光度。以含铁量为横坐标、吸光度($A$)为纵坐标，绘制标准曲线。

2) 试样中铁含量的测定

准确移取适量的样品试液于 50 mL 容量瓶中，再加入 1.00 mL 盐酸羟胺、2.00 mL 邻二氮菲、5.00 mL 乙酸钠，用水稀释至刻度，摇匀，放置 10 min 后测量吸光度。根据标准曲线求出试样中的铁含量（$\mu g \cdot mL^{-1}$）。

## 五、实验数据记录与处理

实验结果填入表 2-35～表 2-39。

表 2-35　吸收曲线的绘制

| $\lambda$/nm | 440 | 450 | 460 | 470 | 480 | 490 | 500 | 505 |
|---|---|---|---|---|---|---|---|---|
| $A$ | | | | | | | | |
| $\lambda$/nm | 510 | 515 | 520 | 530 | 540 | 550 | 560 | |
| $A$ | | | | | | | | |

表 2-36　酸度条件的选择

| $V_{NaOH}$/mL | 0 | 2.00 | 5.00 | 10.00 | 15.00 | 20.00 | 30.00 | 35.00 |
|---|---|---|---|---|---|---|---|---|
| $A$ | | | | | | | | |

表 2-37　显色剂用量的选择

| $V_R$/mL | 0.10 | 0.30 | 0.50 | 0.80 | 1.00 | 2.00 | 4.00 | 5.00 |
|---|---|---|---|---|---|---|---|---|
| $A$ | | | | | | | | |

表 2-38　显色时间的选择

| $t$/min | 0 | 5 | 10 | 30 | 60 | 120 | 240 |
|---|---|---|---|---|---|---|---|
| $A$ | | | | | | | |

表 2-39　标准曲线及样品测定数据记录

| 铁浓度/($\mu g \cdot mL^{-1}$) | 0.00 | 2.00 | 4.00 | 6.00 | 8.00 | 10.00 | 未知样铁含量（　　） |
|---|---|---|---|---|---|---|---|
| $A$ | | | | | | | |

## 六、实验注意事项

由于光源的能量分布、光路传输效率以及光电倍增管的灵敏度都随入射光波长而改变，所以绘制吸收曲线时，每变换一个波长都要用参比溶液重新调零（$A=0$）。

### 七、实验思考题

(1) 本实验中邻二氮菲、盐酸羟胺和乙酸钠的作用各是什么？
(2) 配制测试溶液时，各试剂应分别使用何种量器量取？
(3) 能否任意改变各种试剂的加入顺序？
(4) 吸收曲线与标准曲线有什么区别？各有什么实际意义？
(5) 测定吸光度时，为什么要选择参比溶液？选择参比溶液的原则是什么？

## 实验五十 水中微量 Cr(Ⅵ)和 Mn(Ⅶ)的同时测定

### 一、实验目的

掌握利用吸光度的加和性原理测定混合组分含量的方法。

### 二、实验原理

对于在测定波长处吸收光谱重叠的混合组分体系，在一定条件下可利用吸光度的加和性原理同时测定各组分的含量而无需分离。如图 2-8 所示。

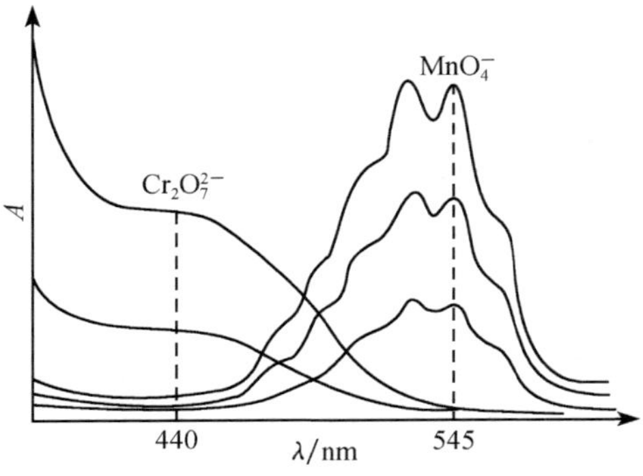

在 $H_2SO_4$ 溶液中，$Cr_2O_7^{2-}$ 和 $MnO_4^-$ 的吸收曲线相互重叠，在某一波长下测得的吸光度为 $Cr_2O_7^{2-}$ 和 $MnO_4^-$ 的吸光度之和。分别在 $Cr_2O_7^{2-}$ 和 $MnO_4^-$ 的最大吸收波长 440 nm 和 545 nm 处测定试液的吸光度，根据光的吸收定律，得联立方程：

$$A_{440}^{总} = \varepsilon_{440}^{Cr} c^{Cr} b + \varepsilon_{440}^{Mn} c^{Mn} b$$
$$A_{545}^{总} = \varepsilon_{545}^{Cr} c^{Cr} b + \varepsilon_{545}^{Mn} c^{Mn} b$$

图 2-8 $Cr_2O_7^{2-}$ 和 $MnO_4^-$ 的吸收曲线

式中：$A$、$\varepsilon$、$c$、$b$ 分别为吸光度、摩尔吸光系数、吸光物质浓度、比色皿厚度。若 $b=1$ cm，由上式得

$$c^{Cr} = \frac{A_{440}^{总}\varepsilon_{545}^{Mn} - A_{545}^{总}\varepsilon_{440}^{Mn}}{\varepsilon_{440}^{Cr}\varepsilon_{545}^{Mn} - \varepsilon_{545}^{Cr}\varepsilon_{440}^{Mn}}$$

$$c^{Mn} = \frac{A_{545}^{总} - \varepsilon_{545}^{Cr} c^{Cr}}{\varepsilon_{545}^{Mn}}$$

式中：摩尔吸光系数 $\varepsilon$ 可分别用已知浓度的 $Cr_2O_7^{2-}$ 和 $MnO_4^-$ 溶液测定获得。

### 三、实验仪器与试剂

1. 仪器

721 型分光光度计、容量瓶(50 mL，3 个)、微量进样器(10 μL 或 50 μL，1 支)。

2. 试剂

(1) $KMnO_4$ 标准溶液($1.0 \times 10^{-3}$ mol·L$^{-1}$，浓度用 $Na_2C_2O_4$ 基准物准确标定)。

(2) $K_2Cr_2O_7$ 标准溶液($4.0 \times 10^{-3}$ mol·L$^{-1}$)。

(3) $H_2SO_4$ 溶液(2 mol·L$^{-1}$)。

### 四、实验步骤

1. 吸光度加和性试验

用吸量管分别吸取 10.00 mL $1.0 \times 10^{-3}$ mol·L$^{-1}$ $KMnO_4$ 和 $4.0 \times 10^{-3}$ mol·L$^{-1}$ $K_2Cr_2O_7$ 标准溶液于两个 50 mL 容量瓶中，各加入 5 mL 2 mol·L$^{-1}$ $H_2SO_4$ 溶液，用水稀释至刻度，摇匀。另外用吸量管分别吸取 10.00 mL $1.0 \times 10^{-3}$ mol·L$^{-1}$ $KMnO_4$ 和 $4.0 \times 10^{-3}$ mol·L$^{-1}$ $K_2Cr_2O_7$ 标准溶液于一个 50 mL 容量瓶中，加入 5 mL 2 mol·L$^{-1}$ $H_2SO_4$ 溶液，用水稀释至刻度，摇匀。以试剂空白为参比，在 400~600 nm 分别测定以上三种溶液的吸光度，每隔 20 nm 测定一次。在同一张坐标纸上以波长为横坐标、吸光度为纵坐标绘制三种溶液的吸收曲线，验证吸光度的加和性。

2. 440 nm 和 545 nm 处 $KMnO_4$ 溶液的摩尔吸光系数测定

(1) 测定 $\varepsilon_{545}^{Mn}$：用吸量管吸取 5.00 mL 2 mol·L$^{-1}$ $H_2SO_4$ 溶液于 50 mL 容量瓶中，用水稀释至刻度，摇匀后，吸取 10.00 mL 于 3 cm 比色皿中，将波长调至 545 nm，以此溶液为参比，调吸光度为"0"。然后用微量进样器取 10 μL $1.0 \times 10^{-3}$ mol·L$^{-1}$ $KMnO_4$ 标准溶液于此比色皿中，用玻棒搅拌均匀后，测定吸光度。再用同样方法累加 $1.0 \times 10^{-3}$ mol·L$^{-1}$ $KMnO_4$ 标准溶液于此比色皿中，每次 10 μL，并测定吸光度。以比色皿中的 $KMnO_4$ 浓度为横坐标、相应的吸光度为纵坐标绘制标准曲线，求出 $\varepsilon_{545}^{Mn}$。

(2) 测定 $\varepsilon_{440}^{Mn}$：将波长调至 440 nm 进行测定，其余操作步骤同 2(1)。

3. 440 nm 和 545 nm 处 $K_2Cr_2O_7$ 溶液的摩尔吸光系数测定

(1) 测定 $\varepsilon_{545}^{Cr}$：将 $1.0 \times 10^{-3}$ mol·L$^{-1}$ $KMnO_4$ 溶液改为 $4.0 \times 10^{-3}$ mol·L$^{-1}$ $K_2Cr_2O_7$ 溶液进行测定，方法同 2(1)。

(2) 测定 $\varepsilon_{440}^{Cr}$：将入射光波长调至 440 nm 进行测定，方法同 3(1)。

4. 测定未知液中的 $Cr_2O_7^{2-}$ 和 $MnO_4^-$ 含量

用吸量管吸取 5.00 mL 2 mol·L$^{-1}$ $H_2SO_4$ 溶液于 50 mL 容量瓶中，用水稀释至刻度，摇匀后，倒出一部分溶液至 3 cm 比色皿中用作参比溶液，另取 10.00 mL 至 3 cm 比色皿中，然后用微量进样器取 10 μL 未知液于该比色皿中，搅拌均匀，分别测定 440 nm 和 545 nm 处的吸光度。

根据 $A_{440}$、$A_{545}$、$\varepsilon_{545}^{Mn}$、$\varepsilon_{440}^{Mn}$、$\varepsilon_{545}^{Cr}$ 和 $\varepsilon_{440}^{Cr}$ 计算未知试液中 $Cr_2O_7^{2-}$ 和 $MnO_4^-$ 的含量。

## 五、实验数据记录与处理

实验结果填入表 2-40～表 2-42。

**表 2-40 吸光度加和性试验数据记录**

| $\lambda$/nm | 吸光度 | $KMnO_4$ 溶液 | $K_2Cr_2O_7$ 溶液 | $KMnO_4 + K_2Cr_2O_7$ |
|---|---|---|---|---|
| 600 | | | | |
| 580 | | | | |
| 560 | | | | |
| 540 | | | | |
| 520 | | | | |
| 500 | | | | |
| 480 | | | | |
| 460 | | | | |
| 440 | | | | |
| 420 | | | | |
| 400 | | | | |

**表 2-41 $KMnO_4$ 和 $K_2Cr_2O_7$ 摩尔吸光系数测定数据记录**

| $KMnO_4$ | | | $K_2Cr_2O_7$ | | |
|---|---|---|---|---|---|
| $KMnO_4$ 浓度 /(mol·L$^{-1}$) | A | | $K_2Cr_2O_7$ 浓度 /(mol·L$^{-1}$) | A | |
| | 440 nm | 545 nm | | 440 nm | 545 nm |
| | | | | | |
| | | | | | |
| | | | | | |
| | | | | | |

**表 2-42 样品测定数据记录**

| $\lambda$/nm | 440 | 545 |
|---|---|---|
| A | | |
| $Cr_2O_7^{2-}$ 浓度/(mol·L$^{-1}$) | | |
| $MnO_4^-$ 浓度/(mol·L$^{-1}$) | | |

## 六、实验思考题

(1) 某溶液中含有 $X$、$Y$、$Z$ 三种吸光成分,在 $\lambda_X$、$\lambda_Y$、$\lambda_Z$ 处各有一最大吸收峰,如欲采用吸光度加和法测定各组分的含量,通过实验需要获得哪些参数?

(2) 为什么采用累加法测定 $KMnO_4$ 和 $K_2Cr_2O_7$ 的摩尔吸光系数?

## 实验五十一　水中氨态氮和亚硝酸态氮的测定

### 一、实验目的

（1）学习水中氨态氮和亚硝酸态氮的联合测定方法。
（2）熟练掌握分光光度计的使用方法。

### 二、实验原理

水体中氨态氮和亚硝态氮的相对含量在一定程度上可以反映含氮有机物污染时间的长短，是环境监测的例行分析项目。在 pH≈2 的溶液中，亚硝酸与磺胺反应生成重氮化物，反应式如下：

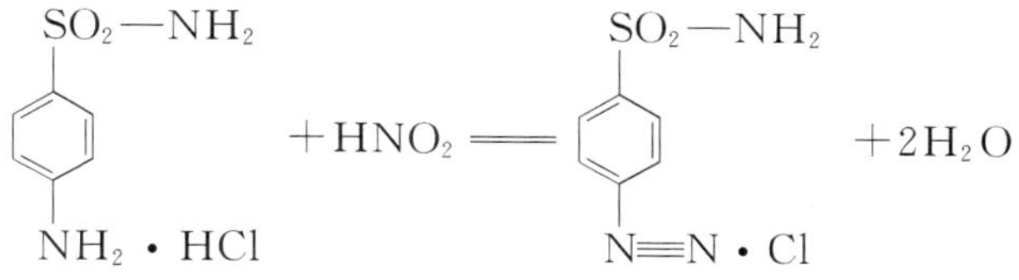

重氮化物再与萘乙二胺反应生成紫红色的偶氮染料，反应式如下：

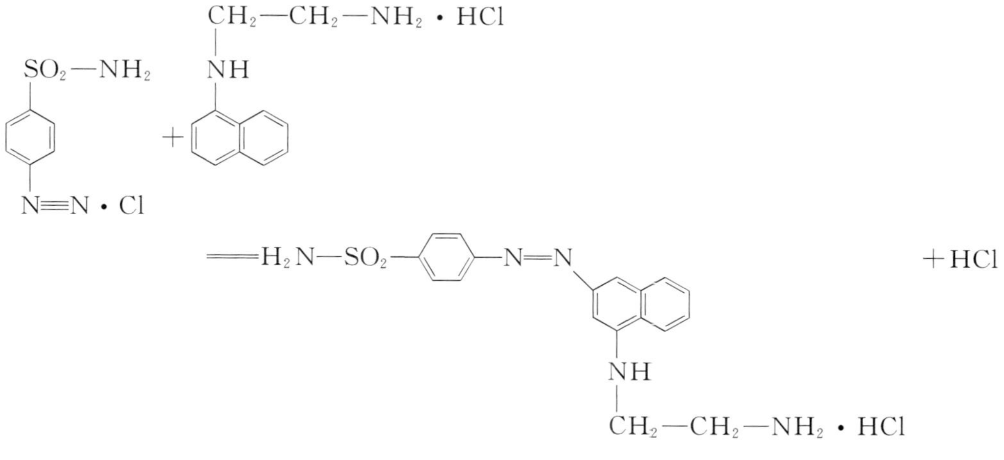

该偶氮染料的最大吸收波长为 543 nm，摩尔吸光系数约为 $5×10^4$ L·mol$^{-1}$·cm$^{-1}$。亚硝酸态氮的浓度可通过测定该偶氮染料的吸光度获得。

氨态氮需要在碱性溶液中用次溴酸盐将氨氧化为亚硝酸盐后，再用上述方法进行测定。氨态氮的氧化反应式如下：

$$3BrO^- + NH_3 + OH^- = NO_2^- + 3Br^- + 2H_2O$$

如果水样中含有亚硝酸根，这时测得的是氨态氮和亚硝酸态氮的总量。从总量中减去亚硝酸态氮的含量即可求得氨态氮的含量。

## 三、实验仪器与试剂

1. 仪器

721 型分光光度计、吸量管(5 mL)、移液管(10 mL)、酸式滴定管、碱式滴定管、容量瓶(25 mL)。

2. 试剂

(1) 无氨的水:取新制备的二次水置于细口瓶中,加入少量强酸性阳离子交换树脂($10\ \text{g}\cdot\text{L}^{-1}$),摇动,静置,使树脂下降。

(2) HCl 溶液($6\ \text{mol}\cdot\text{L}^{-1}$,用无氨的水配制)。

(3) NaOH 溶液($10\ \text{mol}\cdot\text{L}^{-1}$):用无氨的水配制,安装碱石灰管。

(4) 磺胺溶液(1.0%):称取 10 g 磺胺,溶于 1 L 浓度为 $1.0\ \text{mol}\cdot\text{L}^{-1}$ 的 HCl 溶液中,转入棕色细口瓶中存放。

(5) 萘乙二胺盐酸溶液(0.20%):称取 2.0 g N-1-萘乙二胺盐酸盐,溶于 1 L 水中,转入棕色细口瓶中存放(在冰箱中冷藏可稳定 1 个月)。

(6) KBr-$KBrO_3$ 溶液:称取 1.4 g $KBrO_3$ 和 10 g KBr,溶于 500 mL 无氨的水中,转入棕色细口瓶中保存(在冰箱中冷藏可稳定半年)。

(7) 次溴酸盐溶液:量取 20 mL KBr-$KBrO_3$ 溶液置于棕色细口瓶中,加入 450 mL 无氨的水和 30 mL $6\ \text{mol}\cdot\text{L}^{-1}$ 的 HCl 溶液,立即盖好瓶塞,摇匀,放置 5 min,再加入 500 mL $10\ \text{mol}\cdot\text{L}^{-1}$ 的 NaOH 溶液,放置 30 min 后即可使用,此溶液 10 h 内有效。

(8) 氨态氮储备液($0.200\ \text{mg}\cdot\text{mL}^{-1}$):称取 0.382 g $NH_4Cl$(已在 105 ℃ 干燥 2 h),用无氨的水溶解后定容于 500 mL 容量瓶中。

(9) 氨态氮工作液($0.500\ \mu\text{g}\cdot\text{mL}^{-1}$):量取 5.00 mL 储备液于 2 L 容量瓶中,用无氨的水定容。此溶液一周内有效。

(10) 亚硝酸态氮储备液($0.200\ \text{mg}\cdot\text{L}^{-1}$):称取 0.493 g $NaNO_2$(已在 105 ℃ 干燥 2 h),溶于水后在 500 mL 容量瓶中定容。

(11) 亚硝酸态氮工作液($1.00\ \mu\text{g}\cdot\text{mL}^{-1}$):量取 10.00 mL 储备液于 2 L 容量瓶中,加水定容。此溶液一周内有效。

## 四、实验步骤

1. 氨态氮标准曲线的制作

在 7 个 25 mL 容量瓶中,用吸量管分别加入 0.00 mL、0.00 mL、1.00 mL、2.00 mL、3.00 mL、4.00 mL、5.00 mL 氨态氮工作液,用无氨的水稀释至 10 mL,再各加入 2.0 mL 次溴酸盐溶液,混匀后放置 30 min。各加 1.0 mL 磺胺溶液及 1.5 mL HCl 溶液,混匀后放置 5 min。各加 1.0 mL 萘乙二胺溶液,用水稀释至刻度,摇匀,放置 15 min。以蒸馏水为参比,在 540 nm 波长处测定各溶液的吸光度。然后算出两份空白溶液吸光度的平均值,从各标准溶液的吸光度中扣除空白,绘制标准曲线。

## 2. 亚硝酸态氮标准曲线的制作

在 7 个 25 mL 容量瓶中，用吸量管分别加入 0.00 mL、0.00 mL、1.00 mL、2.00 mL、3.00 mL、4.00 mL、5.00 mL 亚硝酸态氮工作液，各加 1.0 mL 磺胺溶液及 1.5 mL HCl 溶液，混匀后放置 5 min。再各加 1.0 mL 萘乙二胺溶液，用水稀释至刻度，摇匀，放置 15 min。以蒸馏水为参比，在 540 nm 波长处测定各溶液的吸光度。然后算出两份空白溶液吸光度的平均值，从各标准溶液的吸光度中扣除空白，绘制标准曲线。

## 3. 水样的测定

（1）亚硝酸态氮的测定：在 2 个 25 mL 容量瓶中，各加入 10.00 mL 水样和 1.0 mL 磺胺溶液，混匀后放置 5 min。再各加 1.0 mL 萘乙二胺溶液，用水稀释至刻度，摇匀，放置 15 min。以蒸馏水为参比，在 540 nm 波长处测量各溶液的吸光度。两份水样吸光度的平均值减去试剂空白溶液吸光度的平均值，即得到水样中亚硝酸根的吸光度。利用标准曲线求出水样中亚硝酸态氮的含量，以 $mg \cdot L^{-1}$ 表示。

（2）氨态氮的测定：在 2 个 25 mL 容量瓶中，各加入 10.00 mL 水样及 2.0 mL 次溴酸盐溶液，以下操作与氨态氮标准曲线的制作相同。所得两份水样的吸光度平均值减去试剂空白溶液吸光度的平均值，即得到水样中氨态氮和亚硝酸态氮的总量，以 $mg \cdot L^{-1}$ 表示。由总氮量减去水样中原有亚硝酸态氮含量，即得到氨态氮的含量（$mg \cdot L^{-1}$）。

## 五、实验数据记录与处理

实验结果填入表 2-43 和表 2-44。

表 2-43 氨态氮测定数据记录

| 标准曲线 | | 样品测定 | |
| --- | --- | --- | --- |
| 氨态氮含量/($\mu g \cdot mL^{-1}$) | $A$ | $A$ | 氨态氮含量/($\mu g \cdot mL^{-1}$) |
| | | | |

表 2-44 亚硝酸态氮测定数据记录

| 标准曲线 | | 样品测定 | |
| --- | --- | --- | --- |
| 亚硝酸态氮含量/($\mu g \cdot mL^{-1}$) | $A$ | $A$ | 亚硝酸态氮含量/($\mu g \cdot mL^{-1}$) |
| | | | |

## 六、实验注意事项

为了控制显色反应在 pH=1.8±0.3 的酸度下进行，实验中有关试剂的用量必须严格控制。

## 七、实验思考题

(1) 用含氨的水配制试剂，对测定结果有什么影响？

(2) 实验中氨态氮和亚硝酸态氮的测定为什么必须同时进行？

(3) 如果天然水样稍有混浊或稍有颜色，对测定结果有无影响？若有影响，应当如何克服？

# 实验五十二　柱色谱分离荧光黄和碱性湖蓝BB

## 一、实验目的

(1) 学习柱色谱分离法的基本原理与实验操作。

(2) 了解洗脱剂选择的一般原则。

(3) 练习柱色谱装柱、上样、洗脱、收集等实验操作。

## 二、实验原理

吸附柱色谱是将待分离的混合物溶液流过装入柱中的固定相(又称为吸附剂)，各组分即吸附在柱的上端，再从柱顶加入流动相(又称为洗脱剂)冲洗，由于固定相对混合物中各组分的吸附能力不同以及各组分在洗脱剂中的溶解性能不同，不同的物质将以不同的速度沿柱下移，吸附能力弱、解吸速度快的组分先被洗脱下来，吸附能力强、解吸速度慢的组分后被洗脱下来，使各组分得以分离，从而形成有色物的若干色带。借助相应的鉴别手段，可分别收集各相对较纯的组分。

荧光黄为橙红色，商品一般是其二钠盐，其稀的水溶液带有荧光黄色。碱性湖蓝BB 又称为亚甲基蓝，为深绿色有铜光的结晶，其稀的水溶液为蓝色。结构式如下：

荧光黄　　　　　碱性湖蓝BB

## 三、实验仪器与试剂

1. 仪器

酸式滴定管(25 mL)、锥形瓶(25 mL)若干。

2. 试剂

（1）中性氧化铝（100~200 目）。

（2）荧光黄和碱性湖蓝 BB 混合液：1 mg 荧光黄、1 mg 碱性湖蓝 BB 溶于 1 mL 95% 乙醇溶液中。

## 四、实验步骤

取一根 15 cm×1.5 cm 色谱柱或用一支 25 mL 酸式滴定管作色谱柱，垂直装置，以 25 mL 锥形瓶作洗脱液的接收器。

用镊子取少量脱脂棉（或玻璃棉）放于干净的色谱柱底部，轻轻塞紧，再在脱脂棉上盖一层 0.5 cm 厚的石英砂（或用一张比柱内径略小的滤纸代替），关闭活塞，向柱中倒入 95% 乙醇至约为柱高的 3/4 处，打开活塞，控制流出速度为每秒 1 滴。通过一干燥的玻璃漏斗慢慢加入色谱用中性氧化铝，或将 95% 乙醇与中性氧化铝先调成糊状，再慢慢倒入柱中。用木棒或带橡皮的玻璃棒轻轻敲打柱身下部，使填装紧密，当装柱至 3/4 时，再在上面加一层 0.5 cm 厚的石英砂。操作时一直保持上述流速，注意不能使液面低于砂子的上层。

当溶剂液面刚好流至石英砂面时，立即沿柱壁加入 1 mL 已配好的含有 1 mg 荧光黄与 1 mg 碱性湖蓝 BB 的 95% 乙醇溶液，当此溶液流至接近石英砂面时，立即用 0.5 mL 95% 乙醇溶液洗下管壁的有色物质，如此连续两三次，直至洗净为止。然后在色谱柱上装置滴液漏斗，用 95% 乙醇作洗脱剂进行洗脱，控制流出速度如前。蓝色的碱性湖蓝 BB 因极性小，首先向柱下移动，极性较大的荧光黄则留在柱的上端。当蓝色的色带快洗出时，更换另一接收器，继续洗脱，至滴出液近无色为止，再换一接收器。改用水作洗脱剂至黄绿色的荧光黄开始滴出，用另一接收器收集至绿色全部洗出为止，分别得到两种染料的溶液。

## 五、实验数据记录与处理

记录两种有机染料的流出时间，并讨论各组分流出时间的影响因素。

## 六、实验注意事项

（1）色谱柱的大小取决于被分离物的量和吸附性。一般的规格是：柱的直径为其长度的 1/10~1/4，实验室中常用的色谱柱，其直径在 0.5~10 cm。当吸附物的色带占吸附剂高度的 1/10~1/4 时，此色谱柱已经可做色谱分离了。色谱柱或酸式滴定管的活塞不应涂润滑脂。

（2）色谱柱填装紧密与否对分离效果很有影响。若柱中留有气泡或各部分松紧不匀（更不能有断层或暗沟）时，会影响渗滤速度和显色的均匀。但如果填装时过分敲击，又会因太紧密而流速太慢。

（3）加入石英砂的目的是在加料时不致把吸附剂冲起，影响分离效果。若无石英砂，也可用玻璃棉或剪成比柱子内径略小的滤纸压在吸附剂上面。

（4）为了保持色谱的均一性，整个吸附剂应浸泡在溶剂或溶液中，否则当柱中溶剂或溶液流干时，就会使柱身干裂，影响渗滤和显色的均一性。

（5）最好用移液管或滴管将待分离的溶液转移至柱中。

（6）如不装置滴液漏斗,也可用每次倒入 10 mL 洗脱剂的方法进行洗脱。

（7）若流速太慢,可将接收器改成小吸滤瓶,安装合适的塞子,接上水泵,用水泵减压保持适当的流速。也可在柱子上端安一导气管,后者与气袋或双链球相连,中间加一螺旋夹。利用气袋或双链球的气压对柱子施加压力。用螺旋夹调节气流的大小,这样可加快洗脱的速度。

（8）洗脱剂使用次序不能颠倒!

### 七、实验思考题

（1）柱色谱中为什么极性大的组分要用极性较大的溶剂洗脱?

（2）柱中若留有空气或填装不匀,对分离效果有什么影响?如何避免?

（3）为什么荧光黄比碱性湖蓝 BB 在色谱柱上吸附得更加牢固?

## 附 1  柱色谱分离有机染料（微型实验）

**实验步骤**

取一根 10 cm×1 cm 色谱柱,将少量脱脂棉放入层析柱底部轻轻塞好,关闭活塞,然后将层析柱垂直于实验台面固定在铁架台上。称取 0.4 g 微晶纤维素粉置于洁净烧杯中,加入 3～4 mL 95％乙醇,浸泡 2～3 min,边搅拌边装入层析柱中,粘在烧杯壁和层析柱上部的微晶纤维素粉可用少量乙醇冲洗下去。待微晶纤维素粉在柱内有一定沉积高度（约 1 cm）时,打开活塞,并控制液体流速约为每秒 1 滴,使柱内的固定相得均匀,松紧适当。

当色谱柱中的洗脱剂液面下降至与固定相平面相切时,立即小心加入靛红（靛蓝胭脂红,又名酸性靛蓝,为深蓝色粉末,有铜样光泽）和罗丹明 B（绿色结晶或红紫色粉末,其水溶液为蓝红色,醇溶液有红色荧光）混合液 2～3 滴（滴加前应充分摇匀）。再少量多次地加入 95％乙醇,进行洗脱。待有一种染料完全被洗脱下来时,再将洗脱剂改换为水继续洗脱。待第二种染料全部被洗脱下来,即分离完全,可停止洗脱。两种染料分别收集于不同的烧杯中。注意洗脱过程中,应不断添加 95％乙醇,始终保持洗脱剂液面覆盖着固定相。

## 附 2  离子交换树脂层析分离混合氨基酸

**实验原理**

离子交换树脂是一种合成的高分子聚物,不溶于水,能吸水膨胀。该高聚物分子由能电离的极性基团及非极性的树脂组成,其中,极性基团上的离子能与溶液中的离子起交换作用,而非极性的树脂本身物性不变。通常按离子交换树脂所带的基团性质不同而分为强酸、弱酸、强碱和弱碱型等。

离子交换树脂分离主要用于氨基酸、腺苷、腺苷酸等小分子物质。但蛋白质等生物大分子不能扩散到树脂的链状结构中,而不能够得到分离。所以,对于生物大分子,可选用以多糖聚合物如纤维素、葡聚糖为载体的离子交换剂进行分离。

本实验用磺酸阳离子交换树脂分离酸性氨基酸（如天冬氨酸）、中性氨基酸（如丙氨酸）和碱性氨基酸（如赖氨酸）的混合液。在特定的 pH 条件下,它们解吸程度不同,通过改变洗脱液的 pH 或离子强度可分别洗脱分离。

**实验步骤**

取约 10 g 磺酸阳离子交换树脂(Dowex 50)于 100 mL 烧杯中,加 25 mL 12 mol·L$^{-1}$ HCl 搅拌 2 h,倾弃酸液,用蒸馏水充分洗涤树脂至中性。加 25 mL 12 mol·L$^{-1}$ NaOH 至上述树脂中搅拌 2 h,倾弃碱液,用蒸馏水洗涤至中性。将树脂悬浮于 50 mL pH=4.2 柠檬酸缓冲液中备用。

取直径 0.8~1.2 cm、长度为 10~12 cm 的层析柱,底部垫玻璃棉或海绵圆垫,自顶部注入处理过的上述树脂悬浮液,关闭层析柱出口,待树脂沉降后,放出过量的溶液,再加入一些树脂,至树脂沉积至 8~10 cm 高度即可。于柱子顶部继续加入 pH=4.2 柠檬酸缓冲液洗涤,使流出液 pH 为 4.2 为止,关闭柱子出口,保持液面高出树脂表面 1 cm 左右。

打开出口使缓冲液流出,待液面几乎平齐树脂表面时关闭出口(不可使树脂表面干掉)。用长滴管将 15 滴氨基酸混合液(丙氨酸、天冬氨酸、赖氨酸各 10 mL,加 3 mL 0.1 mol·L$^{-1}$ HCl)仔细直接加到树脂顶部,打开出口使其缓慢流入柱内。当液面刚平树脂表面时,加入 3 mL 0.1 mol·L$^{-1}$ HCl,以 10~12 滴·min$^{-1}$ 的流速洗脱,收集洗脱液,每管 20 滴,逐管收存。当 HCl 液面刚平树脂表面时,用 1 mL pH=4.2 柠檬酸缓冲液冲洗柱壁一次,然后用 2 mL pH=4.2 柠檬酸缓冲液洗脱,保持流速 10~12 滴·min$^{-1}$,并注意勿使树脂表面干燥。

在收集洗脱液的过程中,逐管用 0.2% 茚三酮溶液检验氨基酸的洗脱情况,方法是:于各管洗脱液中加 10 滴 pH=5 乙酸缓冲液和 10 滴中性茚三酮溶液,沸水浴中煮 10 min,如溶液显紫蓝色,表示已有氨基酸洗脱下来。显色的深度可代表洗脱的氨基酸浓度,可比色测定。

用 pH=4.2 柠檬酸缓冲液把第二个氨基酸洗脱出来之后,再收集两管茚三酮反应阴性部分,关闭层析柱出口,将树脂顶部剩余的 pH=4.2 柠檬酸缓冲液移去。

于树脂顶部加入 2 mL 0.1 mol·L$^{-1}$ NaOH,打开出口使其缓慢流入柱内,按上面操作继续用 0.1 mol·L$^{-1}$ NaOH 洗脱并逐管收集(注意仍然保持流速 10~12 滴·min$^{-1}$),每管 20 滴。做洗脱液中氨基酸检验,在第三个氨基酸用 0.1 mol·L$^{-1}$ NaOH 洗脱下来以后,再继续收集两管茚三酮反应阴性的部分。

最后以洗脱液管号为横坐标、洗脱液各管光密度(以水作空白,在 570 nm 波长读取吸光度)或颜色深浅(以 -,±,+,++,… 表示)为纵坐标作图,即可画出一条洗脱曲线。

# 实验五十三  纸色谱法分离氨基酸

## 一、实验目的

(1) 掌握纸层析法的实验原理和操作技术。
(2) 掌握根据比移值鉴别未知组分的色谱定性分析方法。

## 二、实验原理

纸色谱法(又称纸层析法)是以层析纸作为支持体的平板色谱分离方法。它以层析纸上的吸湿水分作为固定相,展开剂(有机溶剂)为流动相对混合物进行分离。采用上行法时,流动相由于毛细管作用自下而上地移动,混合物中各组分因吸附系数或分配系数不同,或因其他亲和作用性能的差异随流动相移动的速度不同,在层析纸上形成距离原点不等的层析斑点,从而得到分离。

层析斑点的位置可用比移值 $R_f$ 表示,$R_f$ 值按下式计算:

$$R_f = \frac{\text{原点中心到展开后的斑点中心的距离 } a}{\text{原点中心到溶剂前沿的距离 } b}$$

$R_f$ 的取值范围为 0~1,$R_f$ 值为 1 时,表示组分随溶剂前沿等速上移;$R_f$ 值为 0 时,表示组分留在原点未被展开。

$R_f$ 是在一定条件下某物质的化学特征量,因此,可根据 $R_f$ 值鉴别试样中的各组分。影响 $R_f$ 的因素较多,主要是展开剂、层析纸质量、温度等实验条件。因此,进行定性鉴定时,应用各组分相应的标准样品同时做对照实验。

本实验对三组分的氨基酸混合物进行分离和鉴定。

氨基酸无色,展开分离后,斑点不能显现,因而需要利用它们与茚三酮的反应使斑点显色后,方可定位。显色反应机理如下:

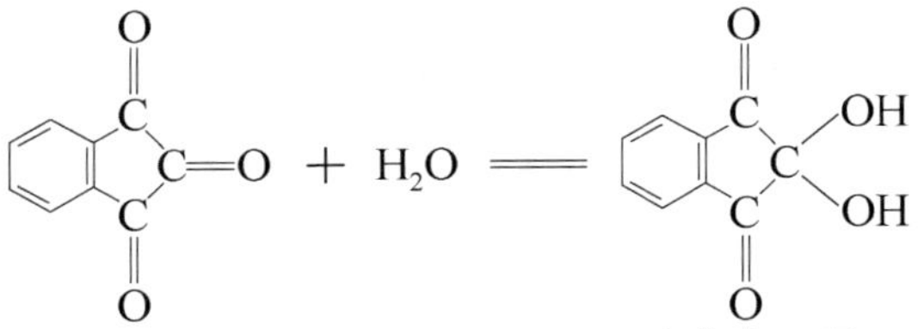

$$\text{茚三酮} + H_2O \rightleftharpoons \text{水化茚三酮}$$

氨基酸被水化茚三酮氧化,分解出醛、氨、二氧化碳,而水化茚三酮本身则被还原为还原茚三酮,反应式如下:

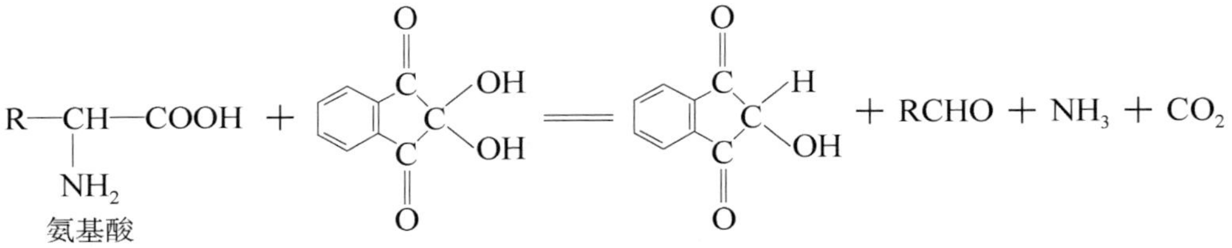

$$R-\underset{NH_2}{\underset{|}{CH}}-COOH + \text{水化茚三酮} \rightleftharpoons \text{还原茚三酮} + RCHO + NH_3 + CO_2$$

与此同时,还原茚三酮和 $NH_3$、茚三酮缩合成新的有色化合物而使斑点显色,反应式如下:

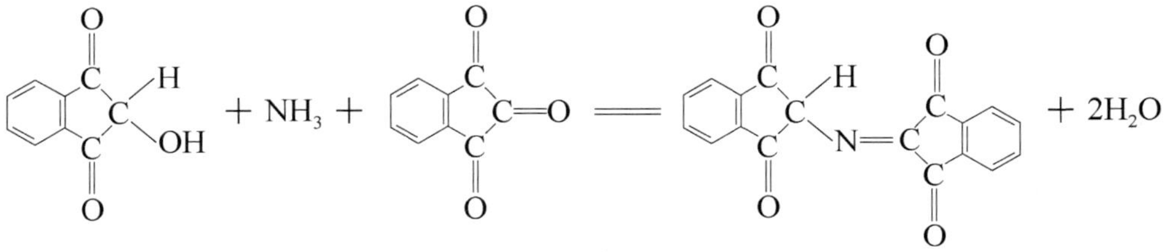

$$\text{还原茚三酮} + NH_3 + \text{茚三酮} \rightleftharpoons \text{有色化合物} + 2H_2O$$

## 三、实验仪器与试剂

1. 仪器

(1) 15 cm($\Phi$)×30 cm($h$)的玻璃层析筒。

(2) 9.8 cm×24 cm 的层析纸(纸条)(也可用大张定性滤纸代替)。

(3) 直径 1 mm 左右的毛细管(自制或市场购买)。

(4) 喷雾器。

2. 试剂

(1) 展开剂:正丁醇:甲酸(80%~88%):水 = 60:12:8,每组配 80 mL。

(2) 氨基酸标准溶液(2 g·L$^{-1}$):将异亮氨酸、赖氨酸和谷氨酸分别配成 2 g·L$^{-1}$ 的水溶液。

(3) 茚三酮乙醇溶液(1 g·L$^{-1}$)。

(4) 亮氨酸、赖氨酸和谷氨酸混合试液:将三种氨基酸等量混合制得。

## 四、实验步骤

### 1. 点样

在纸条下端 2.5 cm 处用铅笔画一水平线,在线上画出 1、2、3、4 号四个点。用毛细管将三种氨基酸标准溶液分别在 1、2、3 号位置点出直径约 2 mm 的扩散原点,4 号位置点出混合试液原点,如图 2-9 所示。图中还示意出三个组分的分离、显色斑点和溶剂前沿(注意:皮肤分泌有氨基酸,不要用手指直接接触纸条)。

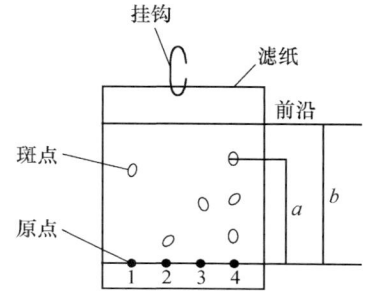

图 2-9  纸条点样和展开后示意图

### 2. 展开分离

将点好样的层析纸晾干后用挂钩挂在层析筒盖上,放入已盛有 80 mL 展开剂的层析筒中,使滤纸下端的空白部分浸入展开剂中约 0.5 cm,开始进行展开。当展开剂前沿上升至 20 cm 左右时,取出层析纸,画出溶剂前沿,记下展开停止时间。将层析纸晾干或烘干。

### 3. 显色

展开剂晾干或烘干后,用喷雾器在层析纸上均匀喷上 1 g·L$^{-1}$ 茚三酮溶液,放入 100℃ 烘箱中烘 3~5 min,层析纸干后,即可显出红色的层析斑点。

### 4. 鉴定

用直尺量出各组分的 $a$、$b$ 值,计算 $R_f$ 和相邻斑点的 $\Delta R_f$。比较氨基酸标准溶液和混合试液中有关组分的 $R_f$,讨论 $R_f$ 和 $\Delta R_f$ 在色谱分离和鉴定中意义。

## 五、实验数据记录与处理

实验结果填入表 2-45。

表 2-45  氨基酸标准样品及混合样品比移值测定数据记录

| | 氨基酸标准样品的比移值 | | | 混合样品测定 | | |
|---|---|---|---|---|---|---|
| | 亮氨酸 | 赖氨酸 | 谷氨酸 | 斑点 1 | 斑点 2 | 斑点 3 |
| $a$/cm | | | | | | |
| $b$/cm | | | | | | |
| $R_f$ | | | | | | |

## 六、实验注意事项

（1）纸色谱的展开方法有上行法、下行法、双向层析等。

（2）纸条应挂得平直，原点应离开液面，纸条应与展开剂接触。

## 七、实验思考题

（1）为什么在纸色谱法中要采用标准品对照鉴别？

（2）试讨论氨基酸的结构与 $R_f$ 的关系。

# 实验五十四　薄层色谱法鉴定镇痛药 APC 的组分

## 一、实验目的

（1）学习薄层色谱法的基本原理和实验方法。

（2）掌握薄层板的铺制方法。

（3）熟悉 $R_f$ 值及分离度的计算方法和意义。

（4）了解薄层色谱法在混合物的分离、鉴定及含量测定中的应用。

## 二、实验原理

薄层色谱法（thin layer chromatography，TLC）是快速分离和定性分析少量物质的一种很重要的实验技术。TLC 是利用均匀附载于玻璃板的吸附剂对样品溶液中的不同组分吸附力不同，以及不同组分在展开剂中的溶解能力不同而进行混合物分离的色谱分析方法。在薄层色谱中，可采用不同的鉴定手段，如显色分析、荧光扫描等鉴别不同物质，也可用此法进行小批量地分离提纯。

APC 又称复方阿司匹林片，是一种常用的解热镇痛药。该药物通常是几种药物的混合物，含阿司匹林（具有镇痛、消炎、解热作用）、非那西汀（口服后分解出对乙酰氨基酚，同样具有解热、镇痛作用）、咖啡因和其他成分。

本实验是利用薄层色谱法鉴定 APC 药片的有效成分。

## 三、实验仪器与试剂

1. 仪器

层析缸（250 mL 广口瓶）、烧杯（50 mL）、载玻片、硅胶 G、毛细管。

2. 试剂

羧甲基纤维素钠、阿司匹林的乙醇溶液（2%）、咖啡因的乙醇溶液（2%）、乙醇（95%）、1,2-二氯乙烷-乙酸（12∶1）、碘、APC 镇痛药片。

**四、实验步骤**

1. 薄层板的制备

取 5 片 75 cm×25 cm 载玻片,洗净晾干。在 50 mL 烧杯中放置 3 g 硅胶 G,逐渐加入 8 mL 0.5%羧甲基纤维素钠(CMC)水溶液,调成均匀的糊状,用滴管吸取此糊状物,并不时转动方向,制成薄层均匀、表面光洁平整的薄层板,涂好硅胶 G 的薄层板置于水平的玻璃板上,在室温放置 0.5 h 后,放入烘箱中,缓慢升温至 110℃,恒温 0.5 h,取出,稍冷后置于干燥器中备用。

2. 样品液的制备

将一片镇痛药 APC 药片用不锈钢勺研成粉状,用一小玻璃丝或棉球塞住一支滴管的细口,将粉状 APC 转入其中使堆成柱状,用另一支滴管从上口加入 5 mL 95%乙醇通过柱状的镇痛药粉,萃取液收集于小试管中。

3. 点样

取两块薄层板,分别在距一端 1 cm 处用铅笔轻轻画一横线为起始线。用毛细管在一块板的起始线上点药品萃取液和 2%阿司匹林乙醇溶液两个样点;在第二块板的起始线上点药品萃取液和 2%咖啡因乙醇溶液两个样点。样点间相距 1~1.5 cm,如果样点颜色较浅,可重复点样,但必须待前次样点干燥后进行,点样原点不宜过大,控制直径在 2 mm 内。

4. 展开

待样点干燥后,小心放入已加入 1,2-二氯乙烷-乙酸展开剂(12∶1)的 250 mL 广口瓶中进行展开,瓶的内壁贴一张高 5 cm、环绕周长约 4/5 的滤纸,下端浸入展开剂内 0.5 cm,盖好瓶塞,观察展开剂前沿上升至离板的上端约 1 cm 取出,立即用铅笔标记展开剂上升的前沿。

5. 鉴定

将烘干的薄层板放入 254 nm 紫外分析仪中照射显色,可清晰地看到展开得到的粉红色亮点,说明 APC 药片中三种主要成分都是荧光物质。用铅笔绕亮点作出记号,求出每个点的 $R_f$ 值,并将未知物与标准样品比较。下面给出了镇痛药常见组分在给定条件下参考的 $R_f$ 值,如测定值和参考值误差在±20%以下,即可肯定为同一化合物。如误差超过 20%,则需重新点样,并适当增加展开剂中乙酸的比例。

在完成薄层板的分析之后,将层析板置于放有几粒碘结晶的广口瓶内,盖上瓶盖,直至暗棕色的斑点明显时取出,并与先前在紫外分析仪中用铅笔作出的记号进行比较。

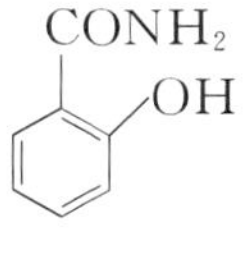

水杨酰胺($R_f$=0.46) 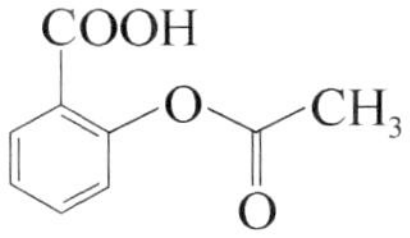　　阿司匹林($R_f$=0.26) 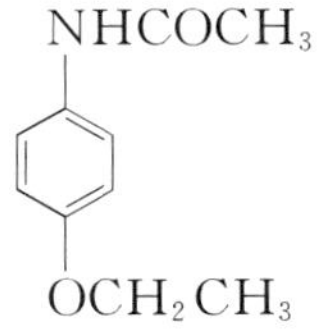　　非那西汀($R_f$=0.25)

咖啡因($R_f=0.17$)    扑热息痛($R_f=0.06$)

### 五、实验数据记录与处理

实验结果填入表 2-46。

**表 2-46  标准样品及混合样品比移值测定数据记录**

| | 标准样品的比移值 | | | 混合样品测定 | | |
|---|---|---|---|---|---|---|
| | 阿司匹林 | 咖啡因 | | 斑点1 | 斑点2 | 斑点3 |
| $a$/cm | | | | | | |
| $b$/cm | | | | | | |
| $R_f$ | | | | | | |

### 六、实验注意事项

（1）制板时要求薄层平滑均匀、厚度应适中、无斑点或划痕。为此，宜将吸附剂调到稍稀，尤其是制硅胶板时更是如此。如果吸附剂调得很稀，就很难做到均匀。另一个制板的方法是：在一块较大的玻璃板上放置两块 3 mm 厚的长条玻璃板，中间夹一块 2 mm 厚的薄层用载玻片，倒上调好的吸附剂，用宽于载玻片的刀片或油灰刮刀顺一个方向刮去。倒料多少要合适，以便一次刮成。

（2）点样用的毛细管必须专用，不得弄混。点样时，使毛细管液面刚好接触到薄层即可，切勿点样过重而使薄层破坏。点样量不宜太多（1～2 μL 即可），否则会因拖尾分离不好。点样位置应控制好，不宜太低，不宜太靠边缘，大约离下端 1 cm 处。

（3）薄层色谱展开剂的选择主要根据样品的极性、溶解度和吸附剂的活性等因素综合考虑。溶剂的极性越大，则对化合物的洗脱力越大，即 $R_f$ 值也越大。如发现样品各组分 $R_f$ 值较大，可考虑换用一种极性较小的溶剂，或在原来的溶剂中加入适量极性较小的溶剂展开，如原用氯仿为展开剂，则可加入适量的苯。相反，如原用展开剂使样品各组分的 $R_f$ 值较小，则可加入适量极性较大的溶剂，如氯仿中加入适量的乙醇试行展开，以达到分离的目的。

（4）薄层板活化后，不应从热烘箱中立即取出，以免吸潮而降低活性。应该让其在烘箱中慢慢冷却至室温再取出，或放入干燥器中备用。

（5）层析缸必须密闭，否则溶剂挥发，改变展开剂比例，影响分离效果。

（6）展开剂用量不宜过多，否则溶剂移行速度快，分离效果受影响，但也不可过少，以免分析时间过长，一般只需满足薄层板浸入 0.3～0.5 cm 的用量即可。

（7）最好提前一周制板晾干备用。

## 七、实验思考题

(1) 在一定的操作条件下为什么可利用 $R_f$ 值来鉴定化合物？
(2) 在混合物薄层谱中，如何判定各组分在薄层上的位置？
(3) 展开剂的高度若超过了点样线，对薄层色谱有什么影响？
(4) 活化的薄层板为什么不能立即从烘箱中取出？吸潮后的薄板对层析有什么影响？
(5) $R_f$ 值与物质的极性有什么关系？
(6) 如果展开时间过长或过短，对混合物的分离有什么影响？

## 附 1  有机磷农药的薄层色谱（微型实验）

**实验步骤**

(1) 薄层板的制备。用蒸馏水清洗两块载玻片，使之表面光洁无斑痕。称取 2.5 g 硅胶 G 于洁净的小烧杯中，加入 7～8 mL 蒸馏水，搅拌调成均匀糊状(无气泡)，倾注到载玻片上。然后于载玻片一端边缘水平方向振摇并轻轻在桌边敲动，使硅胶均匀的涂布在载玻片上。将制好的薄层板放置在水平桌面上，晾干，再放入烘箱中于 105～110℃ 活化 30 min。

(2) 点样。用一根内径 1 mm 的毛细管取适量有机磷农药(含 1605 的混合液)，在离薄层板底线约 1 cm 的基线上点样。若一次点样不够，可待样品溶剂挥发后，再在原点重复点样，但点样斑点直径不得超过 2 mm。同时，在同一块板上进行农药 1605 标准溶液分析，点样斑点之间相隔 1～1.5 cm。

(3) 展开。点样后，将薄层板放入盛有正己烷-乙酸乙酯(9:1)展开剂的层析缸中展开。待展开剂在薄层板上展开的高度离薄板顶部约 1 cm 时，取出薄板，并在展开剂前沿作一记号，然后用电吹风吹干。

(4) 显色。将已展开的薄层板置于充满溴蒸气的玻璃缸(盛装有 5% $Br_2$-$CCl_4$ 溶液)中，熏蒸 1 min (溴蒸气有毒，熏蒸完后应立即盖好瓶盖)。取出，待溴挥发后，用喷雾器均匀喷洒 4% 刚果红的乙醇溶液(不宜距离薄层板太近，以防止硅胶脱落)，此时桃红色背景呈现蓝色的样品斑点。

(5) 计算各组分的 $R_f$ 值。计算各组分的 $R_f$ 值，并根据标准样品确定未知样品中农药 1605 的斑点。

## 附 2  偶氮苯和对硝基苯胺的薄层色谱分离

**实验步骤**

(1) 薄层板的制备。称取 4 g 硅胶 G 于 100 mL 烧杯中，加入 14 mL 5 g·$L^{-1}$ 羧甲基纤维素水溶液，用玻璃棒仔细搅拌 5 min。然后铺在洁净的 10 cm×24 cm 层析玻璃板上，用玻璃棒涂布均匀并借助振动使糊状物平整均匀，水平放置一天晾干。之后，于烘箱中慢慢升温至 110℃ 后活化 1 h。取出，放在干燥器中冷却备用。

(2) 点样、展开。在薄层板下端约 2 cm 处，用铅笔轻轻画一直线，在横线上作三个记号为原点，原点间距离为 2 cm。用毛细管分别蘸取 5 g·$L^{-1}$ 偶氮苯的苯溶液、5 g·$L^{-1}$ 对硝基苯胺的苯溶液、混合试液(偶氮苯溶液和对硝基苯胺溶液等量混合)依次在三个原点处点样，使斑点的直径约为 2 mm，晾干。移取 72 mL 环己烷和 8 mL 乙酸乙酯于洁净的层析筒中，将点好样的薄层板放入 150 mm($\Phi$)×300 mm($h$) 层析筒内，使点有试样的一端浸入展开剂中，盖上筒盖，直至溶剂前沿达到薄层板全程的 2/3 左右时，取出薄层板，画出溶剂前沿位置，晾干。

(3) 鉴定。画出斑点移动位置，量出各组分相应的 $a$、$b$ 值，计算 $R_f$ 值并进行比较。

# 第三章 综合实验

## 实验五十五　硫酸铜的提纯及产品分析

### 一、实验目的

（1）掌握提纯硫酸铜的原理和方法以及结晶水的测定方法。

（2）进一步练习称量、溶解、调节溶液 pH、蒸发结晶、常压过滤、减压过滤等基本操作，学习马弗炉的使用方法。

（3）巩固化学分析中的间接碘量法，测定产品含量。

（4）学习用分光光度法检验产品纯度。

### 二、实验原理

粗硫酸铜中含有不溶性杂质和可溶性杂质。不溶性杂质可通过过滤法除去，可溶性杂质主要含有 $Fe^{2+}$ 及 $Fe^{3+}$ 等，利用分步沉淀的原理，控制 pH（表 3-1），可使 $Fe^{3+}$ 完全沉淀而除去。由于 $Fe^{3+}$ 比 $Fe^{2+}$ 电荷高、半径小，因而 $Fe^{3+}$ 比 $Fe^{2+}$ 容易水解。将 $Fe^{2+}$ 用 $H_2O_2$ 氧化成 $Fe^{3+}$，然后适当提高溶液 pH（3.5～4.0）并加热，促使 $Fe^{3+}$ 水解完全，形成凝胶状沉淀析出而除去，反应式如下：

$$2Fe^{2+} + H_2O_2 + 2H^+ = 2Fe^{3+} + 2H_2O$$

$$Fe^{3+} + 3H_2O = Fe(OH)_3\downarrow + 3H^+$$

表 3-1　$Fe^{2+}$、$Fe^{3+}$、$Cu^{2+}$ 沉淀 pH

| 离子＼沉淀条件 pH | 开始沉淀 | 完全沉淀 |
| --- | --- | --- |
| $Fe^{3+}$ | 1.9 | 4.1 |
| $Fe^{2+}$ | 7.0 | 9.7 |
| $Cu^{2+}$ | 4.7 | 6.7 |

除铁以后的滤液经蒸发、浓缩，即可制得五水硫酸铜结晶，其他微量可溶性杂质则留在母液中。若结晶纯度不符合要求，可采取重结晶的方法进一步提纯。

五水硫酸铜为蓝色三斜晶体，在不同温度下逐步脱水，反应式如下：

$$CuSO_4 \cdot 5H_2O \xrightarrow{102℃} CuSO_4 \cdot 3H_2O \xrightarrow{113℃} CuSO_4 \cdot H_2O \xrightarrow{258℃} CuSO_4$$

完全脱水后的无水硫酸铜是白色粉末，因此，只需将已知质量的制得的硫酸铜完全脱水后称量，便可计算水合硫酸铜中结晶水的分子数目。

产品中五水硫酸铜的含量可通过间接碘量法确定,碘量法测铜原理见化学分析部分。

产品中铁的含量可用分光光度法测定。在酸性条件下将 $Fe^{2+}$ 氧化为 $Fe^{3+}$ 后,加入氨水使 $Cu^{2+}$ 转化为 $[Cu(NH_3)_4]^{2+}$,而 $Fe^{3+}$ 则与氨水反应生成 $Fe(OH)_3$ 沉淀。将沉淀分离,用盐酸溶解,加入 KNCS 生成血红色的 $[Fe(NCS)_n]^{3-n}$($n=1\sim 6$),用分光光度计测吸光度,查阅标准曲线即可确定铁的含量,并按表 3-2 数据确定产品等级。

表 3-2 产品等级

| 产品规格 | 分析纯 | 化学纯 |
|---|---|---|
| $w_{Fe^{3+}}/\%$ | 0.003 | 0.02 |

### 三、实验仪器与试剂

1. 仪器

托盘天平、研钵、烧杯、电炉、石棉网、蒸发皿、洗瓶、铁架台、玻璃漏斗、滤纸、玻璃棒、抽滤瓶、布氏漏斗、循环水真空泵、pH 试纸、马弗炉、坩埚、干燥器、容量瓶。

2. 试剂

粗硫酸铜、NaOH(2 mol·L$^{-1}$)、H$_2$O$_2$(3%)、H$_2$SO$_4$(2 mol·L$^{-1}$)、H$_3$PO$_4$(浓)、NaF(0.5 mol·L$^{-1}$)、Na$_2$S$_2$O$_3$ 标准溶液(0.1 mol·L$^{-1}$)、KI(20%)、KSCN(10%)、氨水(6 mol·L$^{-1}$)、HCl(2 mol·L$^{-1}$)。

### 四、实验步骤

1. 硫酸铜的提纯

1)溶盐

称取 15.0 g 研细的粗硫酸铜置于 100 mL 烧杯中,加入 50 mL 水,加热,搅拌溶解,减压过滤除去不溶物。

2)除杂

往滤液中滴加 2 mol·L$^{-1}$ NaOH 溶液,搅拌,调节 pH≈4.0,再滴加 2 mL 3% H$_2$O$_2$,若溶液酸度提高,需再次调整 pH。加热溶液至沸数分钟,趁热常压过滤。

3)蒸发浓缩

将滤液转入蒸发皿内,加入 2~3 滴 2 mol·L$^{-1}$ H$_2$SO$_4$,调至 pH 为 1~2,水浴加热,蒸发浓缩直至溶液表面刚出现薄层晶膜时,立即停止加热,让其自然冷却到室温(勿要用水冷),慢慢地析出 CuSO$_4$·5H$_2$O 晶体。减压过滤,抽干,称量。

4)重结晶

按 1 g 粗产品加 1.2 mL 水的比例,将粗产品溶于蒸馏水,加热搅拌至晶体完全溶解,趁热常压过滤,冷却后,减压过滤,晶体用滤纸吸干,称量,计算产率。

2. 结晶水的测定

将干净的坩埚置于电子天平上称量(精确至 0.1 g),向坩埚中加入约 1 g 自制晾干的硫酸铜晶体,再置于电子天平上称量,两次质量之差就是坩埚内硫酸铜的质量。将装有硫酸铜的坩埚放进马弗炉,升温至 300 ℃ 后保持约 20 min,待全部晶体变成白色或灰白色,取出坩埚,放入干燥器内,冷至室温(约 20 min),再在电子天平上准确称量。由实验数据计算结晶水的分子数目,取最接近的整数。

3. 产品含量的测定

准确称取硫酸铜试样 0.5～0.75 g(每份质量相当于 20～30 mL 0.1 mol·L$^{-1}$ Na$_2$S$_2$O$_3$ 溶液)于 250 mL 碘量瓶中,加 2 mL 浓 H$_3$PO$_4$ 和 30 mL 水使之溶解。分别加入 5 mL 0.5 mol·L$^{-1}$ NaF 溶液和 5 mL 20% KI 溶液,立即用 Na$_2$S$_2$O$_3$ 标准溶液滴定至呈浅黄色。然后加入 1 mL 0.5% 淀粉溶液,继续滴定到呈浅蓝色。再加入 5 mL 10% KSCN 溶液(可否用 NH$_4$SCN 代替?),摇匀后溶液蓝色转深,再继续滴定到蓝色恰好消失,此时溶液为米色 CuSCN 悬浮液。由实验结果计算出样品中的含铜量,进而计算出样品中硫酸铜的质量分数。

4. 产品纯度测定

1) 制样

称取 1.0 g 产品置于 50 mL 烧杯中,加 15 mL 去离子水溶解,将溶液用 0.5 mL 2 mol·L$^{-1}$ H$_2$SO$_4$ 酸化后,加入 3 mL 3% H$_2$O$_2$ 煮沸片刻。待溶液冷却后,滴加 6 mol·L$^{-1}$ 氨水至溶液呈深蓝色。过滤,用去离子水洗涤沉淀至滤纸上无蓝色。用滴管吸取 8 mL 热的 2 mol·L$^{-1}$ HCl 滴在沉淀上,使沉淀完全溶解。往滤液中加入 5 mL 10% KSCN 溶液,转移至 50 mL 容量瓶中,加去离子水稀释至刻度,摇匀。

2) 铁含量的测定

以去离子水为参比,用分光光度计在波长为 465 nm 的条件下测定溶液的吸光度,记录数据。在标准曲线图上查出铁的含量,确定产品等级。

## 五、实验数据记录与处理

(1) 产品外观:_____;产量:_____ g。

(2) 结晶水分子数:_____。

(3) 自行设计表格,记录并计算样品中硫酸铜含量。

(4) 溶液吸光度:_____;铁的含量:_____;产品等级_____。

## 六、实验注意事项

(1) 在提纯操作中,滴加 NaOH 溶液调节 pH 时,要注意充分搅拌。

(2) 在检验产品纯度的操作中,若 Fe(OH)$_3$ 沉淀不能被 8 mL 热 HCl 完全溶解,可将滤液加热后,再次滴加在未溶沉淀上,直至 Fe(OH)$_3$ 沉淀完全溶解。

## 七、实验思考题

(1) 在减压过滤操作中,若在开真空泵之前先把沉淀转入布氏漏斗会有什么影响?

(2) 除杂步骤中,加入 $H_2O_2$ 后,加热至沸的目的是什么?
(3) 除 $Fe^{3+}$ 时,pH 为什么要控制在 4.0 左右?
(4) 实验过程中几次加热的目的是什么?
(5) 当蒸发浓缩出现薄层晶膜后,为什么要自然冷却,而不置于冷水中冷却?
(6) 能否通过蒸干的方法使硫酸铜晶体析出?为什么?

## 实验五十六　三乙二酸合铁(Ⅲ)酸钾的制备、含量分析及配离子电荷数的测定

### 一、实验目的

(1) 掌握由自制的硫酸亚铁铵制备三乙二酸合铁(Ⅲ)酸钾的方法。
(2) 练习倾析法、水浴加热、常压过滤、减压过滤等基本操作。
(3) 掌握氧化还原滴定法测定三乙二酸合铁(Ⅲ)酸钾含量的原理和方法。
(4) 掌握用电导法测定配离子电荷的原理和方法,进一步练习电导率仪的使用。

### 二、实验原理

三乙二酸合铁(Ⅲ)酸钾是绿色的单斜晶体,溶于水,不溶于乙醇。0℃时,在水中的溶解度为 4.7 g,100℃时的溶解度为 117.7 g。该物质见光易分解,可作感光材料。

本实验以自制的硫酸亚铁铵为原料,通过沉淀、氧化还原、配位反应多步转化制得。

首先利用硫酸亚铁铵与乙二酸反应制备乙二酸亚铁,反应式如下:

$$(NH_4)_2Fe(SO_4)_2 \cdot 6H_2O + H_2C_2O_4 =\!=\!=$$
$$FeC_2O_4 \cdot 2H_2O \downarrow + (NH_4)_2SO_4 + H_2SO_4 + 4H_2O$$

然后在乙二酸钾存在下,用过氧化氢将乙二酸亚铁氧化为乙二酸合铁(Ⅲ)酸钾配合物,同时有氢氧化铁生成,反应式如下:

$$6FeC_2O_4 \cdot H_2O + 3H_2O_2 + 6K_2C_2O_4 =\!=\!= 4K_3[Fe(C_2O_4)_3] + 2Fe(OH)_3 \downarrow + 6H_2O$$

加入适量乙二酸可使 $Fe(OH)_3$ 转化为三乙二酸合铁(Ⅲ)酸钾,反应式如下:

$$2Fe(OH)_3 + 3H_2C_2O_4 + 3K_2C_2O_4 =\!=\!= 2K_3[Fe(C_2O_4)_3] + 6H_2O$$

加入乙醇避光放置,由于三乙二酸合铁酸钾在乙醇中的溶解度很小,可析出绿色晶体。后两步总反应式为

$$2FeC_2O_4 \cdot 2H_2O + H_2O_2 + 3K_2C_2O_4 + H_2C_2O_4 =\!=\!= 2K_3[Fe(C_2O_4)_3] \cdot 3H_2O$$

产品含量可通过氧化还原滴定法测定。

电解质溶液的电导率 $\kappa$ 随溶液中离子数目的不同而变化,因此,通常用摩尔电导率 $\lambda_M$ 衡量电解质溶液的导电能力。摩尔电导率 $\lambda_M$ 与电导率 $\kappa$ 有如下关系:$\lambda_M = 1000\kappa/c$。$c$ 为电解质溶液物质的量浓度。摩尔电导率随着每摩尔溶质所产生的离子数目而变化,因此,摩尔电导率可提供每摩尔溶质所能产生离子数目的依据。表 3-3 是 25℃时,在稀的水溶液中分别电离出 2 个、3 个、4 个、5 个离子的溶液摩尔电导率范围。

表 3-3　稀溶液中电离出的离子个数与溶液摩尔电导率的关系

| 离子数 | 2 | 3 | 4 | 5 |
| --- | --- | --- | --- | --- |
| $\lambda_M/(cm^2 \cdot \Omega^{-1} \cdot mol^{-1})$ | 118~131 | 235~273 | 408~435 | 523~560 |

### 三、实验仪器与试剂

1. 仪器

托盘天平、烧杯、量筒、电炉、石棉网、洗瓶、玻璃漏斗、滤纸、玻璃棒、铁架台、抽滤瓶、布氏漏斗、循环水真空泵、恒温水浴箱、表面皿、电导率仪、电导电极。

2. 试剂

自制硫酸亚铁铵、$H_2SO_4$（3 mol·L$^{-1}$）、$H_2C_2O_4$、（饱和）、$K_2C_2O_4$（饱和）、$H_2O_2$（3%）、乙醇（95%）、硫酸-磷酸混合酸溶液（将 150 mL 浓 $H_2SO_4$ 缓缓加入 700 mL 水中，冷却后再加入 150 mL 浓 $H_3PO_4$，混匀）、$KMnO_4$ 标准溶液（0.02 mol·L$^{-1}$）。

### 四、实验步骤

1. 乙二酸亚铁的制备

称取 5.0 g 自制的硫酸亚铁铵于 100 mL 烧杯中，加入 15 mL 蒸馏水和几滴 3 mol·L$^{-1}$ $H_2SO_4$，加热溶解后加入 25 mL 饱和 $H_2C_2O_4$ 溶液，加热至沸，有黄色混浊，倾析法弃去上层清液，用 20 mL 热的蒸馏水分两三次洗涤沉淀。

2. 三乙二酸合铁(Ⅲ)酸钾的制备

往上述洗净的沉淀中加入 10 mL 饱和 $K_2C_2O_4$ 溶液，水浴加热至 313 K，慢慢滴加 20 mL 3% $H_2O_2$，恒温在 313 K 左右，观察现象。20~30 min 后，将溶液加热至沸，取下，分两次加入 8 mL 饱和 $H_2C_2O_4$ 溶液（第一次 5 mL，第二次慢慢滴加 3 mL），趁热常压过滤，观察滤液颜色，向滤液中加入 10 mL 95% 乙醇，若有晶体析出，温热使晶体溶解，用表面皿盖住烧杯，稍冷后，置于冰水浴中冷却，减压过滤，称量，计算产率。

3. 含量测定

准确称取样品 0.4 g 三份，分别置于已编号的 250 mL 锥形瓶中，加 40 mL 水使其溶解。加入 20 mL 硫酸-磷酸混合酸，加热到 75~85℃（大量冒蒸气时的温度），趁热用 0.02 mol·L$^{-1}$ $KMnO_4$ 溶液进行滴定。滴定速度宜慢，在第一滴 $KMnO_4$ 溶液滴入后，不断摇动锥形瓶，当紫红色褪去后再滴加第二滴。待溶液中产生 $Mn^{2+}$ 后，反应速率加快，但滴定时仍必须是逐滴加入。近终点时，紫红色褪去很慢，应逐滴或半滴加入，同时充分摇动溶液，如此小心滴定至溶液呈微红色，30 s 内不褪色即为终点。注意滴定结束时的温度不应低于 60℃。根据消耗的 $KMnO_4$ 溶液的浓度和体积，计算样品中三乙二酸合铁(Ⅲ)酸钾的含量。

### 4. 配离子电荷数的测定

在电子天平上称取所需量的三乙二酸合铁(Ⅲ)酸钾,配制成 100 mL $8.0\times10^{-3}$ mol·L$^{-1}$溶液,依次从配好的溶液中取 25 mL、12.5 mL 溶液,分别稀释至 50 mL,配成浓度为 $4.0\times10^{-3}$ mol·L$^{-1}$和 $2.0\times10^{-3}$ mol·L$^{-1}$的溶液。

用电导率仪测定以上三种溶液的摩尔电导率,将结果与表 3-3 和表 3-4 提供的参考数值比较,确定配合物的离子数,进而确定配离子的电荷数。

表 3-4　三种不同浓度下三离子电解质和四离子电解质的摩尔电导率

| MA$_2$ 型(三离子电解质) | | MA$_3$ 型(四离子电解质) | |
| --- | --- | --- | --- |
| 浓度/(mol·L$^{-1}$) | 摩尔电导率/(cm$^2$·Ω$^{-1}$·mol$^{-1}$) | 浓度/(mol·L$^{-1}$) | 摩尔电导率/(cm$^2$·Ω$^{-1}$·mol$^{-1}$) |
| $8.0\times10^{-3}$ | 215~260 | $8.0\times10^{-3}$ | 340~370 |
| $4.0\times10^{-3}$ | 220~270 | $4.0\times10^{-3}$ | 370~400 |
| $2.0\times10^{-3}$ | 230~280 | $2.0\times10^{-3}$ | 400~420 |

### 五、实验数据记录与处理

(1) 三乙二酸合铁(Ⅲ)酸钾的制备。

产品外观:_____;产量:_____ g;产率:_____%。

(2) 三乙二酸合铁(Ⅲ)酸钾含量:_____%。

(3) 配离子电荷数的测定,结果填入表 3-5。

表 3-5　配离子电荷数的测定

| 浓度/(mol·L$^{-1}$) | 电导率/(S·m$^{-1}$) | 摩尔电导率/(cm$^2$·Ω$^{-1}$·mol$^{-1}$) | 配离子电荷数 |
| --- | --- | --- | --- |
| $8.0\times10^{-3}$ | | | |
| $4.0\times10^{-3}$ | | | |
| $2.0\times10^{-3}$ | | | |

### 六、实验注意事项

(1) 控制水浴温度 313 K,温度太高,$H_2O_2$容易分解。

(2) 加入几滴 $H_2SO_4$ 的目的是防止 $Fe^{2+}$水解,但是不能加多。

(3) 三乙二酸合铁(Ⅲ)酸钾的理论产量应用硫酸亚铁铵的质量进行换算。

(4) 在测定三乙二酸合铁(Ⅲ)酸钾的电荷时,必须用新配的溶液进行测定。

### 七、实验思考题

(1) 在合成三乙二酸合铁(Ⅲ)酸钾实验中,加入 $H_2O_2$后,加热至沸的目的是什么?

(2) 实验过程中有两次用到了饱和 $H_2C_2O_4$ 溶液,作用是否一样?若不一样,分别是什么作用?第一次用到的乙二酸如果用乙二酸钾代替,会有什么现象?第二次加入的 8 mL 饱和 $H_2C_2O_4$ 溶液为什么要分两次,并且第一次 5 mL,第二次慢慢滴加 3 mL?

(3) 加入无水乙醇后,若有晶体析出,为什么要温热使晶体溶解?
(4) 本实验采取了什么措施使三乙二酸合铁(Ⅲ)酸钾晶体析出?
(5) 在测定三乙二酸合铁(Ⅲ)酸钾的电荷时,若不是用新配的溶液测定,对测定结果会有什么影响?

## 实验五十七  pH 法测定甘氨酸合镍配合物的逐级稳定常数

### 一、实验目的

(1) 掌握 pH 法测定配合物逐级稳定常数的基本原理和计算方法。
(2) 培养实验技能的综合运用能力和计算机数据处理的能力。

### 二、实验原理

测定配合物稳定常数的方法有多种,其中电位法应用最广泛、所得数据最精确。pH 法是电位法的一种,当配体是弱酸或弱碱时,在形成配合物的过程中,溶液的 pH 发生变化,从 pH 的变化算出配体的平衡浓度,从而计算配合物的稳定常数。pH 法所需设备简单、操作方便,因而得到广泛的应用。

配合物虽有不同的几何构型,但在溶液中第一过渡系列金属离子 $M^{2+}$ 总是形成 $[M(H_2O)_6]^{2+}$ 形式的八面体配合物。若在该水溶液中加入更强的配体 L,则 L 将逐步取代 $H_2O$ 形成一系列的配合物:$[M(H_2O)_5L]^{2+}$、$[M(H_2O)_4L_2]^{2+}$、…、$[ML_6]^{2+}$。由于水溶液中水的浓度可看作一常数,故在平衡和平衡常数的表示式中常将 $H_2O$ 消去而简写成

$$M^{2+} + L \rightleftharpoons ML^{2+} \qquad K_1 = \frac{[ML^{2+}]}{[M^{2+}][L]}$$

$$ML^{2+} + L \rightleftharpoons ML_2^{2+} \qquad K_2 = \frac{[ML_2^{2+}]}{[ML^{2+}][L]}$$

$$\cdots \qquad \cdots$$

$$ML_5^{2+} + L \rightleftharpoons ML_6^{2+} \qquad K_6 = \frac{[ML_6^{2+}]}{[ML_5^{2+}][L]}$$

式中:$K_1$、$K_2$、…、$K_6$ 称为逐级稳定常数。配合物的稳定常数有时用积累稳定常数 $\beta$ 来表示。$\beta$ 与逐级稳定常数 $K$ 的关系为

$$\beta_1 = K_1$$
$$\beta_2 = K_1 K_2$$
$$\cdots$$
$$\beta_2 = K_1 K_2 K_3 \cdots K_6$$

必须指出,热力学平衡常数是平衡时各组分活度的函数,而计算复杂体系的活度系数是十分困难的,溶液中离子强度不同,其组分浓度即使相同,活度系数也不同。因此,在实际研究中常固定溶液的离子强度,用平衡时各组分的浓度代替活度,这样得到的平衡常数称为浓度形成常数,离子强度不同,浓度形成常数也不同,所以有时又称条件形成常数。

文献中列举的配合物稳定常数一般是指浓度常数。

本实验测定甘氨酸合镍配合物的逐级稳定常数。由于甘氨酸(用 HL 表示)是二齿配体,可通过 O 和 N 与 $Ni^{2+}$ 配位形成配合物,则在体系中有以下的配位平衡:

$$Ni^{2+} + L^- \xrightleftharpoons{K_1} NiL^+ \qquad K_1 = \frac{[NiL^+]}{[Ni^{2+}][L^-]} \tag{3-1}$$

$$NiL^+ + L^- \xrightleftharpoons{K_2} NiL_2 \qquad K_2 = \frac{[NiL_2]}{[NiL^+][L^-]} \tag{3-2}$$

$$NiL_2 + L^- \xrightleftharpoons{K_3} NiL_3^- \qquad K_3 = \frac{[NiL_3^-]}{[NiL_2][L^-]} \tag{3-3}$$

此外,体系中还有甘氨酸的解离平衡:

$$HL \rightleftharpoons H^+ + L^- \qquad K_a = \frac{[H^+][L^-]}{[HL]} \tag{3-4}$$

$K_a$ 为甘氨酸的解离常数。

由上述各式可知,$Ni^{2+}$ 与 HL 形成配合物会使体系中的 $H^+$ 浓度发生变化。因此,可以利用 pH 计测量该体系中 $H^+$ 浓度的变化来计算配合物的逐级稳定常数 $K_1$、$K_2$、$K_3$。

为计算 $K_1$、$K_2$、$K_3$,我们可利用生成函数 $\bar{n}$ 来求得。$\bar{n}$ 定义为每个金属离子所配位的配体的平均数,在本实验的体系中

$$\bar{n} = \frac{\text{配位的 L 的总物质的量}}{\text{配位的 } Ni^{2+} \text{ 的总物质的量}} = \frac{[NiL^+] + 2[NiL_2] + 3[NiL_3^-]}{[Ni^{2+}] + [NiL^+] + [NiL_2] + [NiL_3^-]}$$

$$= \frac{K_1[L^-] + 2K_1K_2[L^-]^2 + 3K_1K_2K_3[L^-]^3}{1 + K_1[L^-] + K_1K_2[L^-]^2 + K_1K_2K_3[L^-]^3} \tag{3-5}$$

由式(3-5)可知,若知道了 $\bar{n}$ 和 $[L^-]$,就可以求得 $K_1$、$K_2$、$K_3$。

由 $\bar{n}$ 和 $[L^-]$ 计算稳定常数的方法也很多,这里仅介绍本实验所用的两种方法。

1. 半 $\bar{n}$ 法

若体系中仅存在如下一种平衡:$Ni^{2+} + L^- \rightleftharpoons NiL^+$,那么当 $[NiL^+] = [Ni^{2+}]$ 时,由式(3-1)可得 $\lg K_1 = -\lg[L^-] = p[L^-]$。根据 $\bar{n}$ 的定义,$\bar{n} = 0.5$。

若体系中仅存在 $NiL^+ + L^- \rightleftharpoons NiL_2$ 这种平衡,当 $[NiL^+] = [NiL_2]$ 时,由式(3-2)可得 $\lg K_2 = p[L^-]$,这时 $\bar{n} = 1.5$。同理可得 $\lg K_3 = p[L^-]$ 时 $\bar{n} = 2.5$。

所以只要求得 $\bar{n}$ 和 $[L^-]$,并以 $\bar{n}$ 为纵坐标、$p[L^-]$ 为横坐标作图,图中 $\bar{n} = 0.5$、$1.5$、$2.5$ 所对应的 $p[L^-]$ 即为 $\lg K_1$、$\lg K_2$、$\lg K_3$。

2. Rossetti 图解法

若以积累稳定常数 $\beta_1$、$\beta_2$、$\beta_3$ 代替式(3-5)中的 $K_1$、$K_2$、$K_3$,则有

$$\bar{n} = \frac{\beta_1[L^-] + 2\beta_2[L^-]^2 + 3\beta_3[L^-]^3}{1 + \beta_1[L^-] + \beta_2[L^-]^2 + \beta_3[L^-]^3} \tag{3-6}$$

重排后得到

$$\frac{\bar{n}}{(1-\bar{n})[L^-]} = \beta_1 + \frac{(2-\bar{n})[L^-]}{1-\bar{n}}\beta_2 + \frac{(3-\bar{n})[L^-]^2}{1-\bar{n}}\beta_3 \tag{3-7}$$

取 $\bar{n}$ 为 0.2~0.8 的实验数据，以 $\dfrac{\bar{n}}{(1-\bar{n})[L^-]}$ 对 $\dfrac{(2-\bar{n})[L^-]}{1-\bar{n}}$ 作图得一直线，直线截距为 $\beta_1$，斜率为 $\beta_2$。再以所得的截距 $\beta_1$ 代入式(3-7)，并用 $\dfrac{(2-\bar{n})[L^-]}{1-\bar{n}}$ 除等式两边，得

$$\dfrac{\bar{n}-(1-\bar{n})\beta_1[L^-]}{(2-\bar{n})[L^-]^2} = \beta_2 + \dfrac{3-\bar{n}}{2-\bar{n}}[L^-]\beta_3 \tag{3-8}$$

取 $\bar{n}$ 为 1.1~1.7 的实验数据，以 $\dfrac{\bar{n}-(1-\bar{n})\beta_1[L^-]}{(2-\bar{n})[L^-]^2}$ 对 $\dfrac{3-\bar{n}}{2-\bar{n}}[L^-]$ 作图得一直线，直线的截距为 $\beta_2$，斜率为 $\beta_3$，这样由 $\beta_1$、$\beta_2$、$\beta_3$ 就可求得 $K_1$、$K_2$、$K_3$。

在本实验中 $\bar{n}$ 可以通过甘氨酸的总浓度 $c_L$、甘氨酸的平衡浓度 $[HL]$、甘氨酸根的浓度 $[L^-]$ 以及 $Ni^{2+}$ 的总浓度求得：

$$\bar{n} = \dfrac{c_L - [HL] - [L^-]}{c_{Ni^{2+}}} \tag{3-9}$$

由式(3-4)得

$$[L^-] = K_a[HL]/[H^+] \tag{3-10}$$

溶液中甘氨酸的平衡浓度 $[HL]$ 为

$$[HL] = c_{H^+} + [OH^-] - [H^+] \tag{3-11}$$

式中：$c_{H^+}$ 为外加 $HNO_3$ 的浓度；$[H^+]$ 为游离的 $H^+$ 浓度；$[OH^-]$ 为 $H_2O$ 解离出的 $H^+$ 浓度。

将式(3-11)代入式(3-10)得

$$[L^-] = \dfrac{K_a}{[H^+]}(c_{H^+} + [OH^-] - [H^+]) \tag{3-12}$$

由测定滴定过程中溶液的 pH，根据 $pH = -\lg a_{H^+} = -\lg[H^+] - \lg\gamma_\pm$，$\lg[OH^-] = pH - pK_w + \lg\gamma_\pm$，求出 $[H^+]$、$[OH^-]$。当离子强度 $\mu = 0.10$ 时，25℃时的 $K_w = 1.165 \times 10^{-14}$，平均活度系数按 $-\lg\gamma_\pm = \dfrac{0.50 Z_1 Z_2 \sqrt{\mu}}{1+\sqrt{\mu}} - 0.10\mu$ 计算，其中 $Z_1$、$Z_2$ 分别为惰性电解质的正、负离子电荷的绝对值。$c_{H^+}$ 为外加酸的浓度，是已知值，所以只要知道 $K_a$，就可以从式(3-12)求出一定 pH 时的 $[L^-]$。

将式(3-11)、式(3-12)代入式(3-9)得

$$\bar{n} = \dfrac{c_L - (1+K_a/[H^+])(c_{H^+} + [OH^-] - [H^+])}{c_{Ni^{2+}}} \tag{3-13}$$

由式(3-13)可知，若知道 $K_a$ 和 $[H^+]$ 就可求得 $\bar{n}$ 值。这样，通过式(3-12)、式(3-13)求得 $[L^-]$ 和 $\bar{n}$ 后，就可通过图解法求得甘氨酸的逐级稳定常数。

本实验中甘氨酸的解离常数 $K_a$ 是通过已知浓度的 NaOH 溶液滴定甘氨酸求得的，由于电荷平衡：

$$[L^-] + [OH^-] = [H^+] + [Na^+] \tag{3-14}$$

溶液中总的甘氨酸浓度为

$$c_L = [HL] + [L^-] \tag{3-15}$$

把式(3-14)、式(3-15)代入式(3-4)，整理后得

$$pK_a = -\lg[H^+] + \lg\frac{c_L - ([Na^+] + [H^+] - [OH^-])}{[Na^+] + [H^+] - [OH^-]} \tag{3-16}$$

式(3-16)中，$[Na^+]$ 和甘氨酸总浓度 $c_L$ 都是已知值，通过 pH 测量可算出 $[H^+]$、$[OH^-]$，这样就可以求得 $K_a$。

### 三、实验仪器与试剂

1. 仪器

台秤、电子天平、容量瓶、烧杯、量筒、酸式滴定管、碱式滴定管、磁力搅拌器、酸度计、电子计算机。

2. 试剂

$KNO_3$、$HNO_3$、无水碳酸钠、$NiCl_2 \cdot 6H_2O$、NaOH、甘氨酸。

### 四、实验步骤

1. 溶液的配制

1) 0.2 mol·L$^{-1}$ $KNO_3$ 溶液

称取一定量的 $KNO_3$，溶解在 250 mL 水中，使其浓度为 0.2 mol·L$^{-1}$。

2) 0.1 mol·L$^{-1}$ $HNO_3$ 溶液

用吸量管吸取一定量的浓 $HNO_3$ 溶于 200 mL 水，使其浓度为 0.1 mol·L$^{-1}$，并用无水碳酸钠标定其浓度。

3) 0.4 mol·L$^{-1}$ 甘氨酸溶液

准确称取一定量的甘氨酸，配制 50 mL 0.4 mol·L$^{-1}$ 甘氨酸溶液。

4) 0.04 mol·L$^{-1}$ 氯化镍溶液

准确称取一定量的氯化镍，配制 50 mL 0.04 mol·L$^{-1}$ 氯化镍溶液。

5) 0.5 mol·L$^{-1}$ NaOH 溶液

称取一定量的 NaOH，配制 100 mL 0.5 mol·L$^{-1}$ NaOH 溶液，并用上述已标定的 0.1 mol·L$^{-1}$ $HNO_3$ 溶液标定其浓度。

6) 0.4 mol·L$^{-1}$ 甘氨酸钠溶液

精确称取配制 50 mL 0.4 mol·L$^{-1}$ 甘氨酸钠所需的甘氨酸，注入中和甘氨酸所需的 0.5 mol·L$^{-1}$ NaOH 溶液，然后稀释到 50 mL。

2. 甘氨酸解离常数的测定

在 500 mL 烧杯中加入 100 mL 0.2 mol·L$^{-1}$ $KNO_3$ 溶液、90 mL 水和 10 mL

0.4 mol·L$^{-1}$甘氨酸。在搅拌下,用 0.5 mol·L$^{-1}$ NaOH 标准溶液滴定,每次加入 0.5 mL,在每次加入溶液后,测定溶液的 pH,一直滴定到甘氨酸全部中和为止。记录加入 NaOH 溶液的体积和相应的 pH(取滴定范围为 20%~80%的各点计算)。

3. 甘氨酸合镍配合物逐级稳定常数的测定

在 500 mL 烧杯中注入 100 mL 0.2 mol·L$^{-1}$ KNO$_3$ 溶液、10 mL 0.1 mol·L$^{-1}$ 硝酸溶液、65 mL 水、25 mL 0.04 mol·L$^{-1}$ 氯化镍溶液。在搅拌下,用 0.4 mol·L$^{-1}$ 甘氨酸钠溶液滴定。每次注入 0.2 mL,一直到滴完 10 mL 甘氨酸钠溶液为止,记录每次加入甘氨酸钠溶液的体积和相应的 pH。

**五、实验数据记录与处理**

1. 甘氨酸在 0.1 mol·L$^{-1}$ KNO$_3$ 溶液中的解离常数测定

将注入不同 NaOH 溶液的体积和相应的 pH 记录于如下所示的 Excel 表格中,并将各项计算公式输入 Excel 表格,输出 p$K_a$ 的平均值。

NaOH 溶液浓度_____,甘氨酸浓度_____,测定温度_____

| 注入 NaOH 溶液体积/mL | pH | lg[H$^+$] | [H$^+$] | [OH$^-$] | $c_L$ | [Na$^+$] | p$K_a$ | $\overline{pK_a}$ |
|---|---|---|---|---|---|---|---|---|
| | | | | | | | | |
| | | | | | | | | |

2. 甘氨酸合镍逐级稳定常数的测定

1) 半 $\bar{n}$ 法

把每次滴定的甘氨酸溶液的体积和相应的 pH 记录于如下所示的 Excel 表格中,并将各项计算公式输入 Excel 表格,输出各项数据。

$c_{Ni^{2+}}$_____,HNO$_3$ 浓度_____,加入 HNO$_3$ 溶液体积_____

| 注入甘氨酸钠溶液体积/mL | pH | [H$^+$] | [OH$^-$] | $c_L$ | $K_a$/[H$^+$] | $\bar{n}$ | [L$^-$] | p[L$^-$] |
|---|---|---|---|---|---|---|---|---|
| | | | | | | | | |
| | | | | | | | | |

以 $\bar{n}$ 为纵坐标、p[L$^-$] 为横坐标作图,$\bar{n}$ 为 0.5、1.5、2.5 所对应的 p[L$^-$] 分别为 lg$K_1$、lg$K_2$、lg$K_3$。

2) Rossetti 图解法

由所得的 $\bar{n}$ 和 [L$^-$] 值,根据式(3-7)以 $\dfrac{\bar{n}}{(1-\bar{n})[L^-]}$ 对 $\dfrac{(2-\bar{n})[L^-]}{1-\bar{n}}$ 作图得一直线,直线截距为 $\beta_1$,由所得 $\beta_1$,根据式(3-8)以 $\dfrac{\bar{n}-(1-\bar{n})\beta_1[L^-]}{(2-\bar{n})[L^-]^2}$ 对 $\dfrac{3-\bar{n}}{2-\bar{n}}[L^-]$ 作图得一直线,直

线的截距为 $\beta_2$，斜率为 $\beta_3$，可求得 $K_1$、$K_2$、$K_3$。

## 六、实验思考题

比较由半 $\bar{n}$ 法和 Rossetti 图解法求得的 $K_1$、$K_2$ 和 $K_3$，哪一种处理方法得到的 $K_1$、$K_2$、$K_3$ 更精确？为什么？

## 实验五十八　铬配合物的制备及配合物分光化学序的测定

### 一、实验目的

（1）了解不同配体对配合物中心金属离子 d 轨道能级分裂的影响。
（2）掌握分光光度法测定配合物分光化学序的基本原理。
（3）进一步熟悉配合物的制备方法。
（4）熟练掌握分光光度计的使用方法。

### 二、实验原理

在过渡金属配合物中，由于配体场的影响，中心离子原来能量相同的 d 轨道分裂为能量不同的两组或两组以上的不同轨道。电子在分裂的 d 轨道间的跃迁称为 d-d 跃迁，这种 d-d 跃迁的能量相当于可见光区的能量范围，这就是过渡金属配合物呈现颜色的原因。

配体场的对称性不同，d 轨道的分裂形式和分裂轨道间的能量差也不同，如图 3-1 所示。分裂的最高能量的 d 轨道和最低能量 d 轨道之间的能量差称为分裂能，常用 $\Delta$ 表示。$\Delta$ 值的大小受中心离子的电荷、周期数、d 电子数和配体性质等因素的影响。对于同一中心离子和相同构型的配合物，$\Delta$ 值的大小取决于配体的强弱，按分裂能 $\Delta$ 值的相对大小来排列的配体顺序称为分光化学序。

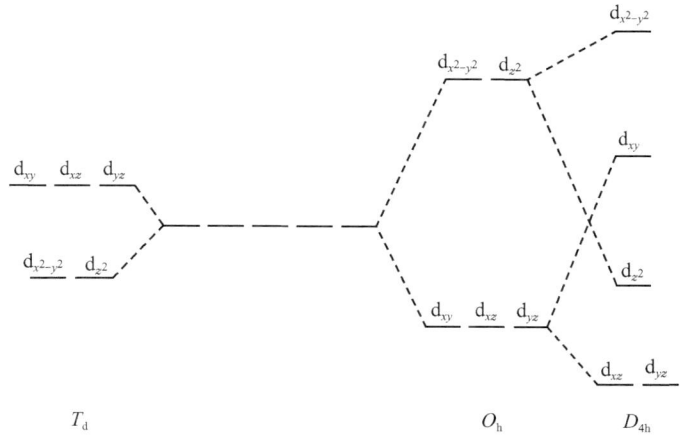

图 3-1　d 轨道在不同配体场中的分裂

分光化学序对于研究配合物的性质有重要的意义,利用它可以判断和比较配合物中配体场的强弱。配合物的分光化学序可以通过测定配合物的电子光谱,由一定的吸收峰位置所对应的波长,按公式 $\Delta = \dfrac{1}{\lambda} \times 10^7 (\text{cm}^{-1})$ 计算 $\Delta$ 值($\lambda$ 为波长,单位为 nm),然后按 $\Delta$ 值的相对大小排列配体的顺序。

在配合物的电子光谱图中往往出现几个吸收峰,哪一个吸收峰对应的 d-d 跃迁能级差是分裂能 $\Delta$？我们需要借助欧格尔能级图加以判断。将轨道能量对分裂能 $\Delta$ 作出的能级图称为欧格尔能级图,它是通过量子力学计算得到的。图 3-2 中纵坐标表示轨道能级,其中的字母是能级符号,当未成对电子数 $n$ 为 1、2、3、4、5 时,其基态的能级符号分别为 $^2D$、$^3F$、$^4F$、$^5D$、$^6S$。过渡金属离子在配体场影响下,d 轨道能级发生分裂,配体的对称性不同,d 轨道能级分裂的形式不同。在八面体场中,d 轨道分裂为 $t_{2g}$、$e_g$ 两组能级,其中 $t_{2g}$ 轨道能量比 $e_g$ 轨道的能量要低。

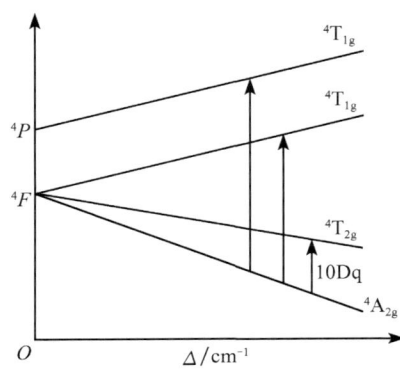

图 3-2 $Cr^{3+}$ 在 $O_h$ 场中的简化能级图

在 $d^1$ 电子的情况下,一个 d 电子先占据 $t_{2g}$ 轨道,吸收一定波长的光后跃迁到 $e_g$ 轨道,所以出现一个 d-d 跃迁吸收峰。$d^n$ 电子的能级图要复杂得多,因为除了配体场的影响外,还必须考虑 d 电子之间的相互排斥作用。图 3-2 是本实验 $Cr^{3+}$($d^3$) 的欧格尔能级图,$^4F$ 是它的基态,d 电子的允许跃迁为 $^4A_{2g} \rightarrow {}^4T_{2g}$、$^4A_{2g} \rightarrow {}^4T_{1g}(F)$、$^4A_{2g} \rightarrow {}^4T_{1g}(P)$,与这三种跃迁相对应的电子光谱有三个吸收峰。在实验测定的电子光谱中,往往只出现两个明显的吸收峰,这是因为第三个吸收峰被强的电荷迁移吸收峰所覆盖。其中 $^4A_{2g} \rightarrow {}^4T_{2g}$ 跃迁的能量为 10Dq,因此这两个能级之间的能量差即为八面体配合物中的分裂能 $\Delta$,故 $\Delta$ 值可从电子光谱中与 $^4A_{2g} \rightarrow {}^4T_{2g}$ 跃迁相对应的最大波长的吸收峰位置求得。当测得不同配体的 $\Delta$ 值后按其大小排列即可得到分光化学序。

不同 $d^n$ 电子和不同构型的配合物的电子光谱是不同的。因此,计算分裂能 $\Delta$ 值的方法也各不相同。在八面体和四面体中 $d^1$、$d^4$、$d^6$、$d^9$ 电子的电子光谱只有一个简单的吸收峰,其 $\Delta$ 值直接由吸收峰位置的波长计算。对 $d^2$、$d^3$、$d^7$、$d^8$ 电子的电子光谱都应有三个吸收峰,其中八面体中的 $d^3$、$d^8$ 电子和四面体中的 $d^2$、$d^7$ 电子,由最大波长吸收峰位置的波长来计算 $\Delta$ 值;而八面体中的 $d^2$、$d^7$ 和四面体中的 $d^3$、$d^8$ 电子,其 $\Delta$ 值由最小波长吸收峰和最大波长吸收峰的波长倒数之差来计算。

### 三、实验仪器与试剂

1. 仪器

台秤、电子天平、容量瓶、烧杯、量筒、圆底烧瓶、电炉、回流冷凝管、恒温水浴箱、抽滤瓶、布氏漏斗、循环水真空泵、烘箱。

2. 试剂

三氯化铬、锌粉、乙二胺、甲醇、$K_2C_2O_4 \cdot H_2O$、$H_2C_2O_4 \cdot 2H_2O$、$K_2Cr_2O_7$、KSCN、

$KCr(SO_4)_2 \cdot 12H_2O$、EDTA、碳酸铬、乙醇、丙酮、乙酰丙酮、$H_2O_2$(10%)。

## 四、实验步骤

1. 配合物的合成

1) $[Cr(en)_3]Cl_3$ 的合成

称取 13.5 g 三氯化铬溶于 25 mL 的甲醇中,再加入 0.5 g 锌粉,把此混合液转入到 100 mL 烧瓶中并装上回流冷凝管,在水浴中回流,同时缓慢加入 20 mL 乙二胺,加完后继续回流 1 h。冷却过滤并用 10%乙二胺-甲醇溶液洗涤黄色沉淀,最后用 10 mL 乙醇洗涤得粉末状的黄色产物$[Cr(en)_3]Cl_3$。产物储藏在棕色瓶内。

2) $K_3[Cr(C_2O_4)_3] \cdot 3H_2O$ 的合成

称取 3 g 乙二酸钾和 7 g 乙二酸溶于 100 mL 去离子水中,再慢慢加入 2.5 g 研磨细的 $K_2Cr_2O_7$,不断搅拌,待反应完毕后,蒸发溶液近干,使晶体析出。冷却,过滤,并用丙酮洗涤,得到深绿色 $K_3[Cr(C_2O_4)_3] \cdot 3H_2O$ 晶体,于 110 ℃下烘干。

3) $K_3[Cr(NCS)_6] \cdot 4H_2O$ 的合成

称取 6 g KNCS 和 5 g $KCr(SO_4)_2 \cdot 12H_2O$ 溶于 100 mL 去离子水中,加热溶液近沸约 1 h,然后加入 50 mL 乙醇,稍冷却即有 $K_2SO_4$ 晶体析出,过滤除去,滤液进一步蒸发浓缩至有少量暗红色晶体开始析出。冷却,过滤,并在乙醇中重结晶,得紫红色 $K_3[Cr(NCS)_6] \cdot 4H_2O$ 晶体。产物在空气中干燥。

4) $[Cr-EDTA]^-$ 的合成

称取 0.5 g EDTA 溶于 50 mL 水中,加热使其全部溶解,调节溶液的 pH 为 3~5,然后加入 0.5 g 三氯化铬,稍加热,冷却后得到紫色的$[Cr-EDTA]^-$配合物溶液。

5) $K[Cr(H_2O)_6](SO_4)_2$ 的合成

称取 0.5 g 硫酸铬钾溶于 100 mL 水中,即得蓝紫色的 $K[Cr(H_2O)_6](SO_4)_2$ 溶液。

6) $Cr(acac)_3$ 的合成

称取 2.5 g 碳酸铬置于 100 mL 锥形瓶中,注入 20 mL 乙酰丙酮,在 85 ℃水浴中加热,同时缓慢滴加 30 mL 10% $H_2O_2$,此时溶液呈紫红色,当反应结束(起沸停止)后,将锥形瓶置于冰盐水中冷却,析出的沉淀过滤后,用冷乙醇洗涤,得紫红色晶体,110 ℃下烘干。

2. 配合物电子光谱的测定

称取上述配合物各 0.15 g 分别溶于少量蒸馏水中,然后转移到 100 mL 容量瓶中,并稀释到刻度。对制得的$[Cr-EDTA]^-$配合物溶液取其总体积的 1/4~1/3 转移到 100 mL 容量瓶中,并稀释到刻度。$K[Cr(H_2O)_6](SO_4)_2$ 溶液无需稀释,直接测定吸光度。三乙酰丙酮合铬配合物不溶于水,故称取 0.08 g 溶于苯中,转移到 50 mL 容量瓶中并稀释到刻度。

在波长为 360~700 nm,以蒸馏水为空白,用 1 cm 比色皿分别测定以上各配合物溶液的消光值。每间隔 20 nm 测定一点,在吸收峰处间隔适当缩小,增加测定点。

## 五、实验数据记录与处理

(1) 配合物 $[Cr(en)_3]Cl_3$、$K_3[Cr(C_2O_4)_3] \cdot 3H_2O$、$K_3[Cr(NCS)_6] \cdot 4H_2O$ 和 $Cr(acac)_3$ 的外观及产量,结果填入表 3-6。

表 3-6　实验结果 1

| 配合物 | $[Cr(en)_3]Cl_3$ | $K_3[Cr(C_2O_4)_3] \cdot 3H_2O$ | $K_3[Cr(NCS)_6] \cdot 4H_2O$ | $Cr(acac)_3$ |
|---|---|---|---|---|
| 外观 | | | | |
| 产量 | | | | |

(2) 各配合物在不同波长的消光值结果填入表 3-7。

表 3-7　实验结果 2

| 消光值　配体　波长/nm | en | $C_2O_4^{2-}$ | $NCS^-$ | EDTA | $H_2O$ | acac |
|---|---|---|---|---|---|---|
| | | | | | | |
| | | | | | | |

(3) 以波长 $\lambda(nm)$ 为横坐标、消光值 $E$ 为纵坐标作图,得到配合物的电子光谱图。

(4) 由电子光谱图确定配合物最大波长的吸收峰位置,并按下式计算不同配体的分裂能 $\Delta$:

$$\Delta = \frac{1}{\lambda} \times 10^7 (\mathrm{cm}^{-1})$$

由计算所得 $\Delta$ 值的相对大小,排列出配体的分光化学序。

## 六、实验思考题

(1) 在合成 $K_3[Cr(C_2O_4)_3] \cdot 3H_2O$ 的操作中,为什么在加入乙二酸钾的同时还要加入乙二酸?

(2) 影响配合物分裂能的影响因素有哪些?如何解释配体场强度对分裂能的影响?

(3) 为什么不同 d 电子的配合物要以不同的吸收峰来计算其 $\Delta$ 值?

(4) 在测定配合物的电子光谱时,所配溶液的浓度是否要十分准确?为什么?

# 实验五十九　十二钨钴酸钾的制备及动力学测定

## 一、实验目的

(1) 掌握杂多酸盐 $K_5CoW_{12}O_{40}$ 的制备过程。

(2) 了解杂多酸盐中金属离子氧化还原反应的外界反应机理。

(3) 用光度法测定 $K_5CoW_{12}O_{40}$ 氧化还原反应的级数及反应速率常数。

## 二、实验原理

杂多酸及其盐是无机化学的重要内容之一。由两种不同的含氧酸分子缩水而成的酸称为杂多酸,其中 $H^+$ 被金属离子取代后形成的盐称为杂多酸盐。杂多酸具有大多数多元弱酸阴离子的共同特征,可以进行中和反应,$H^+$ 可被金属离子取代而成盐,杂多酸阴离子配位基团可以发生取代反应。杂多酸及其盐具有的特殊的催化性能和抗病毒性能已逐渐为人所知,并引起人们的广泛关注。研究最多的杂多酸盐是十二钨(或钼)的杂多酸盐,这一类杂多酸及其盐也是一种配合物,具有四面体结构,其中金属离子是配合物的中心原子,作为配体的多酸阴离子($W_3O_{10}$)在四面体顶角,它们具有 Keggin 结构。

本实验中合成的是十二钨钴酸钾杂多酸盐,其制备方法如下:

$$8H_2O + 12WO_4^{2-} + Co(CH_3COO)_2 \longrightarrow CoW_{12}O_{40}^{6-} + 2CH_3COO^- + 16OH^-$$
$$2CoW_{12}O_{40}^{6-} + S_2O_8^{2-} \longrightarrow 2CoW_{12}O_{40}^{5-} + 2SO_4^{2-}$$

杂多酸及其盐也和其他配合物一样,其氧化还原反应有外界反应机理和内界反应机理两类。外界反应机理是不同分子之间的电子转移,内界反应机理中电子是通过分子内的原子或基团而转移。$K_5CoW_{12}O_{40}$ 中 Co(Ⅲ)处于氧合阴离子结构中,没有可以转移的基团,也不能接受其他任何原子或基团,所以 $CoW_{12}O_{40}^{5-}$ 的氧化反应是外界反应机理。$CoW_{12}O_{40}^{5-}$ 中含有的 Co(Ⅲ)是强氧化剂,自身还原为 $CoW_{12}O_{40}^{6-}$,在还原过程中,整个杂多酸离子保持不变,两种杂多酸离子都具有 Keggin 结构,唯一改变的是钴的氧化数及杂多酸离子的电荷。

$K_5CoW_{12}O_{40}$ 被还原剂 $SCN^-$ 还原为 $K_6CoW_{12}O_{40}$,反应式如下:

$$2K_5CoW_{12}O_{40} + 2KSCN \longrightarrow 2K_6CoW_{12}O_{40} + (SCN)_2$$

当还原剂过量时,氧化还原反应速率为 $-\dfrac{dc}{dt} = k_{obs}[c]^n$,式中 $c$ 为 $K_5CoW_{12}O_{40}$ 浓度,若为一级反应,$n=1$,则 $-\dfrac{dc}{dt} = k_{obs}c$,有 $-\ln c = k_{obs}t + B$。以 $-\ln c$ 对 $t$ 作图,若 $-\ln c$ 和 $t$ 呈线性关系,则可确定氧化剂反应级数为 1,其斜率为表观速率常数 $k_{obs}$。

$K_5CoW_{12}O_{40}$ 杂多酸盐在 388 nm 波长处有最大吸收,根据比尔定律,可用吸光度 $A$ 表示其浓度,由于无限长的时间仍有剩余吸收 $A_\infty$,故吸光度应用 $(A - A_\infty)$ 来表示。改变还原剂浓度,以不同的 $k$ 对还原剂浓度作图,可确定还原剂的反应级数,其斜率为整个反应的速率常数 $k$。若氧化剂、还原剂都是一级反应,可充分证明该杂多酸盐的氧化还原反应为外界反应机理。

也可用 $NaNO_2$、$NaH_2PO_2$ 作还原剂来进行反应。

## 三、实验仪器与试剂

1. 仪器

烧杯(250 mL 2 个、100 mL 4 个)、布氏漏斗($\Phi$6 cm 1 个)、吸滤瓶(250 mL 1 个)、量筒(50 mL 1 个)、容量瓶(25 mL 4 个、100 mL 1 个)、紫外-可见分光光度计(1 台)。

2. 试剂

钨酸钠(A.R.)、乙酸钴(A.R.)、过二硫酸钾(A.R.)、氯化钾(A.R.)、硫氰化钠(A.R.)、硫酸(A.R.)、冰醋酸(A.R.)。

## 四、实验步骤

1. $K_6CoW_{12}O_{40}$ 的制备

把 9.9 g(0.03 mol)$Na_2WO_4 \cdot 2H_2O$ 溶解在 20 mL $H_2O$ 中,再加入 1.5~1.8 mL 冰醋酸,然后用 pH 试纸检验,调节 pH=6.5~7.5,把 1.25 g $Co(CH_3COO)_2 \cdot 4H_2O$ 溶解于 6~7 mL $H_2O$ 中,再加入 2 滴冰醋酸。

加热 $Na_2WO_4$ 溶液近沸,在搅拌下立即加入乙酸钴溶液,使混合溶液微沸 15 min,再加入 6.5 g KCl,冷却到室温,用布氏漏斗过滤沉淀,烘干,得深绿色产物。

2. $K_5CoW_{12}O_{40}$ 的制备

称取 10 g $K_6CoW_{12}O_{40}$ 于 16 mL 2 mol·$L^{-1}$ $H_2SO_4$ 中,微微加热数分钟使其溶解,过滤除去不溶物,再加热溶解至沸腾,在搅拌下分批加入 5 g $K_2S_2O_8$,每次约加 0.25 g,溶液呈金黄色,继续加热 5 min 分解剩余的 $K_2S_2O_8$,溶液在冰浴中冷却得黄色晶体,过滤沉淀并用冷水洗涤,烘干,得黄色的 $K_5CoW_{12}O_{40}$ 晶体产物,称量。

3. 动力学测定

1) 溶液的配制

称取 0.1255 g $K_5CoW_{12}O_{40}$,用少量去离子水溶解,转移至 100 mL 容量瓶中,再用水稀释到刻度,得到浓度为 $4.0 \times 10^{-4}$ mol·$L^{-1}$ 的 $K_5CoW_{12}O_{40}$ 溶液。

分别称取一定量的 NaSCN,用少量去离子水溶解,转移至 25 mL 容量瓶中,用水稀释到刻度,使其浓度分别为 $4.0 \times 10^{-3}$ mol·$L^{-1}$、$6.0 \times 10^{-3}$ mol·$L^{-1}$、$8.0 \times 10^{-3}$ mol·$L^{-1}$、$1.2 \times 10^{-2}$ mol·$L^{-1}$。

2) 吸光度的测定

将 $K_5CoW_{12}O_{40}$ 溶液和不同浓度的 NaSCN 溶液分别按等体积混合,在 388 nm 波长用 1 cm 比色皿测定不同时间的吸光度 $A$。溶液混合后须在 1 min 内开始测定其吸光度,以后每隔 6~10 min 测定一次,连续测定 6 个点以上。$A_\infty$ 可在加热溶液使反应完全后测得。

## 五、实验数据记录与处理

(1) $K_5CoW_{12}O_{40}$ 产量:_____;$K_5CoW_{12}O_{40}$ 产率:_____。

(2) 不同时间的吸光度 $A$ 实验结果填入表 3-8。

表 3-8 实验结果

| [SCN⁻]/(mol·L⁻¹) | t/min | 0 | 8 | 16 | 24 | 32 | 40 | 48 | ∞ | $k_{obs}$/min |
|---|---|---|---|---|---|---|---|---|---|---|
| 4.0×10⁻³ | A | | | | | | | | | |
| | $\ln(A-A_\infty)$ | | | | | | | | | |
| 6.0×10⁻³ | A | | | | | | | | | |
| | $\ln(A-A_\infty)$ | | | | | | | | | |
| 8.0×10⁻³ | A | | | | | | | | | |
| | $\ln(A-A_\infty)$ | | | | | | | | | |
| 1.2×10⁻² | A | | | | | | | | | |
| | $\ln(A-A_\infty)$ | | | | | | | | | |

以 $\ln(A-A_\infty)$ 对 $t$ 作图,由 $\ln(A-A_\infty)$ 与 $t$ 的关系可确定其氧化剂的反应级数,其斜率为表观速率常数 $k_{obs}$。

再以 $k_{obs}$ 对[SCN⁻]作图,视其是否呈线性关系可确定其还原剂的反应级数,其斜率为总的反应速率常数 $k$。

## 六、实验思考题

(1) 为什么测得反应级数为一级反应时,说明其氧化还原反应是外界反应机理?

(2) 试述影响反应速率常数的因素。

## 实验六十 配合物几何异构体的制备及异构化速率常数和活化能的测定

### 一、实验目的

(1) 通过顺式和反式二水二乙二酸根合铬(Ⅲ)酸钾的制备,了解配合物的几何异构现象。

(2) 用光度法测定顺式和反式二水二乙二酸根合铬(Ⅲ)酸钾的异构化速率常数和活化能。

### 二、实验原理

异构现象是配合物的重要性质之一。配合物的异构现象是指化学组成完全一样的一些配合物,由于配体围绕中心离子的排列不同而引起结构和性质不同的一些现象。配合物的异构现象种类很多,其中最重要的有几何异构现象和光学异构现象,此外还有键合异构现象、水合异构现象、离子异构现象、配合异构现象。

几何异构现象主要发生在配位数为 4 的平面正方形结构和配位数为 6 的八面体结构的配合物中。根据在这类配合物中配体围绕中心体占据不同的位置,通常分为顺式和反式异构体,顺式是指相同配体彼此处于邻位,反式是指相同配体彼此处于对位。

对于顺式和反式异构体的配合物,没有普遍适用的制备方法。本实验是利用配合物 $K[Cr(C_2O_4)_2(H_2O)_2]$ 的顺反异构体在水溶液中的溶解度不同来制备所需的异构体。

配合物顺反异构体的鉴别方法有测偶极矩、X射线晶体衍射、可见-紫外吸收光谱、化学反应和分析方法。本实验是利用$K[Cr(C_2O_4)_2(H_2O)_2]$的顺反式异构体与稀氨水反应所生成碱式盐溶解度的不同来鉴别：顺式异构体的碱式盐溶解度很大，而反式异构体的碱式盐溶解度很小。

顺式和反式二水二乙二酸根合铬（Ⅲ）酸钾都是有色物质，并且反式异构体不稳定，容易转化为顺式异构体。因此，可以用光度法来测定其异构化的速率常数。

设溶液中含有顺式异构体（以 Y 表示）和反式异构体（以 X 表示）两种配合物，且反式异构体随时间而不断转化为顺式异构体，根据吸收定律：

$$E_t = (\varepsilon_X [X]_t + \varepsilon_Y [Y]_t) l \tag{3-17}$$

式中：$l$ 为比色皿的厚度；$E_t$ 为溶液在时间 $t$ 的消光值；$\varepsilon_X$、$\varepsilon_Y$ 为反式异构体 X、顺式异构体 Y 的摩尔吸光系数。

X 随时间 $t$ 逐渐转变为 Y，最后 X 全部转变为 Y：

$$X \longrightarrow Y$$

若此异构化反应为一级反应，则异构化速率为

$$\frac{d[X]}{dt} = -k[X] \tag{3-18}$$

积分得

$$[X]_t = [X]_0 e^{-kt} \tag{3-19}$$

式中：$[X]_0$ 为 X 的起始浓度；$[X]_t$ 为时间 $t$ 时反式异构体 X 的浓度。经过时间 $t$ 后，顺式异构体 Y 的浓度可以表示成

$$[Y]_t = [X]_0 - [X]_0 e^{-kt} \tag{3-20}$$

将式(3-19)和式(3-20)带入式(3-17)得

$$E_t = (\varepsilon_X [X]_0 e^{-kt} + \varepsilon_Y [X]_0 - \varepsilon_Y [X]_0 e^{-kt}) l$$

$$\frac{E_t}{l[X]_0} = (\varepsilon_X - \varepsilon_Y) e^{-kt} + \varepsilon_Y$$

$$\frac{E_t}{l[X]_0} - \varepsilon_Y = (\varepsilon_X - \varepsilon_Y) e^{-kt} \tag{3-21}$$

由式(3-21)可知，以 $-\ln\left(\dfrac{E_t}{l[X]_0} - \varepsilon_Y\right)$ 对 $t$ 作图可得一直线，直线的斜率即为异构化速率常数 $k$。若按此方法作图，就必须要知道 $[X]_0$ 和 $\varepsilon_Y$，但 $\varepsilon_Y$ 未知。可通过测定发生异构化的反式异构体溶液的消光值，和在完全转化后相同浓度的反式异构体溶液的消光值之差求得异构化速率常数 $k$。

设溶液中反式异构体的消光值为 $E_X$，顺式异构体的消光值为 $E_Y$，异构化溶液在时间 $t_1$、$t_2$、$t_3$、… 的消光值分别为 $E_1$、$E_2$、$E_3$、…，在时间 $t_1 + \Delta t$、$t_2 + \Delta t$、$t_3 + \Delta t$、… 的消光值分别为 $E_1'$、$E_2'$、$E_3'$、…。$\Delta t$ 为恒定的时间间隔，是两种异构化溶液中间所相隔的时间。

$t_1$ 时异构化溶液消光值为

$$E_1 = (\varepsilon_X[X]_0 e^{-kt_1} + \varepsilon_Y[X]_0 - \varepsilon_Y[X]_0 e^{-kt_1})l$$
$$= l\varepsilon_X[X]_0 e^{-kt_1} + l\varepsilon_Y[X]_0 - l\varepsilon_Y[X]_0 e^{-kt_1} = E_X e^{-kt_1} + E_Y - E_Y e^{-kt_1}$$

所以
$$(E_Y - E_1) = (E_Y - E_X)e^{-kt_1} \tag{3-22}$$

这是由一级反应速率方程式(3-19)所得的必然结果，$(E_Y - E_X)$ 为溶液中反式异构体起始浓度的量度，$(E_Y - E_1)$ 为经过时间 $t_1$ 以后留在溶液中反式异构体的量度。同样可得

$$E_Y - E_1' = (E_Y - E_X)e^{-k(t_1+\Delta t)} \tag{3-23}$$

由式(3-22)减去式(3-23)得
$$E_1' - E_1 = (E_Y - E_X)[e^{-kt_1} - e^{-k(t_1+\Delta t)}] = (E_Y - E_X)(1 - e^{-k\Delta t})e^{-kt_1}$$

$$\frac{E_1' - E_1}{E_Y - E_X} e^{kt_1} = 1 - e^{-k\Delta t}$$

$$e^{kt_1} = \frac{(E_Y - E_X)(1 - e^{k\Delta t})}{E_1' - E_1}$$

两边取对数得
$$kt_1 = \ln(1 - e^{-k\Delta t})(E_Y - E_X) - \ln(E_1' - E_1)$$

同样可得
$$kt_2 = \ln(1 - e^{-k\Delta t})(E_Y - E_X) - \ln(E_2' - E_2)$$

一般通式为
$$kt = 常数 - \ln\Delta E \tag{3-24}$$

式中：$\Delta E$ 为两溶液的消光值之差。

以 $-\ln\Delta E$ 对 $t$ 作图得一直线，直线的斜率即为反式异构体转化为顺式异构体的异构化速率常数 $k$。

若测得在不同温度下的异构化速率常数 $k$，则由式(3-25)可求得异构化的活化能：

$$\lg\frac{k_2}{k_1} = \frac{E}{2.303R}\left(\frac{1}{T_1} - \frac{1}{T_2}\right) \tag{3-25}$$

式中：$T$ 为热力学温度；$R$ 为摩尔气体常量（其值为 8.314 J·mol$^{-1}$·K$^{-1}$）；$E$ 为异构化的活化能。

### 三、实验仪器与试剂

1. 仪器

烧杯(250 mL 2 个、100 mL 4 个)、布氏漏斗($\Phi$6 cm 1 个)、吸滤瓶(250 mL 1 个)、量筒(25 mL 1 个)、容量瓶(100 mL 4 个)、紫外-可见分光光度计(1 台)、恒温水浴箱(1 台)。

2. 试剂

乙二酸(A.R.)、重铬酸钾(A.R.)、无水乙醇(A.R.)、高氯酸(C.R.)、稀氨水。

## 四、实验步骤

### 1. 反式和顺式异构体的制备

1) 反式 $K[Cr(C_2O_4)_2(H_2O)_2]$ 的制备

称取 6 g 乙二酸和 2 g 重铬酸钾分别溶解于 10 mL 沸水中,趁热混合于 250 mL 烧杯中。混合两种溶液,有大量二氧化碳气体放出。为防止溶液逸出,缓慢分批混合两种溶液,并盖上表面皿。待反应完毕冷却,溶液呈酱油色。在室温下,将此溶液放置、自然蒸发浓缩,有紫红色的晶体析出,过滤晶体,并用少量冰水和乙醇洗涤,晶体在 60℃烘干。晶体呈现深绿与紫色的混合色,用稀氨水洗涤变成无色细小颗粒状晶体。

2) 顺式 $K[Cr(C_2O_4)_2(H_2O)_2]$ 的制备

在研钵中,研细 3 g 乙二酸和 1 g 重铬酸钾的混合物,混合均匀后转入湿润的 250 mL 烧杯中,盖上表面皿。用小火在底部微热,立即发生剧烈的反应,并有二氧化碳气体放出,反应物呈深紫色的黏状液体。反应结束立即加入 15 mL 无水乙醇,在水浴上微微加热烧杯的底部,用玻璃棒不断搅拌使它成为晶体。若一次不行,可倾出液体,再加入相同数量的乙醇来重复以上操作,直到全部变成细小的晶体。倾出乙醇,晶体在 60℃烘干。

### 2. 反式和顺式异构体的鉴别

分别将两种异构体的晶体置于滤纸中央,并放在表面皿上,用稀氨水润湿。顺式异构体转化为深绿色的碱式盐,它易溶解并向滤纸的周围扩散;反式异构体转为棕色的碱式盐,溶解度很小,仍以固体留在滤纸上。

### 3. 异构化速率常数和活化能的测定

1) 顺、反式异构体的吸收光谱测定

分别称取 0.1000 g 顺、反式异构体溶于 100 mL $1.0×10^{-4}$ mol·$L^{-1}$ 高氯酸溶液中,以蒸馏水为空白,在 380~600 nm 波长分别测定这两种溶液的吸收光谱。反式异构体应放在冰水中测定,以免测量时反式异构体转化为顺式异构体。从这两种异构体的吸收光谱图上选择吸收差别最大时的波长作为测定波长。

2) 异构化速率常数和活化能的测定

称取反式异构体 0.1000 g,溶于盛有 100 mL $1.0×10^{-4}$ mol·$L^{-1}$ 高氯酸溶液的 100 mL 容量瓶中,在室温下放置 2 h,使其几乎完全转化为顺式异构体。

同样再称取反式异构体 0.1000 g,溶于盛有 100 mL $1.0×10^{-4}$ mol·$L^{-1}$ 高氯酸溶液的 100 mL 容量瓶中,室温下放置。

以蒸馏水为空白,在 1 cm 比色皿中,以所选波长迅速测定两份溶液的吸光值。开始每 5 min 测定一次吸光值,30 min 后,每 10 min 测一次。

高于室温 10℃,重复上述实验,测定不同时间的吸光值。

## 五、实验数据记录与处理

(1) 记录顺、反异构体两种溶液在不同波长 λ 处的吸光值 E,绘制 E-λ 吸收曲线,由此确定测定波长。

(2) 测量不同时间间隔的吸光值。

(3) 以 $-\ln\Delta E$ 对 $t$ 作图得一直线,直线斜率即为异构化速率常数 $k$。

(4) 求得不同温度下的 $k$ 值,由式(3-25)求得异构化活化能 $E$。

## 六、实验思考题

(1) 在制备反式和顺式异构体的反应中,乙二酸根除了作二齿配体外,还起什么作用?

(2) 在测定异构化速率常数时,称取的两份反式异构体的质量是否要求严格相等?为什么?

## 实验六十一　光度法测定过氧化氢合钛(Ⅳ)配合物的组成和稳定常数

### 一、实验目的

掌握用光度法测定配合物的组成和稳定常数的原理和方法。

### 二、实验原理

测定配合物的组成和稳定常数对于了解配合物的性质以及推断它的结构有重要的作用。同时,在很多实际应用方面,如离子交换、溶剂萃取和络合滴定等,都是以配合物在溶液中的稳定性作为基础的。因此,人们对配合物的组成和稳定常数的测定方法进行了广泛而深入的研究,已经建立了各种测定的方法。

光度法是最常用的方法之一。其原理是根据配合物在某一波长时对光有特征的吸收,而且配合物的溶液与原先的配体及金属离子的溶液对光有不同的吸收。溶液在某一波长时的消光值 $E$ 与溶液组成间的关系在理想条件下符合吸收定律:

$$E = l\sum_{i=0}^{n}\varepsilon_i c_i$$

式中:$l$ 为比色皿的厚度,$\varepsilon_i$ 为第 $i$ 个质点在浓度为 $c_i$ 时的摩尔吸光系数。体系中所生成的每个配合物的摩尔吸光系数并不知道,因此,不能从溶液的消光值直接求出配合物的平衡浓度来计算其稳定常数。如果配合物足够稳定或配体浓度足够高,就可以测得饱和配合物的摩尔吸光系数。光度法的优点是测定迅速,特别适合于低浓度溶液,溶剂选择的范围也比较大,但对于复杂体系则存在一定困难。由于配合物在溶液中能以各种不同的形式存在,因此处理方法也是多种多样的。

本实验是用等摩尔系列法来测定配合物的组成和稳定常数。等摩尔系列法又称 Job's 法,它是在一定体积溶液内金属离子 M 和配体 L 的总物质的量保持固定不变,而改变 M 和 L 的物质的量比,随着这个物质的量比的不同,它所形成的配合物 $ML_n$ 的量也就不同。以 M/L 的不同物质的量比组成一系列溶液,测出其消光值,绘出溶液物质的量比-消光曲线。若生成的配合物很稳定,则曲线有明显的极大值(图 3-3 中 $m$);若生成的配合物不很稳定而有一定的解离度,则曲线的极大值就不明显(图 3-4 中 $n$),这时可通过横坐标的两个端点向曲线作切线,由切线的交点可以确定曲线的极大值,再由其极大值求得配合物的组成。

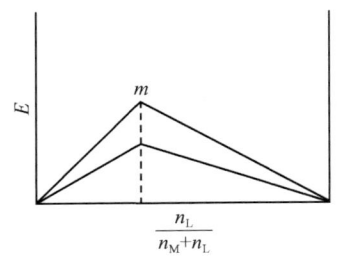

图 3-3  稳定配合物的物质的量比-消光曲线    图 3-4  不稳定配合物的物质的量比-消光曲线

体系中的配位反应为

$$M + nL \rightleftharpoons ML_n \tag{3-26}$$

设 $[M]+[L]=c$,其中 $[M]$、$[L]$ 分别为体系内金属离子、配体的起始浓度,$c$ 为常数。设 L 的摩尔分数为 $x$,平衡时,金属离子的浓度 $c_M$、配体的浓度 $c_L$、配合物的浓度 $y$ 分别为

$$c_M = c(1-x) - y \tag{3-27}$$

$$c_L = cx - ny \tag{3-28}$$

$$y = \beta c_M c_L^n \tag{3-29}$$

其中 $\beta$ 为式(3-26)中配合物的稳定常数。

微分上述各式得

$$\frac{dc_M}{dx} = -c - \frac{dy}{dx} \tag{3-30}$$

$$\frac{dc_L}{dx} = c - n\frac{dy}{dx} \tag{3-31}$$

$$\frac{dy}{dx} = \beta c_L^n \frac{dc_M}{dx} + n\beta c_M c_L^{n-1} \frac{dc_L}{dx} \tag{3-32}$$

当配合物 $ML_n$ 浓度极大时,$\frac{dy}{dx}=0$,则式(3-32)为

$$c_L \frac{dc_M}{dx} + nc_M \frac{dc_L}{dx} = 0 \tag{3-33}$$

以式(3-30)、式(3-31)中的 $\frac{dc_M}{dx}$、$\frac{dc_L}{dx}$ 代入式(3-33),整理得

$$c_L = nc_M$$

再以 $c_L$ 代入式(3-28)得

$$nc_M = cx - ny \tag{3-34}$$

式(3-27)乘 $n$ 得

$$nc_M = nc - ncx - ny \tag{3-35}$$

式(3-34)减式(3-35)整理得

$$n = \frac{cx}{c(1-x)} = \frac{x}{1-x}$$

所以,通过测定配合物 $ML_n$ 消光极大值就能求得 $x$,由此可以确定配合物的组成。

如果在不同的浓度范围内不生成其他配合物,则极大值的位置不变。浓度越小,配合物解离越明显,曲线越平。若配体和金属离子在同一波长也有吸收,则应从总消光值中减去配体和金属离子的消光值。这个方法不但可以求得配合物的组成,还可以计算配合物的稳定常数。

由式(3-26)知道配合物的稳定常数为

$$\beta = \frac{[ML_n]}{[c_M][c_L]^n} \tag{3-36}$$

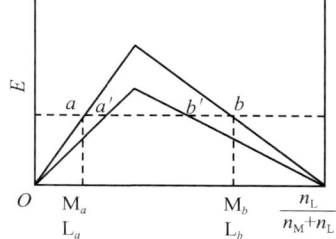

图 3-5 配合物的物质的量比-消光曲线

如果两个组成不同的溶液具有相同的消光值,则对同一种物质而言,两个溶液中配合物的量必然相等(图 3-5)。

设这时配合物浓度为 $c_x$,则

$$\beta = \frac{c_x}{[M_a - c_x][L_a - nc_x]^n} = \frac{c_x}{[M_b - c_x][L_b - nc_x]^n} \tag{3-37}$$

由式(3-37)可以求出配合物浓度 $c_x$,代入式(3-36)可以计算配合物的稳定常数 $\beta$。

若配合物的组成为 ML 时,就不能直接从一条物质的量比-消光曲线上任取相同消光值的两点来计算 $\beta$,应从不同的物质的量比-消光曲线上找出相同的消光值的两点来计算 $\beta$ 值(图 3-5 中的 $a$ 和 $a'$ 和 $b$ 和 $b'$)。

这个方法简单、迅速,结果也较可靠。但对于配合物稳定常数太大或太小、配位数太高的体系均不能得到正确的结果。

### 三、实验仪器与试剂

1. 仪器

721 型分光光度计(1 台)、容量瓶(25 mL 11 个、100 mL 3 个)、吸量管(10 mL 2 支)、烧杯(100 mL 2 个)、锥形瓶(250 mL 2 个)、酸式滴定管(50 mL 1 支)。

2. 试剂

乙二酸钛钾(A.R.)、过氧化氢(30%)(A.R.)、$H_2SO_4$(1:1)、$H_2SO_4$(2 mol·$L^{-1}$)、$MnSO_4$(0.5 mol·$L^{-1}$)、$KMnO_4$(A.R.)、乙二酸(A.R.)。

## 四、实验步骤

1. 钛溶液的配制

精确称取 0.3542 g 乙二酸钛钾,用 20 mL 1∶1 $H_2SO_4$ 加热溶解,冷却后用水稀释到 100 mL,即得到 $Ti^{4+}$ 浓度为 $1.00\times10^{-2}$ $mol\cdot L^{-1}$ 的溶液。

2. 过氧化氢溶液的配制和标定

用移液管吸取 1 mL 30% $H_2O_2$,用 2 $mol\cdot L^{-1}$ $H_2SO_4$ 溶液稀释到 100 mL。

吸取上述 $H_2O_2$ 溶液 10 mL 于锥形瓶中,用蒸馏水稀释到约 20 mL,加入 2~3 滴 0.5 $mol\cdot L^{-1}$ $MnSO_4$ 溶液,用高锰酸钾标准溶液来标定。

吸取一定量上述已知浓度的 $H_2O_2$ 溶液,用 2 $mol\cdot L^{-1}$ $H_2SO_4$ 溶液稀释到 100 mL,使 $H_2O_2$ 浓度为 $1.00\times10^{-2}$ $mol\cdot L^{-1}$。

3. 高锰酸钾溶液的配制和标定

称取 1.70 g 高锰酸钾晶体于 250 mL 烧杯中,用 200 mL 沸水进行溶解,将上层清液倒入棕色瓶中,再注入 300 mL 蒸馏水,摇匀,静止两天后用虹吸管将上层清液吸到 500 mL 烧杯中,弃掉瓶内剩余物,把棕色瓶洗净后,转入高锰酸钾溶液,保存在暗处,浓度待标定。

精确称取乙二酸两份,每份约 0.15 g,分别置于两个锥形瓶中,每份加入 25 mL 蒸馏水和 5 mL 2 $mol\cdot L^{-1}$ $H_2SO_4$ 溶液,加热到 80~90℃,但不要沸腾,趁热用高锰酸钾溶液滴定,滴定时速度不能太快,滴定到终点时应充分摇匀,以防止终点过头,最后 1 滴高锰酸钾溶液在摇匀 1 min 内仍不褪色,表明已达终点。记下高锰酸钾溶液的滴定体积,计算高锰酸钾溶液物质的量浓度。

4. $Ti^{4+}$-$H_2O_2$ 配合物的测定波长的选择

钛的硫酸溶液和过氧化氢溶液在可见光区没有吸收,可以选择 $Ti^{4+}$-$H_2O_2$ 配合物的最大吸收时的波长为测定波长。用吸量管吸取 2.5 mL $1.00\times10^{-2}$ $mol\cdot L^{-1}$ $Ti^{4+}$ 溶液、2.5 mL $1.00\times10^{-2}$ $mol\cdot L^{-1}$ $H_2O_2$ 溶液于 25 mL 容量瓶中,用 2 $mol\cdot L^{-1}$ $H_2SO_4$ 溶液稀释到刻度,并以 2 $mol\cdot L^{-1}$ $H_2SO_4$ 溶液为参比液。用 0.5 cm 比色皿在 360~600 nm 波长测定其消光值,填入表 3-9 中,以所测的消光值为纵坐标、波长为横坐标,绘制吸收曲线,选择吸收曲线的最大值为合适测定波长。

表 3-9 不同波长时配合物的消光值

| 波长 $\lambda$/nm | 360 | 380 | 400 | 410 | 420 | 440 | 460 | 480 | 500 | 520 | 560 | 600 |
|---|---|---|---|---|---|---|---|---|---|---|---|---|
| 消光值 $E$ | | | | | | | | | | | | |

5. $Ti^{4+}$-$H_2O_2$ 配合物的组成和稳定常数的测定

按等摩尔系列法,用 $1.00\times10^{-2}$ $mol\cdot L^{-1}$ $Ti^{4+}$ 溶液和 $1.00\times10^{-2}$ $mol\cdot L^{-1}$ $H_2O_2$

溶液依照表 3-10 数据配制混合溶液,然后用 2 mol·L$^{-1}$ H$_2$SO$_4$ 溶液稀释到 25 mL,测定其消光值。

表 3-10  测定 Ti$^{4+}$/H$_2$O$_2$ 不同物质的量比时的消光值

| 溶液编号 | 1 | 2 | 3 | 4 | 5 | 6 | 7 | 8 | 9 |
|---|---|---|---|---|---|---|---|---|---|
| Ti$^{4+}$ 溶液体积/mL | 0 | 1 | 2 | 3 | 4 | 5 | 6 | 7 | 8 |
| H$_2$O$_2$ 溶液体积/mL | 8 | 7 | 6 | 5 | 4 | 3 | 2 | 1 | 0 |
| 消光值 $E$ | | | | | | | | | |

**五、实验数据记录与处理**

1. Ti$^{4+}$-H$_2$O$_2$ 配合物的吸收曲线的绘制

以消光值 $E$ 对波长 $\lambda$ 作图,得出 Ti$^{4+}$-H$_2$O$_2$ 配合物的吸收曲线,再由吸收曲线确定配合物的测定波长。

2. Ti$^{4+}$-H$_2$O$_2$ 配合物的组成确定

以 $E$ 为纵坐标,[Ti$^{4+}$]/([Ti$^{4+}$]+[H$_2$O$_2$])物质的量比为横坐标作图得出物质的量比-消光曲线,由曲线的极大值位置确定配合物的组成。

3. Ti$^{4+}$-H$_2$O$_2$ 配合物的稳定常数 $\beta$ 的计算

在物质的量比-消光曲线上找出任一相同消光值的两点所对应的溶液组成,由式(3-37)求出配合物的浓度,由此计算配合物的稳定常数 $\beta$。

**六、实验思考题**

(1) 说明等摩尔系列法测定配合物稳定系数的适用范围。
(2) 为什么 ML 型配合物不能在同一物质的量比-消光曲线上任取消光值相等的两点计算稳定常数 $\beta$?

## 实验六十二  电导法测定柠檬酸铜配合物的组成

**一、实验目的**

(1) 了解电导法测量配合物组成的基本原理,掌握电导率仪的使用方法。
(2) 学习应用电导滴定法测定柠檬酸铜配合物的组成。

**二、实验原理**

电解质溶液的导电能力的大小通常以电阻 $R$ 或电导 $L$ 表示:

$$L = \frac{1}{R}$$

电解质溶液的电阻一般也符合欧姆定律。温度一定时,两极间溶液的电阻与两极间

距离 $l$ 成正比,而与电极面积 $S$ 成反比:

$$R = \rho \frac{l}{S}$$

或

$$L = \frac{1}{R} = \kappa \frac{S}{l}$$

式中:$\rho$ 为电阻率;$\kappa$ 为电导率,其物理意义是指长度为 1 cm、截面积为 1 cm² 导体的电导,即电导常数为 1 时导体的电导,单位为 S·cm$^{-1}$,常用 mS·cm$^{-1}$ 或 $\mu$S·cm$^{-1}$ 作单位。显然两者互为倒数关系,即 $\kappa=1/\rho$,且电导率表示相距 $l$ 为 1 cm 和面积 $S$ 为 1 cm² 时两个电极之间溶液的电导。

由于在电导池中所用的电极距离和面积是一定的,所以两者的比值 $S/l$ 为一常数,称为电池常数或电导池常数,用 $Q$ 表示,因此上述关系式又可变化为 $R=\rho Q$ 或 $\kappa=LQ$,即电导率=电导×电导池常数。

国产 A 型电导率仪是一种直读式电导率仪。它使用固定电极常数的电导电极,并装有电极常数的调节装置,因此可以从仪器中直接读出电导率值。仪器的工作原理及使用方法见基础实验教材。

电导滴定法就是利用电导滴定过程中溶液的电导率发生突变从而确定等当点的方法,常用于极稀溶液中电解质的浓度和组成的测定。若生成物是一种稳定的配合物,则可用电导滴定法来确定配合物的组成。

形成配合物的反应可表示如下:

$$(M^+ + A^-) + (C^+ + L^-) \Longrightarrow ML + (C^+ + A^-)$$

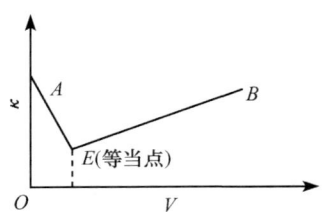

图 3-6　$U_{M^+} > U_{C^+}$,电导率减小

溶液中发生了 $M^+$ 与 $C^+$ 代替,以滴入溶液体积 $V$ 为横坐标、测得的相应电导率 $\kappa$ 为纵坐标,作 $\kappa$-$V$ 曲线。依据两种离子的迁移率数值,在达到等当点之前,滴定过程中可能有三种溶液电导的改变情况,达到等当点之后,过剩的 $C^+$ 和 $L^-$ 都会引起电导值的显著增加(图 3-6～图 3-8)。

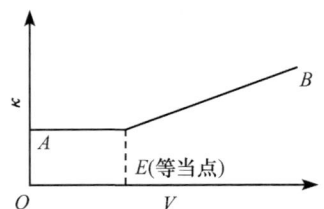

图 3-7　$U_{M^+} = U_{C^+}$,电导率几乎不变

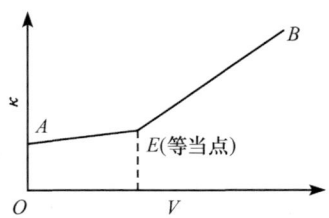

图 3-8　$U_{M^+} < U_{C^+}$,电导率增大

如果生成的配合物 ML 不稳定、解离度较大,则在等当点附近没有明显的折点,如图 3-9 所示,此时可将等当点两边未歪曲的电导曲线段外推,以确定等当点。

运用下式可推知待测配合物柠檬酸铜的配位数即物质的量的比值 $n$：

$$n = \frac{\text{柠檬酸钠的物质的量}}{\text{铜离子的物质的量}} = \frac{V_{柠}\ c_{柠}}{V_{铜}\ c_{铜}}$$

式中：$c_{柠}$ 和 $c_{铜}$ 分别表示柠檬酸钠和硝酸铜的起始浓度；$V_{柠}$ 表示所取的柠檬酸钠的体积；$V_{铜}$ 表示滴定至等当点时消耗硝酸铜的体积。

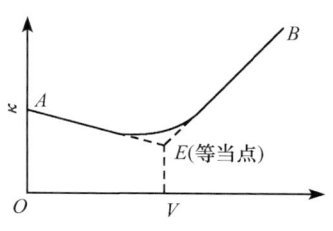

图 3-9　等当点附近无折线

### 三、实验仪器与试剂

1. 仪器

国产 A 型电导率仪、磁力搅拌器、DJS-1 型铂黑电极、微量滴定管（3 mL）、容量瓶（100 mL，3 个）、烧杯（50 mL，4 个）、移液管（20 mL，1 支）。

2. 试剂

柠檬酸钠溶液（$0.001\ \text{mol}\cdot\text{L}^{-1}$）、硝酸铜溶液（$0.02\ \text{mol}\cdot\text{L}^{-1}$）。

### 四、实验步骤

1. 溶液的配制

$0.001\ \text{mol}\cdot\text{L}^{-1}$ 柠檬酸钠溶液：精确称取 0.0001 mol 柠檬酸钠固体，用二次去离子水溶解后转移至 100 mL 容量瓶中，稀释至刻度。

$0.02\ \text{mol}\cdot\text{L}^{-1}$ 硝酸铜溶液：精确称取 0.002 mol 硝酸铜固体，用二次去离子水溶解后转移至 100 mL 容量瓶中，稀释至刻度。

2. 电导率的测定

用移液管移取 20.00 mL $0.001\ \text{mol}\cdot\text{L}^{-1}$ 柠檬酸钠溶液，放入干燥的 50 mL 小烧杯中，然后将小烧杯置于磁力搅拌器平台上，在搅拌条件下，从微量滴定管中逐份加入 $0.02\ \text{mol}\cdot\text{L}^{-1}$ 硝酸铜溶液，记下每次滴定后的电导率 $\kappa$。

### 五、实验数据记录与处理

将按表 3-11 每份滴入的硝酸铜溶液后测定的电导率值记录于表 3-11，并重复一次实验。

表 3-11　实验结果

| 硝酸铜溶液的体积/mL | 0.2 | 0.2 | 0.1 | 0.1 | 0.1 | 0.1 | 0.1 | 0.1 | 0.1 | 0.1 | 0.1 | 0.1 | 0.2 | 0.2 |
|---|---|---|---|---|---|---|---|---|---|---|---|---|---|---|
| 电导率 $\kappa$　1 | | | | | | | | | | | | | | |
| 　　　　　2 | | | | | | | | | | | | | | |

根据表 3-11 中的实验数据作出 $\kappa$-$V$ 电导滴定曲线图，并从图上的转折点（等当点）推知铜与柠檬酸钠生成配合物的组成（求 $n$ 值）。由滴定前后溶液 pH 的变化写出可能形成的柠檬酸铜配合物的结构式。

## 六、实验注意事项

（1）为避免滴定过程由于稀释而引起的电导率值的改变，硝酸铜溶液的浓度要比柠檬酸钠溶液（被滴定液）的浓度大很多（一般大 10～20 倍）。

（2）电极的引线不能潮湿，否则测量不准。

（3）溶剂必须是二次水；滴定时必须是小份小份地滴入，实验操作必须精确。

## 七、实验思考题

（1）书写硝酸铜与柠檬酸铜反应的总反应式，指出反应后溶液中哪两种离子间进行置换。在等当点之前溶液电导率改变情况如何？滴定曲线的形状属于四种图形中的哪一种？

（2）查阅相关资料，回答电导滴定法有什么特点，有什么局限性。

# 实验六十三　$Ni(OH)_2$ 和 $NiO$ 纳米晶的制备

## 一、实验目的

（1）掌握均相沉淀法合成 $Ni(OH)_2$ 和 $NiO$ 纳米晶的原理及方法。

（2）掌握马弗炉的使用方法。

（3）学习 X 射线衍射法对化合物的定性鉴定。

## 二、实验原理

氧化镍具有优良的热敏性，纳米化后的氧化镍具有更加优秀的热敏性，显示了纳米粒子在改善敏感元件性质方面的重要作用和奇异特性。纳米氢氧化镍作为电极活性材料有许多优点，如粒度小、比表面积大、压实密度高以及比容量高，在化学电源的发展过程中占有很重要的地位，广泛用于各种镉镍电池、储氢电池、锌镍电池和铁镍电池，所以制备和研究高活性、高容量、高密度的电池正极材料氢氧化镍引起了众多研究者的兴趣和关注，成为竞相研究热点。

纳米氢氧化镍的合成方法较多，有沉淀转化法、均相沉淀法、无水乙醇法、湿法化学合成法、配位沉淀法、离子交换法、微乳液法、高能球磨法以及固相反应法等，本实验采用均相沉淀法制备纳米氢氧化镍和氧化镍。

粒径小、粒度分布均匀是高品质超细颗粒必须具备的基本特征之一，为了达到上述目的，在制备粉体过程中，希望晶核的形成及核的生长过程得到很好的控制。采用滴加沉淀剂直接与反应物反应得到沉淀的方法，很难防止沉淀剂局部浓度过高而造成溶液中局部过饱和度过大，会使溶液中同时进行均相成核和非均相成核，造成沉淀粒度分散不均匀。均相沉淀法是利用某一化学反应使溶液中的构晶离子由溶液中缓慢均匀地释放出来，通过控制溶液中沉淀剂浓度，使之缓慢地增加，则可使溶液中的沉淀反应处于平衡状态，且沉淀可在整个溶液中均匀地析出。通常加入的沉淀剂，不立刻与被沉淀组分发生反应，而是通过化学反应使沉淀剂从溶液中缓慢地、均匀地产生出来,克服了由外部向溶液中直接加入沉淀剂而造成沉淀剂的局部不均匀的缺点。一般而言,沉淀剂可通过易缓慢水解的物质如尿素、六次甲基四胺生成。本实验采用尿素作沉淀剂,其水溶液在 70 ℃ 左右可发生分解反应而生成 $NH_4OH$,起到沉淀剂的作用,得到 $Ni(OH)_2$ 沉淀,尿素的分解反应式如下:

$$CO(NH_2)_2 + 3H_2O = 2NH_4OH + CO_2 \uparrow$$

生成的沉淀剂 $NH_4OH$ 均匀地分布在整个溶液体系中,而且浓度低,可使沉淀物均匀地生成、分布。尿素的分解速率即 $NH_4OH$ 的生成速率可以通过控制加热温度和尿素的浓度来实现。沉淀剂浓度很低,颗粒生长速度和纳米粒子团聚即得到控制,反应产物颗粒度均匀,粒径较窄,纯度较高。

通过强迫水解方法也可以进行均相沉淀。该法得到的产品颗粒均匀、致密,便于过滤洗涤,是目前工业化看好的一种方法。

### 三、实验仪器与试剂

1. 仪器

台秤、电子天平、容量瓶、烧杯、量筒、酸式滴定管、碱式滴定管、磁力搅拌器、酸度计、恒温水浴箱、干燥箱、瓷坩埚、马弗炉、X 射线衍射仪。

2. 试剂

$NiSO_4 \cdot 6H_2O$、$CO(NH_2)_2$。

### 四、实验步骤

1. 溶液的配制

1) $0.40\ mol \cdot L^{-1}\ NiSO_4$ 溶液

准确称取一定量的 $NiSO_4 \cdot 6H_2O$,配制 100 mL $0.40\ mol \cdot L^{-1}\ NiSO_4$ 溶液。

2) $0.40\ mol \cdot L^{-1}$ 尿素溶液

准确称取一定量的 $CO(NH_2)_2$,配制 250 mL $0.40\ mol \cdot L^{-1}$ 尿素溶液。

2. 均相沉淀法制备纳米 $Ni(OH)_2$

将配制好的 $NiSO_4$ 溶液与尿素溶液按 1 : 20 的比例混合,在 368 K 的恒温水浴中加热 30 min,将得到的悬浊液过滤,洗涤浅绿色沉淀,在 353 K 下干燥 1 h,得到浅绿色粉末。

3. 纳米 NiO 的制备

将浅绿色粉末置于瓷坩埚,放入马弗炉,在 673 K 热处理 0.5 h,得到黑色粉末,称量。

4. 产物的 X 射线衍射分析

用 X 射线衍射仪测定 353 K 和 673 K 处理的产品。

## 五、实验数据记录与处理

(1) Ni(OH)$_2$ 产量：_____ g。

(2) NiO 产量：_____ g。

(3) 对 353 K 和 673 K 处理的产品进行 X 射线衍射分析，用谢乐公式计算产品的平均粒径。

## 六、实验思考题

(1) 什么是均相沉淀法？它与一般沉淀法相比有什么优点？

(2) 尿素在该实验中起什么作用？

# 实验六十四  微波辐射制备磷酸钴纳米粒子

## 一、实验目的

(1) 了解微波辐射制备纳米材料的方法。

(2) 加深理解微波辐射的原理。

(3) 学习使用透射电镜、差热分析仪等对样品进行表征。

## 二、实验原理

纳米材料是指晶粒和晶界等显微结构能达到纳米级尺度水平的材料。纳米材料由于具有极微小的粒径及巨大的比表面，因此常表现与本体材料不同的性质，如纳米材料在颜料、涂料、催化剂、功能陶瓷材料、发光材料、生物材料等方面有重要的作用。纳米材料的制备方法有多种，微波辐射法可在较短时间内完成，具有时间短、见效快、操作方便等特点。

本实验是将含硫酸钴、磷酸二氢钠、尿素、十二烷基苯磺酸钠的混合液，在微波辐射下反应制备纳米材料——磷酸钴，反应式如下：

$$3Co^{2+} + 2H_2PO_4^- + 4OH^- \rightleftharpoons Co_3(PO_4)_2 \cdot 4H_2O \downarrow$$

固体沉淀物经离心分离、洗涤、干燥后，用透射电镜观察其粒子分布及颗粒形状；用差热分析仪观察其受热时脱水和晶形变化的情况。

## 三、实验仪器与试剂

1. 仪器

托盘天平、烧杯、微波炉、透射电镜、差热分析仪。

2. 试剂

无水硫酸钴(A.R.)、磷酸二氢钠(A.R.)、十二烷基苯磺酸钠(A.R.)、尿素(A.R.)、二次蒸馏水。

## 四、实验步骤

**1. 磷酸钴的制备**

配制含硫酸钴（$3.0\times10^{-3}$ mol·L$^{-1}$）、磷酸二氢钠（$3.0\times10^{-3}$ mol·L$^{-1}$）、十二烷基苯磺酸钠（0.01 mol·L$^{-1}$）、尿素（1.0 mol·L$^{-1}$）的混合液 100 mL，放入 200 mL 烧杯中，搅拌溶解后，放在微波炉的中央，中火挡（约 500 W）辐射 3 min，待混合液沸腾后调至小火挡（约 200 W）辐射 2 min，取出后置于冷水中冷至室温，然后转入离心管用离心机以 3000 r·min$^{-1}$ 离心分离，倾去上层清液，用二次蒸馏水冲洗沉淀 5 次，所得沉淀于 100℃ 下烘干，储于干燥器中备用。

**2. 产品的表征**

（1）将得到的固体粉末均匀分布于铜网上，晾干后用透射电镜观察其粒子分布及颗粒形状。

（2）用差热分析仪，在氮气保护、升温速度 15 ℃·min$^{-1}$ 条件下，观察记录样品从室温至 700℃ 的 TG 和 DTA 曲线，并计算样品的含水量，以确定水合物中结晶水的数目。

## 五、实验思考题

（1）制备过程中加入的表面活性剂十二烷基苯磺酸钠有什么作用？
（2）试分析制备磷酸钴纳米材料受到哪些因素影响。

## 附　微波辐射及微波炉的使用

（1）微波辐射简介。

微波属于电磁波的一种，频率范围 0.3～30 GHz，介于高频波与远红外波之间，微波同其他电磁波一样，具有电场与磁场双重性质。自从 1986 年 Gedye 发现微波可以显著加快有机化合物合成以来，微波技术在化学中的应用日益受到重视。1988 年 Baghurst 首次采用微波技术合成了 KVO$_3$、BaWO$_4$、YBa$_2$Cu$_2$O$_{7-x}$ 等无机化合物。微波辐射是通过偶极分子旋转（主要原因）和离子传导耗散微波能而实现加热目的。在微波辐射作用下，极性分子为响应磁场方向变化，通过分子偶极以每秒数十亿次的高速旋转，使分子间不断碰撞和摩擦而产生热，这种加热方式较传统的热传导和热对流加热更迅速，而且是空间辐射加热，体系受热均匀。

微波辐射有三个特点：一是在大量离子存在时能快速加热；二是快速达到反应温度；三是分子水平意义上的搅拌，从而实现了微波辐射加热的方便、高效、低能耗及省时的优点。

（2）微波炉的使用。

（i）微波炉的构造（略）。

（ii）使用方法：①插上电源；②将待加热样品置于微波炉中央位置，关紧炉门；③将"功率"选择开关旋至所需加热功率的位置；④将"时间"选择开关旋至所需加热的时间位置，微波炉即开始工作；⑤加热结束后，才能打开炉门，取出物体，拔掉电源插头。

（iii）注意事项：①微波对人体有危害，必须正确使用微波仪器，以防微波泄漏；②微波炉内不能使用金属，以免产生火花；③炉门一定要关紧后方能开始加热，以免微波能量外泄；④发现炉门变形或其他故障，切勿继续使用，需由专业维修人员进行检查修理。

## 实验六十五  水热法制备纳米氧化铁材料

### 一、实验目的

（1）了解水热法制备纳米材料的原理与方法。
（2）加深对水解反应影响因素的认识。
（3）熟悉分光光度计、离心机、酸度计的使用。

### 二、实验原理

水解反应是中和反应的逆反应，是一个吸热反应。升温使水解反应的速率加快，反应程度增加；浓度增大对反应程度无影响，但可使反应速率加快。对金属离子的强酸盐来说，pH 增大，水解程度与速率均增大。在科研中经常利用水解反应来进行物质的分离、鉴定和提纯，许多高纯度的金属氧化物，如 $Bi_2O_3$、$Al_2O_3$、$Fe_2O_3$ 等都是通过水解沉淀来提纯的。

纳米材料是指晶粒和晶界等显微结构能达到纳米级尺度水平的材料，是材料科学的一个重要发展方向。纳米材料由于粒径很小，比表面很大，表面原子数会超过体原子数，因此常表现出与本体材料不同的性质，在保持原有物质化学性质的基础上，呈现出热力学上的不稳定性。例如，纳米材料可大大降低陶瓷烧结及反应的温度，明显提高催化剂的催化活性、气敏材料的气敏活性和磁记录材料的信息存储量。纳米材料在发光材料、生物材料方面也有重要的应用。

氧化物纳米材料的制备方法很多，有化学沉淀法、热分解法、固相反应法、溶胶-凝胶法、气相沉积法、水解法等。水热水解法是较新的制备方法，它通过控制一定的温度和 pH 条件，使一定浓度的金属盐水解，生成氢氧化物或氧化物沉淀。若条件适当可得到颗粒均匀的多晶溶胶，其颗粒尺寸在纳米级，对提高气敏材料的灵敏度和稳定性有利。

为了得到稳定的多晶溶胶，可降低金属离子的浓度，也可用配位剂络合法控制金属离子的浓度，如加入 EDTA，可适当增大金属离子的浓度，制得更多的沉淀，同时对产物的晶形也有影响。若水解后，生成沉淀说明成核不同步，可能是玻璃仪器未清洗干净，或者是水解液浓度过大，或者是水解时间太长。此时的沉淀颗粒尺寸不均匀，粒径也比较大。

$FeCl_3$ 水解过程中，由于 $Fe^{3+}$ 转化为 $Fe_2O_3$，溶液的颜色发生变化，随着时间增加，$Fe^{3+}$ 量逐渐减小，$Fe_2O_3$ 粒径也逐渐增大，溶液颜色也趋于一个稳定值，可用分光光度计进行动态监测。本实验以 $FeCl_3$ 为例，试验 $FeCl_3$ 的浓度、溶液的温度、反应时间与 pH 等对水解反应的影响。

### 三、实验仪器与试剂

1. 仪器

烘箱、721 或 722 型分光光度计、医用高速离心机或 800 型离心沉淀器、pH S-2 型酸度计、多用滴管、具塞锥形瓶(20mL)、容量瓶(50mL)、离心试管、吸量管(5mL)。

2. 试剂

$FeCl_3$(1.0 mol·$L^{-1}$)、盐酸(1.0 mol·$L^{-1}$)、EDTA(1.0 mol·$L^{-1}$)、$(NH_4)_2SO_4$(1.0 mol·$L^{-1}$)。

### 四、实验步骤

1. 玻璃仪器的清洗

实验中所用一切玻璃器皿均需严格清洗。先用铬酸洗液洗,再用去离子水冲洗干净,然后烘干备用(该步骤可由实验室教师完成)。

2. 水解温度的选择

根据文献及实验时间,本实验选定水解温度为105℃,有兴趣的学生可做95℃和80℃对照。

3. 水解时间的影响

按$1.8×10^{-2}$ mol·$L^{-1}$ $FeCl_3$溶液、$8.0×10^{-4}$ mol·$L^{-1}$ EDTA的要求配制20 mL水解液,通过多用滴管滴加1 mol·$L^{-1}$ HCl以酸度计监测,调节溶液的pH至1.3,置于20 mL具塞锥形瓶中,放入105℃的烘箱中,观察水解前后溶液的变化。每隔30 min取样2 mL,于550 nm处观察水解液吸光度的变化,直到吸光度(A)基本不变,观察到橘红色溶胶为止,绘制 A-t 图。约需读数6次。

4. 水解液pH的影响

改变上述水解液的pH,分别为1.0、1.5、2.0、2.5、3.0。用分光光度计观察水解pH的影响,绘制pH-t 图。

5. 水解液中$Fe^{3+}$浓度的影响

改变步骤3中水解液的$Fe^{3+}$浓度,使之分别为$2.5×10^{-2}$ mol·$L^{-1}$、$5×10^{-3}$ mol·$L^{-1}$、$1.0×10^{-2}$ mol·$L^{-1}$,用分光光度计观察水解液中$Fe^{3+}$浓度对水解的影响,绘制 A-t 图。

6. 沉淀的分离

取上述水解液一份,迅速用冷水冷却,分为两份,一份用高速离心机离心分离,一份加入$(NH_4)_2SO_4$使溶胶沉淀后用普通离心机离心分离。沉淀用去离子水洗至无$Cl^-$为止(怎样检验?)。比较两种分离方法的效率。

### 五、实验思考题

(1) 影响水解的因素有哪些?如何影响?

(2) 水解器皿在使用前为什么要清洗干净？若清洗不净会带来什么后果？

(3) 如何精密控制水解液的 pH？为什么可用分光光度计监控水解程度？

(4) 氧化铁溶胶的分离有哪些方法？哪种效果较好？

## 实验六十六  十二钨磷酸及十二钨硅酸的制备、萃取分离及光谱分析

### 一、实验目的

(1) 学习多酸的制备方法，练习萃取分离操作。

(2) 通过红外光谱和紫外光谱的测定，了解十二钨磷酸和十二钨硅酸的基本性质及结构特点。

### 二、实验原理

多金属氧酸盐（polyoxometalate，POM）是一类由 $MO_x$ 多面体通过共边、共角、共顶点的方式聚合在一起的具有多面体结构的多核配合物，也可以看成是由简单含氧酸盐在一定条件下缩合脱水生成的化合物。仅由一种含氧酸盐缩合脱水得到的 POM 称为同多化合物，而由两种或两种以上的含氧酸盐之间缩合脱水生成的 POM 称为杂多化合物。迄今为止，多酸化合物的组成元素已从 Mo、W、V 等丰产元素拓展到元素周期表中的 70 多种元素，其主要化学性质是强酸性和强氧化性，应用范围从主要的工业催化剂扩展到材料、环境和生命科学与技术等各个现代学科领域，显示出极强的生命力。

具有 Keggin 结构的杂多化合物是研究得较早且较为详尽的一类多酸化合物，其结构是 1934 年英国化学家 J. F. Keggin 采用 X 射线粉末衍射的方法测定十二钨磷酸的分子结构（图 3-10）确立的，在多酸历史上具有划时代的意义。

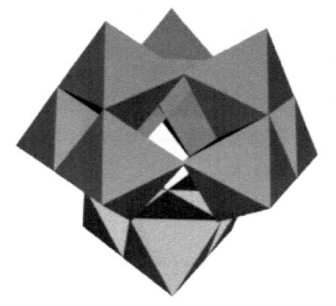

图 3-10  十二钨磷酸分子结构

钨酸钠和磷酸氢二钠在水溶液中经过酸化缩合可生成十二钨磷酸根阴离子，反应式如下：

$$12WO_4^{2-} + HPO_4^{2-} + 23H^+ = [PW_{12}O_{40}]^{3-} + 12H_2O$$

该阴离子 $[PW_{12}O_{40}]^{3-}$ 与质子结合，则得到十二钨磷酸。

钨酸钠和硅酸钠在水溶液中经过酸化则缩合生成十二钨硅酸根阴离子，反应式如下：

$$12WO_4^{2-} + SiO_3^{2-} + 22H^+ = [SiW_{12}O_{40}]^{4-} + 11H_2O$$

该阴离子 $[SiW_{12}O_{40}]^{4-}$ 与质子结合，则得到十二钨硅酸。

通常采用乙醚萃取法制备游离酸，即将过量的乙醚与强酸酸化（在生成物的水溶液中加入盐酸）的杂多阴离子一起振荡，杂多阴离子与乙醚生成一种油状物——醚合物，将最下层的醚合物分出，除醚后即得到杂多酸。

红外光谱和紫外光谱常用来鉴别多酸化合物。具有 Keggin 结构杂多化合物的红外光谱在 $700 \sim 1100 \text{ cm}^{-1}$ 出现四个特征峰，分别归属于 M—$O_c$—M（$760 \sim 800 \text{ cm}^{-1}$）、

M—$O_b$—M(850～890 cm$^{-1}$)、M=$O_d$(W系 983 cm$^{-1}$,Mo系 964 cm$^{-1}$)、P—$O_a$(W系 1079 cm$^{-1}$,Mo系 1064 cm$^{-1}$)的反对称伸缩振动。具有Keggin结构杂多化合物的紫外光谱在200和260 nm出现两个吸收谱带,分别归属于$O_d\longrightarrow M$和$O_{b,c}\longrightarrow M$的荷移跃迁。

### 三、实验仪器与试剂

1. 仪器

烧杯、台秤、磁力加热搅拌器、滴液漏斗、分液漏斗、蒸发皿、水浴锅、红外光谱仪、紫外分光光度计。

2. 试剂

$Na_2WO_4 \cdot 2H_2O$、$Na_2HPO_4$、$Na_2SiO_3 \cdot 2H_2O$、HCl(6 mol·L$^{-1}$、浓)、乙醚、$H_2O_2$(3%)。

### 四、实验步骤

1. 十二钨磷酸的制备及萃取分离

称取25g $Na_2WO_4 \cdot 2H_2O$ 和 4g $Na_2HPO_4$ 溶于50mL热水,加热搅拌,往溶液中滴加25 mL浓盐酸,待溶液澄清后,继续加热搅拌30 s。若在反应过程中溶液变蓝,滴加几滴3% $H_2O_2$ 至蓝色褪去。将溶液冷至室温。

将烧杯中的溶液、连同少量析出的固体一并转移至分液漏斗。往分液漏斗中加入35 mL乙醚,分三四次加入10 mL 6 mol·L$^{-1}$ HCl,振荡(注意排放乙醚蒸气)。静置后液体分为三层,分出下层油状醚合物转移到蒸发皿中,水浴蒸醚,至液体表面出现晶膜。将蒸发皿置于通风处,在空气中干燥至乙醚味消失,得到白色或浅黄色的十二钨磷酸固体。

2. 十二钨硅酸的制备及萃取分离

称取25 g $Na_2WO_4 \cdot 2H_2O$ 和 1.88 g $Na_2SiO_3 \cdot 2H_2O$ 溶于50 mL热水,加热搅拌,至沸。往溶液中滴加6 mol·L$^{-1}$ 盐酸至pH为2,保持30 min。将溶液冷至室温。

将烧杯中的溶液转移至分液漏斗,往分液漏斗中加入液体体积1/2的乙醚,分三四次加入10 mL浓 HCl,振荡(注意排放乙醚蒸气)。静置,将下层油状醚合物转移到蒸发皿中,加水4 mL,水浴蒸醚,至液体表面出现晶膜,冷却,抽滤,得到十二钨硅酸固体。

3. 十二钨磷酸及十二钨硅酸紫外光谱和红外光谱的测定

分别称取0.01 g十二钨磷酸和十二钨硅酸固体溶于50 mL蒸馏水,测定两种溶液的紫外光谱。

在红外灯下,分别将1 mg十二钨磷酸和十二钨硅酸固体与100 mg研磨过的KBr固体混合研磨后,压片,测定红外光谱。

## 五、实验数据记录与处理

（1）十二钨磷酸的制备：
产品外观：_____；产量：_____ g。
（2）十二钨硅酸的制备：
产品外观：_____；产量：_____ g。
（3）记录十二钨磷酸紫外光谱和红外光谱数据，并对特征峰位进行指认。

## 六、实验注意事项

（1）在乙醚萃取制备游离酸的过程中，注意随时排放乙醚蒸气，以免分液漏斗中压力过大而使塞子冲出。
（2）水浴蒸醚应在通风橱内进行。

## 七、实验思考题

（1）为什么采用水浴除醚，而不直接加热除醚？
（2）在反应过程中溶液变蓝是什么原因？为什么滴加几滴 $H_2O_2$ 后蓝色褪去？

## 实验六十七　稀土发光配合物苯甲酸铽的制备及荧光分析

### 一、实验目的

（1）了解稀土发光配合物的发光机理。
（2）了解稀土发光配合物苯甲酸铽的制备方法。
（3）学习通过电感耦合等离子体发射光谱仪（ICP）和 C、H、N 元素分析确定产物化学式。
（4）通过苯甲酸铽荧光光谱的测定，了解铽配合物的发光特性。

### 二、实验原理

稀土元素属于元素周期表中第三副族，包括钪、钇及镧系元素在内共 17 种元素，按软硬酸碱理论，稀土元素属于硬酸，所以它倾向于与硬碱（如含 O、F、N 的配体）键合，而与软碱（如含硫的配体）作用较弱。

发光是物体内部以某种方式吸收的能量不经过热阶段，直接转化为非平衡辐射的现象。稀土离子具有丰富的能级和特殊的 4f 电子跃迁特性，具有优秀的发光性能，被誉为"巨大的光学材料宝库"。

大部分三价镧系离子主要发生内层 4f-4f 能级之间的跃迁，根据选择定则，这种电偶极跃迁属禁戒跃迁，由于 4f 组态与相反宇称的 g 或 d 组态发生混合，或者其对称性偏离反演中心，使禁戒的 f-f 跃迁变为允许，但强度较弱，不利于吸收激发光能，在可见及紫外区吸收系数小。选择对紫外光有较强吸收的配体键合稀土离子，可使稀土配合物吸收的光通过配体敏化带或电荷转移传递到稀土离子而引起稀土离子敏化发光,即通过"天线效应"提高稀土离子的发光效率。

$Tb^{3+}$ 具有特征的绿色发射,为了得到具有良好的发绿光性能的配合物,要求配体在激发光波长处有较大的吸收,并能高效率地将能量传递给 $Tb^{3+}$,使之产生强烈的荧光。芳香羧酸配体与稀土铽离子有较好的能级匹配,生成的配合物具有优良的窄带发光性能和较长的荧光寿命。

铽配合物从吸收光到辐射荧光的过程,一般可分成三个阶段(图 3-11):①配体吸收光能后从基态 $S_0$ 跃迁到单重激发态 $S_1$,吸收的能量以辐射方式或非辐射的形式把能量传递给三重激发态 T;②三重态的能量可以辐射方式发出磷光,同时回到基态 $S_0$,或以非辐射方式将能量传递给三价铽离子;③处于激发态的铽离子能量跃迁也有两种方式,即以非辐射方式或者辐射方式跃迁至较低能态,再回到基态,当以辐射方式从高能态跃迁到较低能态时,就会产生荧光。当 $Tb^{3+}$ 的激发态能级与配体的三重态能级相当或略低时,就可能从配体的三重态吸收能量,使 $Tb^{3+}$ 从基态跃迁至激发态,处于激发态的离子再以辐射方式跃迁至低能态而发出荧光。在铽配合物的发射光谱中,位于 490 nm、544 nm、585 nm 和 620 nm 附近可观察到 $Tb^{3+}$ 的四个特征发射峰,分别对应于 $^5D_4 \rightarrow {}^7F_6$、$^5D_4 \rightarrow {}^7F_5$、$^5D_4 \rightarrow {}^7F_4$ 和 $^5D_4 \rightarrow {}^7F_3$ 跃迁。

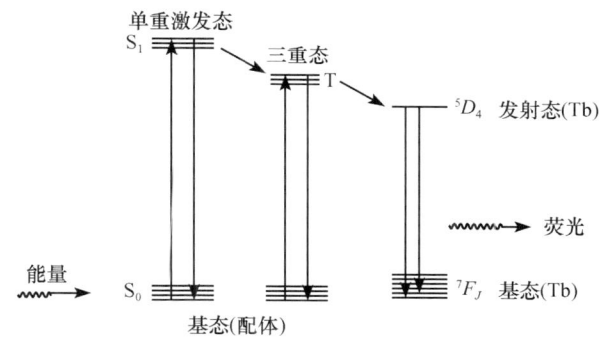

图 3-11 铽配合物的分子内传能示意图

### 三、实验仪器与试剂

1. 仪器

电子天平,电炉,烧杯,滴管,循环水真空泵,烘箱,干燥器,ICP,C、H、N 元素分析仪,荧光分光光度计。

2. 试剂

$TbCl_3 \cdot 6H_2O$ 固体(A.R.)、苯甲酸铵固体(A.R.)、氨水(0.1 mol·$L^{-1}$)、乙醇、乙醚。

### 四、实验步骤

(1) 苯甲酸铽的制备。称取 1 mmol $TbCl_3 \cdot 6H_2O$ 稀土氯化物溶于水(pH=5~6),

另称取 3 mmol 苯甲酸铵(0.30 g)溶于 4 mL 水中,加热,用 0.1 mol·L$^{-1}$ 稀氨水调至 pH=5～6,将苯甲酸铵溶液滴入氯化铽溶液中,析出大量沉淀,静置,去上清液,抽滤,用乙醇洗三次(每次 5 mL),乙醚洗两次(每次 5 mL),置于烘箱中,50 ℃烘 2 h,放入干燥器中干燥,计算产率。

(2) 对产物进行 ICP 和 C、H、N 元素分析测定,确定产物化学式。

(3) 在荧光分光光度计上,采用 290 nm 波长的光作为激发光源,测定苯甲酸铽溶液的发射光谱。

### 五、实验数据记录与处理

(1) 计算苯甲酸铽的产率。
(2) 确定产物化学式。
(3) 以表格形式记录苯甲酸铽溶液发射光谱中的发射峰数据及其归属。

### 六、实验注意事项

制备苯甲酸铽时,注意溶液 pH 控制为 5～6。

### 七、实验思考题

(1) 稀土配合物分子内传能过程是怎样的?
(2) 说明苯甲酸铽溶液发射光谱中的发射峰峰位及其归属。

## 实验六十八　纳米 $TiO_2$ 的制备及其表征

### 一、实验目的

(1) 了解溶胶-凝胶法制备纳米二氧化钛的方法。
(2) 熟悉纳米粒性和物性的表征。

### 二、实验原理

纳米材料是目前重要的研究领域之一,它在电学、光学、磁学等方面表现出许多优良性能。纳米材料分为两大类:一类是粒度在纳米级的超细微粒;另一类是具有纳米孔、纳米通道等纳米体相材料。纳米粒子的制备方法分为物理和化学两大类,其中气相法(如化学气相沉积法等)、液相法(如溶胶-凝胶法、沉淀法等)被归为化学方法。溶胶-凝胶法是一种将无机盐或金属醇盐经水解直接形成溶胶或经解凝形成溶胶然后使溶质聚合凝胶化,再将凝胶干燥,焙烧除去有机成分得到纳米材料,是目前获得合成纳米材料的可行性方法。

应用溶胶-凝胶方法制备纳米 $TiO_2$ 超微粒子的基本原理是利用 $TiCl_4$ 或钛酸四丁酯的可控水解,在阻聚剂存在下的低温热处理过程。

纳米微粒尺寸的评估通常有透射电镜观察法(TEM)、比表面积法、X 射线衍射法(XRD)等。

## 三、实验仪器与试剂

1. 仪器

磁力搅拌器、三口瓶(250 mL)、滴液漏斗(50 mL)、量筒(50 mL)、旋转蒸发仪、抽滤装置、马弗炉、研钵、烧杯(250 mL)、X射线衍射仪、透射电镜。

2. 试剂

钛酸四丁酯(A.R.)、聚乙烯醇、无水乙醇、氨水、冰醋酸。

## 四、实验步骤

1. 溶胶-凝胶法制备纳米 $TiO_2$ 粉体

取 50 mL 钛酸四丁酯与同体积无水乙醇小心混匀,冰浴、剧烈搅拌下,将加有一定量阻聚剂(冰醋酸)和稳定剂聚乙烯醇(PVA)的 50 mL 水缓慢滴入上述混合溶液中,电磁搅拌 2 h。然后用 12.5% 氨水调节至 pH 为 9.0,减压低温旋转蒸发至大部分凝胶析出,过滤,洗涤,将湿凝胶在 100℃下烘干 3 h。冷却,加水反复细研再过滤。然后在 200℃、300℃、400℃、500℃、600℃、900℃下分别煅烧 1 h,研细成微粉即可。

2. 纳米微粒的表征

(1) 纳米 $TiO_2$ 粉体的 XRD 表征:取适量 $TiO_2$ 微粉放入样品池,选定 X 射线衍射仪的工作参数后进行衍射角扫描,记录衍射峰,与标准图谱对照,找出锐钛型和金红石型的衍射峰,用谢乐公式计算平均粒径。

(2) 纳米 $TiO_2$ 粉体的 TEM 表征:对少量 $TiO_2$ 粉体进行预处理,超声波振荡后将样品分散,然后放入样品池中扫描拍摄,观察粒子分散情况及计算粒径。

# 实验六十九　从含碘废液中提取碘制取碘化钾

## 一、实验目的

(1) 掌握从含碘废液中回收碘的两种方法。
(2) 掌握无机物的提取、制备、提纯、分析等方法和技能。
(3) 学习实验方案的设计。

## 二、实验原理

在我们的学习和实验中需要用到大量的碘及其金属碘化物、碘酸盐。例如,在反应的反应速率、反应级数和活化能测定中,有碘的生成。又如,在用碘量法测定 $Cu^{2+}$ 时有 CuI 和 $I_2$ 生成。实验结束后这些碘都留在了废液中,若将其直接排放,不仅造成碘资源的浪费(碘的价格昂贵),而且严重污染了环境,因此从含碘废液中回收碘,充分利用二次资源是非常重要的。从实验室废液中回收和提纯碘有两种方法:方法一是利用氧化还原反应,采用分离、萃取、升华等工序回收废碘液中的碘;方法二是利用氧化还原反应,将废液中的 $I_2$ 全部转化为 $I^-$,浓缩后加入工业级硫酸铜作沉淀剂,在适量还原剂存在条件下使 $I^-$ 全部转化为 CuI,然后加入浓硝酸氧化获得单质 $I_2$。通过实验和回收条件优化得知,这两种方法所得的碘单质纯度和回收率都比较高。

用方法二收集含碘废液时,一般先用 $Na_2SO_3$ 将 $I_2$ 还原成 $I^-$ 储存起来,累积到一定数量时才进行回收,然后与 $CuSO_4$、$Na_2SO_3$ 反应,生成 CuI 进行富集浓缩,反应式如下:

$$I_2 + Na_2SO_3 + H_2O = 2NaI + H_2SO_4$$

$$2NaI + 2CuSO_4 + Na_2SO_3 + H_2O = 2CuI\downarrow + 2NaHSO_4 + Na_2SO_4$$

富集得到的 CuI 或 CuI 残渣可以通过下列两种不同方法制取 KI。

(1) 用硝酸氧化 CuI,析出 $I_2$,再用升华方法将 $I_2$ 提纯。提纯之后 $I_2$ 与铁粉反应,生成 $Fe_3I_8$,再与 $K_2CO_3$ 反应生成 KI 和 $Fe_3O_4$,过滤,蒸发浓缩后得 KI 晶体,反应式如下:

$$2CuI + 8HNO_3 = 2Cu(NO_3)_2 + I_2 + 4NO_2\uparrow + 4H_2O$$

$$3Fe + 4I_2 = Fe_3I_8$$

$$Fe_3I_8 + 4Na_2CO_3 = 8KI + 4CO_2\uparrow + Fe_3O_4$$

(2) 在 CuI 中加入 KOH 溶液直接生成 KI,反应式如下:

$$2CuI + 2KOH = Cu_2O\downarrow + 2KI + H_2O$$

过滤出 $Cu_2O$ 沉淀之后,为了除去过量的 KOH,可在热溶液中加入研细碘晶体,直至溶液呈浅棕色,然后通入 $H_2S$ 进一步除去反应生成的 $KIO_3$ 和被空气所氧化的二价铜,反应式如下:

$$6KOH + 3I_2 = 5KI + KIO_3 + 3H_2O$$

$$KIO_3 + 3H_2S = KI + 3S\downarrow + 3H_2O$$

$$2Cu_2O + O_2 + 4H_2O + 2KOH = 4K_2[Cu(OH)_4]$$

$$K_2[Cu(OH)_4] + 2H_2S = K_2S + CuS\downarrow + 4H_2O$$

过滤,将滤液加热除尽 $H_2S$,最后蒸发、结晶得到 KI 晶体。

## 三、实验仪器与试剂

1. 仪器

移液管(25 mL)、锥形瓶(250 mL)、吸滤瓶、布氏漏斗、酸式滴定管、台秤。

2. 试剂

$K_2CO_3$(C.P.)、工业胆矾、铁粉或铁屑、$HNO_3$(浓)、$H_2SO_4$(1 mol·$L^{-1}$)、淀粉溶液、$KIO_3$(0.2000 mol·$L^{-1}$)、$Na_2S_2O_3$ 标准溶液(0.1000 mol·$L^{-1}$)、KI(0.1 mol·$L^{-1}$)、无水 $Na_2SO_3$(工业用)。

3. 材料

pH 试纸、滤纸。

## 四、实验步骤

1. 含碘废液中碘含量测定

吸取 25 mL 含碘废液置于 250 mL 锥形瓶中,用 1 mol·L$^{-1}$ H$_2$SO$_4$ 酸化后再过量 5 mL,加 20 mL 水,加热煮沸,稍冷,准确加入 10 mL KIO$_3$,小火加热煮沸,以除去释放出的 I$_2$,冷却后加入约 5 mL 过量的 KI 溶液,使与剩余 KIO$_3$ 反应,再度释放的 I$_2$ 用 Na$_2$S$_2$O$_3$ 溶液滴定,当 Na$_2$S$_2$O$_3$ 溶液滴定至溶液呈浅黄色时,加入淀粉溶液,继续用 Na$_2$S$_2$O$_3$ 溶液滴定至溶液蓝色恰好消失即为终点。

2. 含碘废液制取碘化钾

根据含碘废液中 I$^-$ 的含量,计算出处理 500 mL 上述废液使其沉淀为 CuI 所需要的 Na$_2$SO$_3$ 和 CuSO$_4$·5H$_2$O 的理论量。将 Na$_2$SO$_3$ 固体溶解于含碘废液中,然后将 CuSO$_4$ 配成饱和溶液,在不断搅拌下,将 CuSO$_4$ 溶液逐滴加到含碘废液中并加热至 60~70℃,静置,沉降。取出少量上层溶液检查溶液中 I$^-$ 是否沉淀完全,如果没有沉淀完全,继续加入 CuSO$_4$ 与 Na$_2$SO$_3$,待 I$^-$ 完全转化为 CuI 后,弃去上层清液,使沉淀保持在 20 mL 左右,置于小烧杯中,盖上表面皿,在不断搅拌下,逐滴加入计算量的浓 HNO$_3$,待析出的碘静置沉降后将溶液倾出,固体碘用少量水洗涤,然后将碘放在一个没有凸嘴的烧杯中,在烧杯上放一个装满冷水的圆底烧瓶,置于水浴中加热,使碘升华,待紫黑色针状碘晶体全部沉积在烧瓶上后,收集结晶的碘,称量后置于烧杯中加入 20mL 水和计算量的铁粉(比理论值过量 30%),不断搅拌,微微加热,使碘完全溶解。此时溶液呈黄绿色,将溶液从过剩的铁粉中倾出,并用少量水洗涤铁粉,洗液一起并入溶液,然后加入计算量的 K$_2$CO$_3$ (比理论值过量 10%)溶液,加热煮沸,使 Fe$_3$O$_4$ 析出,抽滤,用少量水洗涤 Fe$_3$O$_4$,如果溶液不澄清,再抽滤一次,然后加热蒸发至溶液表面出现晶膜,冷却,抽滤,称量。

3. 产品纯度鉴定

1)氧化剂

溶解 1 g 所得 KI 产品于 20 mL 水中,加酸酸化后加入淀粉溶液,在 5 min 内不产生蓝色为合格。

2)还原剂

在上述检验后的溶液中加入 1 滴 I$_2$ 溶液应呈现稳定的蓝色。

## 五、实验数据记录与处理

1. 实验中各种试剂用量计算

(1)含碘废液中 I$^-$ 的物质的量浓度为多少?

(2)沉淀 500mL 废液中的 I$^-$ 需加入无水 Na$_2$SO$_3$(含 95% 计算)及 CuSO$_4$·5H$_2$O(含 95% 计算)各多少克?

(3)可以生成 CuI 多少克?

(4) 溶解上述 CuI 需浓 $HNO_3$ 多少毫升？

(5) 上述生成的 $I_2$ 需用多少克铁粉（过量 30%）与其反应？有多少 $Fe_3I_8$ 生成？同时需用 $K_2CO_3$（含 98%，过量 10%）多少克与上述 $Fe_3I_8$ 反应，最后可得 KI 多少克？

2. 计算本实验中碘与碘化钾的回收率

（略）

## 六、实验思考题

(1) 含碘废液中的 $I^-$ 含量测定中，是否可以直接加入过量 $KIO_3$ 与 $I^-$ 反应，生成的 $I_2$ 用标准 $Na_2S_2O_3$ 溶液滴定？为什么？

(2) 用标准 $Na_2S_2O_3$ 溶液滴定滴定碘时，滴定至终点后再经过几分钟，溶液又会出现蓝色（用淀粉作指示剂），为什么？是否还要继续补加 $Na_2S_2O_3$ 溶液使蓝色褪去？为什么？

(3) 用 $Na_2SO_3$ 和 $CuSO_4$ 沉淀 CuI 时，为什么要先加入固体 $Na_2SO_3$ 然后再滴加饱和 $CuSO_4$ 溶液？如何检验溶液中碘离子已经沉淀完全？

(4) 在实验中 KI 溶液或晶体通常装在棕色瓶子中，当长期暴露在空气中时容易发黄，为什么？如何除去这种黄色物质？

(5) 按制取 KI 的反应式，计算各步试剂的用量，写出实验步骤，并比较两种制取 KI 方法的优缺点。

(6) 如何提高碘与碘化钾的回收率？

## 实验七十　水热法合成磷钼钒酸盐单晶

### 一、实验目的

(1) 通过 $[NH_4]_4H[PMo_8V_4V_2O_{42}]\cdot 24H_2O$ 单晶的制备了解水热合成的方法以及杂多化合物的结构特征。

(2) 学习利用 ICP、IR、UV、TG-DTA 等分析物质的组成。

### 二、实验原理

水热合成方法近年来被应用到杂多化合物的合成中，一般是在高压釜里的高温、高压反应环境中，采用水作为反应介质，使得通常难溶或不溶的物质溶解、反应（还可进行重结晶）。中温水热反应温度通常控制在 110～260℃。中温水热技术具有以下特点：

(1) 相对低的温度。

(2) 在封闭容器中进行，避免了组分挥发。

(3) 产物在水热反应条件下已晶化，无需再经过常规的热处理晶化过程，从而可以减少或消除热处理过程中难以避免的颗粒间的团聚。

(4) 改变反应条件，可以得到具有不同晶体结构、不同结晶形态、粒度可控的粉体产物。

本实验就是利用中温水热法合成 $[NH_4]_4H[PMo_8V_4V_2O_{42}]\cdot 24H_2O$，反应式如下：

$$PO_4^{3-} + 8MoO_4^{2-} + 4VO_3^- + 14H^+ \longrightarrow [PMo_8V_2V_2O_{40}]^{5-} + 7H_2O$$

$$PO_4^{3-} + 2VO_3^- + [PMo_8V_4O_{40}]^{9-} + 6H^+ \longrightarrow [PMo_8V_4V_2O_{42}]^{5-} + PO_4^{3-} + 3H_2O$$

总反应式为

$$2PO_4^{3-} + 8MoO_4^{2-} + 6VO_3^- + 20H^+ \longrightarrow [PMo_8V_4V_2O_{42}]^{5-} + PO_4^{3-} + 10H_2O$$

磷钼钒杂多化合物的 IR 光谱在波数范围 $700 \sim 1100~cm^{-1}$ 有 4 个特征峰。其 UV 光谱在 240 nm 和 310 nm 处有吸收,同时在可见区有较强吸收。

### 三、实验仪器与试剂

1. 仪器

分析天平、烧杯、玻璃棒、磁力搅拌器、量筒、不锈钢反应釜(内衬聚四氟乙烯)、烘箱。

2. 试剂

$Na_2MoO_4 \cdot 2H_2O$(A.R.)、$NH_4VO_3$(A.R.)、$H_3PO_3$(A.R.)。

### 四、实验步骤

1. 合成

将 0.8 g $Na_2MoO_4$ 和 0.4 g $NH_4VO_3$ 加入装有 8 mL $H_2O$ 的烧杯中,置于磁力搅拌器上搅拌,并慢慢滴入 50% 亚磷酸,调节 pH=3.0,搅拌 30 min,溶液变为深红色。将此溶液封于内衬聚四氟乙烯的不锈钢反应釜中,于 160℃ 下晶化 7 d。冷却至室温,得到蓝色溶液,放置 6 d,有黑色块状晶体生成。

2. 测试及分析

(1) ICP 分析:学习 ICP 测试的操作和数据分析。
(2) IR 光谱:学习 IR 测试的操作过程,记录数据,初步了解 IR 光谱图及分析。
(3) UV 光谱:学习 UV 测试的操作过程,记录数据,初步了解 UV 光谱图及分析。
(4) TG-DTA 分析:学习 TG-DTA 测试的操作过程。记录数据,初步了解 TG-DTA 光谱图及分析。升温速度控制在 $20~℃ \cdot min^{-1}$。

### 五、实验思考题

(1) 分析在 UV 图中产生吸收的原因。
(2) 影响合成目标产物的因素有哪些?

## 实验七十一　纳米锂锰尖晶石材料的合成及表征

### 一、实验目的

(1) 了解流变相先驱物反应的原理和方法。
(2) 掌握自动控温马弗炉的使用方法。

(3) 学习用 XRD 和扫描电子显微镜(SEM)方法对目标产物进行表征。
(4) 了解该材料的结构和用途。

## 二、实验原理

有关尖晶石的合成方法较多,近年来有人提出流变相反应,并应用于无机合成,取得较大的进展。流变相是指介于液相和固相中间的一种状态,似固非固,似液非液,类似于牙膏、生面团、化妆品等。流变相反应是将固体反应物按一定比例混合,研细,加少量水或其他溶剂,然后将其充分搅匀,使其形成一种流变状态。将流变态混合物转移到反应器中,恒温到指定温度,经过一段时间让其充分反应而形成一种先驱物,将先驱物研细,在马弗炉中加热分解得到目标产物。流变相反应时,反应粒子可充分接触,一些离子可以通过溶剂进行扩散,加速反应进行。流变相反应可使一些不溶于水或其他溶剂的反应物在流变状态下进行反应。

锂锰尖晶石 $LiMn_2O_4$ 属立方晶系、Fd3m 空间群,其中氧原子占据面心立方(32e)位,锂离子位于四面体间隙,即晶胞中 8a 位置上,锰离子占据八面体间隙,即晶胞中 16d 位置。一个晶胞中有 32 个氧原子,16 个锰原子占据八面体间隙位(16d)的一半,另一半(16c)位则是空的,8 个锂离子占据 64 个四面体间隙位(8a)的 1/8。因此,锂离子($Li^+$)可以通过空着的相邻四面体和八面体间隙沿 8a-16c-8a 的通道在 $Mn_2O_4$ 构成的三维隧道空间中嵌入与脱出。故可用作电极材料。其晶体结构如图 3-12 所示。

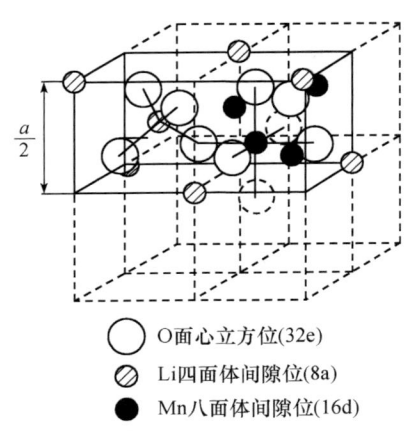

○ O面心立方位(32e)
⦸ Li四面体间隙位(8a)
● Mn八面体间隙位(16d)

图 3-12 锂锰尖晶石晶体结构

合成锂锰尖晶石的相关反应式如下:

$$MnAc_2 + C_6H_8O_7 \Longrightarrow [(Mn)(C_6H_6O_7)] + 2HAc\uparrow$$

$$LiAc + C_6H_8O_7 \Longrightarrow [(Li)(C_6H_7O_7)] + HAc\uparrow$$

$$2[(Mn)(C_6H_6O_7)] + [(Li)(C_6H_7O_7)] + O_2 \longrightarrow LiMn_2O_4 + H_2O + CO_2$$

## 三、实验仪器与试剂

1. 仪器

分析天平(0.1 mg 精度)、玛瑙研钵、烧杯、试剂瓶、反应釜、瓷坩埚、马弗炉。

2. 试剂

乙酸锂(A.R.)、乙酸锰(A.R.)。

## 四、实验步骤

1. 流变相反应法制备锂锰尖晶石

称取一定量的乙酸锂($LiAc \cdot 2H_2O$)和乙酸锰($MnAc_2 \cdot 4H_2O$),按 1∶2(物质的量

比)充分混合,研细,然后加入柠檬酸,柠檬酸的量为乙酸锂和乙酸锰的合量的 1.2 倍,即柠檬酸与乙酸锂和乙酸锰的合量($nLiAc·2H_2O+nMnAc_2·4H_2O$)的比为 1.2∶1。加入适量的水,充分研磨使其成为流变态,转入反应器中,然后在 90~100℃恒温 12 h,生成淡黄色粉末。取出研细,在 550℃灼烧 2 h,冷却研细后,升温 680℃灼烧 6 h,即得目标产物 $LiMn_2O_4$。

### 2. 纳米锂锰尖晶石的表征

(1) XRD 测试。
(2) SEM 测试。

## 五、实验数据记录与处理

(1) 产品外观:_____;产量:_____ g;产率:_____%。
(2) XRD 测试图谱及晶胞参数的计算。
(3) SEM 测试的图片及产物颗粒大小、形貌的分析。

## 六、实验注意事项

(1) 称量要求准确。
(2) 反应物先研细、混合均匀后再加水,形成流变态。
(3) 两次烧结,第一次烧完后要研细,烧结过程中要通空气。
(4) 要自然冷却到室温。

## 七、实验思考题

(1) $LiMn_2O_4$ 尖晶石中锰元素的氧化数是多少?作为电极材料的原理是什么?
(2) 查阅文献资料,总结流变相反应的优点。

# 实验七十二 净水剂的研制与应用

## 一、实验目的

(1) 了解我国水资源及水处理现状。
(2) 了解目前国内外无机高分子絮凝剂研制的方法。
(3) 学习设计合成聚硅酸金属盐类絮凝剂并检验其净水效果。
(4) 学习运用分光光度法(GB 13200—91)进行水质浊度的测定。

## 二、实验原理

聚硅酸金属盐类絮凝剂作为新型水处理剂,其研究已成为热点,近年来得到了迅速发展。聚硅铝(PSA)是开发最早的品种,目前国内的研究也主要集中在 PSA 上,并取得了一定进展。但 PSA 处理水后残余的 Al 会影响人体健康。传统絮凝剂 Fe 盐与 Al 盐相比具有无毒、絮体颗粒大和沉降速度快等优点，所以，聚硅铁（PSFS）的开发利用对水处理具有重要意义。本实验要求重点研究 PSFS 的制备条件、稳定性及絮凝性能，希望能得到除浊效果好的 PSFS，并应用于饮用水的处理中。

### 三、实验仪器与试剂

1. 仪器

搅拌器、pH S-3C 型 pH 计、722 型分光光度计、天平、秒表、浊度计。

2. 试剂

$Na_2SiO_3$（20%）、$H_2SO_4$（3 mol·$L^{-1}$）、$Fe_2(SO_4)_3$（C.P.）。

### 四、实验步骤

1. 液体 PSFS 的制备

取 12 mL 20% $Na_2SiO_3$，加入 48 mL 蒸馏水稀释至 $SiO_2$ 浓度为 2.2%，搅拌均匀后边搅拌边滴加 3 mol·$L^{-1}$ $H_2SO_4$ 调节到一定的 pH（注意观察实验现象）。用移液管将上述溶液分成 6 份，放置一定时间后，分别加入不同量的 $Fe_2(SO_4)_3$ 溶液，搅拌均匀后得到不同 Fe、Si 含量比的 PSFS，Fe、Si 比分别为 1∶6、1∶4、1∶3、1∶2、3∶4、1∶1。

2. 固体 PSFS 的制备

取 Fe、Si 比为 1∶2 的不同 pH PSFS 放于 67℃ 的烘箱中烘烤 6~8 h 后取出，得深褐色透明固体，计算产率。

3. 混凝实验

在 60 mL 水样中加入一定量的絮凝剂后用搅拌器快搅 30 s，慢搅 10 min，静置 8 min，于距上液面 2~3 cm 处取清液，测浊度。

实验所用水样为沙湖水、长江水、实验室废水、自制混浊水或染料水。自制混浊水由一定量泥土加入到 2000 mL 自来水中配制而成，浊度为 112NTU，使用前摇匀，以使其浊度保持一致。

### 五、实验思考题

(1) 不同 Fe、Si 含量比 PSFS 的除浊效果。
(2) 不同 PSFS 用量的除浊效果。
(3) 不同 pH PSFS 的稳定性。
(4) 影响 PSFS 除浊效果的因素。

## 附 中华人民共和国国家标准水质——浊度的测定
## Water Quality——Determination of Turbidity　GB 13200—91

本标准参照采用国际标准 ISO 2027—1984《水质——浊度的测定》。

### 一、主题内容与适用范围

1. 本标准规定了两种测定水中浊度的方法：分光光度法，适用于饮用水、天然水及高浊度水，最低检测浊度为3°；目视比浊法，适用于饮用水和水源水等低浊度的水，最低检测浊度为1°。
2. 水中应无碎屑和易沉颗粒，如所用器皿不清洁，或水中有溶解的气泡和有色物质时干扰测定。

### 二、原理

在适当温度下，硫酸肼与六次甲基四胺聚合，形成白色高分子聚合物，以此作为浊度标准液，在一定条件下与水样浊度相比较。

### 三、试剂

除非另有说明，分析时均使用符合国家标准或专业标准分析纯试剂、去离子水或等纯度的水。

（1）无浊度水。

将蒸馏水通过 0.2 μm 滤膜过滤，收集于用滤过水荡洗两次的烧瓶中。

（2）浊度标准储备液。

(i) $1\ g\cdot(100\ mL)^{-1}$ 硫酸肼溶液。

称取 1.000 g 硫酸肼$[(N_2H_4)H_2SO_4]$溶于水，定容至 100 mL。

注：硫酸肼有毒、致癌！

(ii) $10\ g\cdot(100\ mL)^{-1}$ 六次甲基四胺溶液。

称取 10.00 g 六次甲基四胺$[(CH_2)_6N_4]$溶于水，定容至 100 mL。

(iii) 浊度标准储备液。

吸取 5.00 mL 硫酸肼溶液与 5.00 mL 六次甲基四胺液于 100 mL 容量瓶中，混匀。于 25℃±3℃ 下静置反应 24 h。冷后用水稀释至标线，混匀。此溶液浊度为 400°，可保持一个月。

### 四、仪器

50 mL 具塞比色管、分光光度计。

### 五、样品

样品应收集到具塞玻璃瓶中，取样后尽快测定。如需保存，可保存在冷暗处不超过 24 h。测试前需激烈振摇并恢复到室温。

所有与样品接触的玻璃器皿必须清洁，可用盐酸或表面活性剂清洗。

### 六、分析步骤

（1）标准曲线的绘制。吸取浊度标准液 0.00 mL、0.50 mL、1.25 mL、2.50 mL、5.00 mL、10.00 mL 及 12.50 mL，置于 50 mL 的比色管中，加水至标线。摇匀后，即得浊度为 0.0°、0.4°、10°、20°、40°、80° 及

100°的标准系列。于 680 nm 波长,用 30 mm 比色皿测定吸光度,绘制标准曲线。

(2) 测定。吸取 50.0 mL 样品摇匀,水样无气泡,如浊度超过 100°可酌情少取,用无浊度水稀释至 50.0 mL 于 50 mL 比色管中,按绘制标准曲线步骤测定吸光度,由标准曲线上查得水样浊度。

## 七、结果的表述

浊度计算公式如下:

$$浊度(°) = \frac{A(B+C)}{C}$$

式中:$A$ 为稀释后水样的浊度(°);$B$ 为稀释水体积(mL);$C$ 为原水样体积(mL)。

不同浊度范围测试结果的精度要求如表 3-12 所示。

表 3-12  不同浊度范围测试结果的精度要求

| 浊度范围/° | 精度/° | 浊度范围/° | 精度/° |
| --- | --- | --- | --- |
| 1～10 | 1 | 400～1000 | 50 |
| 10～100 | 5 | >1000 | 100 |
| 100～400 | 10 | | |

# 实验七十三  洗衣粉中活性组分、含磷量与碱度的测定

## 一、实验目的

(1) 培养灵活运用酸碱滴定理论知识分析实际样品的能力。
(2) 了解洗衣粉中活性组分、含磷量与碱度的测定方法。

## 二、实验原理

烷基苯磺酸钠是洗衣粉的主要活性成分,具有良好的去污力、发泡力和乳化力。常采用对甲苯胺法测定洗衣粉中烷基苯磺酸钠的含量。烷基苯磺酸钠与盐酸对甲苯胺反应生成复盐 $RC_6H_4SO_3H \cdot NH_2C_6H_4CH_3$,采用溶剂萃取法将此复盐萃取到 $CCl_4$ 中,再用 NaOH 标准溶液滴定,反应式如下:

$$RC_6H_4SO_3Na + CH_3C_6H_4 \cdot NH_2 \cdot HCl \longrightarrow RC_6H_4SO_3H \cdot NH_2C_6H_4CH_3 + NaCl$$

$$RC_6H_4SO_3H \cdot NH_2C_6H_4CH_3 + NaOH \longrightarrow RC_6H_4SO_3Na + CH_3C_6H_4NH_2 + H_2O$$

聚磷酸盐是洗衣粉中常添加的一种助剂,可以增强洗涤效果,但会污染水质,因此必须限制使用。在强酸性介质中,聚磷酸盐解聚为正磷酸,溶液的 pH 调节为 3~4 时,磷酸主要以磷酸二氢根的形式存在,反应式如下:

$$Na_5P_3O_{10} + 5HNO_3 + 2H_2O =\!=\!= 5NaNO_3 + 3H_3PO_4$$

$$H_3PO_4 + NaOH =\!=\!= NaH_2PO_4 + H_2O$$

以酚酞为指示剂,用 NaOH 标准溶液滴定至浅红色,磷酸二氢根转变为磷酸氢根,根据反应计量关系可测定洗衣粉中的聚磷酸盐含量。

碳酸钠等碱性物质也是洗衣粉中常添加的助剂。常用活性碱度和总碱度两个指标来

表示洗衣粉中碱性物质的含量。活性碱度指仅由氢氧化钠(或氢氧化钾)产生的碱度;总碱度则指由碳酸盐、碳酸氢盐、氢氧化钠及有机碱(如三乙醇胺)等产生的碱度总和。以酚酞为指示剂,用 HCl 标准溶液滴定至洗衣粉溶液呈现浅红色测定洗衣粉的活性碱度,再以甲基橙为指示剂,继续用 HCl 标准溶液滴定至溶液变为橙色,测定总碱度指标。

### 三、实验仪器和试剂

1. 仪器

分析天平、酸式及碱式滴定管(50 mL)、容量瓶(250 mL)、锥形瓶、移液管(25 mL)、分液漏斗(250 mL)、电炉、量筒、pH 试纸。

2. 试剂

(1) 盐酸对甲苯胺溶液:粗称 10 g 对甲苯胺,溶于 20 mL 1∶1 盐酸中,加水至 100 mL,使 pH<2。溶解过程可适当温热,以促进溶解。

(2) $CCl_4$。

(3) 硝酸溶液(1∶10)。

(4) 盐酸溶液(1∶1、0.5 mol·$L^{-1}$、0.1 mol·$L^{-1}$)。

(5) NaOH 溶液:0.1 mol·$L^{-1}$(标定),0.01 mol·$L^{-1}$(标定),50% NaOH。

(6) 乙醇(95%)。

(7) 间甲酚紫指示剂(0.04% 钠盐)。

(8) 酚酞指示剂(1%)。

(9) 甲基橙指示剂(0.1%)。

(10) 洗衣粉试样。

### 四、实验步骤

1. 洗衣粉试液的配制

称取 1.5~2 g(准确至 0.001 g)洗衣粉试样分批加入 80 mL 水中,搅拌促使其溶解(可温热)。转移至 250 mL 容量瓶中,稀释至刻度,摇匀。因液体表面有泡沫,读数应以液面为准。

2. 烷基苯磺酸钠的测定

移取 25.00 mL 洗衣粉样品溶液于 250 mL 分液漏斗中,用 1∶1 盐酸调 pH≤3。加 25 mL $CCl_4$ 和 15 mL 盐酸对甲苯胺溶液,剧烈振荡 2 min(注意时常放气),静置 5 min。分层后,放出 $CCl_4$ 层至锥形瓶中,注意切勿放出水层。再以 15 mL $CCl_4$ 和 5 mL 盐酸对甲苯胺溶液重复萃取两次,$CCl_4$ 层转移至上述锥形瓶中。取 10 mL 95% 乙醇加入锥形瓶中增溶,再加入 0.04% 间甲酚紫指示剂 5 滴,以 0.01 mol·$L^{-1}$ NaOH 标准溶液滴定至溶液由黄色突变为紫色且 30 s 内颜色不变即为终点,以十二烷基苯磺酸钠的质量分数表示洗衣粉中活性物质的含量。平行测定 3 份。

### 3. 活性碱度和总碱度的测定

吸取 25.00 mL 洗衣粉溶液至锥形瓶中,加入 2 滴酚酞指示剂,用 0.1 mol·L$^{-1}$ HCl 标准溶液滴定至浅粉色(15 s 内不褪色),计算以 Na$_2$O 形式表示的活性碱度。于测定过活性碱度的溶液中加入 2 滴甲基橙指示剂,继续滴定至橙色,计算以 Na$_2$O 形式表示的总碱度。平行测定 3 份。

### 4. 聚磷酸盐含量的测定

称取 1～1.2 g(准确至 0.001 g)洗衣粉至锥形瓶中,加 50 mL 去离子水、25 mL 1∶10 硝酸溶液,摇匀,加入几粒沸石,小火加热沸腾 20 min,冷却至室温。然后加 1 滴 0.1% 甲基橙指示剂,边摇边滴加 50% NaOH 溶液至溶液显浅黄色,再用 0.5 mol·L$^{-1}$ HCl 溶液小心调至浅粉红色。加入 15 滴 1% 酚酞指示剂,以 0.1 mol·L$^{-1}$ NaOH 标准溶液滴定至浅红色并保持 30 s 即为滴定终点。平行测定 3 份。

## 五、实验数据记录与处理

实验结果填入表 3-13～表 3-15。

**表 3-13　烷基苯磺酸钠的测定**

| 编号<br>记录项目 | 1 | 2 | 3 |
|---|---|---|---|
| 洗衣粉质量/g | | | |
| 移取试液体积/mL | | | |
| $V_{NaOH}$/mL | | | |
| 活性成分含量/% | | | |
| 活性成分平均含量/% | | | |
| 相对平均偏差/% | | | |

**表 3-14　活性碱度和总碱度的测定**

| 编号<br>记录项目 | 1 | 2 | 3 |
|---|---|---|---|
| 洗衣粉质量/g | | | |
| 移取试液体积/mL | | | |
| $V_{1(HCl)}$/mL | | | |
| 活性碱度 | | | |
| 活性碱度平均值 | | | |
| 相对平均偏差/% | | | |
| $V_{2(HCl)}$/mL | | | |
| 总碱度 | | | |
| 总碱度平均值 | | | |
| 相对平均偏差/% | | | |

表 3-15 聚磷酸盐含量的测定

| 记录项目 \ 编号 | 1 | 2 | 3 |
| --- | --- | --- | --- |
| 洗衣粉质量/g | | | |
| $V_{NaOH}$/mL | | | |
| 聚磷酸盐含量/% | | | |
| 聚磷酸盐平均含量/% | | | |
| 相对平均偏差/% | | | |

## 六、实验思考题

（1）测定烷基苯磺酸钠时,为什么要萃取三次?若水层也放入锥形瓶,会产生什么后果?

（2）用 NaOH 滴定烷基苯磺酸钠与盐酸对甲苯胺的复盐,是否可用酚酞指示滴定终点?

（3）活性碱度和总碱度的测定为什么要采用两种不同的指示剂指示终点?

（4）测定聚磷酸盐的含量时,加入 1∶10 硝酸溶液的作用是什么?滴定前为什么要用 NaOH 和 HCl 调节酸度?

# 实验七十四　硅酸盐水泥中硅、铁、铝、钙、镁含量的测定

## 一、实验目的

（1）学习复杂物质的样品处理和分离技术。
（2）熟悉实际样品的系统分析方法。
（3）了解重量法测定 $SiO_2$ 的原理和实验方法。
（4）进一步掌握络合滴定法的几种滴定方式。

## 二、实验原理

水泥、玻璃、陶瓷、冶金和煤灰等的主要成分是硅酸盐,其主要测定指标是 $SiO_2$、$Fe_2O_3$、$Al_2O_3$、CaO、MgO 等,依据化学分析法中的滴定分析法和重量分析法可以对该类物质进行系统分析。

水泥熟料、未掺混合材料的硅酸盐水泥、碱性矿渣水泥等,可采用酸分解法。而不溶物含量较高的水泥熟料、酸性矿渣水泥、火山灰质水泥等酸性氧化物较高的物质可采用碱熔融法。本实验采用的熟料水泥,采用酸分解法。

水泥熟料中碱性氧化物占 60% 以上,因此易被酸所分解。其主要成分为硅酸三钙（$3CaO \cdot SiO_2$）、硅酸二钙（$2CaO \cdot SiO_2$）、铝酸三钙（$3CaO \cdot Al_2O_3$）和铁铝酸四钙（$4CaO \cdot Al_2O_3 \cdot Fe_2O_3$）等。这些化合物与盐酸作用后,分别生成硅酸和可溶性的氧化物,反应式如下：

$$2CaO \cdot SiO_2 + 4HCl = 2CaCl_2 + H_2SiO_3 + H_2O$$

$$3CaO \cdot SiO_2 + 6HCl = 3CaCl_2 + H_2SiO_3 + 2H_2O$$

$$3CaO \cdot Al_2O_3 + 12HCl = 3CaCl_2 + 2AlCl_3 + 6H_2O$$

$$4CaO \cdot Al_2O_3 \cdot Fe_2O_3 + 2HCl = 4CaCl_2 + 2AlCl_3 + 2FeCl_3 + 10H_2O$$

目前,我国立窑生产的硅酸盐水泥熟料的主要化学成分及其控制范围列于表 3-16。

**表 3-16 硅酸盐水泥熟料的主要化学成分及其控制范围**

| 化学成分 | 含量范围/% | 一般控制范围/% | 化学成分 | 含量范围/% | 一般控制范围/% |
|---|---|---|---|---|---|
| $SiO_2$ | 18~24 | 20~22 | CaO | 60~67 | 62~66 |
| $Fe_2O_3$ | 2.0~5.5 | 3~4 | MgO | | <4.5 |
| $Al_2O_6$ | 4.0~9.5 | 5~7 | $SO_3$ | | <3.0 |

**1. 硅的测定**

水泥等硅酸盐样品中的硅含量可用重量法测定,重量法测定时,根据使硅酸凝聚所用物质的不同分为盐酸干涸法、动物胶法、氯化铵法等。本实验采用氯化铵法,即将试样与 7~8 倍的固体 $NH_4Cl$ 混匀后,加入 HCl 溶液分解试样,$HNO_3$ 氧化 $Fe^{2+}$ 为 $Fe^{3+}$。其中的硅以硅酸凝胶形式沉淀,于 100~110℃温度下蒸发脱水,此时,由于 HCl 的蒸发,硅酸中所含的水分大部分被带走,硅酸水溶胶成为水凝胶析出。而溶液中的 $Fe^{3+}$、$Al^{3+}$ 等离子在温度超过 110℃时易水解生成难溶性的碱式盐混入硅酸凝胶中,所以,应采用水浴法加热蒸干。

固体 $NH_4Cl$ 的作用是促进硅酸水凝胶脱水,因为 $NH_4Cl$ 易解离生成 $NH_3 \cdot H_2O$ 和 HCl 而挥发,从而消耗水,反应式如下:

$$NH_4Cl + H_2O \rightleftharpoons NH_3 \cdot H_2O + HCl$$

含水硅酸 $SiO_2 \cdot nH_2O$ 组成不定,因此,沉淀经过滤、洗涤和烘干,再在瓷坩埚中于 950~1000℃ 灼烧成 $SiO_2$,恒量后,称量,计算 $SiO_2$ 的质量分数。

$$H_2SiO_3 \cdot nH_2O \xrightarrow{110℃} H_2SiO_3 \xrightarrow{950\sim 1000℃} SiO_2$$

本法测定结果较标准法约高 0.2%,如用铂坩埚可在 1100℃ 灼烧至恒量,再经 HF 处理后,测定结果与标准法结果相比,误差小于 0.1%。生产上的快速分析常采用氟硅酸钾容量法。

滤液可进行铁、铝、钙、镁等含量的测定。

**2. 铁、铝的测定**

取适量的滤液,调节其 pH 为 2.0~2.5,磺基水杨酸为指示剂,加热至 60~70℃,用 EDTA 标准溶液滴定至溶液从紫红色突变为黄色即为终点。而铝的测定采用返滴定方式,即调节测定铁后的溶液的 pH 为 4.2,并加入适量的缓冲溶液,向溶液中加入过量的 EDTA 标准溶液,加热煮沸,使其充分络合,以 PAN 为指示剂,用 $CuSO_4$ 标准溶液回滴过量的 EDTA。

3. 钙、镁的测定

用三乙醇胺和酒石酸钾钠掩蔽 $Fe^{3+}$、$Al^{3+}$、$Ti^{4+}$、$Mn^{2+}$，不经分离可分别测定钙和镁的含量。

### 三、实验仪器与试剂

1. 仪器

马弗炉、瓷坩埚、干燥器、坩埚钳(长、短)、分析天平、酸式滴定管(50 mL)、锥形瓶(250 mL)等。

2. 试剂

(1) EDTA 标准溶液(0.015 mol·L$^{-1}$)：称取 6 g EDTA 二钠盐溶于温水中，用水稀释至 1 L。于 pH≈10 的 $NH_3$-$NH_4Cl$ 缓冲溶液中，以铬黑 T 为指示剂，锌作基准物，标定 EDTA 溶液的准确浓度。

(2) 固体 $NH_4Cl$。

(3) HCl(浓、3∶97、1∶1)。

(4) $HNO_3$(浓)。

(5) $NH_4SCN$ 溶液(1%)。

(6) 溴甲酚绿指示剂(0.05%)：0.05 g 溴甲酚绿溶于 100 mL 20%乙醇溶液中。

(7) $NH_3·H_2O$(1∶1)。

(8) HAc-NaAc 缓冲溶液(pH≈4.2)。

(9) PAN 指示剂(0.2%)：0.2 g 指示剂溶于 100 mL 乙醇中。

(10) 三乙醇胺(1∶1)。

(11) 固体钙指示剂：钙指示剂与 NaCl 以 1∶100 混合，碾磨均匀。

(12) K-B 指示剂：1 g 酸性铬蓝 K、2 g 奈酚绿 B 与 25 g NaCl 研细混匀。

(13) $NH_3$-$NH_4Cl$ 缓冲溶液(pH≈10)。

(14) 磺基水杨酸指示剂(10%)：10 g 指示剂溶于 100 mL 水中。

(15) 铬黑 T 指示剂：铬黑 T 指示剂 NaCl 以 1∶100 混合，碾磨均匀。

(16) $CuSO_4$ 标准溶液(0.015 mol·L$^{-1}$)：2.0 g $CuSO_4·5H_2O$ 溶于水中，加 4 滴 1∶1 硫酸，以水稀释至 500 mL。准确移取该铜溶液 10.00 mL，加 10 mL HAc-NaAc 缓冲溶液，加热至 80~90℃，加入 PAN 指示剂 5 滴，用 EDTA 标准溶液滴定至溶液从红色变为绿色即为终点。计算 EDTA 与 $CuSO_4$ 溶液的体积比。

(17) 酒石酸钾钠(10%)：10 g 酒石酸钾钠溶于 100 mL 水中。

(18) NaOH 溶液(10%)。

### 四、实验步骤

1. $SiO_2$ 的测定

称取 0.5~0.8 g 水泥样品于 50 mL 干燥小烧杯(或 100~150 mL 瓷蒸发皿)中，加入 2 g $NH_4Cl$ 固体,用平头玻璃棒混合均匀,盖上表面皿,沿杯口滴加 3 mL 浓 HCl 和 1 滴浓 $HNO_3$,仔细搅拌均匀,使试样充分分解,然后水浴蒸干(呈浓稠状)。取下,向烧杯中加入 10 mL 热的 3∶97 HCl 溶液,搅拌,使可溶性盐类溶解,以中速滤纸过滤,用热 3∶97 HCl 溶液洗涤,每次 5 mL,约洗涤 10 次以后,用 $NH_4SCN$ 溶液在白色点滴板上检测 $Fe^{3+}$,直到洗涤至无 $Fe^{3+}$ 存在为止。滤液及洗涤液收集于 250 mL 容量瓶中,用蒸馏水稀释至刻度,摇匀,用以分析 $Fe^{3+}$、$Al^{3+}$、$Ca^{2+}$、$Mg^{2+}$ 等。

将沉淀及滤纸移至已称至恒量的瓷坩埚中,于电炉上低温烘干,再升温使滤纸充分灰化。之后,在 950～1000℃ 的高温马弗炉中灼烧 30 min,取出,稍冷,移至干燥器中冷却至室温(15～40 min),称量,如此反复灼烧直至恒量。

2. $Fe^{3+}$ 的测定

准确移取上述滤液 50.00 mL 于 500 mL 烧杯中,滴加 2 滴溴甲酚绿指示剂(溴甲酚绿指示剂在 pH<3.8 时呈黄色,在 pH>5.4 时呈绿色),此时,溶液呈现黄色,逐滴加入 1∶1 $NH_3 \cdot H_2O$,调节溶液至刚呈现绿色,再以 1∶1 HCl 溶液调节溶液刚呈现黄色再过量 3 滴,此时,溶液的酸度约为 pH=2,向溶液中滴加 6～8 滴 10% 磺基水杨酸指示剂,加热溶液至 60～70℃,用 EDTA 标准溶液滴定至溶液从紫红色突变为黄色即为终点,计算样品中 $Fe_2O_3$ 的质量分数。

3. $Al^{3+}$ 的测定

向上述测定 $Fe^{3+}$ 后的溶液中,用移液管或滴定管准确加入 20.00 mL EDTA 标准溶液,加入 15 mL pH=4.2 HAc-NaAc 缓冲溶液,将溶液煮沸 2 min,稍冷(约90℃),滴加 4 滴 0.2% PAN 指示剂,趁热,以 $CuSO_4$ 标准溶液滴定至溶液从黄色变为绿色,最后突变为紫色即为终点,计算样品中 $Al_2O_3$ 的质量分数。

4. $Ca^{2+}$ 的测定

准确移取 25.00 mL 滤液,于 250 mL 锥形瓶中(若 $Fe^{3+}$、$Al^{3+}$ 含量较高,可采用氨水法或尿素均匀沉淀法将其转化为氢氧化物沉淀后分离除去),加 25 mL 水、4 mL 三乙醇胺,摇匀,再加入 5 mL 10% NaOH 溶液和约 0.01 g 固体钙指示剂,摇匀使其溶解,用 EDTA 标准溶液滴定至溶液从紫红色突变为纯蓝色即为终点。计算样品中 CaO 的质量分数。

5. $Mg^{2+}$ 的测定

准确移取 25.00 mL 滤液于 250 mL 锥形瓶中,加 25 mL 水、酒石酸钾钠和三乙醇胺各 5 mL,摇匀,再加入 5 mL pH=10 的 $NH_3$-$NH_4Cl$ 缓冲溶液、2 滴 K-B 指示剂,用 EDTA 标准溶液滴定至溶液从紫红色突变为蓝紫色即为终点。计算样品中钙镁总量,差减法计算出 MgO 的质量分数。

## 五、实验数据记录与处理

自行设计表格,记录并计算实验结果。

## 六、实验注意事项

（1）对于非晶形的硅酸沉淀，采用小体积沉淀法，沉淀物含水量较少。

（2）使用热稀 HCl 溶解和洗涤蒸干的样品残渣，以防止 $Fe^{3+}$、$Al^{3+}$ 的水解而混入硅酸及硅酸胶溶。

（3）恒量操作中，每次的加热时间和冷却时间要一致，因温度不同，对称量有影响。

（4）过滤后的滤纸包好后，将尖朝上放入瓷坩埚中，不用石棉网，在电炉上灰化至无烟冒出，注意金属钳不能碰到电炉丝。

（5）灼烧至恒量理论上是指灼烧至质量不变，但实验中两次称量相差不超过 0.4 mg，即认为达到恒量。

（6）在滴定 $Fe^{3+}$ 时，应保持溶液温度为 60~70℃，温度太低（<50℃）时，由于指示剂的僵化现象，反应速率慢，会产生较大的滴定误差，即使在该温度下进行滴定，依然要边滴定边剧烈摇动并缓慢滴定，否则，会产生正误差。同时，温度也不能太高（>75℃），否则，$Fe^{3+}$ 会水解形成氢氧化铁，而且，共存的 $Al^{3+}$ 会与 EDTA 络合。

（7）在 $Fe^{3+}$ 的滴定中，溶液的酸度应控制 pH 为 1.5~2.5 为宜，如酸度太高（pH<1.5），反应不完全，酸度太低（pH>3）时，$Fe^{3+}$ 开始生成红棕色的氢氧化物，同时，共存的 $Ti^{4+}$ 和 $Al^{3+}$ 会有干扰。

（8）$Al^{3+}$ 在 pH=4.3 的溶液中会水解生成氢氧化铝沉淀，故在测定 $Al^{3+}$ 时，必须先加 EDTA 标准溶液，后加 HAc-NaAc 缓冲溶液，并加热。这样在溶液的 pH 达 4.3 之前，部分 $Al^{3+}$ 已经络合生成 Al-EDTA 络合物，从而降低了 $Al^{3+}$ 浓度，避免 $Al^{3+}$ 水解生成沉淀。

（9）测定 $Al^{3+}$ 的最佳酸度为 pH=4~5，此时，如在 $Ca^{2+}$、$Mg^{2+}$ 共存的情况下，利用酸效应避免 $Ca^{2+}$、$Mg^{2+}$ 对 $Al^{3+}$ 测定的干扰，特别是 $Ca^{2+}$ 的干扰，滴定的适宜 pH 为 4.2 左右。

（10）pH=4.3 的溶液中，PAN 指示剂为黄色，随着 $CuSO_4$ 标准溶液的加入，产物 Cu-EDTA 为蓝色，溶液逐渐变为绿色，终点时，过量的 $Cu^{2+}$ 与 PAN 反应生成红色的配合物，由于蓝色 Cu-EDTA 的存在，所以终点呈现紫色。而且，终点颜色和 Cu-EDTA 的量有关，故测定铝时，过量的 EDTA 的量应控制，一般在 100 mL 溶液中加入的 EDTA 标准溶液（浓度为 0.01~0.015 mol·$L^{-1}$）以过量 10~15 mL 为宜，这时终点颜色为紫色。

（11）如样品中存在 $Ti^{4+}$，返滴定法测定铝时，实际上测定的是钛和铝的总量。

（12）铬黑 T 易受某些重金属离子的封闭，所以，测定钙镁离子总量时，多采用酸性铬蓝 K-萘酚绿 B(K-B)混合指示剂。实际上，萘酚绿 B 在滴定过程中没有颜色变化，只起衬托颜色的作用，终点颜色的变化是红色到蓝色。

## 七、实验思考题

（1）叙述配位滴定法分别测定样品中的 $Fe^{3+}$、$Al^{3+}$、$Ca^{2+}$、$Mg^{2+}$ 的实验原理和控制酸度法的理论依据。

（2）试样溶解后，加热蒸发的目的是什么？操作中应注意些什么？

(3) 洗涤沉淀的操作中应注意些什么？怎样提高洗涤的效果？

(4) 如滴定 $Fe^{3+}$ 不准确，对 $Al^{3+}$ 的测定会不会有影响？

(5) 在测定钙和镁时，为什么先加三乙醇胺，后调节 pH？

(6) 在 $Al^{3+}$ 的测定中，为什么要准确加入 EDTA 标准溶液的量？以加入多少为宜？

(7) 在本实验中，为什么测定 $Fe^{3+}$、$Al^{3+}$ 时移取 50 mL 滤液进行滴定，而测定 $Ca^{2+}$、$Mg^{2+}$ 时却只移取了 25 mL 滤液？

## 实验七十五　饲料中钙和磷含量的测定

### 一、实验目的

(1) 了解动物体内钙和磷等元素的生理作用。

(2) 熟悉饲料样品的分解处理方法。

(3) 熟悉间接高锰酸钾法测定钙的实验方法。

(4) 学习分光光度法测定磷的实验原理和实验方法。

### 二、实验原理

钙和磷等元素是生物体的重要组成部分。钙是生物骨骼和牙齿的重要组分，是机体内含量最大的无机物，也是维持动物体内神经、肌肉、骨骼系统、细胞膜和毛细血管通透性正常功能所必需的。而动物体内不能合成钙，要靠外源途径供给，主要是由饲料提供，因而，饲料中钙含量的测定对于生物体的成长具有重要意义。磷是组成体内核糖核酸(RNA)和脱氧核糖核酸(DNA)的基本元素之一，对于生物遗传和蛋白质的生物合成具有重要的作用。同时，磷也是高能磷酸键化合物三磷酸腺苷(ATP)和多种辅酶的成分。

干法破坏饲料样品中的有机物质，以盐酸溶解残渣，用乙二酸铵沉淀钙，间接高锰酸钾法测定钙含量。而有机物破坏后，磷游离出来，在酸性溶液中，用钒钼酸铵试剂将磷转化为黄色的复合物 $(NH_4)_3PO_4 \cdot NH_4VO_3 \cdot 16MoO_3$，于 420 nm 波长处进行光度法测定。

### 三、实验仪器与试剂

1. 仪器

马弗炉、分析天平、瓷坩埚(20～50 mL)、分光光度计、定量滤纸(中速)。

2. 试剂

(1) HCl 溶液(1∶1、1∶3)。

(2) $H_2SO_4$ 溶液(1∶6)。

(3) $NH_3 \cdot H_2O$(1∶1、1∶5)。

(4) $(NH_4)_2C_2O_4$ 溶液(4.2%)。

(5) 甲基红指示剂(1 g·$L^{-1}$ 乙醇溶液)。

(6) 高锰酸钾标准溶液(0.01 mol·$L^{-1}$)；以乙二酸钠标定。

(7) 硝酸(浓)。

(8) 钒钼酸铵显色剂：

A 溶液：1.25 g 分析纯偏钒钼酸铵加 250 mL 浓硝酸溶解。

B 溶液：25 g 分析纯钼酸铵加 400 mL 水溶解。

在冷却条件下将 B 溶液倒入 A 溶液中，并加入蒸馏水配制成 1000 mL 溶液，存于棕色试剂瓶中并避光保存。

(9) 磷标准溶液(50 $\mu g \cdot mL^{-1}$)：将分析纯的磷酸二氢钾在 105℃ 下干燥 1 h，置干燥器中冷却。准确称取 0.2195 g 溶于少量蒸馏水中，定量转入 1000 mL 容量瓶中，加入 3 mL 浓硝酸，稀释至刻度，摇匀。

**四、实验步骤**

1. 饲料样品的处理

准确称取 2 g 饲料样品于瓷坩埚中，于电炉上小心炭化，再置于马弗炉中于 550～600℃ 下灼烧 3 h。残渣以 10 mL 1∶1 盐酸和数滴浓硝酸溶解，并小心煮沸，然后定量转移至 100 mL 容量瓶中，冷却至室温，稀释至刻度，摇匀，待测。

2. 钙的测定

准确移取 25.00 mL(约含钙 20 mg)上述待测液于 250 mL 烧杯中，加 50 mL 水、2 滴甲基红指示剂，滴加 1∶1 氨水至溶液呈现橙色，再用 1∶3 盐酸调节溶液恰好变为红色。小心煮沸，慢慢滴加 10 mL 热的乙二酸铵溶液，并不断搅拌(若溶液变为橙色，应补加 1∶3 盐酸使刚呈现红色)，煮沸 3～5 min，过夜陈化或电炉上加热 0.5 h。

以中速滤纸、倾析法过滤，并用 1∶50 氨水溶液洗涤沉淀 7～9 次，直至滤液中无 $Cl^-$ 为止(接取滤液，在 $HNO_3$ 介质中以 $AgNO_3$ 检查)。

将带有沉淀的滤纸铺在原烧杯内壁，用 50 mL 1 $mol \cdot L^{-1}$ $H_2SO_4$ 溶液将沉淀洗入烧杯中，再用洗瓶冲洗 2 次，加入蒸馏水使总体积约为 100 mL，加热至 70～80℃，用 $KMnO_4$ 标准溶液滴定至溶液呈淡红色，再将滤纸轻轻浸入溶液中，溶液褪色，继续滴定，直至出现淡红色，且 30 s 不消失，即为终点。计算饲料中钙的质量分数。

3. 磷的测定

1) 标准曲线的绘制

分别准确移取磷标准溶液(50 $\mu g \cdot mL^{-1}$)0.00 mL、1.00 mL、2.00 mL、4.00 mL、6.00 mL、8.00 mL、10.00 mL、12.00 mL、15.00 mL 于 50 mL 容量瓶中，各加 10 mL 钒钼酸铵显色剂，稀释至刻度，摇匀。10 min 后，以空白溶液为参比，用 1 cm 比色皿，于 420 nm 处测定各溶液的吸光度值。以磷含量为横坐标，吸光度 A 为纵坐标，绘制标准曲线。

2) 样品的测定

准确移取被测液 1～10 mL(含磷 50～500$\mu g$)于 50 mL 容量瓶中，同上标准曲线的制作方法显色和测定，测定样品溶液的吸光度值。在标准曲线上查找试样的含磷量，计算饲料中磷的质量分数。

### 五、实验数据记录与处理

自行设计表格,记录并计算实验结果。

### 六、实验注意事项

(1) 本实验饲料试样的选择要有代表性,应防止样品成分的变化和变质。
(2) 钒钼酸铵显色剂出现沉淀时不能使用,要重新配制。
(3) 本实验中光度法测定磷的含量是指混合饲料或单一饲料中磷的总量,包括动物难以消化吸收的植酸磷。
(4) 测定试样中钙含量,以氨水和盐酸调节溶液 pH 为 2.5~3.0 时,可以反复调节,以保证溶液至恰当的酸度。

### 七、实验思考题

(1) 是否还有其他的方法可以测定饲料中钙和磷含量?
(2) 实际样品的溶样方法有哪些?本实验能否用其他方法溶样?
(3) 对实际样品进行分析时,应注意什么?

## 实验七十六　无氰镀锌液的成分分析

### 一、实验目的

(1) 了解无氰镀锌液的组成和作用。
(2) 学习间接碘量法测定硫脲的实验原理和实验操作。
(3) 熟悉酸碱滴定法和络合滴定法分别测定锌和铵盐氮含量的实验方法。

### 二、实验原理

无氰电镀技术在我国已有 30 多年的历史,而且在 20 世纪 70 年代取得了较好的成果。镀锌作为钢铁制品的阳极性保护镀层,是世界上使用量最大的镀种,在我国也不例外。占全部电镀产品面积的 1/3 左右。无氰镀锌在我国 70 年代的无氰电镀运动过程中就已经趋于成熟,到现在已经是无氰电镀中最为成熟的工艺。

在电镀工业中,因镀层种类和对镀层质量要求的不同,使用的电镀液的成分不同。例如,无氰镀锌有酸性氯化钾(或氯化钠)镀锌、碱性锌酸盐镀锌、铵盐镀锌和硫酸盐镀锌等。本实验测定氨三乙酸-氯化铵镀锌液中的氯化铵、氯化锌和硫脲的含量。

### 三、实验仪器与试剂

#### 1. 仪器

酸式滴定管、碱式滴定管、分析天平、锥形瓶(250 mL)、碘量瓶(250 mL)、移液管

(10.00 mL、25.00 mL)。

2. 试剂

氨性缓冲溶液(pH=10)、铬黑 T 指示剂(0.5%)、EDTA 标准溶液(0.01 mol·L$^{-1}$)、甲基红指示剂(0.1%)、NaOH 标准溶液(0.1 mol·L$^{-1}$)、中性甲醛溶液(20%)、酚酞指示剂(1%)、Na$_2$S$_2$O$_3$ 标准溶液(0.1 mol·L$^{-1}$)、淀粉指示剂(0.5%)、I$_2$ 标准溶液(0.05 mol·L$^{-1}$)、KI 固体、NaOH 溶液(5%)、HCl 溶液(6 mol·L$^{-1}$)。

## 四、实验步骤

1. 氯化锌的测定

准确移取 10.00 mL 无氰镀锌液样品于 250 mL 锥形瓶中,加 50 mL 水和 5 mL pH=10 的氨性缓冲溶液,2~3 滴 0.5%铬黑 T 指示剂,以 0.01 mol·L$^{-1}$EDTA 标准溶液滴定样品中的 ZnCl$_2$,平行测定 3 份,计算样品中 ZnCl$_2$ 含量(g·L$^{-1}$)。

2. 氯化铵的测定

准确移取 10.00 mL 无氰镀锌液样品于 250 mL 锥形瓶中,加 20 mL 水和 3 滴 0.1%甲基红指示剂,用 0.1 mol·L$^{-1}$NaOH 标准溶液滴定至溶液变为纯黄色,不计体积。

向上述溶液中加入 10 mL 20%中性甲醛溶液,摇匀,放置 5 min,滴加 5 滴 1%酚酞指示剂,再用 0.1 mol·L$^{-1}$NaOH 标准溶液滴定至溶液突变为金黄色,补加 5 mL20%中性甲醛溶液,摇匀,若溶液从金黄色又变为纯黄色,继续用 0.1 mol·L$^{-1}$NaOH 标准溶液滴定至溶液突变为金黄色,如此反复,直至加入甲醛后,溶液不再转变为纯黄色为止。记录所消耗的 NaOH 标准溶液的体积,平行测定 3 份,计算样品中 NH$_4$Cl 含量(g·L$^{-1}$)。

3. 硫脲的测定

1) 0.05 mol·L$^{-1}$I$_2$ 标准溶液的标定

准确移取 25.00 mL 已标定的 0.1 mol·L$^{-1}$Na$_2$S$_2$O$_3$ 标准溶液 3 份,分别置于 250 mL 锥形瓶中,加入 30 mL 水和 2 mL0.5%淀粉指示剂,用待标定的 I$_2$ 标准溶液滴定至溶液突变为浅蓝色即为终点。计算 I$_2$ 标准溶液的浓度。

2) 硫脲的测定

准确移取 10.00 mL 无氰镀锌液样品于 250 mL 碘量瓶中,加 25.00 mL 0.05 mol·L$^{-1}$ I$_2$ 标准溶液和 2 g KI,摇匀,使其溶解,加入 10 mL5%NaOH 溶液,放置 5~10 min,加入 10 mL 6 mol·L$^{-1}$HCl 溶液,放置 2 min,以 0.1 mol·L$^{-1}$Na$_2$S$_2$O$_3$ 标准溶液滴定溶液呈现淡黄色,加入 5 mL 0.5%淀粉指示剂,继续滴定至溶液蓝色消失即为终点。平行测定 3 份,计算样品中硫脲的含量(g·L$^{-1}$)。

## 五、实验数据记录与处理

自行设计表格,记录并计算实验结果。

## 六、实验注意事项

测定样品中硫脲含量时,应根据硫脲含量的不同,改变取样量或加入的碘量,使溶液中有足够过量的碘待滴定。

## 七、实验思考题

(1) 测定氯化锌和氯化铵是否还有其他方法?如何测定?
(2) 测定硫脲的主要误差来源是什么?应采取什么措施?

# 实验七十七  烟草中还原糖的提取及测定

## 一、实验目的

(1) 了解还原糖的基本性质。
(2) 学习烟草中还原糖的提取及测定方法。
(3) 综合掌握回流、蒸馏、沉淀、过滤、抽滤、洗涤、溶解、滴定等基本操作技术。

## 二、实验原理

烟草中的还原糖有葡萄糖、果糖及麦芽糖,它们的分子中都含有羰基,对烟叶的香气和味感有良好的作用,使烟叶燃烧后产生的香气芳香宜人,味感醇和、舒适,并能减少烟叶的刺激性。因此,还原糖是决定烟叶品质的重要成分。但还原糖含量过高,会导致烟叶燃烧后产生更多的焦油,因而对健康不利。一般烟叶中的还原糖含量以 16%~22% 为宜。

烟草中还原糖的提取可根据其醇溶性和水溶性等特性进行。其方法是:先用乙醇抽提,再用水溶解,然后沉淀,过滤除去蛋白质,即得还原糖提取液。还原糖的测定是利用羰基的还原性,将费林试剂定量地还原为氧化亚铜沉淀,反应式如下:

$$CuSO_4 + 2NaOH = Cu(OH)_2 + Na_2SO_4$$

$$Cu(OH)_2 + \begin{array}{c} HO-CH-CO_2K \\ | \\ HO-CH-CO_2Na \end{array} = \begin{array}{c} O-CH-CO_2K \\ Cu \\ O-CH-CO_2Na \end{array} + 2H_2O$$

$$R-\overset{O}{C}H + 2Cu\begin{array}{c} O-CH-CO_2K \\ | \\ O-CH-CO_2Na \end{array} + 2H_2O = RCOOH + Cu_2O\downarrow + 2\begin{array}{c} HO-CH-CO_2K \\ | \\ HO-CH-CO_2Na \end{array}$$

然后氧化亚铜又将硫酸铁定量地还原为硫酸亚铁,反应式如下:

$$Cu_2O + Fe_2(SO_4)_3 + H_2SO_4 = 2CuSO_4 + 2FeSO_4 + H_2O$$

最后用 $KMnO_4$ 标准溶液滴定硫酸亚铁,反应式如下:

$$2KMnO_4 + 10FeSO_4 + 8H_2SO_4 = 2MnSO_4 + 5Fe_2(SO_4)_3 + K_2SO_4 + 8H_2O$$

根据所消耗的 $KMnO_4$ 的量计算出氧化亚铜的量,再从糖分析汉蒙表中查出与氧化亚铜的量相当的还原糖的量,即可计算出烟草中还原糖的含量。

### 三、实验试剂与仪器

1. 仪器

电子天平(0.0001 g)、锥形瓶(250 mL)、量筒(10 mL、100 mL)、蒸馏瓶(250 mL)、漏斗、水浴锅、电炉、球形冷凝管、直形冷凝管、玻璃珠、温度计、烧杯(100 mL、400 mL)、容量瓶(100 mL)、移液管(20 mL)、洗耳球、表面皿、4 号砂芯漏斗、真空泵、酸式滴定管。

2. 试剂

烟叶(切碎混合均匀)、乙醇(95%)、$Pb(Ac)_2$ 溶液(20%)、$K_2C_2O_4$ 溶液(20%)、费林试剂甲、费林试剂乙、$H_2SO_4$ 溶液(3 mol·L$^{-1}$)、$Fe_2(SO_4)_3$ 溶液(5%)、$KMnO_4$ 标准溶液(0.02 mol·L$^{-1}$)、邻二氮菲-亚铁指示剂。

### 四、实验步骤

1. 还原糖的提取

准确称取 1.5~2.0 g(准确至 0.1 mg)烟叶试样于 250 mL 锥形瓶中,加入 60 mL 95% 乙醇浸泡过夜。次日将溶液过滤至 250 mL 蒸馏瓶中,在烟叶残渣中加入 60 mL 95% 乙醇,水浴加热回流 1 h。冷却,将溶液一并过滤倒入蒸馏瓶中,用 95% 乙醇洗涤烟叶残渣。蒸馏烧瓶中加入 2 粒沸石,安装蒸馏装置,水浴加热蒸出乙醇,乙醇回收。蒸去乙醇后(此时温度为 80~81℃),取下蒸馏瓶,稍稍冷却后加入 50 mL 蒸馏水使糖溶解。

加入 10 mL 20% $Pb(Ac)_2$,使蛋白质沉淀。静置,将溶液过滤至 100 mL 烧杯中,并用少量蒸馏水洗涤蒸馏烧瓶。滤液中加入 10 mL 20% $K_2C_2O_4$,使过量的 $Pb(Ac)_2$ 沉淀。静置,滴加 1 滴 20% $K_2C_2O_4$ 于上层清液中,以检验 $Pb(Ac)_2$ 是否沉淀完全。将溶液过滤至 100 mL 容量瓶中,并用少量蒸馏水洗涤烧杯,用蒸馏水定容,摇匀,即得还原糖提取液。

2. 还原糖的测定

准确吸取 20.00 mL 还原糖提取液于 400 mL 烧杯中,加入费林试剂甲、费林试剂乙各 25 mL,蒸馏水 50 mL,搅拌均匀,盖上表面皿。然后将烧杯置于电炉上加热,使溶液在 4 min 内沸腾,并保持沸腾 2 min(此操作时间必须准确),产生砖红色的 $Cu_2O$ 沉淀。迅速抽滤,用 60~80℃ 的蒸馏水充分洗涤,并将砂芯漏斗放入烧杯中,加入 10 mL 3 mol·L$^{-1}$ $H_2SO_4$ 和 30 mL 5% $Fe_2(SO_4)_3$ 使 $Cu_2O$ 沉淀完全溶解。取出砂芯漏斗,用蒸馏水洗涤,再以 0.02 mol·L$^{-1}$ $KMnO_4$ 标准溶液滴定,当溶液出现黄色但立即消失时,表明已接近终点,这时加入 2 滴邻二氮菲-亚铁指示剂,溶液呈现棕黄色,继续滴定到溶液变为蓝绿色即为终点,记录所消耗的 $KMnO_4$ 标准溶液体积。同时做空白试验。

### 五、实验数据记录与处理

因为 1 mmol $KMnO_4$ 相当于 5 mmol $FeSO_4$ 即 2.5 mmol $Cu_2O$，所以

$$\text{氧化亚铜的质量(mg)} = c(V_2 - V_1) \times 2.5 \times 143.1$$

式中：$c$ 为 $KMnO_4$ 标准溶液浓度($mol \cdot L^{-1}$)；$V_2$ 为滴定试样时消耗的 $KMnO_4$ 标准溶液体积(mL)；$V_1$ 为滴定空白时消耗的 $KMnO_4$ 标准溶液体积(mL)；143.1 为 $Cu_2O$ 的摩尔质量。

从糖分析汉蒙表中查出与氧化亚铜的质量相当的还原糖的质量，从而计算烟叶中的还原糖含量：

$$\omega(\text{还原糖}) = \frac{m(\text{还原糖})(\text{mg}) \times \frac{100.0}{21.0} \times 10^{-3}}{W(1-\omega_1)}$$

式中：$W$ 为试样质量；$\omega_1$ 为烟叶含水率，烟草化学分析中，试样一般以去除水分的干物料来计算。

### 六、实验注意事项

(1) 还原糖提取液必须保持中性。
(2) 实验过程中注意控制实验条件，如反应温度、时间等。

### 七、实验思考题

(1) 为什么还原糖提取液必须保持中性？
(2) 本实验制备的提取液也可用于测定水溶性总糖(包括葡萄糖、果糖、麦芽糖和蔗糖，其中蔗糖是非还原糖)，试述其测定原理及步骤。
(3) 如果测出水溶性总糖及还原糖，能否计算非还原糖？如何计算？

## 实验七十八　方便面酸价及过氧化值的测定

### 一、实验目的

(1) 学习方便面酸价及过氧化值的测定方法。
(2) 了解滴定分析法在评价食品品质中的应用。
(3) 学习索氏抽提法提取目标化合物原理及操作方法。

### 二、实验原理

酸价和过氧化值是油炸方便面质量检验的重要指标。中华人民共和国卫生部标准中规定油炸方便面的酸价应不大于 1.8 mg KOH·(g 油脂)$^{-1}$，过氧化值不大于 0.25 g

$I_2 \cdot (100 \text{ g 油脂})^{-1}$。

因水分和其他杂质的存在,加上酶或热能作用,油脂会逐渐水解产生游离脂肪酸而变质,通过测定油脂的酸价,可判断油脂的质量。酸价是指中和 1.0 g 油脂所含游离脂肪酸所需 KOH 的质量(mg)。采用索氏抽提法提取方便面中的油脂,然后以氢氧化钾标准溶液为滴定剂,酚酞为指示剂测定方便面的酸价。根据下式计算酸价:

$$酸价 = \frac{cV \times 56.11}{m}$$

式中:$V$ 为滴定消耗的氢氧化钾标准溶液体积(mL);$c$ 为氢氧化钾标准溶液浓度($\text{mol} \cdot \text{L}^{-1}$);$m$ 为油脂质量(g);56.11 为氢氧化钾的摩尔质量。

过氧化值的大小可反映油脂氧化变质的程度。在酸性介质中,使过量的碘化钾与油炸方便面油脂在氧化酸败过程中产生的过氧化物反应产生游离碘,然后以淀粉为指示剂,用硫代硫酸钠标准溶液滴定至蓝色刚好消失。按下式计算过氧化值:

$$过氧化值[\text{g } I_2 \cdot (100 \text{ g 油脂})^{-1}] = \frac{(V_s - V_b) \times c \times 253.8 \times 0.1}{2m}$$

式中:$V_s$ 为样品滴定时所用硫代硫酸钠标准溶液体积(mL);$V_b$ 为空白滴定时所用硫代硫酸钠标准溶液体积(mL);$c$ 为硫代硫酸钠标准溶液浓度($\text{mol} \cdot \text{L}^{-1}$);$m$ 为油脂质量(g);253.8 为 $I_2$ 的摩尔质量。

## 三、实验仪器与试剂

1. 仪器

索氏提取器、锥形瓶(250 mL)、碱式滴定管。

2. 试剂

乙醚-乙醇混合溶液(1:1)、氢氧化钾标准溶液($0.1 \text{ mol} \cdot \text{L}^{-1}$)、酚酞(1%)、冰醋酸-氯仿混合液(6:4)、碘化钾溶液(饱和)、硫代硫酸钠标准溶液($0.01 \text{ mol} \cdot \text{L}^{-1}$)。

## 四、实验步骤

1. 油脂的提取

称取 20 g 方便面粉末样品,装入滤纸筒中,将脱脂棉覆盖在滤纸筒上层,然后把滤纸筒放在索氏抽提器的抽提管内。把抽提器插入干燥的烧瓶中,再把冷凝管插入抽提器中,固定。从冷凝管上端加入 100 mL 乙醚,通入冷却水,在 70℃水浴中加热 6~8 h 后,用旋转蒸发仪蒸干烧瓶中的乙醚,残留在烧瓶中的油脂留待测定时使用。

2. 酸价的测定

称取 3~5 g(准确至 0.001 g)自方便面中浸出的油脂,置于 250 mL 锥形瓶中,加入 50 mL 1:1 乙醚-乙醇混合溶液,摇匀使全部油样完全溶解(如未完全溶解,可置于水浴锅上微热,以使油样完全溶解,并时常振摇,冷却至室温)。加入1%酚酞指示剂数滴,再以 0.1 mol·L$^{-1}$氢氧化钾标准溶液滴定至溶液呈微红色且 30 s 内不褪色为止。

3. 过氧化值的测定

称取 3～5 g(准确至 0.001 g)自方便面中浸出的油脂,置于 250 mL 锥形瓶中,加入 30 mL 6∶4 的冰醋酸-氯仿混合液及 1 mL 饱和碘化钾溶液,旋转摇动使成透明均匀液,1 min 后加入 100 mL 水,立即用 0.01 mol·L$^{-1}$硫代硫酸钠标准溶液滴定至淡黄色,加入 2 mL 淀粉指示剂,继续滴定至蓝色消失即为终点。按上述方法进行空白试验。

## 五、实验数据记录与处理

1. 酸价的测定

实验结果填入表 3-17。

表 3-17　方便面酸价测定数据及结果

| 记录项目＼编号 | Ⅰ | Ⅱ | Ⅲ |
| --- | --- | --- | --- |
| $m_{油脂}$/g | | | |
| $V_{KOH}$/mL | | | |
| $c_{KOH}$/(mol·L$^{-1}$) | | | |
| 酸价/(mg KOH/g) | | | |
| 平均酸价/(mg KOH/g) | | | |
| 平均相对偏差/% | | | |

2. 过氧化值的测定

实验结果填入表 3-18。

表 3-18　方便面过氧化值测定数据及结果

| 记录项目＼编号 | Ⅰ | Ⅱ | Ⅲ |
| --- | --- | --- | --- |
| $m_{油脂}$/g | | | |
| $V_{硫代硫酸钠}$/mL | | | |
| $c_{硫代硫酸钠}$/(mol·L$^{-1}$) | | | |
| 过氧化值 | | | |
| 平均过氧化值 | | | |
| 平均相对偏差/% | | | |

## 六、实验注意事项

(1) 滤纸筒既要紧贴器壁又要能方便取放,其高度不得超过虹吸管。要严防方便面粉末漏出滤纸筒而堵塞虹吸管。

(2) 将抽提管内的乙醚滴在干净的滤纸条上,待乙醚挥发后观察滤纸上有无油迹,如无油迹,说明提取完全。

### 七、实验思考题

(1) 为什么要将脱脂棉覆盖在滤纸筒上层?
(2) 如何选择抽提溶剂?

## 实验七十九　钴和镍的离子交换分离及含量测定

### 一、实验目的

(1) 通过钴、镍的离子交换分离,掌握离子交换法的基本原理。
(2) 练习离子交换法的基本操作方法。
(3) 学习微量钴和镍的分光光度测定方法。
(4) 掌握常量钴和镍的络合滴定方法。

### 二、实验原理

强碱性阴离子交换树脂的活性基团为季铵碱阳离子,树脂中的阴离子可被溶液中的阴离子交换。在 9 mol·L$^{-1}$ HCl 溶液中,$Co^{2+}$ 与 $Cl^-$ 反应形成 $CoCl_4^{2-}$,$Ni^{2+}$ 不与 $Cl^-$ 反应,因而仍带正电荷。将此混合离子溶液通过强碱性阴离子交换树脂柱,$CoCl_4^{2-}$ 与阴离子交换树脂发生离子交换反应而被吸附,$Ni^{2+}$ 则不被树脂吸附,$Co^{2+}$、$Ni^{2+}$ 两种离子得以分离,反应式如下:

$$2R_4N^+ Cl^- + CoCl_4^{2-} \rightleftharpoons (R_4N^+)_2 CoCl_4^{2-} + 2Cl^-$$

用稀盐酸淋洗离子交换柱,$CoCl_4^{2-}$ 发生解离,$Co^{2+}$ 被洗脱。

分离后的 $Ni^{2+}$ 和 $Co^{2+}$ 分别用分光光度法测定。

在有氧化剂存在的强碱性溶液中,$Ni^{2+}$ 与丁二酮肟生成橘红色络合物,其最大吸收波长为 465 nm,试剂本身无色。

在 pH=4~9 的溶液中,$Co^{2+}$ 与新钴试剂(5-Cl-PADAB)生成红色络合物,用盐酸将溶液酸度调至 3~7 mol·L$^{-1}$ 时,络合物由红色转变为紫红色,其最大吸收波长为 568 nm,试剂本身呈黄色。

常量 $Ni^{2+}$ 和 $Co^{2+}$ 混合液经过分离后,可以分别用络合返滴定法进行测定。

### 三、实验仪器与试剂

1. 仪器

层析柱(下端有玻璃砂滤片)(可用 25 mL 酸式滴定管代替)(10 mm×150 mm,2 根)、比色管(25 mL,14 支)、吸量管(1 mL,1 支;2 mL,3 支;5 mL,2 支)、碱式滴定管(50 mL,1 支)、酸式滴定管(25 mL,1 支)、量筒(10 mL,2 个)。

2. 试剂

(1) HCl 溶液(12 mol·L$^{-1}$、9 mol·L$^{-1}$、6 mol·L$^{-1}$、2 mol·L$^{-1}$、0.01 mol·L$^{-1}$)。

(2) NaOH 溶液(6 mol·L$^{-1}$、2 mol·L$^{-1}$、0.50 mol·L$^{-1}$)。

(3) $(NH_4)_2S_2O_8$ 溶液(3%)。

(4) 乙酸钠溶液(1.0 mol·L$^{-1}$)。

(5) 丁二酮肟乙醇溶液(1.0%)。

(6) 新钴试剂[4-(-5 氯(2-吡啶偶氮)-1,3-二氨基苯]乙醇溶液(0.05%)。

(7) 镍储备液(1.00 mg·L$^{-1}$):准确称取 2.025 g $NiCl_2·6H_2O$,用 10 mL 浓盐酸和 50 mL 二次水溶解后转入 500 mL 容量瓶中,再加 150 mL 浓盐酸,用二次水稀释至刻度。常量分析中的镍标准溶液为 10 mg·mL$^{-1}$。

(8) 镍标准溶液(50.0 μg·L$^{-1}$):取 100.0 mL 镍储备液至 2 L 容量瓶中,用二次水稀释至刻度。

(9) 钴储备液(100 μg·L$^{-1}$):准确称取 0.2019 g $CoCl_2·6H_2O$,用 10 mL 浓盐酸和 50 mL 二次水溶解后转入 500 mL 容量瓶中,再加 150 mL 浓盐酸,用二次水稀释至刻度。常量分析中的钴标准溶液为 10 mg·mL$^{-1}$。

(10) 钴标准溶液(5.00 μg·L$^{-1}$):取 100.0 mL 钴储备液至 2 L 容量瓶中,用二次水稀释至刻度。

(11) 阴离子交换树脂:强碱性季铵I型阴离子交换树脂(201×7),80～100 目。新树脂用自来水漂洗后,于饱和 NaCl 溶液中浸泡 24 h,取出浮起的树脂,用水洗净之后,再用 2 mol·L$^{-1}$ NaOH 溶液浸泡 2 h,然后用二次水洗至中性,浸于 2 mol·L$^{-1}$ HCl 溶液中备用。

(12) 微量钴镍混合液:取钴和镍的标准溶液等体积混合。

(13) EDTA 标准溶液(0.025 mol·L$^{-1}$)。

(14) 二甲酚橙(2g·L$^{-1}$)。

(15) 六次甲基四胺水溶液(0.2 g·L$^{-1}$):以 2 mol·L$^{-1}$ 盐酸调至 pH=5.8。

(16) 酚酞乙醇溶液(2g·L$^{-1}$)。

(17) $NH_4SCN$ 溶液(饱和)。

(18) 氨水(浓)。

(19) 戊醇。

(20) 锌标准溶液(0.02 mol·L$^{-1}$)。

四、实验步骤

(一) 微量钴、镍混合液的分离及光度法测定

1. 层析柱的准备

用滴管将树脂装入两支洗净的层析柱中,使树脂床高度达到 3 cm。松开柱下端的螺旋夹子,放出过多的盐酸并调节流量至 0.5 mL·min$^{-1}$。待液面降至树脂床上端时,再用 9 mol·L$^{-1}$ HCl 溶液淋洗树脂 5 次,每次 1 mL,使树脂与 9 mol·L$^{-1}$ HCl 溶液达到平衡。

## 2. 试样的分离

在层析柱下端放一个 100 mL 容量瓶,用吸量管取 1 mL 微量钴镍混合液试样加入柱中,上部的树脂因吸附了钴而呈现绿色。用量筒取 5 mL 9 mol·L$^{-1}$ 盐酸溶液,分 5 次滴加到柱中淋洗 $Ni^{2+}$。然后旋紧夹子,移开承接洗脱液的容量瓶,再放一个 100 mL 容量瓶以收集钴的洗脱液。取 10 mL 2 mol·L$^{-1}$ 盐酸溶液,分 10 次淋洗 $Co^{2+}$。$Ni^{2+}$ 和 $Co^{2+}$ 的洗脱液用二次水稀释定容至 100 mL。平行分离两份试样。

## 3. 镍的测定

1）标准曲线的绘制

在 5 支比色管中分别加入 0.00 mL、0.50 mL、1.00 mL、1.50 mL、2.00 mL 镍标准溶液和 2.0 mL 丁二酮肟溶液,轻轻摇动混合,再分别加入 3.0 mL $(NH_4)_2S_2O_8$ 溶液和 5.0 mL NaOH 溶液,用二次水稀释至刻度,摇匀。放置 20 min(冬天则在 50 ℃ 水浴中加热 10 min,然后冷却至室温),以试剂空白溶液为参比,在 465 nm 波长处测量吸光度。以含镍量为横坐标、吸光度 $A$ 为纵坐标,绘制标准曲线。

2）试样中镍含量的测定

准确移取 5.00 mL 分离后的镍试液于比色管中,加入 2.0 mL 丁二酮肟溶液,轻轻摇动混合,再分别加入 3.0 mL $(NH_4)_2S_2O_8$ 溶液和 10.0 mL NaOH 溶液,用二次水稀释至刻度,摇匀。放置 20 min(冬天则在 50 ℃ 水浴中加热 10 min,然后冷却至室温),以试剂空白溶液为参比,在 465 nm 波长处测量吸光度。根据标准曲线计算原试样中的镍含量(mg·mL$^{-1}$)。

## 4. 钴的测定

1）标准曲线的绘制

在 5 支比色管中分别加入 0.00 mL、0.50 mL、1.00 mL、1.50 mL、2.00 mL 钴标准溶液,然后分别加入 0.50 mL 新钴试剂和 4.0 mL 乙酸钠溶液,摇动几下,放置 10 min。再分别加入 10 mL 9 mol·L$^{-1}$ 盐酸溶液,用二次水稀释至刻度,摇匀。以试剂空白溶液为参比,在 570 nm 波长处测量吸光度。以含钴量为横坐标、吸光度 $A$ 为纵坐标,绘制标准曲线。

2）试样中钴含量的测定

准确移取 5.00 mL 分离后的钴试液于比色管中,加入 0.50 mL 新钴试剂和 4.0 mL 乙酸钠溶液,摇动几下,放置 10 min。再分别加入 10 mL 9 mol·L$^{-1}$ 盐酸溶液,用二次水稀释至刻度,摇匀。以试剂空白溶液为参比,在 570 nm 波长处测量吸光度。根据标准曲线计算原试样中的钴含量(mg·mL$^{-1}$)。

(二) 常量钴、镍混合液的分离及络合滴定法测定

## 1. 层析柱的准备和平衡

将 2 根 1 cm×20 cm 的玻璃离子交换柱底部塞入少量脱脂棉,用搅棒搅匀树脂的 2 mol·L$^{-1}$ HCl 浸泡液,缓慢倒入柱中,使树脂床高度达到 15 cm,上端再塞上一层脱脂

棉。松开柱下端的螺旋夹子,放出过多的盐酸并调节流量至 1 mL·min$^{-1}$。待液面降至树脂床上端时,用 20 mL 9 mol·L$^{-1}$ HCl 溶液以同样的流速分次淋洗树脂,以使树脂与 9 mol·L$^{-1}$ HCl 溶液达到平衡。

2. 试样的分离

取 2.00 mL 常量钴、镍混合液于 50 mL 小烧杯中,加入 6 mL 浓盐酸,使试液中 HCl 的浓度为 9 mol·L$^{-1}$。

小心将试液倒入层析柱中,用 250 mL 锥形瓶收集流出液,控制流量为 0.5 mL·min$^{-1}$,此时,上部的树脂因吸附了钴而呈现绿色。当液面达到树脂上方时,用 30 mL 9 mol·L$^{-1}$ HCl 溶液洗脱 Ni$^{2+}$,开始时用少量 9 mol·L$^{-1}$ HCl 溶液洗涤小烧杯,每次 2~3 mL,洗涤三四次,洗涤液均倒入层析柱中,再将剩余的 9 mol·L$^{-1}$ HCl 溶液分次加入到层析柱中。收集流出液用以测定镍含量。待洗脱近结束时,再取 2 滴流出液,用氨水碱化后,再加入 2 滴 10 g·L$^{-1}$ 丁二酮肟溶液,观察溶液是否出现血红色,检验镍是否洗脱完全。

当镍洗脱干净后,更换另一干净的 250 mL 锥形瓶接取流出液,用 35 mL 0.01 mol·L$^{-1}$ HCl 溶液分次洗脱 Co$^{2+}$,流量为 1 mL·min$^{-1}$。用 NH$_4$SCN 试剂检验 Co$^{2+}$,观察是否出现天蓝色,判断钴是否洗脱完全。

3. 钴和镍的测定

于镍的洗脱液中加入 2 滴酚酞指示剂,用 6 mol·L$^{-1}$ NaOH 溶液中和至溶液出现白色沉淀,继续滴加 NaOH 溶液至沉淀消失,再出现酚酞的微红色,以 6 mol·L$^{-1}$ HCl 溶液调至溶液的红色消失,再过量 2 滴,在流水中将因中和反应而发热的溶液冷却至室温,用移液管准确加入 10.00 mL EDTA 标准溶液、8 mL pH 为 5.8 的六次甲基四胺溶液和 2 滴二甲酚橙指示剂,此时,溶液应为黄色,如呈现红色或橙色,可用 2 mol·L$^{-1}$ HCl 溶液滴加至刚好呈现黄色。用锌标准溶液滴定过量的 EDTA,溶液从黄绿色突变为紫红色即为终点。

同样,向钴的洗脱液中加入 2 滴酚酞指示剂,用 6 mol·L$^{-1}$ NaOH 溶液中和至溶液由浅红色变为浅黄色,再变为紫红色时,以 6 mol·L$^{-1}$ HCl 溶液调至溶液呈现蓝绿色,再变为黄色时过量 2 滴 HCl,流水冷却溶液,用移液管准确加入 10.00 mL EDTA 标准溶液、8 mL pH 为 5.8 的六次甲基四胺溶液和 2 滴二甲酚橙指示剂,用锌标准溶液滴定至溶液从橙色突变为紫红色即为终点。

(三)树脂的再生

用 20~30 mL 2 mol·L$^{-1}$ 盐酸溶液以 1 mL·min$^{-1}$ 的流量淋洗树脂,使之再生,或将使用过的树脂收集于大烧杯中统一再生处理。同时,取出柱中脱脂棉,洗干净层析柱。

## 五、实验数据记录与处理

实验结果填入表 3-19~表 3-21。

表 3-19　镍标准曲线及样品测定数据记录

| 标准曲线 | | 样品测定 | | | |
|---|---|---|---|---|---|
| 镍浓度/(mg·mL$^{-1}$) | $A$ | $A$ | | 镍含量/(mg·mL$^{-1}$) | |
| | | 1 | 2 | 1 | 2 |
| | | | | | |
| | | | | 镍平均含量/(mg·mL$^{-1}$) | |
| | | | | | |

表 3-20　钴标准曲线及样品测定数据记录

| 标准曲线 | | 样品测定 | | | |
|---|---|---|---|---|---|
| 钴浓度/(mg·mL$^{-1}$) | $A$ | $A$ | | 钴含量/(mg·mL$^{-1}$) | |
| | | 1 | 2 | 1 | 2 |
| | | | | | |
| | | | | 钴平均含量/(mg·mL$^{-1}$) | |
| | | | | | |

表 3-21　常量钴镍混合液测定结果

| | |
|---|---|
| $c_{EDTA}$/(mol·L$^{-1}$) | |
| $c_{Zn^{2+}}$/(mol·L$^{-1}$) | |
| $V_{EDTA}$/mL | |
| $V_{Zn^{2+}}$/mL | |
| $Ni^{2+}$浓度/(mg·mL$^{-1}$) | |
| $Ni^{2+}$浓度平均值/(mg·mL$^{-1}$) | |
| $Co^{2+}$浓度/(mg·mL$^{-1}$) | |
| $Co^{2+}$浓度平均值/(mg·mL$^{-1}$) | |

## 六、实验注意事项

(1) 树脂装柱时要均匀，不能出现断层，而且要保证树脂不能干涸。

(2) 用盐酸处理树脂及试样的分离过程中，流量均应控制在 0.5 mL·min$^{-1}$，过快会导致分离或洗脱不完全。按本实验规定的操作条件，钴和镍的回收率可分别达到 90% 和 95% 以上。

(3) 盐酸溶液要缓慢地沿柱壁加入，以避免搅动树脂。待液面降至树脂床上端时再继续加盐酸溶液，以便提高分离和洗脱效率。但任何时候都要避免溶液流干，应使树脂始终保持在液面以下。

(4) 试验表明，柱空白与试剂空白基本相同，故本实验不做柱空白试验。

## 七、实验思考题

(1) 淋洗用的盐酸溶液为什么要分几次加入？

(2) 为什么要控制洗脱液流量？如何测定和控制洗脱液流量？
(3) 测定分离后的镍试液时，为什么要多加 5 mL NaOH 溶液？
(4) 测定钴时，显色后加入大量盐酸的作用是什么？
(5) 对于含常量钴和镍的试液，能否不预分离而直接进行分别测定？如何测定？

## 实验八十　植物色素提取、分离及其光谱性质研究

### 一、实验目的

(1) 学习从新鲜蔬菜中萃取提取、柱色谱和薄层色谱分离色素的方法。
(2) 掌握测定几种色素的紫外-可见吸收光谱方法。
(3) 了解共轭多烯化合物 $\pi \rightarrow \pi^*$ 跃迁吸收波长计算方法及共轭多烯化合物紫外吸收光谱的特征。

### 二、实验原理

绿色植物的叶片是植物进行光合作用的主要器官，叶绿体(chloroplast)是光合作用的重要细胞器。叶绿体色素有三大类：叶绿素、类胡萝卜素和藻胆素。

叶绿素存在两种结构相似的形式，即叶绿素 a($C_{55}H_{72}O_5N_4Mg$) 和叶绿素 b($C_{55}H_{70}O_6N_4Mg$)，其结构差别仅是叶绿素 a 中的一个亚甲基被叶绿素 b 中的甲酰基取代。叶绿素 a 呈蓝绿色，叶绿素 b 呈黄绿色。两者均不溶于水，而溶于乙醇、丙酮和石油醚等有机极性溶剂。大多数植物体中，叶绿素 a 的含量约是叶绿素 b 含量的 3 倍。

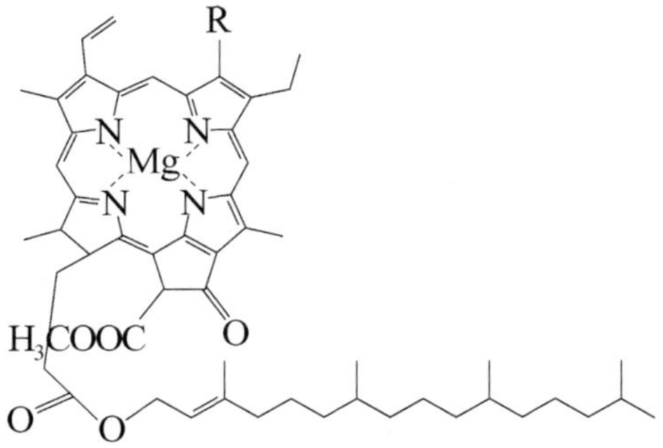

叶绿素 a(R=$CH_3$)、叶绿素 b(R=CHO)

植物色素中的胡萝卜素($C_{40}H_{56}$)是具有长链结构的共轭多烯，有三种异构体，即 $\alpha$-、$\beta$- 和 $\gamma$-胡萝卜素，其中 $\beta$-体含量较多、最重要，该化合物具有维生素 A 的生理活性。在生物体内 $\beta$-胡萝卜素受酶催化氢化作用，形成维生素 A。胡萝卜素不溶于水，可溶于有机溶剂中。叶黄素($C_{40}H_{56}O_2$)最早从蛋黄中析离，较易溶于醇，而在石油醚中的溶解度较小。

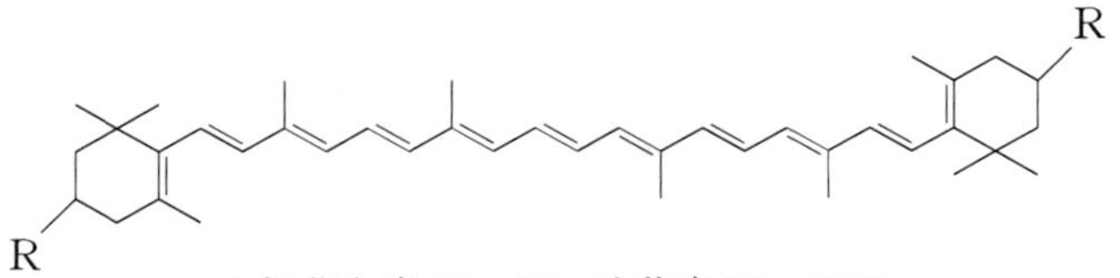

$\beta$-胡萝卜素(R=H)、叶黄素(R=OH)

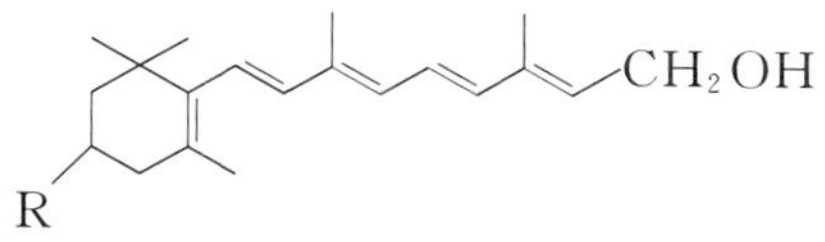

$$\text{维生素 A 结构式}$$

维生素 A

本实验提取菠菜中的色素后,以薄层色谱和柱色谱进行分离,测定 $\beta$-胡萝卜素紫外-可见吸收光谱。

### 三、实验仪器与试剂

1. 仪器

紫外-可见分光光度计、层析柱(10 mm×200 mm)、研钵、玻璃漏斗、菠菜叶。

2. 试剂

无水碳酸钠(A.R.)、乙醚(A.R.)、石油醚(沸程 60~90℃)(A.R.)、丙酮(A.R.)、正丁醇(A.R.)、纤维素粉、中性氧化铝、羧甲基纤维素钠水溶液(0.25%)、盐酸(浓)、石英砂。

### 四、实验步骤

1. 叶绿素的提取

取适量新鲜菠菜(或青菜)叶,洗干净,用滤纸吸干,剪碎后放入匀浆机中匀浆,用滴管吸取约 5 mL 匀浆液于大试管中,加入 10 mL 丙酮,摇动试管,使色素溶于丙酮中。静置片刻,过滤。滤液呈绿色并有红色荧光,置暗处,备用。

2. 色素的分离

1) 柱层析分离

在 10 mm×200 mm 填有砂芯的层析柱中加入 15 cm 高的石油醚,将 20 g 中性氧化铝从玻璃漏斗中缓缓加入,小心打开柱下端活塞,保持石油醚高度不变,必要时可用装有玻璃棒的橡皮塞在柱周围轻轻敲击,使氧化铝平整紧密。此时,要保证柱内的溶剂面始终不低于吸附剂。之后,在上面加一层高 2~3 mm 的石英砂。打开柱下端活塞,放出溶剂,直到液面刚好和石英砂平面相切为止。

将菠菜丙酮提取液低温蒸除大部分溶剂至 1 mL 左右,取约 3/4 慢慢滴加到层析柱顶部,之后打开活塞,让液面下降到柱面以下约 1 mm,关闭活塞,加数滴石油醚并打开活塞,使液面下降,重复几次,使色素全部进入柱内。先用 9∶1 石油醚-丙酮洗脱,以接收瓶接收首先流出的橙黄色带(胡萝卜素),约用洗脱剂 50 mL(若流速较慢,可以水泵减压操作)。然后用 1∶3 石油醚-丙酮洗脱,并用接收瓶收集流出的棕黄色色带(叶黄素),约用 200 mL 洗脱剂。再以 3∶1∶1 正丁醇-乙醇-水洗脱,分别接收蓝绿色(叶绿素 a)和黄绿色(叶绿素 b)色带,约用去洗脱剂 30 mL。

### 2) 薄层层析分离

**制板**：称取 6 g 纤维素粉于 100 mL 小烧杯中，加 10 mL 羧甲基纤维素钠水溶液，加 24 mL 水并充分搅拌 5 min，以此悬浊液均匀铺在干净的玻璃板上（5 cm×22 cm），约 0.25 mm 厚，室温干燥 25 min，平放于 105℃烘箱中，通风干燥 10 min，再垂直干燥 25 min，充分活化，取出冷却，置干燥器中待用。

**点样**：取上述色素丙酮提取液，加 1 mL 乙醚萃取，避光，取该乙醚萃取液于距离薄板一端 2 cm 处点样，使呈一直线，点样 5 遍，每次点样干燥后再点下一次。

**展开和显色**：以 90∶10∶0.45 石油醚（沸点 60～90℃）-丙酮-正丙醇混合液为展开剂，避光条件下将样品进行展开（薄板下端浸入展开剂 0.5 cm），观察展开剂的前沿距离顶部 1～2 cm 时，取出薄板，标记溶剂前沿位置。避光挥发展开剂后，薄板上出现几条色带，从上到下分别为橙黄色（胡萝卜素）、棕黄色（叶黄素）、蓝绿色（叶绿素 a）和黄绿色（叶绿素 b）。量取溶剂前沿和各色带到点样原点的距离，计算各组分的比移值 $R_f$。

也可取柱层析分离后的 4 种试液点样，进行薄层色谱分离，观察各色带或斑点的位置，并排列各组分的 $R_f$ 值大小。

### 3. 紫外-可见光谱分析

取上述柱层析或薄层色谱分离的叶绿素 a、叶黄素等组分适当稀释后，以溶剂为空白，测定各组分的紫外-可见吸收光谱，并与文献进行比较。

## 五、实验数据记录与处理

自行设计表格，记录并计算实验结果。

## 六、实验注意事项

（1）由于有些植物色素易被光分解，故色素提取后应立即进行分析，层析法分离（包括点样、展开等）时，应避光操作。

（2）购买的成品硅胶层析板应先活化再使用。

## 七、实验思考题

（1）从分子结构的不同比较叶绿素、叶黄素和胡萝卜素的极性大小，说明本实验中为什么胡萝卜素在层析分离时移动最快。

（2）如何选择合适的展开剂，提高薄层色谱的分离效果？

# 实验八十一　从番茄中提取番茄红素和 $\beta$-胡萝卜素

## 一、实验目的

（1）了解类胡萝卜素的基本性质。

（2）学习从番茄中提取番茄红素的原理和方法。

（3）掌握薄层层析和柱层析分离提纯天然化合物的操作方法。

## 二、实验原理

番茄中含有番茄红素和少量 $\beta$-胡萝卜素，二者均属于类胡萝卜素。其结构式如下：

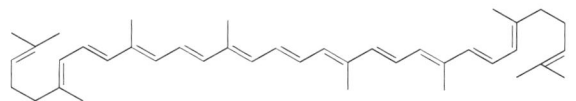

番茄红素

类胡萝卜素为烯类色素，不溶于水而溶于有机溶剂。本实验先用乙醇将番茄中的水脱去，再用二氯甲烷萃取类胡萝卜素。因为二氯甲烷不与水混溶，故只有除去水分后才能从组织中萃取出类胡萝卜素。根据番茄红素与 $\beta$-胡萝卜素极性的差别，使用柱层析可以将它们分离。分离效果可以用薄层层析进行检验。

## 三、实验仪器与试剂

1. 仪器

层析缸、层析柱、圆底烧瓶（100 mL）、球形冷凝管、烧杯、减压过滤装置、分液漏斗、锥形瓶。

2. 试剂

乙醇（95%）、二氯甲烷、石油醚（60～90℃）、氯仿、中性或酸性氯化铝（柱层析用）、环己烷、硅胶 G、氯化钠溶液（饱和）、无水硫酸钠、新鲜番茄。

## 四、实验步骤

1. 原料处理与色素提取

称取 20 g 新鲜番茄酱于 100 mL 圆底烧瓶中，加 95% 乙醇 40 mL，水浴加热回流 3～5 min，趁热抽滤，取滤液，固体残渣留在瓶内。加入 30 mL 二氯甲烷，水浴回流 5 min，冷却，过滤，滤液与第一次滤液合并；向固体残渣中再次加入 10 mL 二氯甲烷重复提取，过滤后合并提取液。将合并液倒入分液漏斗中，加入 5 mL NaCl 饱和溶液（有利于分层），振摇，静置分层。有机层经无水硫酸钠干燥后，热水浴除去溶剂得色素粗品。

2. 柱层析分离

将用石油醚调制的氧化铝均匀地填装至层析柱中。将粗制的类胡萝卜素溶解于 4 mL 苯中，用滴管在氧化铝表面附近沿柱壁缓缓加入柱中（留少量供后面薄层层析用），打开活塞，至有色物料在柱顶刚刚被吸附时，关闭活塞。用滴管吸取石油醚洗脱柱壁上黏附的色素，打开活塞，使洗脱剂液面与吸附剂表面相切（此时色素吸附在柱子顶部）。然后加大量的石油醚洗脱。黄色的 $\beta$-胡萝卜素在柱中移动较快，红色的番茄红素移动较慢。当 $\beta$-胡萝卜素完全被洗脱除去，改用极性较大的氯仿作洗脱剂洗脱番茄红素，注意分段收集。将收集的两部分在通风橱内用热水浴蒸发至干。将样品分别溶于二氯甲烷中,用薄层层析检验。

3. 薄层层析检验

各组分经薄层层析检验,以环己烷作展开剂,计算不同样品的 $R_f$ 值并指明各组分。

## 五、实验数据记录与处理

实验结果填入表3-22。

**表 3-22　样品薄层层析分析数据记录与处理**

| 展开距离 | 斑点1 | 斑点2 | 展开距离 | 斑点1 | 斑点2 |
|---|---|---|---|---|---|
| $a$/cm | | | $R_f$ | | |
| $b$/cm | | | 成分分析 | | |

## 六、实验注意事项

(1) 新鲜番茄酱的制备:将新鲜番茄洗净、捣碎或用市售的番茄酱。

(2) 二氯甲烷萃取液流经一个在颈部塞有疏松棉花且在棉花上铺一层厚 1 cm 的无水 $Na_2SO_4$ 的三角漏斗,以除去微量水分。干燥后的溶液储存在干燥的具塞锥形瓶中备用。

(3) 氧化铝层析柱的装填方法:将层析柱垂直固定于铁架台上,铺上一层薄薄的石英砂,关闭活塞。称取 15 g 氧化铝于 50 mL 锥形瓶中,加入 15 mL 石油醚(顺序不能反),边滴加边搅拌,且不断旋摇直至半满,然后开启活塞让溶剂以每秒1滴的速度流入小锥形瓶中,摇动浆液,不断地逐渐倾入正在流出溶剂的柱子中,同时用木棒或带橡皮管的玻璃棒轻轻敲击柱身,使顶部呈水平面,将收集到的溶剂在柱内反复循环几次,以保证沉降完全,柱子填充紧密。整个过程始终保持流动相浸没固定相。待溶剂刚好放至柱顶即将变干时即可上样。

(4) 因显色斑点会氧化而迅速消失,故需要在展开后立即用铅笔圈出斑点的位置。

## 七、实验思考题

(1) 番茄红素与 $\beta$-胡萝卜素相比,哪个 $R_f$ 值较大?为什么?

(2) 为什么要将提取液干燥后再蒸干溶剂?如果不干燥将对后面的实验操作产生什么影响?

## 实验八十二　铜、铁、钴、镍的纸上层析分离及含量测定

### 一、实验目的

(1) 了解纸上层析分离法在复杂样品分析中的应用。

(2) 熟练掌握纸上层析分离操作技术。

## 二、实验原理

本实验用丙酮：盐酸：水＝90：5：5 为展开剂，用上升法展开以分离 $Cu^{2+}$、$Fe^{3+}$、$Co^{2+}$、$Ni^{2+}$ 混合溶液，其中 $Fe^{3+}$ 移动最快，$R_f$ 值接近 1；其次是 $Cu^{2+}$ 和 $Co^{2+}$；而 $Ni^{2+}$ 移动最慢，$R_f$ 值接近于零。展开后用氨气熏之，以中和酸性，然后用二硫代乙二酰胺显色，从上至下各斑点的颜色为棕黄色（$Fe^{3+}$）、灰绿色（$Cu^{2+}$）、黄色（$Co^{2+}$）和深蓝色（$Ni^{2+}$）。

以 $Cu^{2+}$ 为例，其显色反应式如下：

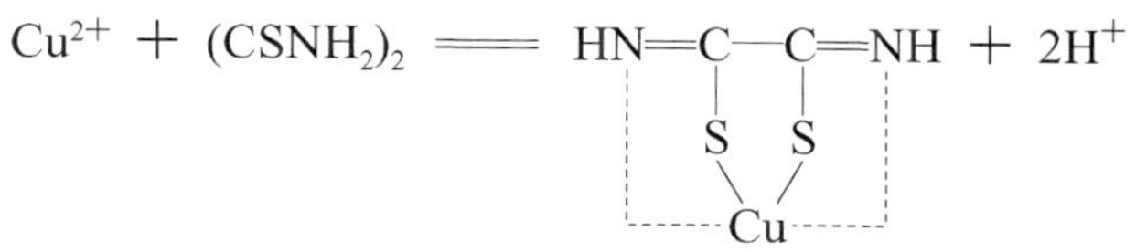

$$Cu^{2+} + (CSNH_2)_2 \Longrightarrow \underset{\underset{Cu}{S\quad S}}{HN=C-C=NH} + 2H^+$$

## 三、实验仪器与试剂

1. 仪器

（1）层析筒（可用 100 mL 量筒代替）。
（2）15 mm×250 mm 层析纸条。
（3）微量移液管，以校准过的血球管代替，若只做定性分析，可用毛细管。
（4）喷雾器。

2. 试剂

（1）展开剂：丙酮：浓盐酸：水＝90：5：5。
（2）显色剂：二硫代乙二酰胺乙醇溶液（0.5%）。
（3）浓氨水。
（4）$Cu^{2+}$、$Fe^{3+}$、$Co^{2+}$、$Ni^{2+}$ 混合溶液：浓度均为 $5\ mg\cdot mL^{-1}$，以氯化物配制。

## 四、实验步骤

1. 点样

取已裁好的滤纸一张，于纸条一端 2 cm 处用铅笔画一条横线，并在横线中间记一个"×"号，用毛细管或微量移液管移取试液 5 μL，小心点在横线上的"×"号处（称为原点），斑点直径为 0.5 cm 左右，在空气中风干后，挂在橡皮塞下面的铁丝钩上。

2. 展开

在干燥的层析筒中加入 10 mL 展开剂，放入滤纸条，塞紧橡皮塞，使滤纸下端的空白部分浸入展开剂中约 0.5 cm，开始进行展开。

3. 显色

待溶剂前沿上升至离顶端 2 cm 左右时，取出滤纸条，立即用铅笔记下溶剂前沿位置。在空气中风干后，在浓氨水瓶口熏 5 min，然后用显色剂喷洒显色。从上到下得到四个清晰的斑点,依次为铁(棕黄)、铜(灰绿)、钴(黄)和镍(深蓝)。

4. 测量比移值 $R_f$

用铅笔将各斑点的范围标出,找出斑点的中心点,量出各斑点的中心点到原点的距离 $a$,再量出原点到溶剂前沿的距离 $b$,计算各组分的 $R_f$ 值,$Fe^{3+}$、$Cu^{2+}$、$Co^{2+}$、$Ni^{2+}$ 的 $R_f$ 值分别为 0.97、0.63、0.49、0.01。

### 五、实验数据记录与处理

实验结果填入表 3-23。

表 3-23  混合液中各离子比移值测定数据记录

| 离 子 | $Fe^{3+}$ | $Cu^{2+}$ | $Co^{2+}$ | $Ni^{2+}$ |
|---|---|---|---|---|
| $a$/cm | | | | |
| $b$/cm | | | | |
| $R_f$ | | | | |

### 六、实验注意事项

(1) 若需要进行定量测定时,可配制各组分的标准溶液,用较宽的滤纸条,将标准和试样溶液在同一滤纸条上点样,两者原点水平距离约 3 cm,其他步骤相同。显色后,分别剪下标准和试样斑点,放在瓷坩埚中灰化,然后在高温炉中灼烧(800℃)15 min,取出冷却后,加 10 滴浓 $HNO_3$ 加热溶解,用光度法分别测定各组分含量。铁可用磺基水杨酸显色;铜用铜试剂显色;钴用亚硝基-R 盐显色;镍用丁二酮肟显色测定。

(2) 层析纸应先在展开剂饱和的空气中放置 24 h 以上,方法是:取少量展开剂置于一小烧杯中,然后放入干燥器中,并把层析纸放在干燥器中,盖严之后,放置即可。

(3) 各组分之比例必须严格控制,否则影响分离结果。因此,量取丙酮的量器和储存展开剂的容器必须干燥。盐酸和水应当用移液管量取。

(4) 配制 $Cu^{2+}$、$Fe^{3+}$、$Co^{2+}$、$Ni^{2+}$ 试液时,必须采用氯化物,如果采用硝酸盐,展开效果不够好,各组分的斑点不集中。

(5) 如果斑点直径太大,可分次点样;若不做定量测定,只需控制斑点大小,不必准确量取体积。

(6) 喷洒显色剂不宜过多,以免底色过深影响斑点观察。

### 七、实验思考题

(1) 影响 $R_f$ 值的因素有哪些?
(2) 展开剂中加入盐酸起什么作用?

## 实验八十三  萃取分离-光度法测定环境水样中微量铅

### 一、实验目的

(1) 掌握溶剂萃取的基本操作。

(2) 了解双硫腙萃取吸光光度法测定环境水样中铅的原理和方法。

## 二、实验原理

铅是可在人体和动物组织中积蓄的有毒重金属,可导致贫血症、神经机能失调和肾损伤。世界卫生组织规定饮用水中铅最高含量不得超过 100 $\mu g \cdot L^{-1}$。

双硫腙是吸光光度法测定铅的常用显色剂。在 pH 为 8.5~9.5 的氨性柠檬酸盐-氰化物-盐酸羟胺的还原性介质中,铅与双硫腙形成淡红色的双硫腙铅螯合物,其 $\lambda_{max} = 510$ nm,$\varepsilon_{max} = 6.7 \times 10^4$ L $\cdot$ mol$^{-1}$ $\cdot$ cm$^{-1}$。显色反应式如下:

双硫腙(绿色) + $\frac{1}{2}$Pb$^{2+}$ ⇌ 铅-双硫腙螯合物(淡红色) + H$^+$

用三氯甲烷萃取反应产物,测定三氯甲烷溶液在 510 nm 处的吸光度即可对铅进行定量分析。反应试剂中加入盐酸羟胺是为了还原 Fe$^{3+}$ 及可能存在的其他氧化性物质,以免双硫腙被氧化。氰化物用于掩蔽 Ag$^+$、Hg$^{2+}$、Cu$^{2+}$、Zn$^{2+}$、Cd$^{2+}$、Ni$^{2+}$、Co$^{2+}$ 等。柠檬酸盐络合 Al$^{3+}$、Fe$^{3+}$、Ca$^{2+}$、Mg$^{2+}$ 等,防止它们在碱性溶液中水解沉淀。本法适合测定地表水和废水中的微量铅。

## 三、实验仪器与试剂

1. 仪器

分光光度计、分液漏斗(250 mL)。

2. 试剂

(1) 铅标准溶液(2.0 $\mu g \cdot mL^{-1}$):称取 0.1599 g Pb(NO$_3$)$_2$(纯度≥99.5%)溶于约 200 mL 水中,加入 10 mL HNO$_3$ 后,转移至 1000 mL 容量瓶,用水稀释至刻度,此溶液含铅 100.0 $\mu g \cdot mL^{-1}$。取此溶液 10.00 mL 置于 500 mL 容量瓶,用水稀释至刻度。

(2) 双硫腙储备液(0.1 g $\cdot$ L$^{-1}$):称取 100 mg 纯净双硫腙溶于 1000 mL 三氯甲烷中,储于棕色瓶,放置于冰箱内备用。

(3) 双硫腙工作液(0.04 g $\cdot$ L$^{-1}$):取 100 mL 双硫腙储备液置于 250 mL 容量瓶中,用三氯甲烷稀释至刻度。

(4) 双硫腙专用液:将 250 mg 双硫腙溶于 250 mL 三氯甲烷中,此溶液不必纯化,专用于萃取提纯试剂。

(5) 柠檬酸盐-氰化钾还原性溶液:将 100 g 柠檬酸氢二铵、5 g 无水 Na$_2$SO$_3$、2.5 g 盐酸羟胺、10 g 氰化钾(注意剧毒!)溶于水,用水稀释至 250 mL,加入 500 mL 氨水混合(此溶液不可用嘴吸)。

## 四、实验步骤

1. 水样预处理

1) 比较混浊的地面水

取 250 mL 水样加入 2.5 mL $HNO_3$,于电热板上微沸消解 10 min,冷却后用快速滤纸过滤入 250 mL 容量瓶,滤纸用 0.2% $HNO_3$ 洗涤数次至容量瓶满刻度。

2) 含悬浮物和有机物较多的水样

取 200 mL 水样加入 10 mL $HNO_3$,煮沸消解至 10 mL 左右,稍冷却,补加 10 mL $HNO_3$ 和 4 mL $HClO_4$,继续消解蒸至近干。冷却后用 0.2% $HNO_3$ 温热溶解残渣,冷却后用快速滤纸过滤入 200 mL 容量瓶,用 0.2% $HNO_3$ 洗涤滤纸并定容至 200 mL。

2. 试样测定

准确量取含铅量不超过 30 μg 的适量试样放入 250 mL 分液漏斗中,用水补充至 100 mL,加入 10 mL 20%(体积分数)$HNO_3$ 和 50 mL 柠檬酸盐-氰化钾还原性氨性溶液,混匀。再加入 10.00 mL 双硫腙工作液,塞紧后剧烈振荡 30 s,静置分层。在分液漏斗的颈管内塞入一小团无铅脱脂棉,然后放出下层有机相,弃去 1~2 mL 流出液,再注入 1 cm 比色皿,以三氯甲烷为参比,在 510 nm 处测量吸光度。

3. 标准曲线

向 8 个 250 mL 分液漏斗中分别加入 0.00 mL、0.50 mL、1.00 mL、5.00 mL、7.50 mL、10.00 mL、12.50 mL、15.00 mL 铅的标准溶液,补加去离子水至 100 mL,以下按试样测定步骤进行。

计算公式为

$$含铅量(\mu g \cdot mL^{-1}) = \frac{m}{V}$$

式中:$m$ 为从标准曲线上查到的铅的质量;$V$ 为水样的体积。

## 五、实验数据记录与处理

实验数据填入表 3-24。

表 3-24 标准曲线及样品测定数据记录表

| 标准曲线 | | 样品测定 | |
| --- | --- | --- | --- |
| 铅浓度/(μg·$mL^{-1}$) | A | A | 含铅量/(μg·$mL^{-1}$) |
| | | | |
| | | | |
| | | | |

## 六、实验注意事项

(1) 双硫腙不纯时应提纯:称取 0.5 g 双硫腙溶于 100 mL 三氯甲烷中,滤去不溶物,滤液置于 250 mL 分液漏斗中,每次用 20 mL 1∶100 氨水萃取,此时杂质留于有机相,双硫腙进入水相,放出水相,重复萃取 5 次。合并水相,然后用 6 mol·L$^{-1}$ 盐酸中和至 pH=3~5,再用 250 mL 三氯甲烷分 3 次萃取,合并三氯甲烷,此时双硫腙进入有机相,含双硫腙 2 g·L$^{-1}$。放于棕色瓶,保存于冰箱内。

(2) 若柠檬酸盐-氰化钾溶液中含有微量铅,应用双硫腙专用液萃取,直至有机相为绿色,再用三氯甲烷萃取两三次,除去残留于水相的双硫腙。

(3) 除非证明水样的消化处理是不必要的(如不含悬浮物的地下水、清洁地面水可直接测定),否则应按实验步骤 1 进行预处理。

(4) 若试剂未经提纯,应做试剂空白,即用无铅水代替水样,其他试剂用量相同,按实验步骤进行,测定空白值。水样测定值扣除空白值再从标准曲线上查出铅的质量。

## 七、实验思考题

(1) 水样中的铅和双硫腙显色后为什么不直接进行测定,而是要经过萃取后再测定氯仿萃取液的吸光度?

(2) 应如何选择萃取溶剂?

(3) 双硫腙工作液应使用什么量器量取?

# 实验八十四  共沉淀-萃取分光光度法测定水中微量钼

## 一、实验目的

(1) 学习共沉淀-萃取方法富集微量金属离子的方法。
(2) 练习萃取分光光度法的实验操作。

## 二、实验原理

钼是人体必需的微量元素,是难熔耐高温金属元素之一。钼除了大部分用作钢铁合金的添加剂之外,还广泛地应用于电气和电子技术、冶金机械、医药和农业等领域。常温下钼在空气或水中都是稳定的,天然水中钼的含量为每升数微克。

利用共沉淀和萃取方法可以分离和富集水中微量钼元素,从而用分光光度法进行水中钼含量的测定。在 pH=3.5~4.0 的条件下,新制备的氢氧化铁胶体颗粒表面带有正电荷,能够吸附 $MoO_4^{2-}$ 而形成共沉淀。沉淀物溶于少量混合酸,以硫氰化钾为显色剂,二氯化锡为还原剂,乙醚-四氯化碳混合液为萃取剂,将 Mo(Ⅵ) 还原为 Mo(Ⅴ),再与硫氰根络合,生成橘红色络离子 $[MoO(SCN)_5]^{2-}$,该组分被萃取进入有机相,采用分光光度法进行微量钼的测定。样品中的 Fe(Ⅲ) 被 $SnCl_2$ 还原为 Fe(Ⅱ),从而消除铁的干扰。

## 三、实验仪器与试剂

1. 仪器

分光光度计、分液漏斗。

2. 试剂

(1) Mo(Ⅵ)标准溶液($1.0 \times 10^2$ μg·mL$^{-1}$)：称取 0.1840 g 优级纯的钼酸铵 [$(NH_4)_6 \cdot Mo_7O_{24} \cdot 4H_2O$]溶于适量水中,定量转移至 1 L 容量瓶中,稀释至刻度,摇匀。使用时,以水稀释为 5.00 μg·mL$^{-1}$ 钼标准溶液。

(2) $SnCl_2$ 溶液(10%)：将 100 g $SnCl_2 \cdot 2H_2O$ 加热溶于 100 mL 浓盐酸中,以水稀释至 1 L。加入少量锌粒保存。

(3) 硫酸-盐酸混合液：将 225 mL 浓硫酸缓慢加入至 725 mL 水中,再加入 50 mL 浓盐酸。

(4) 乙醚-四氯化碳(2∶3)混合萃取剂。

(5) $FeCl_3$ 溶液(0.10 mol·L$^{-1}$)。

(6) KSCN 溶液(10%)。

(7) $H_2SO_4$ 溶液(9 mol·L$^{-1}$)。

(8) 氨水(6 mol·L$^{-1}$、1 mol·L$^{-1}$)。

## 四、实验步骤

1. 标准曲线的绘制

在 6 个分液漏斗中分别加入 0.00 mL、1.00 mL、2.00 mL、3.00 mL、4.00 mL 和 5.00 mL 5.0 μg·mL$^{-1}$ Mo(Ⅵ)标准溶液,加水至 20 mL,加入 15 mL 硫酸和盐酸混合酸、10 滴 0.10 mol·L$^{-1}$ $FeCl_3$ 溶液、6 mL 10% KSCN 溶液,混合均匀,再加入 3 mL 10% $SnCl_2$ 溶液,充分混合后,放置 10 min,准确加入 10.00 mL 乙醚-四氯化碳混合萃取剂,振摇 2 min 后,静置分层。将有机相移入 1 cm 比色皿中,试剂空白为参比,首先在 420～520 nm 波长确定该显色体系的最大吸收波长,然后,于最大吸收波长 475 nm 处测定吸光度值,并绘制标准曲线。

2. 水样中钼含量的测定

取 250 mL 水样(约含 5 μg 钼)于 500 mL 烧杯中,加 1.0 mL 9.0 mol·L$^{-1}$ 硫酸、1.5 mL 0.10 mol·L$^{-1}$ $FeCl_3$ 溶液,小心用稀氨水将溶液调至 pH=4,搅拌,放置 2 h,以定性滤纸过滤。滤纸上的沉淀物以 15 mL 硫酸-盐酸混合液溶解于分液漏斗中,用 25 mL 水洗涤烧杯和滤纸,洗涤液合并于分液漏斗中,用 25 mL 水洗涤烧杯和滤纸,洗涤液并入分液漏斗中,加入 6 mL 10% KSCN 溶液,混匀。按标准曲线相同的操作步骤进行,测定水样显色、萃取后有机相的吸光度,根据标准曲线求得水样中钼的含量。平行测定水样 3 次。

## 五、实验数据记录与处理

自行设计表格,记录并处理实验数据。

## 六、实验注意事项

(1) 共沉淀分离富集操作时,溶液的 pH 控制是关键,pH 过高或过低,共沉淀效果均较差。本实验可以使用甲基橙为指示剂或精密 pH 试纸进行检验,并观察溶液中絮状 $Fe(OH)_3$ 沉淀的生成。

(2) 因为 Mo(Ⅴ)的硫氰酸盐络合物稳定性不好,故必须有较过量的 KSCN 存在。但 $SnCl_2$ 过量太多,会使钼还原为更低价而生成颜色较浅的络合物,从而使分析结果偏低。而且,KSCN 和 $SnCl_2$ 的加入顺序不能颠倒。

(3) 在沉淀的过滤、洗涤、溶解、洗涤和转移过程时,应注意沉淀不损失。

(4) 萃取后,转移有机相进入比色皿时,分液漏斗下颈应干燥没有水珠,防止在有机相流出时产生乳浊液或锡盐的水解沉淀,影响光度测定。

## 七、实验思考题

(1) 简述水样中钼含量的测定时采用共沉淀富集的理由。能否不富集而直接用光度法测定?

(2) 能否采用其他氢氧化物共沉淀剂富集?能否采用其他有机溶剂进行萃取?

(3) 为什么 KSCN 和 $SnCl_2$ 的加入顺序不能颠倒?

(4) 水样中存在大量 $Fe^{3+}$ 时,对本实验的分析是否有干扰?如何消除其干扰?

(5) 通过查阅相关资料,设计直接测定水样中钼的分析方法。

# 第四章　设 计 实 验

## 实验八十五　光度法测定[Fe(SCN)]$^{2+}$的稳定常数

**一、实验目的**

运用所学知识设计实验,采用光度法测定配合物[Fe(SCN)]$^{2+}$的稳定常数。

**二、实验要求**

(1) 通过查阅书籍、手册自拟实验方案。完整的实验方案应包括实验目的、实验原理、实验仪器与试剂、实验步骤。

(2) 实验完毕后书写实验报告。

**三、实验指导**

当SCN$^-$的浓度较低时,Fe$^{3+}$与SCN$^-$主要生成红色的1∶1配合物[Fe(SCN)]$^{2+}$,反应式如下:

$$Fe^{3+} + SCN^- \rightleftharpoons [Fe(SCN)]^{2+}$$

$$K_{稳} = \frac{\{[Fe(SCN)]^{2+}\}}{[Fe^{3+}][SCN^-]} \tag{4-1}$$

将已知起始浓度的Fe$^{3+}$与SCN$^-$按不同比例配成溶液,由于生成的[Fe(SCN)]$^{2+}$浓度不同,溶液颜色深浅不同,通过分光光度计可测定[Fe(SCN)]$^{2+}$的平衡浓度,然后通过计算得到Fe$^{3+}$与SCN$^-$的平衡浓度,代入式(4-1)即可算出$K_{稳}$。

**四、实验思考题**

(1) 本实验采取什么措施保证Fe$^{3+}$与SCN$^-$主要只生成1∶1的配合物[Fe(SCN)]$^{2+}$?

(2) 本实验测定[Fe(SCN)]$^{2+}$的平衡浓度的原理是什么?

(3) 如何计算得到Fe$^{3+}$和SCN$^-$的平衡浓度?

## 实验八十六　电导法测定乙酸的电离常数

**一、实验目的**

运用所学知识设计实验,采用电导率法测定乙酸的电离常数。

## 二、实验要求

（1）通过查阅书籍、手册自拟实验方案。完整的实验方案应包括实验目的、实验原理、实验仪器与试剂、实验步骤。

（2）实验完毕后书写实验报告。

## 三、实验指导

乙酸是一元弱酸，其电离常数和电离度 $\alpha$ 有如下关系：$K_a = \dfrac{c\alpha^2}{1-\alpha}$。对于弱电解质来说，某浓度时的电离度等于该浓度时的摩尔电导与极限摩尔电导之比，即 $\alpha = \dfrac{\lambda}{\lambda_0}$，则 $K_a = \dfrac{c\lambda^2}{\lambda_0(\lambda_0-\lambda)}$。弱电解质在无限稀释时可看做完全电离，此时溶液的摩尔电导为极限摩尔电导（$\lambda_0$），一定温度下的弱电解质的极限摩尔电导可查表得到。摩尔电导 $\lambda$ 与电导率 $\chi$ 之间有如下关系：$\lambda = \dfrac{\chi}{c}$。通过实验测定浓度为 $c$ 的乙酸溶液的电导率 $\chi$，计算得到 $K_a$。

## 四、实验思考题

（1）为什么 $\lambda$ 与 $\lambda_0$ 之比即为弱电解质的电离度？

（2）弱电解质的电导率 $\chi$ 与哪些因素有关？

（3）是否需要浓度由低到高测定乙酸溶液的电导率 $\chi$？为什么？

（4）电解质溶液导电的特点是什么？

# 实验八十七　氯化铵的制备

## 一、实验目的

（1）运用已学过的溶解和结晶等理论知识和制备实验的有关操作，以食盐和硫酸铵为原料，自行设计制备氯化铵的实验方案。

（2）进一步练习蒸发浓缩、冷却结晶、固液分离等基本操作。

## 二、实验要求

（1）通过查阅书籍、手册自拟实验方案。完整的实验方案应包括实验目的、实验原理、实验仪器与试剂、实验步骤。

（2）要求制备的氯化铵符合国家标准，能对产品纯度进行简单定性检验。

（3）实验完毕后书写完整的实验报告。

## 三、实验指导

氯化钠和硫酸铵可发生复分解反应得到氯化铵和硫酸钠，反应式如下：

$$2NaCl + (NH_4)_2SO_4 \rightleftharpoons 2NH_4Cl + Na_2SO_4$$

利用反应体系中四种盐在不同温度下溶解度的差别（表 4-1），使 $NH_4Cl$ 结晶析出。

表 4-1 $NaCl$、$(NH_4)_2SO_4$、$NH_4Cl$、$Na_2SO_4$ 在不同温度下的溶解度

| 溶解度 /[g·(100 g $H_2O$)$^{-1}$] 溶质 | 温度/℃ 0 | 10 | 20 | 30 | 40 | 60 | 80 | 100 |
|---|---|---|---|---|---|---|---|---|
| NaCl | 35.7 | 35.8 | 36.0 | 36.3 | 36.6 | 37.3 | 38.4 | 39.8 |
| $Na_2SO_4 \cdot 10H_2O$ | 4.7 | 9.1 | 20.4 | 41.0 | | | | |
| $Na_2SO_4$ | | | | | 48.2 | 45.2 | 43.3 | 42.3 |
| $NH_4Cl$ | 29.7 | 33.3 | 37.2 | 41.1 | 45.8 | 55.2 | 65.6 | 77.3 |
| $(NH_4)_2SO_4$ | 70.6 | 73.0 | 75.4 | 78.0 | 81.0 | 88.0 | 95.3 | 103.3 |

产品质量可通过如下方法鉴定：取少量氯化铵产品放入干燥的小试管底部。加热数分钟后，如在试管上部有升华的氯化铵而底部看不到剩余物，则证明产品纯度符合要求。

**四、实验思考题**

（1）要获得较纯的产品，需特别注意氯化铵与硫酸钠的分离条件。在蒸发浓缩，冷却结晶过滤等操作过程中，什么情况下它们会同时析出？

（2）蒸发浓缩时，较多的硫酸钠析出会向外飞溅，应采取哪些措施来防止？

（3）在制备氯化铵的多种途径中，试述所选用方案的依据和优点。

## 实验八十八　锌铝合金组成测定

**一、实验目的**

运用理想气体状态方程和道尔顿分压定律，用置换法测定锌铝合金的组成。

**二、实验要求**

（1）通过查阅书籍、手册自拟实验方案。完整的实验方案应包括实验目的、实验原理、实验仪器与试剂及实验步骤。

（2）实验完毕后，书写实验报告。

**三、实验指导**

锌和铝能与酸作用置换出氢气，根据置换反应，可算出每克铝和锌所能置换出的氢气的物质的量。一定量的锌铝合金所置换出的氢气的体积可用量气法测定，在通常的实验条件下，锌铝合金所置换出的氢气可看做是理想气体，运用理想气体状态方程即可算出氢气的物质的量，锌铝合金总质量已知，通过计算即可算出合金中锌和铝的质量分数。

**四、实验思考题**

（1）如何确定锌铝合金的称量范围？

(2) 分析产生误差的原因及对应的解决办法。

## 实验八十九　由工业镁渣制备硝酸镁

### 一、实验目的

（1）运用学过的溶解、结晶等理论知识和除杂的有关操作，以工业镁渣为原料，设计经济合理的实验步骤回收硝酸镁。

（2）进一步练习固液分离、蒸发浓缩、冷却结晶等基本操作。

### 二、实验要求

（1）通过查阅书籍、手册自拟实验方案。完整的实验方案应包括实验目的、实验原理、实验仪器与试剂、实验步骤，其中在实验步骤中应包括除去杂质所选用的试剂和最佳制备条件。

（2）要求制备的硝酸镁符合国家标准，能对产品纯度进行简单定性检验。

（3）实验完毕后书写完整的实验报告，要求分析设计方案的优缺点、待改进之处以及实验的心得体会。

### 三、实验指导

镁渣的主要成分是硝酸镁，杂质中以 $Fe^{3+}$ 为主，此外还含有 $Ca^{2+}$、$Cr^{3+}$、$Mn^{2+}$、$Ni^{2+}$、$Cl^-$ 等可溶性杂质和不溶性杂质（如泥沙等）。

根据物质溶解度的不同，不溶性杂质可用溶解和过滤的方法除去，$Fe^{3+}$ 易水解生成 $Fe(OH)_3$ 沉淀，过滤除去。硝酸镁的溶解度随温度变化较大，少量可溶性杂质 $Ca^{2+}$、$Mn^{2+}$ 等可用重结晶法除去。

### 四、实验思考题

（1）如何确定溶解镁渣的去离子水的用量？

（2）采用什么方法除铁？

（3）能否通过蒸干溶液的方法得到硝酸镁？

## 实验九十　由工业锌渣制备氯化锌

### 一、实验目的

（1）运用所学过的理论知识以及制备和提纯实验的有关操作，以工业锌渣为原料，设计经济合理的实验步骤制备氯化锌。

（2）进一步练习固液分离、蒸发浓缩等基本操作。

### 二、实验要求

（1）通过查阅书籍、手册自拟实验方案。完整的实验方案应包括实验目的、实验原理、实验仪器与试剂、实验步骤,其中在实验步骤中应包括除去杂质所选用的试剂和最佳制备条件。

(2) 要求制备的氯化锌符合国家标准,能对产品纯度进行简单定性检验。

(3) 实验完毕后书写完整的实验报告。

### 三、实验指导

本实验的主要原料为热镀锌厂收集的锌渣和工业盐酸,主要反应式如下:

$$Zn + HCl = ZnCl_2 + H_2 \uparrow$$
$$ZnO + HCl = ZnCl_2 + H_2O$$

锌渣中主要杂质金属有 Fe、Al、Pb、Cd、Cu 等。反应时,保证锌稍过量可使 $Pb^{2+}$、$Cd^{2+}$、$Cu^{2+}$ 等离子不进入溶液。通过调节酸度,并通过 $H_2O_2$ 氧化,可将 $Fe^{3+}$ 及 $Al^{3+}$ 等离子以氢氧化物沉淀方式除去。溶液经蒸发即可得到白色氯化锌产品。

### 四、实验思考题

(1) 溶液中使铁沉淀的调节是什么?除铁时为何要加双氧水?

(2) 采用什么方法调节溶液酸度?

## 实验九十一　由废干电池回收锌皮制备硫酸锌

### 一、实验目的

(1) 运用学过的溶解、结晶等理论知识和除杂的有关操作,以废干电池中的锌皮为原料,设计合理的实验步骤制备硫酸锌。

(2) 进一步练习固液分离、蒸发浓缩、冷却结晶等基本操作。

### 二、实验要求

(1) 通过查阅书籍、手册自拟实验方案。完整的实验方案应包括实验目的、实验原理、实验仪器与试剂、实验步骤,其中在实验步骤中应包括除去杂质所选用的试剂和最佳制备条件。

(2) 要求制备的硫酸锌符合国家标准,能对产品纯度进行简单定性检验。

(3) 实验完毕后书写完整的实验报告,分析设计方案的优缺点及实验的心得体会。

### 三、实验指导

电池中的锌皮既是电池的负极,又是电池的壳体。电池报废后,大部分的锌却没有被消耗,若能将其回收利用,既能节约资源,又能减少其对环境的污染。

锌是两性金属,既能溶于酸,又能溶于碱。常温下,锌与碱的反应极慢,而与酸的反应则快得多,可考虑用稀硫酸溶解锌皮。回收的锌皮表面可能粘有氯化锌、氯化铵及二氧化锰等杂质,可先用水刷洗除去。锌皮上还可能沾有石蜡、沥青等有机物,难以洗净,可在锌皮溶于酸后过滤除去。废旧锌皮中还含有少量杂质铁,因此还要考虑除铁的问题,可利用 $Fe^{3+}$ 在 pH=4 左右易水解生成 $Fe(OH)_3$ 沉淀的特点,过滤除铁。硫酸锌的溶解度随温度变化较大,可蒸发浓缩后冷却结晶,得到产物。

产品质量可通过如下方法鉴定:称取制得的 $ZnSO_4 \cdot 7H_2O$ 晶体 1 g,加 10 mL 去离子水溶解,分于两支试管,然后进行下述试验:

(1) $Cl^-$ 的检验。在一支试管中,加入 2 滴 2 mol·$L^{-1}$ $HNO_3$ 溶液、2 滴 0.1 mol·$L^{-1}$ $AgNO_3$ 溶液,摇匀,与"标准"进行比较。

(2) $Fe^{3+}$ 的检验。在另一支试管中,加入 5 滴 2 mol·$L^{-1}$ HCl 溶液、2 滴 0.5 mol·$L^{-1}$ KSCN 溶液,摇匀,与"标准"进行比较。

#### 四、实验思考题

(1) 如何确定溶解锌皮的酸的用量?
(2) 本实验采用什么方法除铁?
(3) 蒸发浓缩时,是否出现薄晶膜时就停止加热?为什么?

## 实验九十二　由废干电池回收二氧化锰和氯化铵

#### 一、实验目的

(1) 了解废干电池对环境的危害以及有效成分的利用方法。
(2) 运用学过的溶解、结晶等理论知识和除杂的有关操作,设计合理的实验步骤将废干电池中的二氧化锰和氯化铵加以回收利用。
(3) 掌握无机物的提纯、分析等实验方法和技能。

#### 二、实验要求

(1) 通过查阅资料,了解目前我国小型电池的生产、使用和回收情况。通过查阅书籍、手册自拟实验方案。设计出的实验方案要有科学性,即要有理论依据;有先进性,即在原有资料基础上,设计的技术路线要有创新,考虑到防止进一步的污染和节约原材料等因素;有实用性,要理论联系实际,实验设计要考虑生产实际等。

(2) 完整的实验方案应包括实验目的、实验原理、实验仪器与试剂、实验步骤,其中在实验步骤中应包括除去杂质所选用的试剂和最佳制备条件。

(3) 要求制备的二氧化锰和氯化铵符合国家标准,能对产品纯度进行简单定性检验。
(4) 实验完毕后书写完整的实验报告,分析设计方案的优缺点及实验的心得体会。

#### 三、实验指导

锌锰电池中正极的电芯是由二氧化锰与乙炔黑、石墨、固体 $NH_4Cl$ 按一定比例混合,加适当的电解液压制而成的。电池放电完后,大部分的 $MnO_2$ 和 $NH_4Cl$ 并未参与反应。可从废干电池中的黑色糊状物中回收 $MnO_2$ 和 $NH_4Cl$,既保护了环境,又充分利用了资源。

废干电池可按如下方法拆卸：先剥去电池外层包装纸，用螺丝刀撬去顶盖，用小刀挖去顶盖下面的沥青层，然后用钳子慢慢拔出炭棒（连同铜帽），可留作电解用的电极。用剪刀把废电池外壳剥开，即可取出里面黑色的物质，为二氧化锰、炭粉、氯化铵、氯化锌等的混合物。

将电池中的黑色混合物溶于水，可得 $NH_4Cl$ 和 $ZnCl_2$ 的混合溶液。在相同的温度下，$ZnCl_2$ 的溶解度比 $NH_4Cl$ 大得多，根据两者溶解度的不同可回收 $NH_4Cl$。$NH_4Cl$ 在 100℃时开始显著地挥发，338℃时解离，350℃时升华。氯化铵产品中的氯化铵含量可由酸碱滴定法测定。氯化铵先与甲醛作用生成六次甲基四胺和盐酸，后者用 NaOH 标准溶液滴定。有关反应式如下：

$$4NH_4Cl + 6HCHO = (CH_2)_6N_4 + 4HCl + 6H_2O$$

黑色混合物中还含有二氧化锰、炭粉和其他少量有机物，它们不溶于水，过滤后存在于滤渣中。将滤渣加热除去炭粉和有机物后即可得到二氧化锰。

### 四、实验思考题

（1）加热蒸发 $NH_4Cl$ 和 $ZnCl_2$ 混合溶液时应注意什么？
（2）如何确定黑色混合物中的炭粉和有机物已除尽？
（3）如何回收废干电池中的 Pb、Cd 和 Hg？

## 实验九十三  从含铜废液中制备二水合氯化铜

### 一、实验目的

（1）学习查阅资料，并设计实验方案。
（2）了解铜的氧化物及碱式碳酸铜的性质，探求水合氯化铜的制备条件。
（3）在设计实验方案到独立完成实验的过程中，培养分析问题、解决问题的独立工作能力。

### 二、实验要求

（1）通过查阅书籍、手册自拟实验方案。完整的实验方案应包括实验目的、实验原理、实验仪器与试剂、实验步骤，其中在实验步骤中应包括除去杂质所选用的试剂和最佳制备条件。
（2）要求制备的氯化铜符合国家标准，能对产品纯度进行简单定性检验。
（3）实验完毕后书写完整的实验报告，分析设计方案的优缺点及实验的心得体会。

### 三、实验指导

$CuCl_2 \cdot 2H_2O$ 为绿色菱形结晶，单斜晶系。在潮湿空气中易潮解，在干燥空气中也易风化。易溶于水、氯化铵、丙酮、醇及醚中。从氯化铜水溶液生成结晶时，在 299～315 K

得二水盐,在 288 K 以下得四水盐,在 288～298.7 K 得三水盐,在 315 K 以上得一水盐。有毒,应密闭储存。用于制玻璃、陶瓷、颜料、消毒剂、媒染剂、食品添加剂、催化剂(如烃的卤化以及许多有机氧化反应)。用于金属提炼、木材防腐、照相、氧化剂、净水等。

氯化铜通常由盐酸法制得,用盐酸与氧化铜或碱式碳酸铜反应,将母液浓缩冷却结晶即可。

含铜废液中常含有不溶性杂质和可溶性杂质(如 $Fe^{2+}$、$Fe^{3+}$ 等),不溶性杂质通过过滤除去,$Fe^{2+}$、$Fe^{3+}$ 等通过氧化、调节 pH 除去,其他可溶性杂质则可通过重结晶的方法除去。在一定温度的恒温水浴中,将 $CuSO_4$ 溶液倒入 $Na_2CO_3$ 溶液中,搅拌,制得碱式碳酸铜,洗涤沉淀至无 $SO_4^{2-}$。用一定浓度的盐酸溶解碱式碳酸铜沉淀,然后水浴蒸发浓缩,冷却结晶,即可得到 $CuCl_2 \cdot 2H_2O$。

**四、实验注意事项**

(1) 在硫酸铜的提纯中,浓缩液要自然冷却至室温析出晶体。否则,其他盐类(如 $Na_2SO_4$)也会析出。

(2) 在溶液中得到碱式碳酸铜沉淀难以过滤,要控制沉淀条件以得到较大的晶形沉淀。

**五、实验思考题**

(1) 反应温度对碱式碳酸铜的制备有什么影响?在什么温度下会有褐色产物生成?这种褐色物质是什么?

(2) 若将 $Na_2CO_3$ 溶液倒入 $CuSO_4$ 溶液,会有什么结果?

## 实验九十四　从废定影液中制取单质银或硝酸银

**一、实验目的**

(1) 了解从废定影液中回收单质银和制取硝酸银的方法和原理。
(2) 树立节约资源,变废为宝的意识。

**二、实验要求**

(1) 通过查阅书籍、手册自拟实验方案。完整的实验方案应包括实验目的、实验原理、实验仪器与试剂、实验步骤,其中在实验步骤中应包括除去杂质所选用的试剂和最佳制备条件。

(2) 实验完毕后书写完整的实验报告,分析设计方案的优缺点及实验的心得体会。

**三、实验指导**

用定影液(硫代硫酸钠)除去底片和相片上没有感光部分的卤化银(一般为溴化银)时,形成可溶性的硫代硫酸银络离子。废定影液含银量一般为 $1 \times 10^{-4} \sim 1.5 \times 10^{-3}$(质量分数),因此回收意义很大。

从废定影液回收银的方法有电解法、金属锌置换法、连二亚硫酸钠(保险粉)还原法、硫化钠沉淀法等。其中硫化钠沉淀法比较简单,反应式如下:

$$2Na_3[Ag(S_2O_3)_2] + Na_2S = 4Na_2S_2O_3 + Ag_2S \downarrow$$

析出的硫化银放在坩埚中,在高温下灼烧可制取单质银:

$$Ag_2S + O_2 = 2Ag + SO_2 \uparrow$$

若要制备硝酸银,则可加中等强度的硝酸,把硫化银中的硫氧化为单质硫,过滤除去硫,从溶液中可得硝酸银,反应式如下:

$$3Ag_2S + 2NO_3^- + 8H^+ = 6Ag^+ + 2NO \uparrow + 3S \downarrow + 4H_2O$$

### 四、实验思考题

(1) 若废定影液的 pH<7,为什么要用 $NH_3 \cdot H_2O$ 将其调至 pH=8～11?

(2) 灼烧硫化银固体时,为什么要加入少量硼砂和碳酸钠固体?

## 附　参考实验步骤

(1) 单质银的制取。

取 100 mL 废定影液于 250 mL 烧杯中,先测 pH,若 pH<7 则用 $NH_3 \cdot H_2O$ 将其调至 pH=8～11。加 $Na_2S$ 溶液于烧杯中,有大量黑色沉淀产生,直至沉淀完全(如何判断)。过滤沉淀,用热水洗涤两三次,干燥后粗称。然后将其转移至坩埚中,加入少量硼砂和碳酸钠固体,搅均,放入马弗炉中在 950℃ 高温下加热 1 h 左右,取出,冷却至室温,称量。

产品外观为具有金属光泽的银白色颗粒状的单质银。取少量溶于 6 mol·L$^{-1}$ 硝酸中,溶液呈无色透明,加水后也无混浊状物质。加几滴 HCl,有白色沉淀生成。

(2) 硝酸银的制备。

将步骤(1)中得到的黑色 $Ag_2S$ 沉淀转移到 100mL 烧杯中,加入 10 mL 6 mol·L$^{-1}$ 硝酸,用小火加热,至黑色沉淀完全消失。然后小火加热浓缩至小烧杯中溶液的体积约 8 mL 为止。冷却至室温,加入 5 mL 浓硝酸,放入冰-盐水浴中冷却、结晶,抽滤,称量,将产品回收。

# 实验九十五　从废钒催化剂中提取高纯五氧化二钒

### 一、实验目的

(1) 通过本实验了解化学法提取五氧化二钒的基本原理。

(2) 要求钒的回收率大于 80%,纯度大于 99%。

### 二、实验要求

(1) 通过查阅书籍、手册自拟实验方案。完整的实验方案应包括实验目的、实验原理、实验仪器与试剂、实验步骤,其中在实验步骤中应包括除去杂质所选用的试剂和最佳制备条件。

（2）实验完毕后书写完整的实验报告，分析设计方案的优缺点及实验的心得体会。

### 三、实验指导

一般四价钒盐或其氧化物不溶于水而溶于酸，而五价钒在酸中溶解性比四价钒低得多，该性质为废钒催化剂酸浸提供理论根据，所以在酸浸时加入还原剂（如 $Na_2S$、$Na_2SO_3$ 等）可以使 $V^{5+}$ 转变为可溶性 $V^{4+}$，反应式如下：

$$V_2O_5 + 3H_2SO_4 + H_2SO_3 = 2V(SO_4)_2 + 4H_2O$$

酸浸液经过滤后，用氧化剂（如 $KClO_3$、$KMnO_4$、$K_2S_2O_8$ 等）将四价钒氧化为五价钒，反应式如下：

$$10VOSO_4 + 8H_2SO_4 + 2KMnO_4 = 5(VO)_2(SO_4)_3 + K_2SO_4 + 2MnSO_4 + 8H_2O$$

含五价钒的溶液用不溶于水的有机相萃取，五价钒进入有机相，杂质留在水相。有机相用有机胺（作萃取剂）和高级醇（作稀释剂）配制而成。在配制有机相时，加入少量一定浓度的酸，用该浓度酸处理有机相，萃取能力可以维持很长时间，即有机相可以反复使用。萃取过程反应式可表示为

$$5R_3N(有机相) + HV_{10}O_{28}^{5-}(水相) + 5H_2O = (R_3NH)_5HV_{10}O_{28}(有机相) + 5OH^-(水相)$$

将含有五价钒的有机相（萃取液）用一定浓度的氨水进行反萃取，在水相中钒以钒酸铵晶体析出。反萃取过程中加入极少量过硫酸铵，其目的使有机相中夹带少量四价钒被氧化为五价钒，从而使钒酸铵晶体纯度提高，反应式如下：

$$(R_3NH)_5HV_{10}O_{28}(有机相) + 6NH_3 \cdot H_2O = (NH_4)_6V_{10}O_{28}(水相) + 6H_2O + 5R_3N$$

$$(NH_4)_6V_{10}O_{28}(水相) + 4NH_4^+ + 2H_2O = 10NH_4VO_3 \downarrow + 4H^+$$

$$2NH_4VO_3 \xrightarrow{\triangle} V_2O_5 + 2NH_3 \uparrow + H_2O \uparrow$$

以上获得的粗五氧化二钒中含有一些铝钾等杂质，为了制取高纯度的钒，需将粗五氧化二钒按比例与一定浓度氢氧化钠在 80~95℃ 条件下反应一段时间，反应式如下：

$$V_2O_5 + 6NaOH = 2Na_3VO_4 + 3H_2O$$

$$V_2O_5 + 2NaOH = 2NaVO_3 + H_2O$$

$$Na_3VO_4 + 3NH_4Cl = NH_4VO_3 + 3NaCl + 2NH_3 \cdot H_2O$$

$$NaVO_3 + NH_4Cl = NH_4VO_3 + NaCl$$

过滤后，滤液中加入一定量氯化铵，得到偏钒酸铵晶体，将其烘干，焙烧，可得高纯度五氧化二钒。

### 四、实验注意事项

（1）注意不同价态钒的颜色变化，适当补加氧化剂和还原剂以及酸介质的量。

（2）控制合适的 pH，使萃取和沉淀反应较完全。

### 五、实验思考题

请设计方案分析钒的纯度。

### 附　参考实验步骤

（1）酸浸。室温酸浸最佳条件为：固、液质量比为1∶3，硫酸浓度3 mol·L$^{-1}$，还原剂Na$_2$SO$_3$量为固体量的4%，室温下间歇搅拌数小时以后，浸液变为深蓝色，浸出率大于90%左右。

（2）萃取。将浸出液用氧化剂使四价钒氧化为五价钒（氧化剂∶浸出液为1∶10）再进行萃取。有机相按胺∶醇∶酸为15∶35∶1.5配比，pH＝6～7为最好。浸出液∶有机相为2.5∶1为最佳。当pH＝3～5时，分层效果好，萃取率高。有机相为鲜红色，水相为浅黄色。若二次萃取，水相几乎无色，萃取率达95%以上。

（3）反萃。在温度为60℃搅拌条件下，将萃取后的有机相加入一定浓度氨水和少量过硫酸铵进行反萃，当pH＝6～8时，钒酸铵（或偏钒酸铵）晶体基本析出，有机相恢复原来颜色。分离有机相，继续循环使用。水相过滤后，即得钒酸铵晶体，经烘干，焙烧，可获粗五氧化二钒，其纯度达90%以上（称粗钒）。

（4）碱煮。将上面获得的粗五氧化二钒按比例与30%氢氧化钠作用，固、液质量比为1.7∶1，在80～95℃条件下煮数小时，再加一定量水稀释后，pH＝9，静置，过滤，滤液中再加入氯化铵，使pH＝7，滤出沉淀物，60℃时烘干，焙烧即可得到纯度为99%以上的高纯度五氧化二钒。

## 实验九十六　酸碱滴定设计实验

### 一、实验目的

（1）综合运用所学理论及实验知识分析问题和解决问题，初步培养学生的科学研究能力。

（2）培养学生通过查阅资料解决实际问题的能力。

### 二、设计要求

提前一周将设计实验项目提供给学生，学生课外查阅相关书籍、手册等资料，设计出合理可行的实验方案，内容包括：

（1）实验原理。描述自行设计方案的方法原理、选用的指示剂及有关计算公式。

（2）试剂和仪器。主要试剂的浓度、用量、配制方法以及所需主要仪器。

（3）实验步骤。包括标准溶液的标定和混合液各组分含量测定步骤，要有详细和具体的量（浓度、加取体积）、有关现象（颜色的变化）等，具有可操作性。

（4）结果和数据处理。画出简洁直观的用于填写原始数据和计算结果的表格。

（5）讨论。分析设计方案的优缺点、注意事项、待改进之处以及新的思路等心得体会。

### 三、设计思路

（1）运用酸碱准确滴定的判别式，决定使用直接滴定法或间接滴定法。

(2) 根据实验的原理,选择合理可行的方法。

(3) 选择合适的滴定剂,依据被测物性质,选择标定方法,即确定基准物质。

(4) 依据滴定化学计量点产物性质,确定计量点 pH,选择合适的指示剂。

(5) 在酸碱滴定法中,滴定剂及被测物的浓度通常约为 $0.1\ mol \cdot L^{-1}$,计算样品溶液或固体样品的取样量。

## 四、设计题目

1. HCl-$NH_4Cl$ 混合液各自含量的测定

提示:$NH_4^+$ 为极弱酸($pK_a = 9.25$),该混合液可以分步滴定出 HCl,以 HCl 和 $NH_4Cl$ 浓度约为 $0.1\ mol \cdot L^{-1}$ 时计算出第一个化学计量点的 pH,选择合适的指示剂。在测定 HCl 之后,甲醛强化法测定 $NH_4^+$ 的含量。

2. HCl-$H_3BO_3$ 混合液各自含量的测定

提示:$H_3BO_3$ 为极弱酸,测定时需要用甘油或甘露醇强化。

3. HCl-$H_2SO_4$ 混合液各自含量的测定

提示:两者不能分步滴定,可以用 NaOH 标准溶液滴定混合液各组分的总量,结合沉淀滴定法测定 $Cl^-$ 含量,也即 HCl 含量,两者差值即为 $H_2SO_4$ 的量。

4. HCl-$H_3PO_4$ 混合液各自含量的测定

提示:查出 $H_3PO_4$ 的三个 $K_a$ 值,判断以 NaOH 标准溶液滴定该混合液时会有几个突跃,根据各个化学计量点时的产物,估算 pH(两组分的浓度约 $0.1\ mol \cdot L^{-1}$),选择合适指示剂,先测定总量,再测定 $H_3PO_4$ 的含量,从而计算出 HCl 的含量。

5. HAc-$H_2SO_4$ 混合液各自含量的测定

提示:两者不能分步滴定,可以用 NaOH 标准溶液测定总量。然后可加入 $BaCl_2$ 将 $H_2SO_4$ 沉淀析出,经过滤洗涤后,再溶解于酸性溶液,络合滴定法测定 $Ba^{2+}$ 的量,也即 $H_2SO_4$ 的量。两者的差值即为 HAc 的量。

6. $K_2HPO_4$-$KH_2PO_4$ 混合液各自含量的测定

提示:该混合液以 HCl 或 NaOH 标准溶液滴定时,只会产生一个突跃,可以考虑分别用 HCl 和 NaOH 标准溶液滴定,测定该混合液中两种组分的各自含量。也可以用一份溶液进行连续滴定。

7. $H_2SO_4$-$H_3PO_4$ 混合液各自含量的测定

提示:参考 HCl-$H_3PO_4$ 混合液的测定。

8. $NH_3$-$NH_4Cl$ 混合液各自含量的测定

提示：氨水是一种较弱碱（$K_b = 1.8 \times 10^{-5}$），可用 HCl 标准溶液直接滴定，其指示剂的选择应以化学计量点时溶液的 pH 来确定。而 $NH_4Cl$ 的测定需要强化。

9. NaOH-$Na_3PO_4$ 混合液各自含量的测定

提示：根据各化学计量点的产物和 pH，选择合适的指示剂和进行各组分的含量计算。

10. 药用 NaOH 纯度的测定

提示：药用 NaOH 吸收 $CO_2$ 产生 $Na_2CO_3$，可利用双指示剂法进行测定。

11. $H_3BO_3$-$Na_2B_4O_7$ 混合液各自含量的测定

提示：$Na_2B_4O_7$ 为较强碱，可以用 HCl 标准溶液滴定，产物为 $H_3BO_3$；$H_3BO_3$ 为极弱酸，应在滴定 $Na_2B_4O_7$ 之后的溶液中，以甘油或甘露醇强化 $H_3BO_3$，用 NaOH 标准溶液滴定总量，两者差值即为 $H_3BO_3$ 含量。

## 实验九十七　络合滴定设计实验

### 一、实验目的

（1）进一步培养学生分析问题和解决问题的能力。
（2）了解实验选题、资料查阅和方案设计等科研过程。
（3）学习运用不同的络合滴定方式测定不同的组分等实验技巧。

### 二、设计要求

同前述实验。

### 三、设计思路

（1）运用络合滴定的分别滴定判别式和酸效应曲线等，判断能否利用控制酸度法分别测定各组分，或者使用掩蔽剂或化学分离等方式。
（2）根据被测组分的性质，选择直接络合滴定法、置换滴定法、返滴定法或间接滴定法等。
（3）选择合适的指示剂和滴定酸度等实验条件，测定不同的组分。
（4）在络合滴定法中，滴定剂及被测物的浓度通常约为 0.01 $mol \cdot L^{-1}$，计算样品溶液或固体样品的取样量。

### 四、设计题目

1. $Fe^{3+}$、$Al^{3+}$ 混合液中各自含量的测定

提示：两者可以控制酸度法分别滴定，在较强酸度下先测定 $Fe^{3+}$ 的含量，综合考虑准

确滴定、$Fe^{3+}$ 的水解等选择合适的酸度和指示剂。在 $Al^{3+}$ 的测定中存在该组分易水解、络合反应速率慢、对二甲酚橙封闭等问题,无法直接滴定法测试,可以考虑返滴定法。

2. 黄铜或铜合金中铜、锌含量的测定

提示:铜、锌和 EDTA 的反应能力相当,不易控制酸度法分别测定。可以考虑在合适的酸度下测定总量。同时,使用掩蔽剂测定其中一种组分的含量,再计算出另一组分的含量。

3. $Bi^{3+}$、$Fe^{3+}$ 混合液中各自含量的测定

提示:$Bi^{3+}$、$Fe^{3+}$ 和 EDTA 的络合能力相当,无法靠控制酸度法分别测试。可以先测定总量。而选择合适的还原剂还原试液中的 $Fe^{3+}$,即可以测定 $Bi^{3+}$ 的含量。

# 实验九十八 氧化还原滴定设计实验

## 一、实验目的

(1) 培养学生综合运用所学知识分析问题和解决问题的能力。
(2) 了解氧化还原滴定法中预处理方法及其重要性。
(3) 掌握运用不同的氧化还原滴定方式测定不同组分的实验思路。

## 二、设计要求

同前述实验。

## 三、设计思路

(1) 综合氧化还原滴定法的理论知识和被测物的氧化还原性质,分析问题,理顺思路。
(2) 优先考虑高锰酸钾法、碘量法设计实验方案。
(3) 选择合适的指示剂和滴定酸度等实验条件,测定不同的组分。
(4) 组分复杂时,可考虑使用掩蔽剂。
(5) 在氧化还原滴定法中,滴定剂和被测物的浓度约为 $0.02\ mol\cdot L^{-1}$,据此计算样品溶液和固体样品的取样量。

## 四、设计题目

1. 重铬酸钾法测定 $Fe^{2+}$、$Fe^{3+}$ 混合液中各自的含量

提示:酸性溶液中,可用 $K_2Cr_2O_7$ 标准溶液测定试液中的 $Fe^{2+}$;而试液经 $SnCl_2$ 等还原剂还原后,用 $K_2Cr_2O_7$ 标准溶液测定铁的总量,从而得出 $Fe^{3+}$ 的含量。

2. 苯酚含量的测定

提示:$KBrO_3$ 与过量的 KBr 作用生成 $Br_2$,$Br_2$ 与苯酚反应生成三溴苯酚,剩余的 $Br_2$ 与过量的 $I^-$ 反应产生 $I_2$,再用 $Na_2S_2O_4$ 标准溶液滴定。

3. $PbO-PbO_2$ 混合物各自含量的测定

提示：过量的 $H_2C_2O_4$ 会还原 $PbO_2$ 为 $Pb^{2+}$，用氨水中和溶液，$Pb^{2+}$ 定量沉淀为 $PbC_2O_4$，过滤。滤液酸化后，以 $KMnO_4$ 标准溶液滴定，沉淀以酸溶解后再以 $KMnO_4$ 滴定。

4. $Fe_2O_3$ 和 $Al_2O_3$ 混合物的分析

提示：用酸溶样，用无汞法还原 $Fe^{3+}$，以 $K_2Cr_2O_7$ 测定 $Fe_2O_3$ 含量。样品中的铁、铝总量可以用络合滴定法测定。

5. $As_2O_3$ 和 $As_2O_5$ 混合物的分析

提示：首先将混合物处理为 $AsO_3^{3-}$ 和 $AsO_4^{3-}$ 的混合溶液，调节溶液为弱碱性，直接碘量法滴定 $AsO_3^{3-}$。再调节溶液为酸性，加入过量 KI 溶液，间接碘量法测定总量。

## 实验九十九　分光光度法设计实验

### 一、实验目的

（1）熟悉分光光度法方法原理和特点，解决实际样品的定量分析问题。
（2）通过查阅资料，设计实验方案，学习各种实际样品的处理方法。
（3）开阔学生的思路，加深对理论知识的理解。

### 二、设计要求

同前述实验。

### 三、设计思路

（1）根据样品基质组成、待测组分吸光性质、含量大小等性质，选择紫外-可见光度法、示差光度法、双波长分光光度法等。
（2）优化分析条件，包括显色反应条件、仪器测试条件，注意消除基质干扰。
（3）在优化的分析条件下，绘制标准曲线。
（4）在优化的分析条件下，测试样品中被测物含量。

### 四、设计题目

1. 果蔬中铅含量的测定

提示：传统定铅法是双硫腙显色，以氰化钾作掩蔽剂进行微量铅的测定，该方法灵敏、选择性好，但氰化钾属剧毒物，又会引起新的环境污染。可使用二甲酚橙作显色剂，邻二氮菲作掩蔽剂，在 pH=4.5～5.4，铅与二甲酚橙形成稳定的 1∶1 红色络合物，该络合物的最大吸收波长为 580 nm，此处的摩尔吸光系数为 $1.55 \times 10^4$ L·$mol^{-1}$·$cm^{-1}$。

2. 白酒中甲醇含量的光度法测定

提示：白酒中的甲醇在弱酸溶液中可被 $KMnO_4$ 氧化为甲醛。在含有 5%～6% 乙醇的溶液中加硫酸、铬变酸并加热，产生紫红色溶液，在一定浓度范围内，颜色的深浅与甲醛浓度成正比，在 580 nm 波长处测定吸光度，可求出甲醛含量。

3. 钢中铬和锰的吸光光度法分析

提示：多组分测试可考虑联立方程法。钢样酸溶解后，$H_3PO_4$ 掩蔽 $Fe^{3+}$，$AgNO_3$ 催化条件下，用 $(NH_4)_2S_2O_8$ 分别将 $Cr^{3+}$、$Mn^{2+}$ 氧化为 $Cr_2O_7^-$、$MnO_4^-$，在各自的最大吸收波长处，测试混合液的吸光度值，利用吸光度的加合性，组成联立方程，求出各自含量。其中的各组分各波长处的摩尔吸光系数可用标准溶液测定求得。

4. 分光光度法测定复方头孢氨苄胶囊中甲氧苄啶含量

提示：复方头孢氨苄胶囊是由头孢氨苄和甲氧苄啶组成，头孢氨苄可能对甲氧苄啶光度法测定产生干扰，可考虑示差光度法。在酸性和碱性溶液中，甲氧苄啶的紫外吸收光谱发生改变，而头孢氨苄的吸收光谱基本不变，因此，可不经分离而利用示差分光光度法直接测定复方头孢氨苄胶囊中甲氧苄啶含量。

5. 磺基水杨酸显色法测定铁的含量

提示：$Fe^{3+}$ 与磺基水杨酸（Ssal）在不同的酸度条件下生成不同组成的络合物，而且这些络合物各具有不同的颜色。因此，用该方法测定铁含量时，应严格控制溶液的酸度，即在一定的条件下，$Fe^{3+}$ 与磺基水杨酸形成一定组成的络合物，可以进行铁的光度法测定。

# 实验一〇〇　综合设计实验

## 一、实验目的

（1）培养学生综合运用所学分析化学的理论和实验知识解决复杂样品的测试的能力。

（2）学习各种实际样品的处理方法。

（3）开阔学生的思路，加深对理论知识的理解。

## 二、设计要求

同前述实验。

## 三、设计思路

综合运用化学分析中的四大滴定和重量分析方法，去解决复杂样品多组分的测定问题，设计科学、合理、可行的实验方案，也可以和仪器分析方法相结合。

## 四、设计题目

1. $HCl$-$MgCl_2$ 混合溶液各自含量的测定

提示：该试液的分析有较多可行的实验方案，可以选择酸碱滴定、络合滴定和沉淀滴定等方式进行组合，获得各组分的含量。

2. $H_2SO_4$-$H_2C_2O_4$ 混合液中各组分含量的测定

提示：两者的总量可以用 NaOH 标准溶液进行滴定，而 $H_2C_2O_4$ 的分量可以用 $KMnO_4$ 法测定。

3. HCOOH 和 HAc 混合溶液的测定

提示：酸碱滴定法测定总量，氧化还原滴定法测定 HCOOH 含量。在 HCOOH 的测定中，在强碱性介质中，过量 $KMnO_4$ 标准溶液将 HCOOH 氧化为 $CO_2$，$MnO_4^-$ 还原为 $MnO_4^{2-}$，后者歧化为 $MnO_4^-$ 和 $MnO_2$。酸化，以过量的 KI 还原过量部分的 $MnO_4^-$ 和歧化产生的 $MnO_4^-$、$MnO_2$，并析出 $I_2$，以 $Na_2S_2O_3$ 标准溶液滴定产生的 $I_2$，可以得到 HCOOH 的含量。

4. 鲜牛奶酸度和钙含量的测定

提示：酸碱滴定法测定酸度，络合滴定法或氧化还原法测定钙。

5. 蛋壳中钙、镁含量的测定

提示：蛋壳的主成分为 $CaCO_3$，其次有 $MgCO_3$、蛋白质、色素、少量的 Fe 和 Al 等。可以考虑用络合滴定法测定钙、镁总量，酸碱滴定法或氧化还原滴定法测定钙分量。应考虑 $Fe^{3+}$、$Al^{3+}$ 等离子对测定的影响，可以加三乙醇胺等掩蔽剂消除。

6. 茶叶中微量金属元素的测定

提示：茶叶是一种植物类样品，主成分是 C、H、N 和 O 等元素构成的有机物，同时也含有 Fe、Al、Ca 和 Mg 等微量金属元素。对样品的预处理，主要是要使有机成分氧化分解，即可在蒸发皿或坩埚中加热灰化。残渣用酸溶解，该试液即可用容量法或分光光度法测定 Fe、Al、Ca 和 Mg 等微量元素。

7. HCl、NaCl 和 $MgCl_2$ 混合液中各组分含量的测定

提示：可结合酸碱滴定、络合滴定和沉淀滴定法进行各组分的分析。

8. $Zn^{2+}$、$Pb^{2+}$、$Ca^{2+}$、$Mg^{2+}$ 的连续滴定

提示：先取一份试液，调 pH = 5～6，用二甲酚橙作指示剂，用 EDTA 滴到黄色（$Zn^{2+}$、$Pb^{2+}$ 总量）；加 2 mL 1%溴化十六烷基三甲铵（CTMAB），黄色褪去近为无色，再

调 pH≈10,溶液又变为红色,用 EDTA 滴定近无色($Ca^{2+}$、$Mg^{2+}$ 总量)。

另取一份试液,加入邻菲罗啉乙醇溶液,调 pH = 5.5～6.0,用二甲酚橙作指示剂,用 EDTA 滴到刚变黄色($Pb^{2+}$ 量),加 2 mL 1% CTMAB,黄色褪去近为无色,再调 pH≈10,溶液又变为红色,用乙酰丙酮等混合掩蔽,用 EDTA 滴定近无色($Ca^{2+}$ 量)。

由此两份溶液的滴定体积即可分别求出 $Zn^{2+}$、$Pb^{2+}$、$Ca^{2+}$、$Mg^{2+}$ 各自的含量。

# 参 考 文 献

北京大学化学系分析化学教学组.1998.基础分析化学实验.2版.北京:北京大学出版社
北京师范大学,东北师范大学,华中师范大学等.2001.无机化学实验.3版.北京:高等教育出版社
蔡炳新,陈贻文.2001.基础化学实验.北京:科学出版社
曹锡章,宋天佑.2004.无机化学.3版.北京:高等教育出版社
陈国珍,黄贤智,刘文远等.1983.紫外-可见光分光光度法.北京:原子能出版社
陈坚固,杨森根.1998.无机化学实验.厦门:厦门大学出版社
陈静生,陶澍,邓宝山.1987.水环境化学.北京:高等教育出版社
陈兆坤,蔡良珍,柳波等.1997.大Stoke's位移的铽配合物.化学世界,(7):339~343
崔宝秋,王彦.2002.含铬废料制备铬酸铅的研究.辽宁师专学报(自然科学版),4(3):102~103
大连理工大学无机化学教研室.1990.无机化学实验.北京:高等教育出版社
董吉溪,张文敏.1996.用微波辐射法制备磷酸钴纳米粒子.化学世界,37(2):68~71
杜小旺.2004.磷酸钴纳米粒子的微波辐射制备法.重庆师范大学学报(自然科学版),21(1):53~55
樊亮,彭同江.2005.均匀水解法制备超微细氧化铁粉体的工艺研究.硅酸盐通报,3:106~110
方敏,段学臣,周常军.2005.纳米氧化铁的制备与应用.湿法冶金,24(3):117~120
冯传启,张克立,孙聚堂.2003.锂离子电池正极材料尖晶石$LiMn_2O_4$的研究现状.化学研究与应用,15(3):143~145
傅献彩,沈文霞,姚天杨.1990.物理化学.4版.北京:高等教育出版社
高剑南,戴立益.1998.现代化学实验基础.上海:华东师范大学出版社
高荣杰,陆小兰,马宏伟.1999.均相沉淀法制备$Ni(OH)_2$和NiO纳米晶.青岛海洋大学学报,(增刊):200~202
龚书椿,陈应新,韩玉莲等.1991.环境化学.上海:华东师范大学出版社
古凤才,肖衍繁.2000.基础化学实验教程.2版.北京:科学出版社
韩效钊,徐超,张兴法等.2002.高岭土酸熔法制备硫酸铝和铵明矾的研究.非金属矿,25(5):26~27
华东化工学院无机化学教研组.1990.无机化学实验.3版.北京:高等教育出版社
华中师范大学,东北师范大学,陕西师范大学等.2001.分析化学实验.3版.北京:高等教育出版社
黄春辉.1997.稀土配位化学.北京:科学出版社
黄伟坤.1989.食品检验与分析.北京:中国轻工业出版社
李璧玉,顾尚华,刘荣皎等.2007.Excel在化学实验数据处理中的应用.云南师范大学学报(自然科学版),(2):52~55
刘汉兰,陈浩,文利柏.2005.基础化学实验.北京:科学出版社
刘约权,李贵深.1999.实验化学.北京:高等教育出版社
陆根土.1992.无机化学实验指导.北京:高等教育出版社
马钦科.1992.元素的分离和分光光度法测定.太原:山西高校联合出版社
米永红,慎义勇,刘辉等.2005.废定影液的综合利用.中国资源综合利用,(3)16~19
南京大学《无机及分析化学实验》编写组.2000.无机及分析化学实验.3版.北京:高等教育出版社
南京大学大学化学实验教学组.1999.大学化学实验.北京:高等教育出版社
山东大学,山东师范大学等.2003.基础化学实验(Ⅰ)——无机及分析化学实验.北京:化学工业出版社
史恒欣,葛中巧,余立新.1998.硫酸浸出锌焙砂的工艺研究.河南化工,(10):9~11
四川大学化工学院浙江大学化学系.2003.分析化学实验.3版.北京:高等教育出版社
孙毓庆.2002.分析化学实验.2版.北京:人民卫生出版社
田从学.2001.过氧化钙的实验室制备研究.攀枝花大学学报,(3):76~79
万婕,倪筱玲,王静秋.1998.由铝土矿制备聚碱式氯化铝.大学化学,13(3):40~41
王伯康.1998.新编中级无机化学实验.南京:南京大学出版社

王朝敏,白炳贤.1994.无机化学实验.开封:河南大学出版社
王恩波,胡长文,许林.1998.多酸化学导论.北京:化学工业出版社
王凯雄.2001.水化学.北京:化学工业出版社
王信东,张忠诚.2001.利用铬渣制备铬酸铅的研究.山东工业大学学报,31(6):554~557
王载兴,叶秋云,曹素忧.1995.无机化学实验.北京:高等教育出版社
韦平和.2003.生物化学实验与指导.北京:中国医药科技出版社
吴莉莉,赵青,李群芳.2000.过氧化钙的碘量分析法.西南民族学院学报(自然科学版),26(1):105~107
吴锁川,邢印堂.1991.从废钒催化剂提取高纯五氧化二钒.无机盐工业,(5):36~39
武汉大学,吉林大学.1994.无机化学.北京:高等教育出版社
武汉大学.1987.分析化学实验.2版.北京:高等教育出版社
武汉大学.2001.分析化学实验.4版.北京:高等教育出版社
武汉大学化学系无机化学教研室.1997.无机化学实验.武汉:武汉大学出版社
武汉大学化学与分子科学学院《无机及分析化学实验》编写组.2003.无机及分析化学实验.2版.武汉:武汉大学出版社
武汉大学化学与分子科学学院实验中心.2003.分析化学实验.武汉:武汉大学出版社
席美云.1999.无机高分子絮凝剂的开发和研究进展.环境科学与技术,87(4):4~7
徐伟亮.2005.基础化学实验.北京:科学出版社
徐文国,邹明葆,赵俊武等.1992.微波加热技术在重量分析法中的应用.分析化学,20(11):1291~1293
许岩,徐吉庆,郭纯孝等.1999.新奇的双帽pseudo Keggin结构磷钼钒酸盐的水热合成晶体结构、性质及其量子化学计算.高等学校化学学报,(1):14~18
姚迪民,刘世香,杜凌.1998.无机化学实验(工科).北京:冶金工业出版社
俞英明.1993.水分析化学.北京:冶金工业出版社
袁书玉.1996.无机化学实验.北京:清华大学出版社
袁天佑,吴文伟,王清.2005.无机化学实验.上海:华东理工大学出版社
张静.1998.从废定影液中回收硝酸银.辽阳石油化专学报,14(4):82~86
张立德,牟季美.2001.纳米材料和纳米结构.北京:科学出版社
郑豪,方文军.2005.新编普通化学实验.北京:科学出版社
中山大学.2004.无机化学实验(上册).3版.北京:高等教育出版社
钟山,朱绮琴.1994.高等无机化学实验.上海:华东师范大学出版社
钟山.2003.中级无机化学实验.北京:高等教育出版社
周惠琳,郑文杰,林舜芳.1993.无机化学实验.广州:暨南大学出版社
周宁怀.2000.微型无机化学实验.北京:科学出版社
邹京.1991.无机化学实验.北京:北京师范大学出版社
Feng C Q,Zhang K L,Sun J T. 2003. Study on synthesis and electrochemical properties of nanophase Li-Mn-spinel. Chinese Journal of Chemistry,21(3):287~290
Hoffmann M R,Martin S T,Choi W,et al. 1995. Environmental applications of semiconductor photocatalysis. Chem Rev,95(1):69~96
Pope M T. 1983. Heteropoly and Isopoly Oxometalates. Berlin:Springer-Verlag

# 附 录

## 附录 1  相对原子质量(2005 年)

| 元素符号 | 名称 | 相对原子质量 | 元素符号 | 名称 | 相对原子质量 | 元素符号 | 名称 | 相对原子质量 |
| --- | --- | --- | --- | --- | --- | --- | --- | --- |
| Ag | 银 | 107.8682 | He | 氦 | 4.002 602 | Rb | 铷 | 85.4678 |
| Al | 铝 | 26.981 538 6 | Hf | 铪 | 178.49 | Re | 铼 | 186.207 |
| Ar | 氩 | 39.948 | Hg | 汞 | 200.59 | Rh | 铑 | 102.905 50 |
| As | 砷 | 74.921 60 | Ho | 钬 | 164.930 32 | Ru | 钌 | 101.07 |
| Au | 金 | 196.966 569 | I | 碘 | 126.904 47 | S | 硫 | 32.065 |
| B | 硼 | 10.811 | In | 铟 | 114.818 | Sb | 锑 | 121.760 |
| Ba | 钡 | 137.327 | Ir | 铱 | 192.217 | Sc | 钪 | 44.955 912 |
| Be | 铍 | 9.012 182 | K | 钾 | 39.0983 | Se | 硒 | 78.96 |
| Bi | 铋 | 208.980 40 | Kr | 氪 | 83.798 | Si | 硅 | 28.0855 |
| Br | 溴 | 79.904 | La | 镧 | 138.905 47 | Sm | 钐 | 150.36 |
| C | 碳 | 12.017 | Li | 锂 | 6.941 | Sn | 锡 | 118.710 |
| Ca | 钙 | 40.078 | Lu | 镥 | 174.967 | Sr | 锶 | 87.62 |
| Cd | 镉 | 112.411 | Mg | 镁 | 24.3050 | Ta | 钽 | 180.947 88 |
| Ce | 铈 | 140.116 | Mn | 锰 | 54.938 045 | Tb | 铽 | 158.925 35 |
| Cl | 氯 | 35.453 | Mo | 钼 | 95.94 | Te | 碲 | 127.60 |
| Co | 钴 | 58.933 195 | N | 氮 | 14.0067 | Th | 钍 | 232.038 06 |
| Cr | 铬 | 51.9961 | Na | 钠 | 22.989 769 28 | Ti | 钛 | 47.867 |
| Cs | 铯 | 132.905 451 9 | Nb | 铌 | 92.906 38 | Tl | 铊 | 204.3833 |
| Cu | 铜 | 63.546 | Nd | 钕 | 144.242 | Tm | 铥 | 168.934 21 |
| Dy | 镝 | 162.500 | Ne | 氖 | 20.1797 | U | 铀 | 238.028 91 |
| Er | 铒 | 167.259 | Ni | 镍 | 58.6934 | V | 钒 | 50.9415 |
| Eu | 铕 | 151.964 | O | 氧 | 15.9994 | W | 钨 | 183.85 |
| F | 氟 | 18.998 403 | Os | 锇 | 190.23 | Xe | 氙 | 131.293 |
| Fe | 铁 | 55.845 | P | 磷 | 30.973 762 | Y | 钇 | 88.905 85 |
| Ga | 镓 | 69.723 | Pb | 铅 | 207.2 | Yb | 镱 | 173.04 |
| Gd | 钆 | 157.25 | Pd | 钯 | 106.42 | Zn | 锌 | 65.409 |
| Ge | 锗 | 72.64 | Pr | 镨 | 140.907 65 | Zr | 锆 | 91.224 |
| H | 氢 | 1.007 94 | Pt | 铂 | 195.084 | | | |

## 附录2 常用化合物的相对分子质量

| 分子式 | 相对分子质量 | 分子式 | 相对分子质量 |
| --- | --- | --- | --- |
| $AgBr$ | 187.78 | $FeO$ | 71.85 |
| $AgCl$ | 143.32 | $Fe_2O_3$ | 159.69 |
| $AgI$ | 234.77 | $Fe_3O_4$ | 231.54 |
| $AgCN$ | 133.84 | $FeSO_4 \cdot 7H_2O$ | 278.02 |
| $AgNO_3$ | 169.87 | $Fe_2(SO_4)_3$ | 399.87 |
| $Al_2O_3$ | 101.96 | $FeSO_4 \cdot (NH_4)_2SO_4 \cdot 6H_2O$ | 392.14 |
| $Al_2(SO_4)_3$ | 342.15 | $NH_4Fe(SO_4)_2 \cdot 12H_2O$ | 482.19 |
| $As_2O_3$ | 197.84 | $HCHO$ | 30.03 |
| $BaCl_2$ | 208.25 | $HCOOH$ | 46.03 |
| $BaCl_2 \cdot 2H_2O$ | 244.28 | $H_2C_2O_4$ | 90.04 |
| $BaCO_3$ | 197.35 | $HCl$ | 36.46 |
| $BaO$ | 153.34 | $HClO_4$ | 100.46 |
| $Ba(OH)_2$ | 171.36 | $HNO_2$ | 47.01 |
| $BaSO_4$ | 233.40 | $HNO_3$ | 63.01 |
| $CaCO_3$ | 100.09 | $H_2O$ | 18.02 |
| $CaC_2O_4$ | 128.10 | $H_2O_2$ | 34.02 |
| $CaO$ | 56.08 | $H_3PO_4$ | 98.00 |
| $Ca(OH)_2$ | 74.09 | $H_2S$ | 34.08 |
| $CaSO_4$ | 136.14 | $HF$ | 20.01 |
| $Ce(SO_4)_2$ | 333.25 | $HCN$ | 27.03 |
| $Ce(SO_4)_2 \cdot 2(NH_4)_2SO_4 \cdot 2H_2O$ | 632.56 | $H_2SO_4$ | 98.08 |
| $CO_2$ | 44.01 | $HgCl_2$ | 271.50 |
| $CH_3COOH$ | 60.05 | $KBr$ | 119.01 |
| $C_6H_8O_7 \cdot H_2O$(柠檬酸) | 210.14 | $KBrO_3$ | 167.01 |
| $C_4H_8O_6$(酒石酸) | 150.09 | $KCl$ | 74.56 |
| $CH_3COCH_3$ | 58.08 | $K_2CO_3$ | 138.21 |
| $C_6H_5OH$ | 94.11 | $KCN$ | 65.12 |
| $C_2H_2(COOH)_2$(丁烯二酸) | 116.07 | $K_2CrO_4$ | 194.20 |
| $CuO$ | 79.54 | $K_2Cr_2O_7$ | 294.19 |
| $CuSO_4$ | 159.60 | $KHC_8H_4O_4$ | 204.23 |
| $CuSO_4 \cdot 5H_2O$ | 249.68 | $KI$ | 166.01 |
| $CuSCN$ | 121.62 | $KIO_3$ | 214.00 |

续表

| 分子式 | 相对分子质量 | 分子式 | 相对分子质量 |
|---|---|---|---|
| $KMnO_4$ | 158.04 | $Na_2O$ | 61.98 |
| $K_2O$ | 94.20 | $NaOH$ | 40.01 |
| $KOH$ | 56.11 | $Na_2SO_4$ | 142.04 |
| $KSCN$ | 97.18 | $Na_2S_2O_3 \cdot 5H_2O$ | 248.18 |
| $K_2SO_4$ | 174.26 | $Na_2SiF_6$ | 188.06 |
| $KAl(SO_4)_2 \cdot 12H_2O$ | 474.39 | $Na_2S$ | 78.04 |
| $KNO_2$ | 85.10 | $Na_2SO_3$ | 126.04 |
| $K_4Fe(CN)_6$ | 368.36 | $NH_4Cl$ | 53.49 |
| $K_3Fe(CN)_6$ | 329.26 | $NH_3$ | 17.03 |
| $MgCl_2 \cdot 6H_2O$ | 203.23 | $NH_3 \cdot H_2O$ | 35.05 |
| $MgCO_3$ | 84.32 | $(NH_4)_2SO_4$ | 132.14 |
| $MgO$ | 40.31 | $P_2O_5$ | 141.95 |
| $MgNH_4PO_4$ | 137.33 | $PbO_2$ | 239.19 |
| $Mg_2P_2O_7$ | 222.56 | $PbCrO_4$ | 323.18 |
| $MnO_2$ | 86.94 | $SiF_4$ | 104.08 |
| $Na_2B_4O_7 \cdot 10H_2O$ | 381.37 | $SiO_2$ | 60.08 |
| $NaBr$ | 102.90 | $SO_2$ | 64.06 |
| $Na_2CO_3$ | 105.99 | $SO_3$ | 80.06 |
| $Na_2C_2O_4$ | 134.00 | $SnCl_2$ | 189.60 |
| $NaCl$ | 58.44 | $TiO_2$ | 79.90 |
| $NaCN$ | 49.01 | $ZnO$ | 81.37 |
| $Na_2C_{10}O_8N_2 \cdot 2H_2O$ | 372.09 | $ZnSO_4 \cdot 7H_2O$ | 287.54 |

## 附录3 我国化学试剂纯度与试剂规格

| 中文名称 | 英文名称 | 缩写或简称 | 标签颜色 |
|---|---|---|---|
| 高纯物质(特纯) | extra pure | E. P. | |
| 光谱纯 | spectrum pure | S. P. | |
| 基准试剂 | primary reagent | P. T. | |
| 分光纯 | ultraviolet pure | U. V. | |
| 优级纯试剂(一级品) | guaranteed reagent | G. R. | 绿色 |
| 分析纯试剂(二级品) | analytical reagent | A. R. | 红色 |
| 化学纯试剂(三级品) | chemical pure | C. P. | 蓝色 |
| 实验试剂(四级品) | laboratory reagent | L. R. | 黄色或棕色 |
| 生化试剂 | biochemical reagent | B. R. | 咖啡色(玫瑰色) |
| 工业纯 | technical grade | T. P. | |

## 附录4  常用酸碱溶液的浓度及配制

| 溶液 | 浓度(近似)/(mol·L$^{-1}$) | 相对密度(20℃) | 质量分数 | 配制方法 |
|---|---|---|---|---|
| 浓 HCl | 12 | 1.19 | 37.23 | |
| 稀 HCl | 6 | 1.10 | 20.0 | 取浓 HCl 与等体积水混合 |
|  | 2 |  | 7.15 | 取浓 HCl 167 mL,稀释成 1 L |
| 浓 HNO$_3$ | 16 | 1.42 | 69.80 | |
| 稀 HNO$_3$ | 6 | 1.20 | 32.36 | 取浓 HNO$_3$ 381 mL,稀释成 1 L |
|  | 2 |  |  | 取浓 HNO$_3$ 128 mL,稀释成 1 L |
| 浓 H$_2$SO$_4$ | 18 | 1.84 | 95.6 | |
| 稀 H$_2$SO$_4$ | 3 | 1.18 | 24.8 | 取浓 H$_2$SO$_4$ 167 mL,缓缓倾入 833 mL 水中 |
|  | 1 |  |  | 取浓 H$_2$SO$_4$ 56 mL,缓缓倾入 944 mL 水中 |
| 浓 HAc | 17 | 1.05 | 99.5 | |
| 稀 HAc | 6 | 1.04 | 35.0 | 取浓 HAc 350 mL,稀释成 1L |
|  | 2 |  |  | 取浓 HAc 118 mL,稀释成 1 L |
| H$_3$PO$_4$ | 14.7 | 1.7 | 85 | |
| HF | 22.5 | 1.13 | 40 | |
| HBr | 8.6 | 1.49 | 47 | |
| 浓 NH$_3$·H$_2$O | 15 | 0.90 | 25~27 | |
| 稀 NH$_3$·H$_2$O | 6 | 10 |  | 取浓 NH$_3$·H$_2$O 400 mL,稀释成 1 L |
|  | 2 |  |  | 取浓 NH$_3$·H$_2$O 134 mL,稀释成 1 L |
| NaOH | 6 | 1.22 | 19.7 | 将 NaOH 240 g 溶于水,稀释至 1 L |
|  | 2 |  |  | 将 NaOH 80 g 溶于水,稀释至 1 L |

注:盛装各种试剂的试剂瓶应贴上标签。标签上用炭黑墨汁(不能用钢笔或铅笔)写明试剂名称、浓度及配制日期。标签上面涂一薄层石蜡保护。

## 附录5  常用指示剂

### 一、酸碱指示剂

| 指示剂 | 变色 pH 范围 | 颜色变化 | 配制方法 |
|---|---|---|---|
| 百里酚蓝(0.1%) | 1.2~2.8 | 红~黄 | 将 0.1 g 百里酚蓝溶于 20 mL 乙醇中,加水至 100 mL |
|  | 8.0~9.6 | 黄~蓝 |  |
| 甲基橙(0.1%) | 3.1~4.4 | 红~黄 | 将 0.1 g 甲基橙溶于 100 mL 热水中 |
| 溴酚蓝(0.1%) | 3.0~4.6 | 黄~紫蓝 | 将 0.1 g 溴酚蓝溶于 20 mL 乙醇中,加水至 100 mL |
| 溴甲酚绿(0.1%) | 3.8~5.4 | 黄~蓝 | 将 0.1 g 溴甲酚绿溶于 20 mL 乙醇中,加水至 100 mL |
| 甲基红(0.1%) | 4.8~6.0 | 红~黄 | 将 0.1 g 甲基红溶于 60 mL 乙醇中,加水至 100 mL |
| 中性红(0.1%) | 6.8~8.0 | 红~黄橙 | 将 0.1 g 中性红溶于 60 mL 乙醇中,加水至 100 mL |
| 酚酞(0.1%) | 8.2~10.0 | 无色~淡红 | 将 0.1 g 酚酞溶于 90 mL 乙醇中,加水至 100 mL |
| 百里酚酞(0.1%) | 9.4~10.6 | 无色~蓝 | 将 0.1 g 百里酚酞溶于 90 mL 乙醇中,加水至 100 mL |
| 茜素黄 R(0.1%) | 10.1~12.1 | 黄~紫 | 将 0.1 g 茜素黄溶于 100 mL 水中 |

续表

| 指示剂 | 变色 pH 范围 | 颜色变化 | 配制方法 |
|---|---|---|---|
| 甲基红-溴甲酚绿 | 5.1(灰) | 红～绿 | 将 3 份 0.1% 溴甲酚绿乙醇溶液与 1 份 0.2% 甲基红乙醇溶液混合 |
| 百里酚酞-茜素黄 R | 10.2 | 黄～紫 | 将 0.1 g 茜素黄 R 和 0.2 g 百里酚酞溶于 100 mL 乙醇中 |
| 甲酚红-百里酚蓝 | 8.3 | 黄～紫 | 将 1 份 0.1% 甲酚红钠盐水溶液与 3 份 0.1% 百里酚蓝钠盐水溶液混合 |

## 二、氧化还原指示剂

| 指示剂 | 变色电位 $\varphi/V$ | 颜色 氧化态 | 颜色 还原态 | 配制方法 |
|---|---|---|---|---|
| 二苯胺(1%) | 0.76 | 紫 | 无色 | 将 1 g 二苯胺在搅拌下溶于 100 mL 浓硫酸,储于棕色瓶中 |
| 二苯胺磺酸钠(0.5%) | 0.85 | 紫 | 无色 | 将 0.5 g 二苯胺磺酸钠溶于 100 mL 水中,必要时过滤 |
| 邻菲罗啉硫酸亚铁(0.5%) | 1.06 | 淡蓝 | 红 | 将 0.5 g $FeSO_4 \cdot 7H_2O$ 溶于 100 mL 水中,加 2 滴硫酸,加 0.5 g 邻菲罗啉并溶解 |
| 邻苯氨基苯甲酸(0.2%) | 1.08 | 紫红 | 无色 | 在 100 mL 0.2% $Na_2CO_3$ 溶液中加 0.2 g 邻苯氨基苯甲酸,加热溶解,必要时过滤 |
| 淀粉(1%) | | | | 将 1 g 可溶性淀粉加少量水调成浆状,在搅拌下注入 100 mL 沸水中,微沸 2 min,放置,取上层溶液使用(若要保持稳定,可在研磨淀粉时加入 1 mg $HgI_2$) |

## 三、沉淀及金属指示剂

| 指示剂 | 颜色 游离态 | 颜色 化合物 | 配制方法 |
|---|---|---|---|
| 铬酸钾 | 黄 | 砖红 | 5% 水溶液 |
| 硫酸铁铵(40%) | 无色 | 血红 | 加数滴浓 $H_2SO_4$ 于 $NH_4Fe(SO_4)_2 \cdot 12H_2O$ 饱和水溶液中 |
| 荧光黄(0.5%) | 绿色荧光 | 玫瑰红 | 将 0.5 g 荧光黄溶于乙醇,并用乙醇稀释至 100 mL |
| 铬黑 T(EBT) | 蓝 | 酒红 | 将 0.5 g 铬黑 T 溶于 100 mL 去离子水中,储于棕色瓶中 |
| 钙指示剂 | 蓝 | 红 | 将 0.5 g 钙指示剂溶于 100 mL 乙醇,储于棕色瓶中 |
| 二甲酚橙(XO)(0.1%) | 黄 | 红 | 将 0.1 g 二甲酚橙溶于 100 mL 去离子水中 |
| K-B 指示剂 | 蓝 | 红 | 将 0.2 g 酸性铬蓝 K 与 0.4 g 萘酚绿 B 溶于 100 mL 离子交换水中 |
| 磺基水杨酸 | 无 | 红 | 1% 水溶液 |
| PAN 指示剂(0.2%) | 黄 | 红 | 将 0.2 g PAN 溶于 100 mL 乙醇中 |
| 邻苯二酚紫(0.1%) | 紫 | 蓝 | 将 0.1 g 邻苯二酚紫溶于 100 mL 去离子水中 |
| 钙镁试剂(0.5%) | 红 | 蓝 | 将 0.5 g 钙镁试剂溶于 100 mL 去离子水中 |

## 附录6　常用缓冲溶液

| 缓冲溶液组成 | p$K_a$ | 缓冲溶液 pH | 配制方法 |
| --- | --- | --- | --- |
| 一氯乙酸-NaOH | 2.86 | 2.8 | 将 200 g 一氯乙酸溶于 200 mL 水中,加 40 g NaOH,溶解后稀释至 1 L |
| 甲酸-NaOH | 3.76 | 3.7 | 将 95 g 甲酸和 40 g NaOH 溶于 500 mL 水中,稀释至 1 L |
| $NH_4Ac$-HAc | 4.74 | 4.5 | 将 77 g $NH_4Ac$ 溶于 200 mL 水中,加 59 mL 冰醋酸,稀释至 1 L |
| NaAc-HAc | 4.74 | 5.0 | 将 120 g 无水 NaAc 溶于水,加 60 mL 冰醋酸,稀释至 1 L |
| $(CH_2)_6N_4$-HCl | 5.15 | 5.4 | 将 40 g 六次甲基四胺溶于 200 mL 水中,加 10 mL 浓 HCl,稀释至 1 L |
| $NH_4Ac$-HAc | 4.74 | 6.0 | 将 600 g $NH_4Ac$ 溶于水中,加 20 mL 冰醋酸,稀释至 1 L |
| $NH_4Cl$-$NH_3$ | 9.26 | 8.0 | 将 100 g $NH_4Cl$ 溶于水中,加 7.0 mL 浓氨水,稀释至 1 L |
| $NH_4Cl$-$NH_3$ | 9.26 | 9.0 | 将 70 g $NH_4Cl$ 溶于水中,加 48 mL 浓氨水,稀释至 1 L |
| $NH_4Cl$-$NH_3$ | 9.26 | 10 | 将 54 g $NH_4Cl$ 溶于水中,加 350 mL 浓氨水,稀释至 1 L |

## 附录7　常用基准物及其干燥条件

| 基准物 | 干燥后的组成 | 干燥温度及时间 |
| --- | --- | --- |
| $NaHCO_3$ | $Na_2CO_3$ | 260～270℃ 干燥至恒量 |
| $Na_2B_4O_7 \cdot 10H_2O$ | $Na_2B_4O_7 \cdot 10H_2O$ | NaCl 蔗糖饱和溶液干燥器中室温下保存 |
| $KHC_6H_4(COO)_2$ | $KHC_6H_4(COO)_2$ | 105～110℃ 干燥 1 h |
| $Na_2C_2O_4$ | $Na_2C_2O_4$ | 105～110℃ 干燥 2 h |
| $K_2Cr_2O_7$ | $K_2Cr_2O_7$ | 130～140℃ 加热 0.5～1 h |
| $KBrO_3$ | $KBrO_3$ | 120℃ 干燥 1～2 h |
| $KIO_3$ | $KIO_3$ | 105～120℃ 干燥 |
| $As_2O_3$ | $As_2O_3$ | 硫酸干燥器中干燥至恒量 |
| $(NH_4)_2Fe(SO_4)_2 \cdot 6H_2O$ | $(NH_4)_2Fe(SO_4)_2 \cdot 6H_2O$ | 室温下空气干燥 |
| NaCl | NaCl | 250～350℃ 加热 1～2 h |
| $AgNO_3$ | $AgNO_3$ | 120℃ 干燥 2 h |
| $CuSO_4 \cdot 5H_2O$ | $CuSO_4 \cdot 5H_2O$ | 室温下空气干燥 |
| $KHSO_4$ | $K_2SO_4$ | 750℃ 以上灼烧 |
| ZnO | ZnO | 约 300℃ 灼烧至恒量 |
| 无水 $Na_2CO_3$ | $Na_2CO_3$ | 260～270℃ 加热半小时 |
| $CaCO_3$ | $CaCO_3$ | 105～110℃ 干燥 |

## 附录 8　常用洗涤剂

| 洗涤剂 | 配制方法 | 备注 |
| --- | --- | --- |
| 合成洗涤剂(也可用肥皂水) | 将合成洗涤剂粉用热水搅拌配成浓溶液 | 用于一般的洗涤 |
| 皂角水 | 将皂荚捣碎,用水熬成溶液 | 用于一般的洗涤 |
| 铬酸洗液 | 取 20 g $K_2Cr_2O_7$(L.R.)于 500 mL 烧杯中,加 40 mL 水,加热溶解,冷后,缓缓加入 320 mL 浓 $H_2SO_4$ 即成暗红色溶液(注意边加边搅),储于磨口细口瓶中 | 用于洗涤油污及有机物,使用时防止被水稀释。用后倒回原瓶,可反复使用,直至溶液变为绿色(已还原为绿色的铬酸洗液可加入固体 $KMnO_4$ 使其再生,这样,实际消耗的是 $KMnO_4$,可减少铬对环境的污染) |
| $KMnO_4$ 碱性洗液 | 取 4 g $KMnO_4$(L.R.),溶于少量水中,缓缓加入 100 mL 10% NaOH 溶液中 | 用于洗涤油污及有机物,洗后玻璃壁上附着的 $MnO_2$ 沉淀,可用粗亚铁盐或 $Na_2SO_3$ 溶液洗去 |
| 碱性乙醇溶液 | 30%~40%NaOH 的乙醇溶液 | 用于洗涤油污 |
| 乙醇-浓硝酸洗液 |  | 用于洗涤沾有有机物或油污的结构较复杂的仪器。洗涤时先加少量乙醇于脏仪器中,再加入少量浓硝酸,即产生大量棕色 $NO_2$,将有机物氧化而破坏 |

## 附录 9　部分弱电解质的电离常数

| 弱电解质 | 电离常数 $K$ | 弱电解质 | 电离常数 $K$ |
| --- | --- | --- | --- |
| $H_3AlO_3$ | $K_1=6.31\times10^{-12}$ | $H_3BO_3$ | $K_1=5.75\times10^{-10}$ |
| $HSb(OH)_6$ | $K=2.82\times10^{-3}$ |  | $K_2=1.82\times10^{-13}$ |
| $HBrO$ | $K=2.51\times10^{-9}$ |  | $K_3=1.58\times10^{-14}$ |
| $HClO$ | $K=2.83\times10^{-8}$ | $H_3PO_4$ | $K_1=7.08\times10^{-3}$ |
| $HIO_3$ | $K=0.16$ |  | $K_2=6.31\times10^{-8}$ |
| $HNO_2$ | $K=7.24\times10^{-4}$ |  | $K_3=4.17\times10^{-13}$ |
| $H_2B_4O_7$ | $K_1=1.00\times10^{-4}$ | $H_2SiO_3$ | $K_1=1.70\times10^{-10}$ |
|  | $K_2=1.00\times10^{-9}$ |  | $K_2=1.58\times10^{-12}$ |
| $CO_2+H_2O$ | $K_1=4.37\times10^{-7}$ | $SO_2+H_2O$ | $K_1=1.29\times10^{-2}$ |
|  | $K_2=4.68\times10^{-11}$ |  | $K_2=6.17\times10^{-8}$ |
| $H_2C_2O_4$ | $K_1=5.37\times10^{-2}$ | $H_2S_2O_3$ | $K_1=0.25$ |
|  | $K_2=5.37\times10^{-5}$ |  | $K_2=0.03\sim0.02$ |
| $H_2S$ | $K_1=1.07\times10^{-7}$ | $H_2CrO_4$ | $K_1=9.55$ |
|  | $K_2=1.26\times10^{-13}$ |  | $K_2=3.16\times10^{-7}$ |
| $HAsO_2$ | $K=6.61\times10^{-10}$ | $HCN$ | $K=6.16\times10^{-10}$ |
| $H_3AsO_4$ | $K_1=6.03\times10^{-3}$ | $HF$ | $K=6.61\times10^{-4}$ |
|  | $K_2=1.05\times10^{-7}$ | $H_2O_2$ | $K_1=2.24\times10^{-12}$ |
|  | $K_3=3.16\times10^{-12}$ | $HCOOH$ | $K=1.77\times10^{-4}$ |
| $HIO$ | $K=2.29\times10^{-11}$ | $CH_3COOH$ | $K=1.75\times10^{-5}$ |
|  |  | $NH_3+H_2O$ | $K=1.76\times10^{-5}$ |

## 附录 10　部分难溶电解质的溶度积常数

| 化合物 | $K_{sp}$ | 化合物 | $K_{sp}$ | 化合物 | $K_{sp}$ |
|---|---|---|---|---|---|
| AgBr | $5.0\times10^{-13}$ | $CaHPO_4$ | $1.0\times10^{-7}$ | $MgCO_3$ | $3.5\times10^{-8}$ |
| $Ag_2CO_3$ | $8.1\times10^{-12}$ | $Ca_3(PO_4)_2$ | $2.0\times10^{-29}$ | $MgF$ | $26.5\times10^{-9}$ |
| $Ag_2C_2O_4$ | $3.4\times10^{-11}$ | $CaSO_4$ | $9.1\times10^{-6}$ | $Mg(OH)_2$ | $1.8\times10^{-11}$ |
| AgCl | $1.8\times10^{-10}$ | $Cr(OH)_3$ | $6.3\times10^{-31}$ | $MnCO_3$ | $1.8\times10^{-11}$ |
| $Ag_2CrO_4$ | $1.1\times10^{-12}$ | $CoCO_3$ | $1.4\times10^{-13}$ | $Mn(OH)_2$ | $1.9\times10^{-13}$ |
| $Ag_2Cr_2O_7$ | $2.0\times10^{-7}$ | $Co(OH)_2$(新析出) | $1.6\times10^{-15}$ | MnS(无定形) | $2.5\times10^{-10}$ |
| $AgIO_3$ | $3.0\times10^{-8}$ | $Co(OH)_3$ | $1.6\times10^{-44}$ | MnS(结晶) | $2.5\times10^{-13}$ |
| AgI | $8.3\times10^{-17}$ | $\alpha$-CoS | $4.0\times10^{-21}$ | $NiCO_3$ | $6.6\times10^{-9}$ |
| $Ag_3PO_4$ | $1.4\times10^{-16}$ | $\beta$-CoS | $2.0\times10^{-25}$ | $Ni(OH)_2$(新析出) | $2.0\times10^{-15}$ |
| $Ag_2SO_4$ | $1.4\times10^{-5}$ | CuBr | $5.3\times10^{-9}$ | $\alpha$-NiS | $3.2\times10^{-19}$ |
| $Ag_2S$ | $6.3\times10^{-50}$ | CuCl | $1.2\times10^{-6}$ | $\beta$-NiS | $1.0\times10^{-24}$ |
| $Al(OH)_3$(无定形) | $1.3\times10^{-33}$ | CuCN | $3.2\times10^{-20}$ | $\gamma$-NiS | $20.0\times10^{-26}$ |
| $BaCO_3$ | $5.1\times10^{-9}$ | $CuCO_3$ | $1.4\times10^{-10}$ | $PbBr_2$ | $4.0\times10^{-5}$ |
| $BaCrO_4$ | $1.2\times10^{-10}$ | $CuCrO_4$ | $3.6\times10^{-6}$ | $PbCO_3$ | $7.4\times10^{-14}$ |
| $BaF_2$ | $1.0\times10^{-6}$ | CuI | $1.1\times10^{-12}$ | $PbC_2O_4$ | $4.8\times10^{-10}$ |
| $BaC_2O_4$ | $1.6\times10^{-7}$ | CuOH | $1.0\times10^{-14}$ | $PbCl_2$ | $1.6\times10^{-5}$ |
| $Ba_3(PO_4)_2$ | $3.4\times10^{-23}$ | $Cu(OH)_2$ | $2.2\times10^{-20}$ | $PbCrO_4$ | $2.8\times10^{-13}$ |
| $BaSO_4$ | $1.1\times10^{-10}$ | $Cu_2S$ | $2.5\times10^{-48}$ | $PbI_2$ | $27.1\times10^{-9}$ |
| $BaSO_3$ | $8.0\times10^{-7}$ | CuS | $6.3\times10^{-36}$ | $Pb_3(PO_4)_2$ | $8.0\times10^{-43}$ |
| $BaS_2O_3$ | $1.6\times10^{-5}$ | $FeCO_3$ | $3.2\times10^{-11}$ | $PbSO_4$ | $1.6\times10^{-8}$ |
| $Bi(OH)_3$ | $4.0\times10^{-31}$ | $Fe(OH)_2$ | $8.0\times10^{-16}$ | PbS | $8.0\times10^{-28}$ |
| BiOCl | $1.8\times10^{-31}$ | $FeC_2O_4\cdot2H_2O$ | $3.2\times10^{-7}$ | $Sn(OH)_2$ | $1.4\times10^{-28}$ |
| $Bi_2S_3$ | $1.0\times10^{-97}$ | $Fe(OH)_3$ | $4.0\times10^{-38}$ | $Sn(OH)_4$ | $1.0\times10^{-56}$ |
| $CdCO_3$ | $5.2\times10^{-12}$ | $FePO_4$ | $1.3\times10^{-22}$ | SnS | $1.0\times10^{-25}$ |
| $Cd(OH)_2$(新析出) | $2.5\times10^{-14}$ | FeS | $6.3\times10^{-18}$ | $ZnCO_3$ | $1.4\times10^{-11}$ |
| CdS | $8.0\times10^{-27}$ | $K_2[PtCl_6]$ | $1.1\times10^{-5}$ | $ZnC_2O_4$ | $2.7\times10^{-8}$ |
| $CaCO_3$ | $2.8\times10^{-9}$ | $Hg_2I_2$ | $4.5\times10^{-29}$ | $Zn(OH)_2$ | $1.2\times10^{-17}$ |
| $CaC_2O_4\cdot H_2O$ | $4.0\times10^{-9}$ | $Hg_2SO_4$ | $7.4\times10^{-7}$ | $\alpha$-ZnS | $1.6\times10^{-24}$ |
| $CaCrO_4$ | $7.1\times10^{-4}$ | $Hg_2S$ | $1.0\times10^{-47}$ | $\beta$-ZnS | $2.5\times10^{-22}$ |
| $CaF_2$ | $5.3\times10^{-9}$ | HgS(红) | $4.0\times10^{-53}$ | | |
| $Ca(OH)_2$ | $5.5\times10^{-6}$ | HgS(黑) | $1.6\times10^{-52}$ | | |

## 附录11  部分配离子的不稳定常数

| 配离子离解式 | $K_{不稳}$ | 配离子离解式 | $K_{不稳}$ |
|---|---|---|---|
| $[Ag(NH_3)_2]^+ \rightleftharpoons Ag^+ + 2NH_3$ | $8.91 \times 10^{-8}$ | $[Fe(CN)_6]^{4-} \rightleftharpoons Fe^{2+} + 6CN^-$ | $1.00 \times 10^{-35}$ |
| $[Cd(NH_3)_6]^{2+} \rightleftharpoons Cd^{2+} + 6NH_3$ | $7.24 \times 10^{-6}$ | $[Fe(CN)_6]^{3-} \rightleftharpoons Fe^{3+} + 6CN^-$ | $1.00 \times 10^{-42}$ |
| $[Cd(NH_3)_4]^{2+} \rightleftharpoons Cd^{2+} + 4NH_3$ | $7.58 \times 10^{-8}$ | $[Hg(CN)_4]^{2-} \rightleftharpoons Hg^{2+} + 4CN^-$ | $4.00 \times 10^{-42}$ |
| $[Co(NH_3)_6]^{2+} \rightleftharpoons Co^{2+} + 6NH_3$ | $7.76 \times 10^{-6}$ | $[Ag(CN)_2]^- \rightleftharpoons Ag^+ + 2CN^-$ | $7.94 \times 10^{-22}$ |
| $[Co(NH_3)_6]^{3+} \rightleftharpoons Co^{3+} + 6NH_3$ | $6.31 \times 10^{-36}$ | $[Ag(CN)_4]^{3-} \rightleftharpoons Ag^+ + 4CN^-$ | $2.51 \times 10^{-21}$ |
| $[Cu(NH_3)_4]^{2+} \rightleftharpoons Cu^{2+} + 4NH_3$ | $1.38 \times 10^{-13}$ | $[Zn(CN)_4]^{2-} \rightleftharpoons Zn^{2+} + 4CN^-$ | $2.00 \times 10^{-17}$ |
| $[Ni(NH_3)_6]^{2+} \rightleftharpoons Ni^{2+} + 6NH_3$ | $1.82 \times 10^{-9}$ | $[AlF_6]^{3-} \rightleftharpoons Al^{3+} + 6F^-$ | $1.44 \times 10^{-20}$ |
| $[Ni(NH_3)_4]^{2+} \rightleftharpoons Ni^{2+} + 4NH_3$ | $1.10 \times 10^{-8}$ | $[FeF_6]^{3-} \rightleftharpoons Fe^{3+} + 6F^-$ | $1.00 \times 10^{-16}$ |
| $[Zn(NH_3)_4]^{2+} \rightleftharpoons Zn^{2+} + 4NH_3$ | $3.47 \times 10^{-10}$ | $[Al(OH)_4]^- \rightleftharpoons Al^{3+} + 4OH^-$ | $9.33 \times 10^{-34}$ |
| $[CuCl_2]^- \rightleftharpoons Cu^+ + 2Cl^-$ | $3.20 \times 10^{-6}$ | $[Sn(OH)_4]^{2-} \rightleftharpoons Sn^{2+} + 4OH^-$ | $5.00 \times 10^{-39}$ |
| $[PbCl_4]^{2-} \rightleftharpoons Pb^{2+} + 4Cl^-$ | $2.51 \times 10^{-2}$ | $[Cd(OH)_4]^{2-} \rightleftharpoons Cd^{2+} + 4OH^-$ | $2.40 \times 10^{-9}$ |
| $[HgCl_4]^{2-} \rightleftharpoons Hg^{2+} + 4Cl^-$ | $8.51 \times 10^{-16}$ | $[Cu(OH)_4]^{2-} \rightleftharpoons Cu^{2+} + 4OH^-$ | $3.16 \times 10^{-19}$ |
| $[Cu(CN)_2]^- \rightleftharpoons Cu^+ + 2CN^-$ | $1.00 \times 10^{-24}$ | $[Pb(OH)_3]^- \rightleftharpoons Pb^{2+} + 3OH^-$ | $2.63 \times 10^{-15}$ |
| $[Cu(CN)_4]^{3-} \rightleftharpoons Cu^+ + 4CN^-$ | $5.01 \times 10^{-31}$ | | |